四川省产教融合示范项目系列教材

数控编程基础

主　编◎齐春林　汪　攀　黄菲娟

西南交通大学出版社
·成　都·

图书在版编目（CIP）数据

数控编程基础 / 齐春林，汪攀，黄菲娟主编. -- 成都：西南交通大学出版社，2024.1
四川省产教融合示范项目系列教材
ISBN 978-7-5643-9672-5

Ⅰ. ①数… Ⅱ. ①齐… ②汪… ③黄… Ⅲ. ①数控机床－程序设计－教材 Ⅳ. ①TG659

中国国家版本馆 CIP 数据核字（2024）第 005670 号

四川省产教融合示范项目系列教材
Shukong Biancheng Jichu
数控编程基础

主编 齐春林 汪 攀 黄菲娟

责任编辑 何明飞
封面设计 吴 兵

出版发行 西南交通大学出版社
（四川省成都市金牛区二环路北一段 111 号
西南交通大学创新大厦 21 楼）
邮政编码 610031
营销部电话 028-87600564 028-87600533
网址 http://www.xnjdcbs.com
印刷 四川森林印务有限责任公司

成品尺寸 185 mm × 260 mm
印张 24.75
字数 618 千
版次 2024 年 1 月第 1 版
印次 2024 年 1 月第 1 次
定价 65.00 元
书号 ISBN 978-7-5643-9672-5

课件咨询电话：028-81435775
图书如有印装质量问题 本社负责退换

前 言

本书依据中华人民共和国人力资源和社会保障部关于印发《推进技工院校工学一体化技能人才培养模式实施方案》的通知（人社部函〔2022〕20 号）精神，构建国家技能人才培养体系框架，深入推进工学一体化教学改革，同时推进产教融合、校企合作，并参照国家职业技能标准《车工》（中级工）、《铣工》（中级工）的编程能力要求和技工院校数控加工专业核心课程的知识要求编写，可作为技工院校数控加工专业（中级工层次）的专业核心课教材。本书内容以项目导向引领，任务驱动为抓手，理论联系实际，开展教学工作。学好课程不仅为后续专业技能课程的学习打下坚实的基础，也对强化学生的专业能力、提升学生的就业竞争力具有十分重要的意义。

根据学生专业成长特点，结合一体化教学要求，全书分为五个项目，包括数控加工工艺基础、数控机床编程基础、数控车削工艺与编程、数控铣削工艺与编程、自动编程简介，内容由浅入深，循序渐进，步步推进。项目内容模拟企业工作流程，按照生产实际设置工作任务，以工作页的形式引导学生团队协作、自主探究，使学生在完成工作任务的过程中达到“学中做、做中学”的目的，在不断的探究反馈中巩固专业知识，具备数控编程能力。

本教材可作为职业院校机械类、智能制造类、自动控制类专业的专业课教材，也可作为从事有关数控加工专业的生产和维修人员的自学用书。

本书由四川九洲技师学院齐春林、汪攀、黄菲娟担任主编，齐春林规划了本书的总体结构和内容。本书在编写过程中承蒙西南交通大学江磊副教授、四川九洲电器集团有限责任公司何毅老师的指导，编者在此深表感谢。

由于编者水平有限，时间仓促，书中难免存在疏漏和不当之处，敬请广大读者批评指正。

编 者

2023 年 11 月

目 录

项目一 数控加工工艺基础

本项目主要介绍数控机床的组成、分类，金属切削加工的基础知识以及数控刀具、量具和切削用量的选择方法，机械加工精度与表面质量知识，以及数控加工工艺的基本知识。通过学习使学生能够掌握数控加工的特点，特别是重点掌握切削加工用量的选择和精度控制的方法。

【知识目标】

1. 了解数控机床的组成和加工的特点。
2. 了解金属切削过程基本规律。
3. 掌握刀具几何参数的选择方法。
4. 掌握数控切削加工用量的选择和精度控制的方法。
5. 掌握工件在数控机床上的装夹方法，机床工艺的设计、计算，以及文件的编制

【技能目标】

1. 能够根据零件加工要求，正确选择刀具和切削用量。
2. 能够分析影响工件（零件）表面质量的因素。
3. 能合理选择工件在数控机床上的装夹方法。
4. 能正确编制工艺文件。

【学时】

14 课时。

【学习计划】

一、人员分工

表 1-0-1　小组成员及分工

姓名	分工

二、制订学习计划

1. 梳理学习目标

2. 学习准备工作

（1）学习工具及着装准备。

（2）梳理学习问题。

三、评　价

以小组为单位，展示本组制订的学习计划，然后在教师点评基础上对学习计划进行修改完善，并根据表 1-0-2 的评分标准进行评分。

表 1-0-2　评分表

评价内容	分值	评分		
		自我评价	小组评价	教师评价
学习议题是否有条理	10			
议题是否全面、完善	10			
人员分工是否合理	10			
学习任务要求是否明确	20			
学习工具及着装准备是否正确、完整	20			
学习问题准备是否正确、完整	20			
团结协作	10			
合计	100			

任务一　数控机床

【学时】

4 课时。

【学习目标】

1. 能够明确学习任务要求，进行分工协作。
2. 了解数控机床的组成、分类和加工的特点。
3. 了解数控加工的基本概念。
4. 了解数控加工的现状及发展方向。
5. 掌握数控加工的步骤。
6. 具备安全文明生产常识。

【任务描述】

在教师的指导下，参观机械制造中心实训车间，学生接受相关培训，阅读有关机床的介绍资料，认识数控车床、数控铣床、加工中心等典型数控机床的组成与分类，了解数控加工的基本概念。学习小组组织收集整理相关信息，展开组内探讨、归纳、总结，完成学习阐述报告（包括数控安全规程、数控机床保养、中国数控技术现状及发展、学习小结等），展示学习成果、总结和反思，完成相关考核，对自己和同学完成学习任务情况进行评价。

【知识链接】

随着科学技术和社会生产的迅速发展，机械产品日趋复杂，社会对机械产品的质量和生产效率也提出了越来越高的要求。同时，随着航空工业、汽车工业和轻工业消费品生产的高速增长，形状复杂的零件越来越多，精度要求也越来越高。此外，激烈的市场竞争要求产品研制生产周期越来越短，传统的加工设备和制造方法已难以适应这种多样化、柔性化与形状复杂零件的高效、高质量加工要求。为解决上述这些问题，一种灵活、通用、高精度、高效率的“柔性”自动化生产设备——数控机床应运而生。

数控机床就是将加工过程所需的各种操作（如主轴变速、松夹工件、进刀与退刀、开车与停车、自动关停冷却液等）和步骤以及工件的形状尺寸用数字化的代码表示，通过控制介质将数字信息送入数控装置，接着数控装置对输入的信息进行处理与运算，发出各种控制信号控制机床的伺服系统或其他驱动元件，使机床自动加工出所需要的工件。

数控技术是指用数字、字母和符号对某一工作过程进行可编程自动控制的技术。它已成为制造业实现自动化，柔性化、集成化生产的基础技术。现代的 CAD/CAM、FMS、CIMS 等，都建立在数控技术之上，离开了数控技术，先进制造技术就成了无本之木。同时，数控技术关系到国家的战略地位，是体现一个国家综合国力的重要基础性产业，其技术水平的高低是衡量一个国家制造业现代化程度的核心标志，实现加工机床及生产过程数控化，已经成为当今制造业的发展方向。

数控机床已广泛应用于飞机、汽车、船舶、家电、通信设备等的制造。此外，数控技术也在机器人、绘图机械、坐标测量机、激光加工机及等离子切割机、线切割、电火花和注塑机等机械设备中得到了广泛的应用。

一、数控机床的组成与分类

（一）数控机床的组成

数控机床一般由输入输出装置、数控装置、主轴和进给伺服单元及检测装置、伺服驱动和反馈装置、辅助控制装置、机床本体等部分组成，如图 1-1-1 所示。

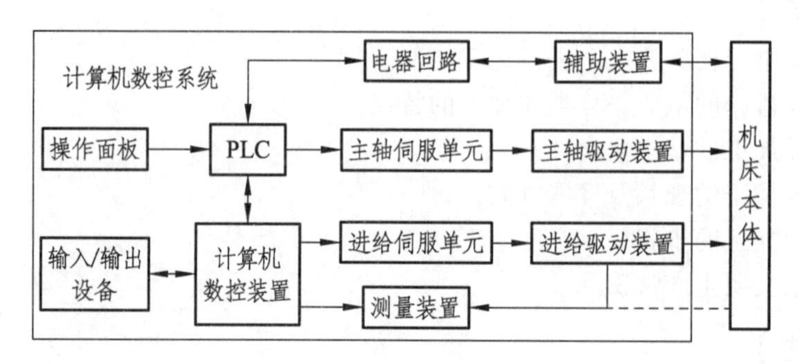

图 1-1-1　数控机床的组成

1. 输入输出装置

输入输出装置是数控系统和操作人员之间进行信息交流、人机对话必须具备的交互设备。

输入装置的作用是将记录在信息载体（如存储卡、U 盘等）上的数控加工程序和各种参数、数据通过输入设备送到数控装置，输入方式有存储卡（U 盘）、键盘（MDI）、数据线、手摇脉冲发生器等。

输出装置的作用是使数控系统通过显示器为操作人员提供必要的信息。各种类型数控机床中最直观的输出装置是显示器。显示的信息一般是正在编辑的程序、坐标值、报警信号等。

2. 数控装置

数控装置是一种专用计算机，一般由中央处理器（CPU）、存储器、总线和输入/输出接口等构成。数控装置是整个数控机床数控系统的核心，决定了机床数控系统功能的强弱。

3. 伺服驱动及检测装置

伺服驱动及检测装置是数控机床的关键部分，它影响数控机床的动态特性和轮廓加工精度。伺服系统包括伺服单元、伺服驱动装置（或执行机构）等，是数控系统的执行部分。其作用是把来自数控装置的脉冲信号转换成机床移动部件的运动。

4. 可编程控制器及电气控制装置

可编程控制器（PLC）与数控装置协调配合共同完成数控机床的控制，其中数控装置主要完成与数字运算和管理等有关的功能，如零件程序的编辑、插补运算、译码、位置伺服控制等。它接收计算机数控装置的控制代码 M（辅助功能）、S（主轴转速）、T（选刀、换刀）等顺序动作信息，对顺序动作信息进行译码，转换成对应的控制信号，控制辅助装置完成机床相应的开关动作，如工件的装夹、刀具的更换、冷却液的开关等一系列辅助动作。它还接收来自机床操作面板的指令，一方面直接控制机床的动作，另一方面将一部分指令送往数控装置用于加工过程的控制。

数控机床的可编程控制器一般分为两类：一类是内装型可编程控制器，另一类是独立型可编程控制器。

5. 检测反馈系统

检测反馈系统的作用是对机床的实际运动速度、方向、位移量以及加工状态加以检测，把检测结果转化为电信号反馈给数控装置，通过比较，计算出实际位置与指令位置之间的偏差，并发出纠正误差指令。检测反馈系统可分为半闭环和闭环两种。半闭环系统中，位置检测主要使用感应同步器、磁栅、光栅、激光测距仪等。

6. 机床本体

机床本体包括机床的主运动部件、进给运动部件、执行部件和底座、立柱、刀架、工作台等基础部件。数控机床是一种高精度、高效率和高度自动化的机床，要求机床的机械结构应具有较高的精度和刚度，精度保持性要好，主运动、进给运动部件运动精度要高。机床的进给传动系统一般采用精密滚珠丝杠、精密滚动导轨副、摩擦特性良好的滑动（贴塑）导轨副，以保证进给系统的灵敏和精度。可以说高精度、高刚度的机床本体结构是保证数控机床高效、高精度、高度自动化加工的基础。

（二）数控机床的分类

数控机床的种类较多，一般按照以下几种不同的方法分类。

（1）按照工艺用途划分。按照工艺的不同，数控机床可分为数控车床、数控铣床、数控钻床、数控磨床、数控铣床、齿轮加工机床、数控电火花加工机床、数控线切割机床、数控冲床、数控剪床、数控液压机等。

（2）按运动方式划分。按照刀具与工件相对运动方式的不同，数控机床可分为点位控制、直线控制和轮廓控制。

（3）按伺服系统类型划分。按照伺服系统类型不同，分为开环伺服系统数控机床、闭环伺服系统数控机床和半闭环伺服系统数控机床。

另外，还有其他的分类方法，如按照数控系统的功能水平可分为低档、中档和高档数控机床；按照轴数和联动轴数可分为几轴联动等多种数控机床；按数控机床功能多少分为经济型数控机床和全功能型数控机床等。

1. 数控车床的组成与分类

1）数控车床的组成

数控车床一般是由数控车床主体、数控系统、伺服驱动系统和辅助装置组成的，即由床身、主轴箱、进给传动系统、刀架、液压系统、冷却系统及润滑系统等部分组成，图 1-1-2 所示为数控车床外形（CAK6140V）。

（1）数控车床主体。数控车床主体是数控车床的机械部件，主要包括床身、主轴箱、刀架、尾座、进给传动机构等。

（2）数控系统。数控系统是数控车床的控制核心，其主体是一台计算机（包括 CPU、存储器、CRT 等），可配备 FANUC、SIEMENS、广州数控、华中数控等多种数控系统。

图 1-1-2　数控车床

（3）伺服驱动系统。伺服驱动系统是数控车床切削加工的动力部分，主要实现主运动和进给运动，由伺服驱动电路和伺服驱动装置两大部分组成。驱动装置主要有主轴电动机、进给系统的步进电动机或交、直流伺服电动机等。

（4）辅助装置。辅助装置是数控车床中一些为加工服务的配套部分，如液压、气动装置，冷却、照明、润滑、防护、排屑装置等。

数控车床采用伺服电动机经滚珠丝杠传到滑板和刀架，以连续控制刀具实现纵向（Z 向）和横向（X 向）进给运动。数控车床主轴安装有脉冲编码器，主轴的运动通过同步齿形带 1∶1 地传到脉冲编码器。当主轴旋转时，脉冲编码器便发出检测脉冲信号给数控系统，使主轴电动机的旋转与刀架的切削进给保持同步关系，就可以实现螺纹加工时主轴旋转 1 周，刀架 Z 向移动一个导程的运动关系。

2）数控车床的分类

数控车床主要用于车削加工对各种形状不同的轴类或盘类回转表面。

在数控车床上可以进行钻中心孔、车内外圆、车端面、钻孔、镗孔、铰孔、切槽、车螺纹、滚花、车锥面、车成型面、攻螺纹以及高精度的曲面及端面螺纹等的加工。

（1）按数控系统的功能分类。

① 经济型数控车床。一般采用步进电动机驱动的开环伺服系统。

② 全功能型数控车床。全功能型数控车床，一般采用闭环或半闭环控制系统，可以进行多个坐标轴的控制，具有高刚度、高精度、高效率等特点。

③ 车削中心。它的主体是全功能型数控车床，并配置刀库、换刀装置、分度装置、铣削动力头、机械手等，可实现多工序的车、铣复合加工。在工件一次装夹后，它可完成对回转体类零件的车、铣、钻、铰、攻螺纹等多种加工工序，其功能全面，加工质量和速度都很高，但价格也较贵，如图 1-1-3 所示。

④ FMC 车床。FMC（Flexible Manufacturing Cell）车床实际上是一个由数控车床、机器人等构成的柔性加工单元。它能实现工件搬运、装卸的自动化和加工调整准备的自动化。

（2）按主轴的配置形式分类。

① 卧式数控车床，即主轴轴线处于水平位置的数控车床。

② 立式数控车床，即主轴轴线处于垂直位置的数控车床。

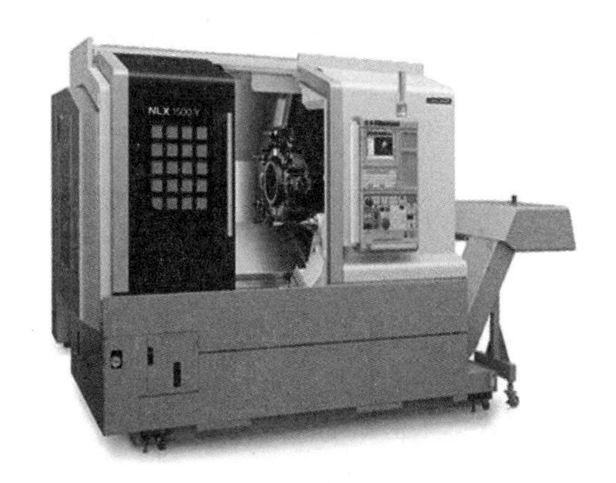

图 1-1-3　车削中心

此外，还有具有两根主轴的车床，称为双轴卧式数控车床或双轴立式数控车床。

（3）按数控系统控制的轴数分类。

① 两轴控制的数控车床。机床上只有一个回转刀架，可实现两坐标轴控制。

② 四轴控制的数控车床。机床上有两个独立的回转刀架，可实现四轴控制。

（4）其他分类方法。按加工零件的基本类型分为卡盘式数控车床、顶尖式数控车床；按数控系统的不同控制方式分为直线控制数控车床、轮廓控制数控车床等；按性能可分为多主轴车床、双主轴车床、纵切式车床、刀塔式车床、排刀式车床等；按刀架数量可分为单刀架数控车床和双刀架数控车床。

2. 数控铣床的组成与分类

1）数控铣床的组成

数控铣床一般是由铣床主体、控制部分（CNC 装置）、驱动装置和辅助装置组成。数控铣床的外形，如图 1-1-4 所示。其组成如下。

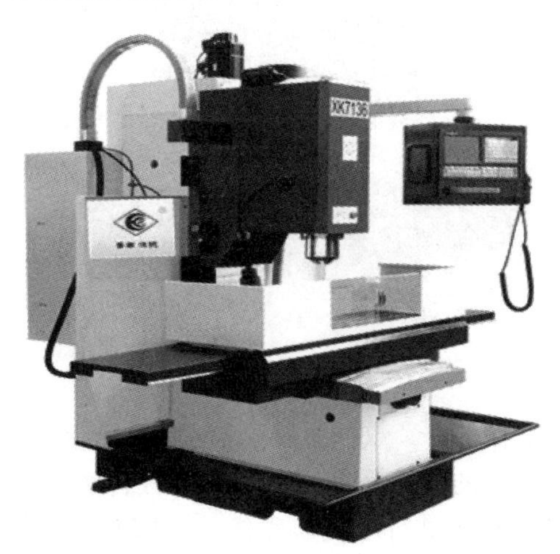

图 1-1-4　数控铣床

（1）铣床主体：铣床主体是数控铣床的机械部件，包括床身、主轴箱、工作台、进给机构等。

（2）控制部分（CNC 装置）：控制部分是数控铣床的控制核心，实际上是一台机床专用的计算机，由印刷电路板、各种电器元件、监视器、键盘等组成。

（3）驱动装置：驱动装置是数控铣床执行机构的驱动部件，包括主轴电动机、进给伺服电动机等。

（4）辅助装置：辅助装置是指数控铣床的一些配套部件，包括液压和气动装置、冷却和润滑系统、排屑装置等。

2）数控铣床的分类

数控铣床常见的类型主要有数控立式铣床、数控卧式铣床和数控龙门铣床等。

（1）数控立式铣床。数控立式铣床主轴与机床工作台面垂直，一般采用固定式立柱结构，工作台不升降，主轴箱作上下运动，主轴中心线与立柱导轨面的距离不能太大，以保证机床的刚性。数控立式铣床工件安装方便，加工时便于观察，但不便于排屑。

（2）数控卧式铣床。数控卧式铣床其主轴与机床工作台面平行。一般配有数控回转工作台，便于加工零件的不同侧面。

（3）数控龙门铣床。对于大尺寸的数控铣床，一般采用对称的双立柱结构龙门铣床，保证机床的整体刚性和强度，数控龙门铣床有工作台移动和龙门架移动两种形式，它适用于加工整体结构零件、大型箱体零件、大型模具等。

3. 加工中心的组成与分类

加工中心的外形如图 1-1-5 所示。

图 1-1-5　立式加工中心

1）加工中心的组成

加工中心由基础部件、主轴部件、数控系统、自动换刀装置（ATC）几大部分组成。加工中心具有对零件进行多工序加工的能力，有一套自动换刀装置。有些加工中心除配有刀库外，还有主轴头库，可自动更换主轴头进行卧铣、立铣、磨削和转位铣削等。除了在数控铣床基础上发展起来的链铣加工中心外，还出现了在数控车床基础上发展起来的车削加工中心。

2）加工中心的分类

按照换刀的形式可分为带刀库、机械手的加工中心，无机械手的加工中心和回转刀架式的加工中心。按其运动坐标数和控制坐标的联动数可分为三轴二联动、三轴三联动、四轴三联动、五轴四联动（见图 1-1-6）和六轴五联动加工中心等。加工中心常按机床结构分为立式加工中心、卧式加工中心、龙门式加工中心和万能加工中心。

（1）立式加工中心（见图 1-1-5）。立式加工中心是指主轴轴心线为垂直状态设置的加工中心。其结构形式多为固定立柱式，工作台为长方形，无外度回转功能，主要适合加工板材类、壳体类工件，也可用于模具加工。其一般具有 3 个直线运动坐标，如果在工作台上安装一个水平轴的数控回转台，还可加工螺旋线类零件。其装夹方便、便于操作、调试程序容易、结构简单、占地面积小、价格相对较低、应用广泛。

（2）卧式加工中心（见图 1-1-7）。卧式加工中心是指主轴轴心线为水平状态设置的加工中心，一般具有 3 ~ 5 个运动坐标，常见的是 3 个直线运动坐标加一个回转运动坐标。它能够使工件在一次装夹后完成除安装面和顶面以外的其余 4 个面的加工，适合加工箱体类零件及小型模具型腔。其特点是加工时排屑容易，但结构复杂、占地面积大、价格也较高、适用于批量生产。

图 1-1-6　五轴联动加工中心

图 1-1-7　卧式加工中心

（3）龙门式加工中心（见图 1-1-8）。龙门式加工中心主轴多为垂直设置，除带有自动换刀装置以外，还带有可更换的主轴头附件，数控装置的软件功能比较齐全，能够一机多用，尤其适用于大型或形状复杂的工件。

（4）万能加工中心（复合加工中心）。万能加工中心又叫作五面体加工中心，工件一次安装后能完成除安装面外的所有侧面和正面等 5 个面的加工。常见的五面加工中心有两种形式：一种是主轴可以旋转 90°，既可以像立式加工中心那样工作，也可以像卧式加工中心那样工作；另一种是主轴不改变方向，而工作台可以带着工件旋转 90°，完成对工件 5 个表面的加工，如图 1-1-9 所示。

由于复合加工中心存在结构复杂、造价高、占地面积大等缺点，所以它的生产和使用远不如其他类型的加工中心广泛，适于加工复杂箱体类零件和具有复杂曲线的工件及各种复杂模具。

图 1-1-8 龙门式加工中心

图 1-1-9 龙门式五面体加工中心

二、数控加工技术

（一）数控加工的特点

数控机床加工与传统机床加工相比，具有以下特点。

1. 数控加工的优点

1）自动化程度高

数控机床工作前经调整好后，输入程序并启动，机床就能自动连续地进行加工，直至加工结束。操作者主要是进行程序的输入、编辑、装夹零件、刀具准备、加工状态的观测、零件（工件）的检验等工作，劳动强度大大降低，数控机床操作者的劳动趋于智力型工作。另外，数控机床一般是封闭式加工，既清洁，又安全。

2）加工精度高，质量稳定

由于数控机床本身的定位精度和重复定位精度都很高，还可以利用软件进行精度校正和补偿，同时在加工过程中工人不参与操作，工件的加工精度全部由数控机床保证减少了通用机床加工中人为因素造成的误差。

3）生产效率高

由于数控机床加工时能在一次装夹中加工出很多待加工的部位，既省去了通用机床加工时不少中间工序（如划线、装夹、检验等），缩短了辅助时间，又为后继工序（如装配等）带来了方便，其综合效率比通用机床明显提高。

4）适应性强

由于数控加工一般不需要很多复杂的工艺装备，可以通过编制程序把形状复杂和精度要求高的零件加工出来，故当设计更改时，可以通过改变相应的程序来实现，一般不需要重新设计制造工装（工艺装备）。因此，数控加工能大大缩短产品研制周期，给新产品的研制开发和产品的改进、改型提供了很好的手段。

5）便于实现计算机辅助设计与计算机辅助制造

计算机辅助设计与计算机辅助制造（CAD/CAM）已成为航空航天、汽车、船舶及其他机械工业实现现代化的必由之路。通过计算机辅助设计，设计出来的产品图样及数据变为实际产品的最有效的途径，就是采取计算机辅助制造技术。数控机床及其加工技术正是计算机辅助制造系统的基础。

2. 数控加工的缺点

1）加工成本一般较高

数控机床的价格一般是同类普通机床的几倍甚至几十倍。此外，其零配件价格较高，维修成本也高。再加上与其配套的编程设施、计算机及其外部设备等，其产品成本大大高于普通机床。

2）只适宜于多品种小批量或中批量生产

由于数控加工对象一般为较复杂的零件，又往往采用工序相对集中的工艺方法，在一次定位安装中加工出许多待加工面，势必将工序时间拉长。与由专用多工位组合机床或自动机形成的生产线相比，在生产规模与生产效率方面仍有很大差距。

3）加工过程中难以调整

由于数控机床是按程序运行自动加工的，一般很难在加工过程中进行适时的人工调整，即使可以做局部调整，其可调范围也很有限。

4）维修困难

数控机床是技术密集型的机电一体化产品，增加了微电子维修方面的困难，一般均需配备技术素质较高的维修人员与较好的维修装备。

（二）数控加工的对象

数控机床的性能特点决定其应用范围，一般可按被加工零件的特点分为以下 3 类加工对象。

1. 最适应类

（1）加工精度要求高，形状、结构复杂，尤其是用数学模型描述的具有复杂曲线、曲面轮廓，用普通机床无法加工或虽能加工但很难保证产品质量的零件。

（2）具有难测量、难控制进给、难控制尺寸的不开放内腔的壳体或盒形零件。

（3）必须在一次装夹中完成铣、锺、钻、铰、攻丝等多道工序的零件。

对于上述零件，可以先不要过多地去考虑生产效率与经济上是否合理，而应首先考虑能否加工出来，要着重考虑可能性问题。只要有可能，都应把对其进行数控加工作为优选方案。

2. 较适应类

（1）价格昂贵，毛坯获得困难，不允许报废的零件。这类零件在普通机床上加工时有一定的难度，容易产生次品或废品。

（2）在普通机床上加工时，生产效率很低或劳动强度很大的零件，质量难以稳定控制的零件。

（3）用于改型比较、提供性能或功能测试的零件；多品种、多规格、单件小批量生产的零件。

（4）在普通机床上加工需要做长时间调整的零件。

对于上述零件，在首先分析其可加工性以后，还要在提高生产率及经济效益方面做全面衡量，一般可把它们作为数控加工的主要选择对象。

3. 不适应类

（1）生产批量大的零件。

（2）装夹困难或完全靠找正定位来保证加工精度的零件。

（3）加工余量很不稳定，且数控机床没有在线检测系统可自动调整零件坐标位置的零件。

（4）必须用特定的工装协调加工的零件。

因为上述零件采用数控加工后，在生产率与经济性方面一般无明显改善，更有可能弄巧成拙或得不偿失，故此类零件一般不应作为数控加工的选择对象。

（三）数控加工的步骤

数控机床是一种高度自动化的机床，在加工工艺与表面加工方法上，与普通机床基本相同，最根本的区别在于实现自动化控制的原理与方法上。数控机床加工零件的工作过程如图1-1-10所示，主要包括：分析零件图纸、工艺处理、数值处理、编写程序单、制作控制介质、程序校验、首件试切等。

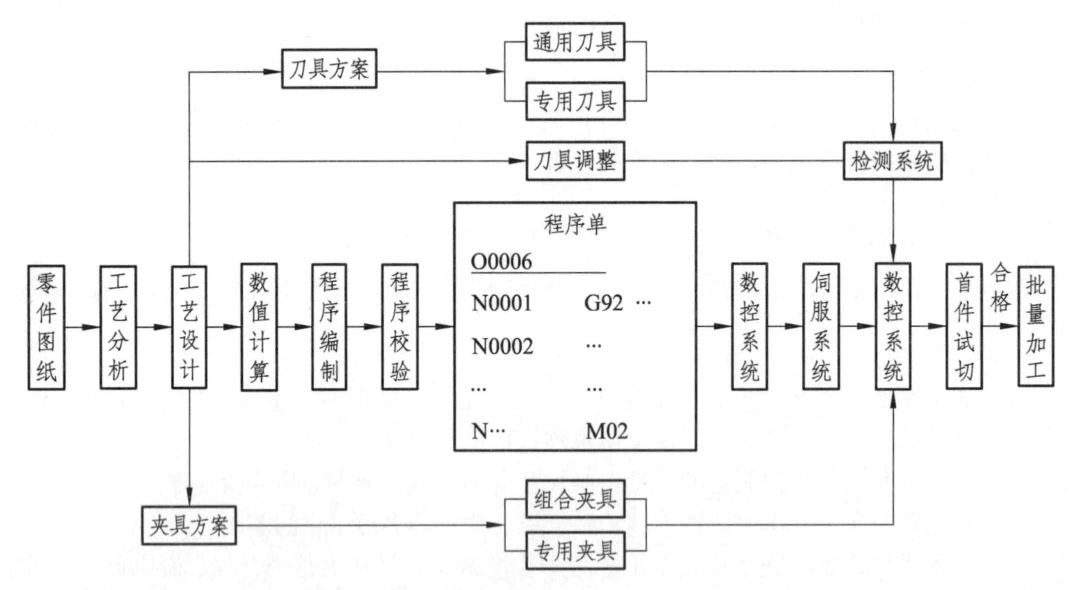

图1-1-10 数控机床加工零件的工作过程

在加工过程中，机床的每一步动作都由程序来决定，因此其加工工艺的制订非常重要。对于普通机床加工，工艺员对工艺编制只考虑大致方案，具体操作细节，如主轴转速、进给量大小等均由机床操作者根据自己的经验、技能，在加工现场自行决定并不断加以改进。而数控机床加工，则必须由编程员事先将零件加工过程的每一步在程序中写好，整个工艺过程中的每一个细节都要考虑周到、安排合理。数控机床上运行的零件程序远比普通机床上用的零件工艺过程要复杂得多，机床的动作顺序、零件的工艺过程、刀具的选择、走刀的路线和切削用量等，都要编入程序。具体步骤如下：

1. 分析图样、确定加工工艺

首先对零件图样进行分析以明确加工的内容和要求，根据图样对工件的形状、尺寸、技术要求进行分析，然后选择加工方案，确定合理的加工顺序、走刀路线、夹具、刀具、适当的切削用量等，同时还要考虑所选用数控机床的指令功能，充分发挥机床的效能。

1）确定加工方案

由于具体情况不同，对于同一个零件的加工方案也有所不同，应选择最经济、最合理、最完善的加工工艺方案。

2）夹具的设计和选择

要选择合适的定位方式和夹紧方法，做到装夹工件快速有效。尽量采用可反复使用，经济效益好的组合夹具，必要时可以设计专用夹具。

3）加工余量的选择

数控机床加工余量的大小等于每个中间工序加工余量的总和。各工序间加工余量的选择可根据下列条件进行。

（1）尽量采用最小的加工余量总和，以便缩短加工时间，降低零件加工费用。

（2）要留有足够的加工余量，保证最后工序的加工余量能得到图纸上所规定的精度和表面粗糙度要求。

（3）加工余量要与加工零件的尺寸大小相适应，一般来说零件越大加工余量也相应大些。

（4）确定加工余量时应考虑零件热处理引起的变化，以免产生废品。

（5）确定加工余量时应考虑加工方法和加工设备的刚性，以免零件发生变形。

4）合理选择加工路线

所谓加工路线，就是指数控机床在加工过程中刀具中心运动的轨迹和方向。确定加工路线，就是确定刀具运动的轨迹和方向，也就是编程的轨迹和运动方向。加工路线的选择一般应遵循以下原则。

（1）保证所加工零件的精度和表面粗糙度的要求。

（2）尽量缩短加工路线，减少换刀次数和空行程，提高生产效率。

（3）有利于简化数值计算，减少程序段数和降低编程复杂程度。

5）选择合适的刀具

数控机床所用的刀具较普通机床用的刀具要严格得多，应根据工件材料的性能、切削用量、加工工序类型、机床特性等因素正确选择刀具。对刀具总的要求是刚性好精度高、使用寿命长、安装调整方便等。

6）确定合理的切削用量

数控编程时，必须合理确定切削用量的三要素，即切削速度、背吃刀量及进给速度。确定切削用量时，应根据数控机床使用说明书的规定、被加工工件材料类型、加工工序（如粗加工、半精加工、精加工等）以及刀具的耐用度等方面进行考虑。在机床刚度允许的情况下，选择的切深能以尽可能少的走刀次数去除加工余量，并结合实践经验来确定。

2. 数值计算

根据零件的几何尺寸设定好坐标系，确定加工路线，计算零件粗、精加工时刀具中心运动轨迹，得到刀位数据。对于点位控制的数控机床，如数控钻床，一般不需要计算。只有当零件图样坐标系与所编程序的工件坐标系不一致时，才需要进行相应的换算。对于由直线和圆弧组成的比较简单的零件加工，要计算出零件轮廓相邻几何元素的切点或交点（统称为基点）的坐标系，从而获得各几何元素的起点、终点、圆弧的圆心坐标值。

3. 程序编制和程序输入

加工路线、工艺参数（如切削用量等）以及刀位数据确定后，按数控系统规定的功能指令代码和程序段格式，逐段编写零件加工程序单，并记录在控制介质上作为输入信息，或把程序单内容直接通过数控系统上的键盘逐段输入。

4. 程序校验与首件试切

编制好的程序必须经过校验和试切才能用于正式加工。可采用关闭伺服驱动功能开关，在带有刀具轨迹动态模拟显示功能的数控系统上，切换到 CRT 图形显示状态下运行所编程序，根据报警内容及所显示的刀具轨迹或零件图形是否正确来调试、修改。还可采用不装刀具、工件，开车空运行来检查、判断程序执行中机床运动是否符合要求。对于较复杂的零件，可先采用塑料或铝等易切削材料进行首件试切。当首件试切有误差时，应分析产生的原因，加以修改。

5. 批量生产

零件程序通过校验和首件试切合格后，可进行正式批量加工生产。操作者一般只要进行工件上下料，再按自动循环按钮，就可实现自动循环加工。由于刀具磨损等原因，要适时检测所加工零件尺寸，进行刀具补偿。操作者还要注意观察运行情况，以免发生意外。

三、数控技术的发展

由于综合了计算机、自动控制、伺服驱动、精密测量和新型机械结构等诸方面的先进技术，数控机床的发展日新月异，其功能也越来越强大，数控技术的发展方向主要体现在以下几个方面。

（一）高速化

高速化是指数控机床的高速切削和高速插补进给，这不仅要求数控系统的处理速度要快，同时还要求数控机床具有大功率和大转矩的高转速主轴、高速进给电动机、高性能的刀具、稳定的高频动态刚度。

（二）数控功能的扩展

（1）数控系统插补和联动轴数的增加，有的数控系统能同时控制几十根轴。

（2）数控系统中微处理器处理字长的增加，目前广泛采用 64 位微处理器。

（3）数控系统中可实现人机对话、进行交互式图形编程。

（4）基于个人计算机的开放式数控系统的发展，使数控系统得到更多硬件和软件的支持。

（三）数控伺服系统的发展

（1）交流伺服系统替代直流伺服系统。
（2）反馈控制技术的发展增加了速度指令控制，使跟踪滞后误差减小。
（3）高速电机主轴和程序段超前处理技术使高速小线段加工得以实现。
（4）多种补偿技术的发展与应用，如机械静摩擦与滑动摩擦非线性补偿，机床精度误差的补偿和切削热膨胀误差的补偿。
（5）位置检测装置检测精度的提高，大大提高了检测装置的分辨率。

（四）编程方法的发展

（1）在线编程技术的发展，实现前台加工操作，后台同时编程。
（2）面向车间编程方法的发展，即输入加工对象的加工轨迹，数控系统自动生成加工程序。
（3）CAD/CAM 技术的发展，可实现计算机辅助设计与制造。

（五）数控机床的智能化

在现代数控系统中，引进了自适应控制技术。在数控系统工作时，大约有 30 余种变量可直接或间接影响加工效果，如工件毛坯余量不匀、材料硬度不一致、刀具磨损、工件变形、机床热变形、化学亲和力的大小、切削液的黏度等因素。这些变量事先难以预知，加工程序的编制一般依据经验数据，实际加工时，很难用最佳工作状态。通过自适应控制技术可得到高加工精度、较小的表面粗糙度值，同时也能延长刀具寿命和提高设备的生产效率。

现代数控系统智能化的发展，主要体现在以下几个方面。
（1）工件自动检测、自动定心。
（2）刀具破损检测及自动更换备用刀具。
（3）刀具寿命及刀具收存情况管理。
（4）负载监控。
（5）数据管理。
（6）维修管理。

综上所述，由于数控机床不断采用各种新技术，使得其功能日趋完善，数控技术在机械加工中的地位也显得越来越重要，数控机床的广泛应用是现代制造业发展的必然趋势。

四、数控机床安全操作规程及其维护保养

（一）数控机床安全操作规程

为了正确合理地使用数控机床，保证数控机床正常运转，必须严格遵守数控机床安全操作规程，其具体内容如下：

1. 开机前，应当遵守以下操作规程

（1）进入车间之前要穿工作服，系好扣子，衣服下摆和袖口要系紧，工作服里面的衣服

要全部扎入腰带中。

（2）戴防护眼镜，头部与工件不能靠得太近，注意手、身体和衣服不要靠近回转中的机件。

（3）女工要戴好安全帽，将头发全部放入安全帽中，以防头发被卷入机床转动部分。

（4）不能穿拖鞋、凉鞋、高跟鞋等进入车间，工作时应穿工装鞋。

（5）不允许戴项链、手链、戒指等首饰进入车间，不允许戴围巾等装饰物进入车间。

（6）详细阅读机床的使用说明书，熟悉机床的性能、结构及其传动原理。

（7）操作前必须熟悉机床操作面板，掌握机床操作程序，熟知每个按钮的作用以及操作注意事项，注意机床各个部位警示牌上所警示的内容，以免发生安全事故。

（8）全面检查机床电气控制系统、润滑系统等是否正常，按照机床说明书要求加装润滑油、液压油、切削液等。

（9）检查机床的工、量、刃具是否摆放整齐、便于拿放。

（10）检查工件、夹具及刀具是否已夹持牢固，开慢车空转 3 ~ 5 min，检查各传动部件是否正常；一切正常后才可使用。

2. 在加工操作中，应当遵守以下操作规程和注意事项

（1）应文明生产，禁止在车间打闹、喧哗、睡觉和任意离开岗位。加工时要精力集中，避免疲劳操作。机床开动时，严禁在机床间穿梭。

（2）加工过程中，操作者不得离开机床，应时刻观察机床的运行状态。若发生不正常现象或事故时，应立即停车，并报告指导老师，不得进行其他操作。

（3）检查工件和刀具是否装夹正确、可靠；在刀具装夹完毕后，先采用手动方式试切。

（4）未经允许，不得乱动其他机床设备、工具或电器开关等。

（5）机床运转中，严禁改变加工参数、换刀、装卸或测量工件。若要改变加工参数、换刀、装卸或测量工件，必须保证机床完全停止，开关处于“OFF”位置。

（6）加工零件时必须关上防护门，不准把头手伸入防护门内，加工中不允许打开防护门。

（7）操作人员不得随意更改机床内部参数。实习学生不得调用、修改其他非自己所编的程序。未经指导教师确认程序正确，不许操作机床。程序调试完成后，必须经指导老师同意方可按步骤操作。

（8）严禁用力拍打控制面板，敲击工作台、分度头、夹具和导轨等机床零部件。

（9）机床在通电状态时，操作者不能打开和接触机床上标有闪电符号的、装有强电装置的部位，以防被电击伤。

（10）机床运转过程中，不要清除切屑。要使用铁钩、毛刷等专用清除工具清除切屑，以免被切屑划破手脚。

（11）避免用手接触机床运动部件。

（12）打雷时不要开机床。因为雷击时的瞬时高电压和大电流易冲击机床，很有可能烧坏模块或丢失、改变数据，造成不必要的损失。

（13）操作机床或测量工件时不能戴手套，以免将手套卷入转动的工件和铣刀上。必须在机床停止状态下测量工件。

3. 工作结束后，应当遵守以下操作规程和注意事项

（1）如实填写交接班记录，发现问题要及时反映。

（2）做好机床日常维护保养工作。

（3）注意保持机床及控制设备的清洁，清扫干净工作场地，擦拭干净机床。

（4）检查润滑油、冷却液的状态，及时添加或更换。

（5）检查工、量、刃具是否摆放在正确的位置上，确认机床上无扳手、楔子等工具，填写设备使用记录。

（6）工作完后，应切断系统电源，使开关处于“OFF”位置，关好门窗后才能离开。

（二）数控机床的维护保养

机床的正确使用和精心维护保养是数控设备管理的重要环节。数控机床使用精度的保持和寿命的长短，在很大程度上取决于对数控机床的正确使用和维护保养。

1. 数控机床的使用环境

（1）避免阳光的直射和其他辐射。

（2）避免太潮湿或粉尘过多，保持清洁、干燥。

（3）避免有腐蚀气体。

（3）要保持周围无振动，远离振动大的设备。

（4）尽可能保持恒温。

（5）允许电源在±10%内波动。

（6）数控机床不宜长期封存不使用，对于长期不使用的数控机床，每周应通电 1～2 次，每次空运行 1 h 左右。

2. 数控机床主要的日常维护保养内容

数控机床的维护保养包括：数控系统的维护保养、机床本体的维护保养、电力驱动系统的维护保养、液压气动系统的维护保养和整机的维护保养等，通常有日保养、周保养、月保养和年保养等（见表 1-1-1）。

表 1-1-1　数控车床主要的日常维护保养

序号	检查周期	检查部位	检查要求
1	每天	导轨润滑油箱	检查油标，油量，及时添加润滑油，润滑泵能定时启动打油及停止
2	每天	X、Z 轴向导轨面	清除切屑及脏物，检查润滑油是否充分，导轨面有无划伤损坏
3	每天	压缩空气气源压力	检查气动控制系统压力，应在正常范围内
4	每天	气源自动分水滤气器	及时清理分水器中滤出的水分，保证自动工作正常
5	每天	气液转换器和增压器油面	发现油面不够时及时补足油
6	每天	主轴润滑恒温油箱	工作正常，油量充足并调节温度范围
7	每天	机床液压系统	油箱，液压泵无异常噪声，压力指示正常，管路及各接头无泄漏，工作油面高度正常
8	每天	液压平衡系统	平衡压力指示正常，快速移动时平衡阀工作正常

续表

序号	检查周期	检查部位	检查要求
9	每天	CNC 的输入/输出单元	光电阅读机清洁，机械结构润滑良好
10	每天	各种电气柜散热通风装置	各电柜冷却风扇工作正常，风道过滤网无堵塞
11	每天	各种防护装置	导轨、机床防护罩等应无松动，漏水
12	每半年	滚珠丝杠	清除丝杠上旧的润滑脂，涂上新油脂
13	每半年	液压油路	清洗溢流阀，减压阀，滤油器，清洗油箱底，更换或过滤液压油
14	每半年	主轴润滑恒温油箱	清洗过滤器，更换润滑脂
15	每年	检查并更换直流伺服电动机碳刷	检查换向器表面，吹净碳粉，去除毛刺，更换长度过短的电刷，并应跑合后才能使用
16	每年	润滑液压泵，滤油器清洗	清理润滑油池底，更换滤油器
17	不定期	检查各轴导轨上镶条、压滚轮松紧状态	按机床说明书调整
18	不定期	冷却水箱	检查液面高度，冷却液太脏时需要更换并清理水箱底部，经常清洗过滤器
19	不定期	排屑器	经常清理切屑，检查有无卡住等
20	不定期	清理废油池	及时清除滤油池中废油，以免外溢
21	不定期	调整主轴驱动带松紧	按机床说明书调整

【训练与提高】

1. 什么叫数控机床？

2. 数控装置是由哪几部分组成的？

3. 数控车床是由哪些部分组成的？

4. 数控铣床是由哪几部分组成的？

5. 加工中心是由哪几部分组成的？

6. 数控加工的特点、对象及其工作过程是什么?

7. 数控加工的步骤有哪些?

【任务实施】

表 1-1-2 阐述报告

组名:	组长:
组员:	
阐述内容	
项目	内容
学习过程	
学习内容	
数控安全知识	
数控机床保养	
中国数控技术现状及发展	
学习小结	
学习心得	

一、实施过程

本任务的实施步骤如下:

(1)参观机械制造中心实训车间。

(2)学习小组组织收集整理相关信息,展开组内探讨、归纳、总结,完成学习阐述报告。

(3)展示学习成果。

(4)对自己和同学完成学习任务情况进行评价,完成相关考核。

二、展示评比

各小组派出代表进行展示,组间交叉评比,填写详细评比记录表。

表 1-1-3　评比过程记录

序号	评比要点	优缺点	评比分值	备注
1	文字表达是否清晰、完整			
2	知识内容是否全面、正确			
3	学习组织是否有序、高效			
4	其他			
综合评分				

【任务小结与评价】

一、任务小结与反思

二、任务评价

表 1-1-4　评价表

班级			学号		
姓名			综合评价等级		
指导教师			日期		
评价项目	序号	评价内容	评价方式		
			自我评价	小组评价	教师评价
团队表现（40分）	1	任务评比综合评分，配分 20 分			
	2	任务参与态度，配分 8 分			
	3	参与任务的程度，配分 6 分			
	4	在任务中发挥的作用，配分 6 分			
个人学习表现（50分）	5	学习态度，配分 10 分			
	6	出勤情况，配分 10 分			
	7	课堂表现，配分 10 分			
	8	作业完成情况，配分 20 分			
个人素质（10分）	9	作风严谨、遵章守纪，配分 5 分			
	10	安全意识，配分 5 分			
合计					
综合评分					

注：各评分项按“A”（0.9～1.0）、“B”（0.8～0.89）、“C”（0.7～0.79）、“D”（0.6～0.69）、“E”（0.1～0.59）及“0”分配分；如学习态度项、出勤项、安全项评 0 分，总评为 0 分。

任务二　数控加工的切削知识基础

【学时】

4 课时。

【学习目标】

1. 熟悉金属切削的基本定义。
2. 了解金属切削过程基本规律。
3. 了解工件材料的金属加工性能。
4. 了解切削液的种类和特点。
5. 了解游标量具、千分尺、百分表、万能角度尺的结构，理解其读数原理。
6. 理解切削液的作用。
7. 掌握刀具几何参数的选择方法。
8. 能够根据零件加工要求，正确选择刀具和切削用量。
9. 掌握使用常用量具进行测量的操作。
10. 具备安全文明生产常识。
11. 学会合理选用切削液。

【任务描述】

车削如图 1-2-1 所示零件的端面、外圆和倒角。零件材料为 45 钢，毛坯规格为 45 mm×90 mm。本任务要求在零件分析的基础上，选取工量具及切削用量，确定加工步骤。

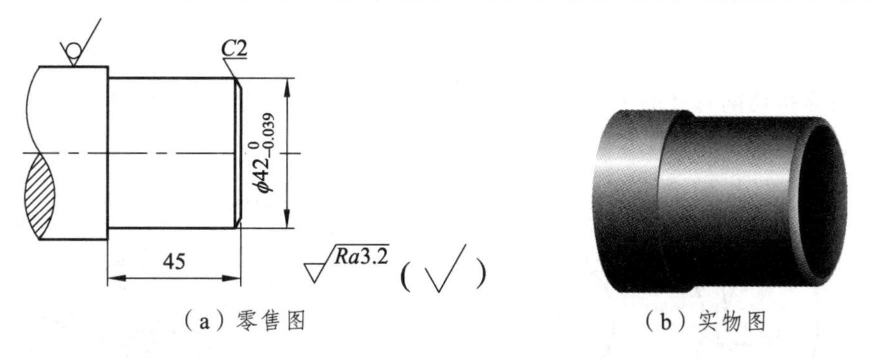

（a）零售图　　（b）实物图

图 1-2-1　车削示意

【知识链接】

一、金属切削过程中的基本知识

（一）金属切削的基本定义

在机床上用金属切削刀具切除工件上多余的金属，从而使工件的形状、尺寸精度及表面质量都符合预定要求的加工，称为金属切削加工。

切削运动是指在切削过程中刀具相对于工件的运动，切削运动是由金属切削机床通过两种运动单元组合而成的，其一是产生切削力的运动，其二是保证切削工作连续进行的运动，按照它们在切削过程中所起的作用，通常分主运动和进给运动。

（二）切削运动

切削运动包括主运动和进给运动两个基本运动，如图 1-2-2 所示。

1. 主运动

主运动是直接切除材料所需要的基本运动，它使刀具和工件之间产生相对运动，在切削运动中形成机床切削速度。

2. 进给运动

进给运动是由机床或人力提供的运动，它使刀具与工件之间产生附加的相对运动，配合主运动即可不断地、连续地切削从而获得所需要的加工表面。

（三）切削过程中形成的三个表面

在切削过程中，工件上会形成 3 种表面，如图 1-2-2 所示。

（1）待加工表面：将要被切去金属层的表面。

（2）已加工表面：切去金属层后形成的表面。

（3）过渡表面：主切削刃正在切削的表面，又称为切削表面。

（四）切削用量

切削用量包括背吃刀量、进给量和切削速度，又称切削三要素。

1. 背吃刀量（a_p）

背吃刀量是指切削时已加工表面与待加工表面之间的垂直距离，用符号 a_p 表示，单位为毫米（mm），如图 1-2-3 所示。

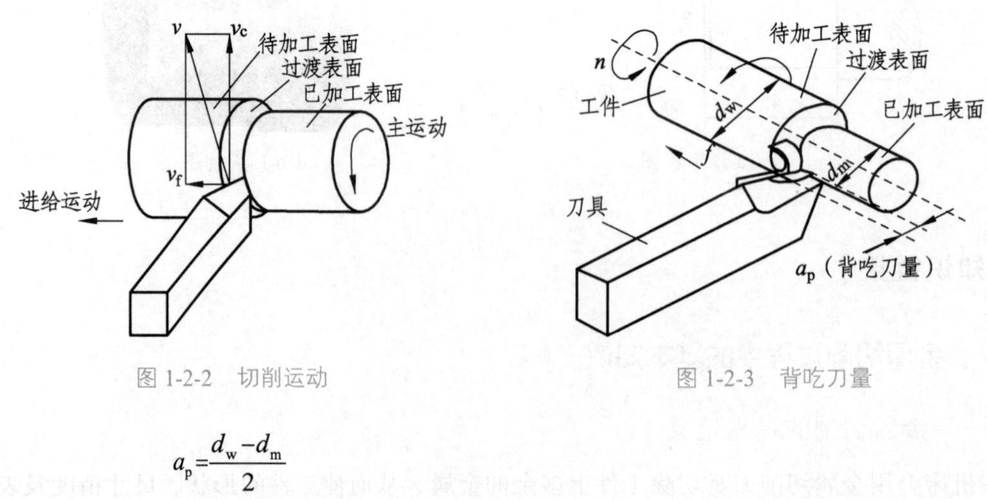

图 1-2-2　切削运动　　　　图 1-2-3　背吃刀量

$$a_p=\frac{d_w-d_m}{2}$$

例 1-2-1　已知工件直径为 50 mm，现在一次走刀至直径为 45 mm，求背吃刀量。

解：

$$a_p = \frac{d_w - d_m}{2} = \frac{50-45}{2} = 2.5\ \text{mm}$$

2. 进给量（f）

进给量是指刀具在进给方向上相对工件的位移量，即工件每转一圈车刀沿进给方向移动的距离，用符号f表示，单位符号为 mm/r，如图 1-2-4 所示。

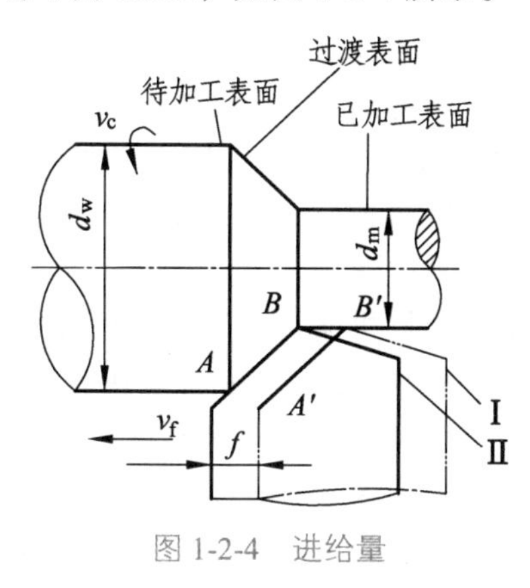

图 1-2-4 进给量

3. 切削速度（v_c）

切削速度是指切削刃上选定点相对于工件主运动的瞬时速度，用符号 v_c 表示，单位符号为 m/min。当主运动是旋转运动时，切削速度是指圆周运动的线速度，即

$$v_c = \frac{\pi dn}{1\,000}$$

例 1-2-2 在例 1-2-1 中若车床转速为 310 r/min 求切削速度。

解：

$$v_c = \frac{\pi dn}{1\,000} = \frac{3.14 \times 50 \times 310}{1\,000} = 48.67\,(\text{m/min})$$

（五）切削用量选择的原则和范围

在数控加工中，切削用量的大小对切削力、切削功率、刀具磨损、加工质量及加工成本均有重要影响。合理选择切削用量，就是在保证加工质量和刀具耐用度的前提下，充分发挥机床和刀具的切削性能，使切削效率最高，加工成本最低。

1. 切削用量的选择原则

为减少数控机床安装刀具所花费的辅助时间，在选择切削用量时，首先要保证刀具的耐用度不低于加工一个零件的时间，或保证刀具耐用度不低于一个工作班，最少不低于半个工作班，以保证加工的连续性。切削用量主要包括背吃刀量 a_p、进给量 f 和切削速度 v_c，一般按下列原则进行选择。

（1）粗加工时切削用量的选择原则。首先选取尽可能大的背吃刀量；其次要根据机床动力和刚性的限制条件等，选取尽可能大的进给量；最后根据刀具耐用度确定最佳的切削速度

（主轴转速）。

（2）精加工时切削用量的选择原则。首先根据粗加工后的余量确定背吃刀量；其次根据工件表面粗糙度的要求，选取较小的进给量；最后在保证刀具耐用度的前提下尽可能选取较高的切削速度（主轴转速）。

2. 切削用量的选择方法

（1）背吃刀量的选择。选择背吃刀量应根据数控机床工艺系统的刚性、刀具的材料和参数及工件加工余量等来确定。一般在粗加工（*Ra*10 ~ 80 μm）时，一次进给应尽可能切除全部余量。在毛坯余量很大或余量不均匀时，粗加工也可分几次进给，但应当把第一二次进给的背吃刀量尽量取得大一些。在中等功率的数控机床上，背吃刀量可达 8 ~ 10 mm。半精加工（*Ra*1.25 ~ 10 μm）时，背吃刀量取为 0.25 ~ 2.00 mm。精加工（*Ra*0.32 ~ 1.25 mm）时，背吃刀量取为 0.1 ~ 0.4 mm。

（2）进给量的选择。进给量是数控机床切削用量的重要参数。在选择进给量时，应根据零件的表面粗糙度、加工精度要求及刀具和工件材料等因素，参考切削用量手册进行选取。

在粗加工时，由于对工件表面质量没有太高的要求，这时主要考虑机床进给机构的强度和刚性以及刀杆的强度和刚性等限制因素，根据加工材料、刀杆尺寸、工件直径及已确定的背吃刀量来选择尽可能大的进给量。粗车一般取 0.2 ~ 0.3 mm/r。

在半精加工和精加工时，则应按零件表面粗糙度要求，根据工件材料、刀尖圆弧半径、切削速度来选择进给量，表面粗糙度值越小，进给量也应相应地小些，如精铣时可取 20 ~ 25 mm/min，精车时可取 0.10 ~ 0.20 mm/r。

在选择进给量时，还应注意零件加工中的某些特殊因素，如在轮廓加工中，选择进给量时，应考虑轮廓拐角处的超程问题。特别是在拐角较大、进给速度较高时，应在接近拐角处适当降低进给速度，在拐角后再逐渐升速，以保证拐角处的加工精度。

进给量的参考值见表 1-2-1 和表 1-2-2。

表 1-2-1　硬质合金车刀粗车外圆及端面的进给量参考值

工件材料	车刀刀杆尺寸/mm	工件直径/mm	背吃刀量 a_p/mm				
			≤3	>3 ~ 5	>5 ~ 8	>8 ~ 12	>12
			进给量 *f*/（mm/r）				
碳素结构钢、合金结构钢耐热钢	16×25	20	0.3 ~ 0.4	—	—	—	—
		40	0.4 ~ 0.5	0.3 ~ 0.4	—	—	—
		60	0.5 ~ 0.7	0.4 ~ 0.6	0.3 ~ 0.5	—	—
		100	0.6 ~ 0.9	0.5 ~ 0.7	0.5 ~ 0.6	0.4 ~ 0.5	—
		400	0.8 ~ 1.2	0.7 ~ 1.0	0.6 ~ 0.8	0.5 ~ 0.6	—
	20×30 25×25	20	0.3 ~ 0.4	—	—	—	—
		40	0.4 ~ 0.5	0.3 ~ 0.4	—	—	—
		60	0.6 ~ 0.7	0.5 ~ 0.7	0.4 ~ 0.6	—	—
		100	0.8 ~ 1.0	0.7 ~ 0.9	0.5 ~ 0.7	0.4 ~ 0.7	—
		400	1.2 ~ 1.4	1.0 ~ 1.2	0.8 ~ 1.0	0.6 ~ 0.9	0.4 ~ 0.6

续表

工件材料	车刀刀杆尺寸/mm	工件直径/mm	背吃刀量 a_p/mm				
			≤3	＞3～5	＞5～8	＞8～12	＞12
			进给量 f/（mm/r）				
铸铁及合金钢	16×25	40	0.4～0.5	—	—	—	—
		60	0.6～0.8	0.5～0.8	0.4～0.6	—	—
		100	0.8～1.2	0.7～1.0	0.6～0.8	0.5～0.7	—
		400	1.0～1.4	1.0～1.2	0.8～1.0	0.6～0.8	—
	20×30 25×25	40	0.4～0.5	—	—	—	—
		60	0.6～0.9	0.5～0.8	0.4～0.7	—	—
		100	0.9～1.3	0.8～1.2	0.7～1.0	0.5～0.78	—
		400	1.2～1.8	1.2～1.6	1.0～1.3	0.9～1.0	0.7～0.9
	20×30 25×25	20	0.3～0.4	—	—	—	—
		40	0.4～0.5	0.3～0.4	—	—	—
		60	0.6～0.7	0.5～0.7	0.4～0.6	—	—
		100	0.8～1.0	0.7～0.9	0.5～0.7	0.4～0.7	—
		400	1.2～1.4	1.0～1.2	0.8～1.0	0.6～0.9	0.4～0.6
铸铁及合金钢	16×25	40	0.4～0.5	—	—	—	—
		60	0.6～0.8	0.5～0.8	0.4～0.6	—	—
		100	0.8～1.2	0.7～1.0	0.6～0.8	0.5～0.7	—
		400	1.0～1.4	1.0～1.2	0.8～1.0	0.6～0.8	—
	20×30 25×25	40	0.4～0.5	—	—	—	—
		60	0.6～0.9	0.5～0.8	0.4～0.7	—	—
		100	0.9～1.3	0.8～1.2	0.7～1.0	0.5～0.78	—
		400	1.2～1.8	1.2～1.6	1.0～1.3	0.9～1.0	0.7～0.9

表 1-2-2　按表面粗糙度选择进给量的参考值

工件材料	表面粗糙度/μm	切削速度范围/（m/min）	刀尖圆弧半径 r/mm		
			0.5	1.0	2.0
			进给量 f/（mm/r）		
铸铁、青铜、铝合金	Ra10～5	不限	0.25～0.40	0.40～0.50	0.50～0.60
	Ra5～2.5		0.15～0.25	0.25～0.40	0.40～0.60
	Ra2.5～1.25		0.10～0.15	0.15～0.20	0.20～0.35
碳钢及合金钢	Ra10～5	＜50	0.30～0.50	0.45～0.60	0.55～0.70
		＞50	0.40～0.55	0.55～0.65	0.65～0.70
	Ra5～2.5	＜50	0.18～0.25	0.25～0.30	0.30～0.40
		＞50	0.25～0.30	0.30～0.35	0.35～0.50
	Ra2.5～1.25	＜50	0.10	0.11～0.15	0.15～0.22
		50～100	0.11～0.16	0.16～0.25	0.25～0.35
		＞100	0.16～0.20	0.20～0.25	0.25～0.35

（3）切削速度的选择。切削速度一般要根据已经选定的背吃刀量、进给量及刀具耐用度进行选择。可用经验公式计算，也可根据生产实践经验在机床说明书允许的切削速度范围内查表选取或者参考有关切削用量手册选取。

① 粗车：根据已选定的 a_p、f，在工艺系统刚度、刀具寿命和机床功率许可的情况下选择一个合理的切削速度，一般取 60 ~ 80 m/min。

② 半精车、精车：用硬质合金车刀半精车、精车时，一般采用较高的切削速度，半精车可取 80 ~ 100 m/min，精车可取 100 ~ 150 m/min。用高速钢车刀半精车、精车时，一般选用较低的切削速度，可取小于 5 m/min。

切削速度确定后，按切削速度公式计算出机床主轴转速 n（对有级变速的机床，须按机床说明书选择与所计算转速 n 接近的转速）。

需要注意的是，在选择切削速度时，还应考虑以下几点：

① 加工带外皮的工件时，应适当降低切削速度。

② 断续切削时，为减小冲击和热应力，应适当降低切削速度。

③ 加工大件、细长件和薄壁工件时，应选用较低的切削速度。

④ 在易发生振动的情况下，切削速度应避开自波振荡的临界速度。

⑤ 应尽量避开积削瘤产生的区域。

⑥ 车削加工时，应计算待加工表面的切削速度。

二、刀 具

（一）常用刀具及用途

常用刀具及用途见图 1-2-5 ~ 图 1-2-9。

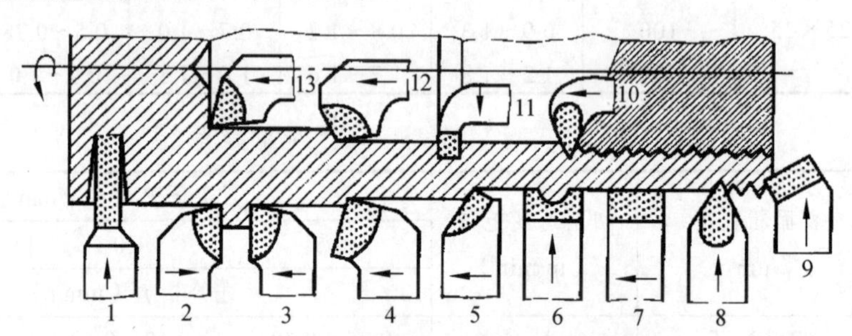

1—切断刀；2—90°左偏刀；3—90°右偏刀；4—弯头车刀；5—直头车刀；6—成型车刀；7—宽刃精车刀；8—外螺纹车刀；9—端面车刀；10—内螺纹车刀；11—内槽车刀；12—通孔车刀；13—盲孔车刀。

图 1-2-5 车刀

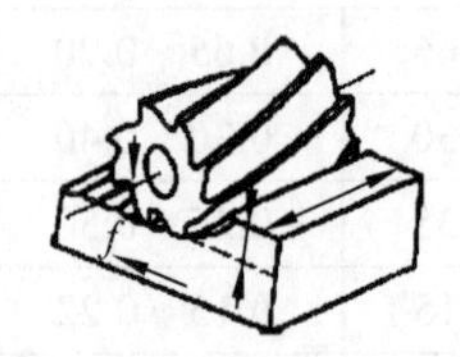

（a）圆柱平面铣刀

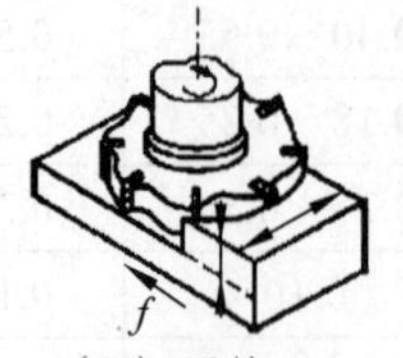

（b）面铣刀

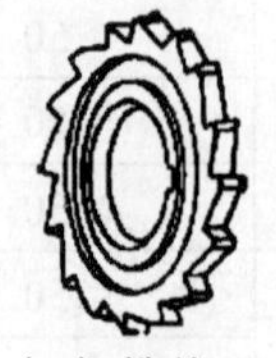

（c）槽铣刀

（d）两面刃铣刀

（e）三面刃铣刀

（f）错齿三面刃铣刀

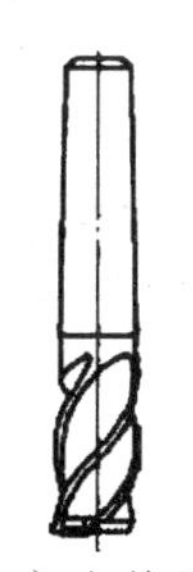

（g）立铣刀

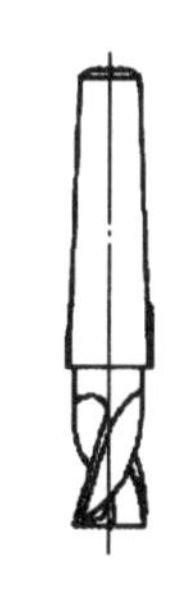

（h）键槽铣刀

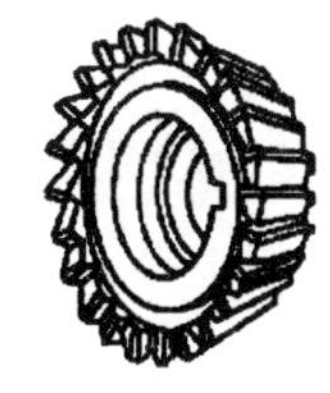

（i）单角度铣刀

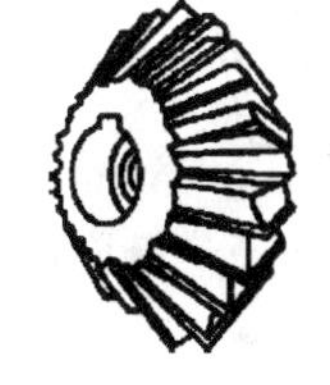

（j）双角度铣刀

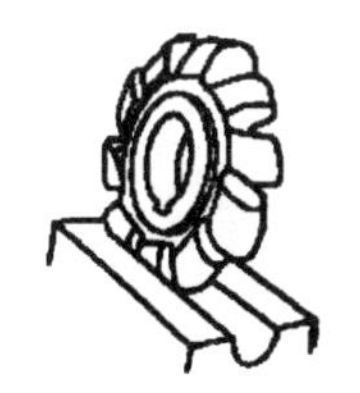

（k）成形铣刀

图 1-2-6　铣刀

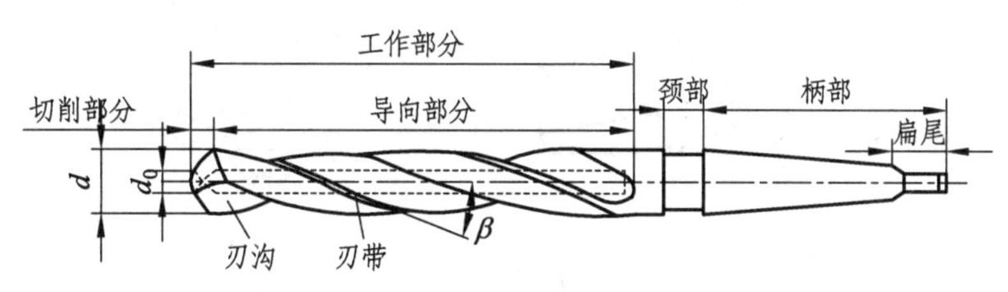

（a）麻花钻组成

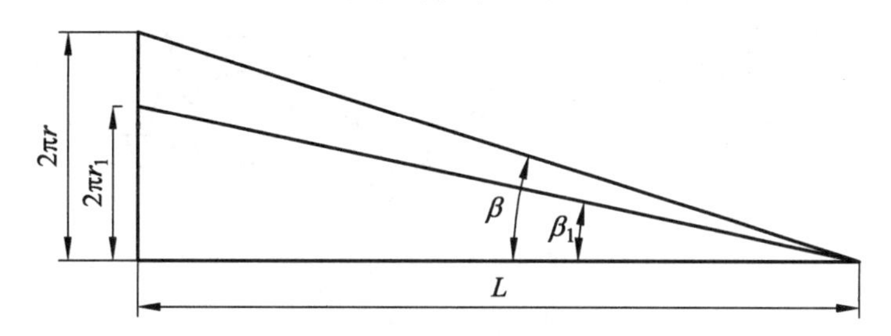

（b）麻花钻螺旋角

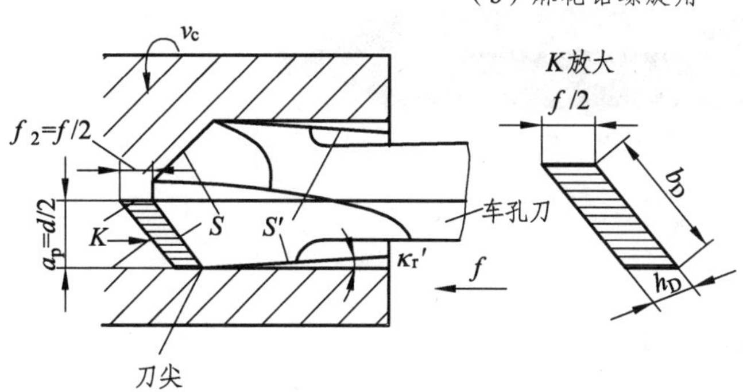

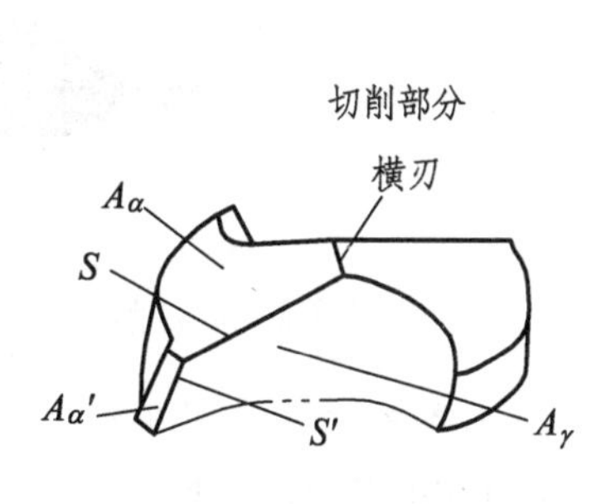

（c）麻花钻切削部分

图 1-2-7　麻花钻

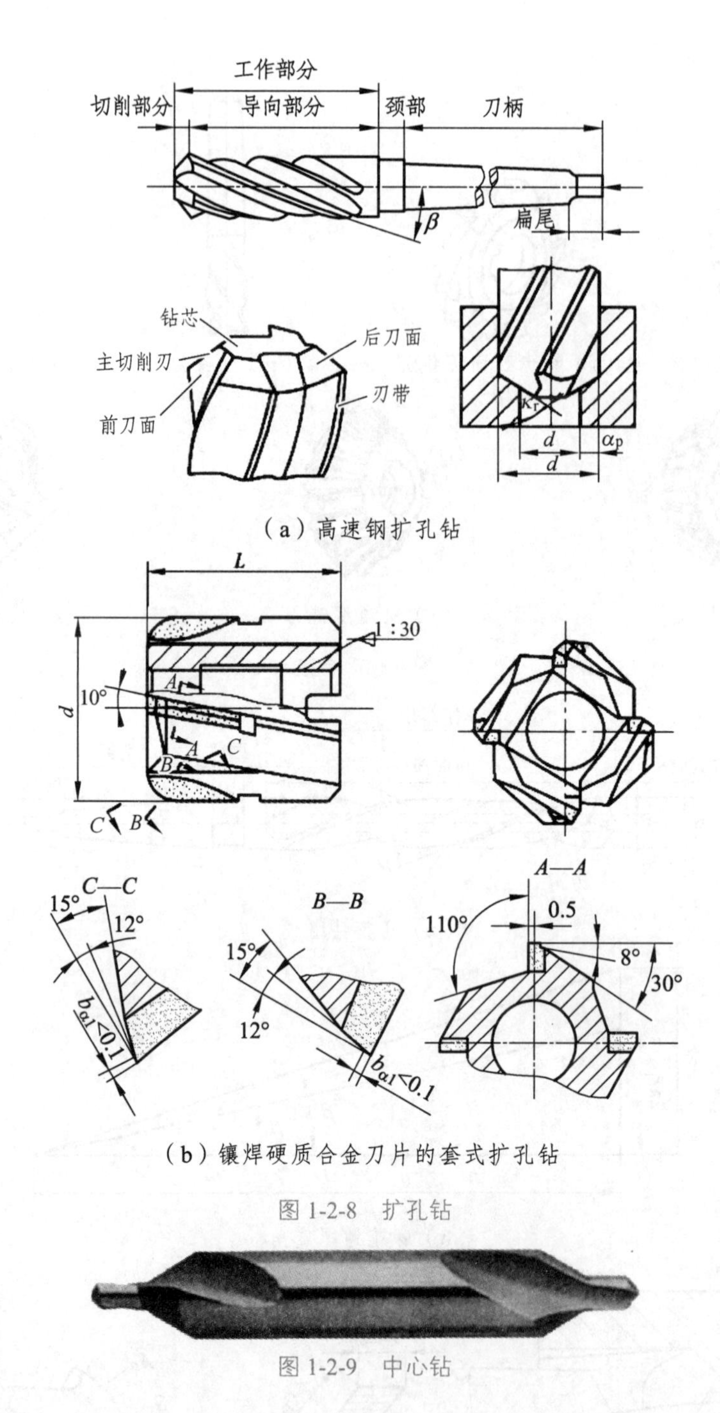

（a）高速钢扩孔钻

（b）镶焊硬质合金刀片的套式扩孔钻

图 1-2-8　扩孔钻

图 1-2-9　中心钻

（二）刀具切削部分的名称及定义

1. 刀具部分切削刃和表面

刀具切削部分的名称，如图 1-2-10 所示。

2. 刀具各部分名称及定义

刀具各部分名称及定义见表 1-2-3。

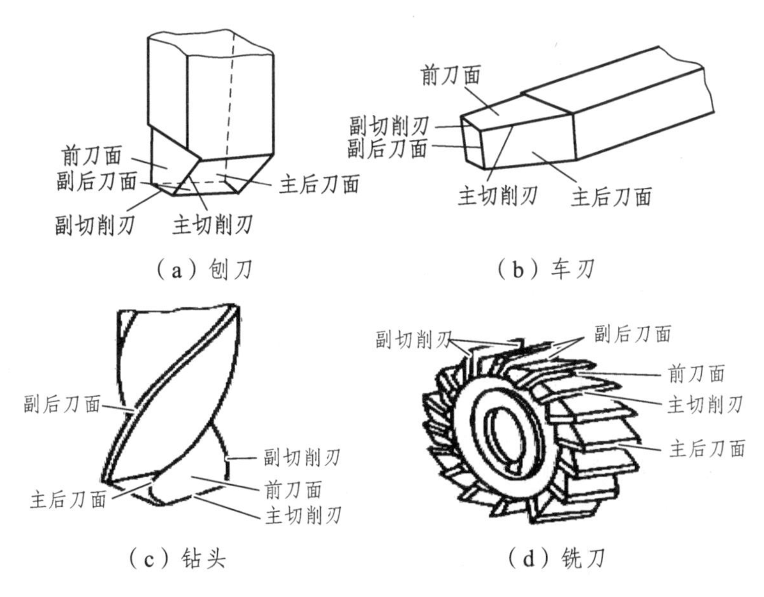

图 1-2-10 刀具切削部分的名称

表 1-2-3 刀具各部分名称

名称	具体描述
前刀面	切削时刀具上切屑流出的表面
主后刀面	切削时与工件上过渡表面相对的表面
副后刀面	切削时与工件上已加工表面相对的表面
主切削刃	起始于切削刃上主偏角为零的点，并至少有一段切削刃拟用来在工件上切出过渡表面的那个整段切削刃（前刀面和主后刀面的交线，担负主要切削的任务）
副切削刃	切削刃上除主切削刃以外的刃，也起始于主偏角为零的点，但它向背离主切削刃的方向延伸（是前刀面和副后刀面的交线，担负少量的切削工作，起一定的修光作用）
刀尖	主切削刃与副切削刃的交点，它可以是一个点、直线或圆弧

3. 刀具角度的辅助平面

刀具角度 3 个相互垂直的辅助平面如图 1-2-11 和图 1-2-12 所示，定义见表 1-2-4。

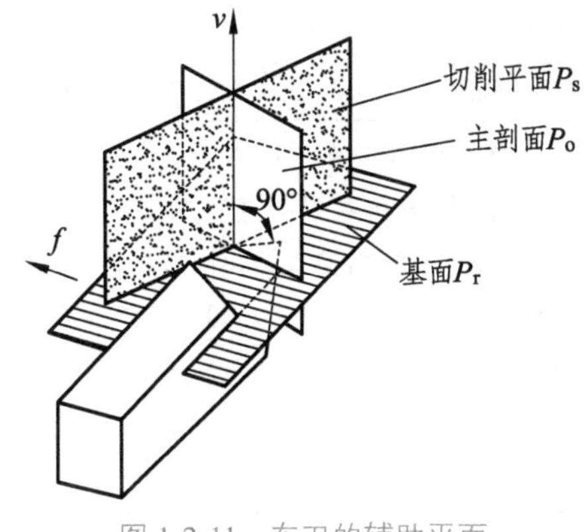

图 1-2-11 车刀的辅助平面

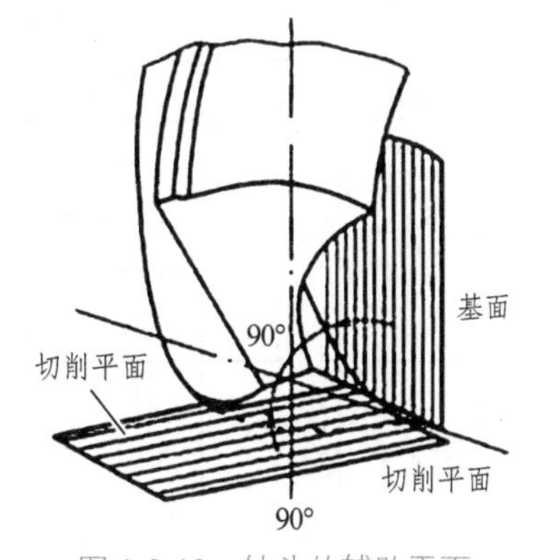

图 1-2-12 钻头的辅助平面

表 1-2-4　平面名称

名称	具体描述
切削平面	通过切削刃选定点与切削刃相切并垂直于基面的平面
基面	过切削刃选定点的平面，它平行或垂直于刀具在制造及测量时适合于安装或定位的一个平面或轴线，一般来说其方位要垂直于假定的主运动方向
正交平面（主剖面）	通过切削刃选定点并同时垂直于基面和前刀面的平面

4. 刀具切削部分的角度

刀具主要标注的角度如图 1-2-13 所示，刀具切削角度名称、代号及其所处的位置见表 1-2-5。

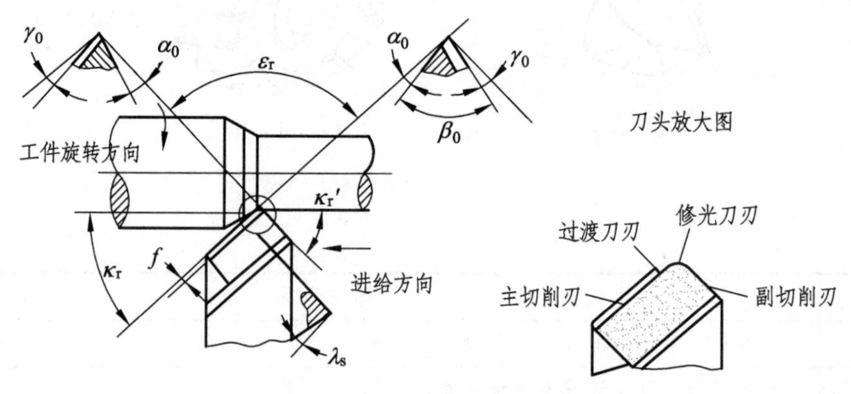

图 1-2-13　刀具主要标注的角度

表 1-2-5　刀具切削角度名称、代号及其所处的位置

名称		代号	具体描述
主剖面中测量的角度	前角	γ_0	前角是前刀面与基面之间的夹角，主要作用是使刀刃锋利，便于切削。车刀的前角不能太大，否则会削弱刀刃的强度，使其容易磨损甚至崩坏。加工塑性材料时，前角可选大些，若用硬质合金车刀切削钢件可取 γ_0=10°～20°；精加工时，车刀的前角应比粗加工大，这样刀刃锋利，降低工件的粗糙度
	后角	α_0	后角是主后刀面与切削平面之间的夹角，主要作用是减小车削时主后刀面与工件的摩擦，α_0 一般取 6°～12°，粗车时取小值，精车时取大值
	楔角	β_0	位于主切削刃选定点的主剖面内，是前刀面与后刀面的夹角
在基面中测量的角度	主偏角	κ_r	主偏角是主切削刃在基面的投影与进给方向的夹角，主要作用是可改变主切削刃、增加切削刃的长度，影响径向切削力的大小以及刀具使用寿命。小的主偏角可增加主切削刃参加切削的长度，因而散热较好，有利于延长刀具使用寿命。车刀常用的主偏角有 45°、60°、75°、90°等几种
	副偏角	κ_r'	副偏角是副切削刃在基面上的投影与进给反方向的夹角，主要作用是减小副切削刃与已加工表面之间的摩擦，以改善已加工表面的粗糙度。κ_r' 一般取 5°～15°
	刀尖角	ε_r	位于基面上，是主切削刃和副切削刃的投影之间的夹角

续表

名称		代号	具体描述
在切削平面中测量的角度	刃倾角	λ_s	刃倾角 λ_s 是主切削刃与基面的夹角，主要作用是控制切屑的流出方向。主切削刃与基面平行时，$\lambda_s=0$；刀尖处于主切削刃的最低点时，λ_s 为负值，刀尖强度增大，切屑流向已加工表面，用于粗加工；刀尖处于主切削刃的最高点时，λ_s 为正值，刀尖强度减小，切屑流向待加工表面，用于精加工。车刀刃倾角 λ_s 一般取−5°～+5°

（三）刀具角度的合理选择

刀具角度的选择方法见表 1-2-6。

表 1-2-6　刀具角度的选择

刀具角度	选择方法
前角	1. 加工硬度高、机械强度大及脆性材料时，应取较小的前角。 2. 加工硬度低、机械强度小及塑性材料时，应取较大的前角。 3. 粗加工时应取较小的前角，精加工时应取较大的前角。 4. 刀具材料坚韧性差时应取较小的前角，刀具材料坚韧性好时应取较大的前角。 5. 在机床、夹具、工件、刀具系统刚性差的情况下，应取较大的前角
后角	1. 加工硬度高、机械强度大及脆性材料时，应取较小的后角。 2. 加工硬度低、机械强度小及塑性材料时，应取较大的后角。 3. 粗加工时应取较小的后角，精加工时应取较大的后角。 4. 采用负前角车刀，应取较大的后角。 5. 工件与车刀的刚性差时，应取较小的后角
楔角	$\gamma_0+\alpha_0+\beta_0=90°$
主偏角	1. 工件材料硬度大时，应选取较小的主偏角。 2. 刚性差的工件（如细长轴）应增大主偏角，减小径向切削分力。 3. 在机床、夹具、工件、刀具系统刚性较好的情况下，主偏角应尽可能选小些。 4. 主偏角应根据工件形状选取
副偏角	1. 机床夹具、工件、刀具系统刚性好，可选较小的副偏角。 2. 精加工刀具应取较小的副偏角。 3. 加工细长轴工件时应取较大的副偏角。 4. 副偏角应根据工件形状选取
刀尖角	$\kappa_r+\kappa_r'+\varepsilon_r=180°$
刃倾角	1. 精加工时刃倾角应取正值，粗加工时刃倾角应取负值。 2. 断续切削时刃倾角应取负值。 3. 机床、夹具、工件、刀具系统刚性较好时，刃倾角可加大负值，反之增大刃倾角
过渡刀刃	1. 圆弧过渡刀刃多用于车刀等单刃刀具上，高速钢车刀圆角半径一般为 0.5～5 mm。 2. 硬质合金车刀圆角半径一般为 0.5～2 mm。 3. 直线形过渡刀刃的偏角一般为主偏角的 1/2

三、常用量具

（一）游标卡尺

游标卡尺是一种利用游标原理对两测量面相对移动分隔的距离进行读数的测量器具，如图 1-2-14 所示。其具有结构简单、使用方便、精度中等和测量的尺寸范围大等特点。可以用它来测量零件的外径、内径、长度、宽度、厚度、深度和孔距等，测量范围有 0 ~ 150 mm，0 ~ 200 mm，0 ~ 300 mm 等，使用方便，用途很广。游标卡尺有 0.1 mm（游标尺上标有 10 个等分刻度）、0.05 mm（游标尺上标有 20 个等分刻度），0.02 mm（游标尺上标有 50 个等分刻度）、0.01 mm（游标尺上标有 100 个等分刻度）4 种最小读数值，实际工作中常用精度为 0.05 mm 和 0.02 mm 的游标卡尺。

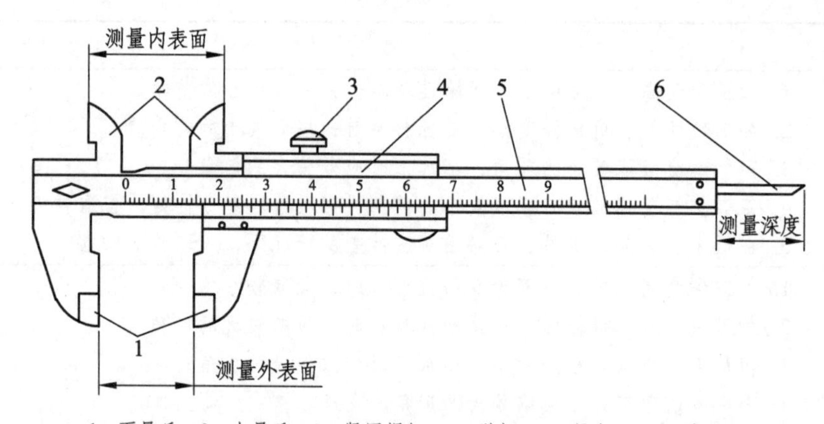

1—下量爪；2—上量爪；3—紧固螺钉；4—游标；5—尺身；6—深度尺。

图 1-2-14　游标卡尺结构与使用

1. 游标卡尺的结构与使用

游标卡尺主要由尺身、上量爪、下量爪、游标、紧固螺钉、深度尺等组成，可用来测量长度、厚度、外径、内径、孔深和中心距对等。上量爪测内径、槽宽，下量爪测外径、长度，深度尺测深度、高度。

2. 游标卡尺的读数原理

游标卡尺是利用主尺刻度间距与副尺刻度间距读数的。以 0.02 mm 游标卡尺为例，主尺的刻度间距为 1 mm，当两卡脚合并时，主尺上 49 mm 刻度线刚好对准副尺上 50 格的刻度线，副尺每格长为 0.98 mm。主尺与副尺的刻度间相差 1-0.98=0.02 mm，因此它的测量精度为 0.02 mm。

3. 游标卡尺的读数方法

表 1-2-7 是以 0.02 mm 精度游标卡尺的某一状态为例说明游标卡尺的读数方法。

表 1-2-7　游标卡尺的读数方法

步骤	具体操作	读数
1. 读整数	在主尺上读出副尺零线以左的刻度，该值就是最后读数的整数部分	33 mm
2. 读小数	副尺上一定有一条与主尺的刻线对齐，在刻尺上读出该刻线距副尺的格数，将其与刻度间距 0.02 mm 相乘，就得到最后读数的小数部分	0.24 mm
3. 求和	将所得到的整数和小数部分相加，就得到总尺寸	33.24 mm

4. 游标卡尺使用方法及注意事项

（1）根据被测工件的特点、尺寸大小和精度要求选用合适的类型、测量范围和分度值。

（2）测量前应将游标卡尺擦干净，并将两量爪合并，检查游标卡尺的精度状况；大规格的游标卡尺要用标准棒校准检查。

（3）测量时，被测工件与游标卡尺要对正，测量位置要准确，两量爪与被测工件表面接触松紧合适。

（4）读数时，要正对游标刻线，看准对齐的刻线，正确读数；不能斜视，以减少读数误差。

（5）用单面游标卡尺测量内尺寸时，测得尺寸应为卡尺上的读数加上两量爪宽度尺寸。

（6）严禁在毛坯面、运动工件或温度较高的工件上进行测量，以防损伤量具和影响测量精度。

（二）千分尺

1. 千分尺的结构与规格

千分尺是测量中最常用的精密量具之一，按照用途不同可分为外径千分尺、内径千分尺、深度千分尺、内测千分尺和螺纹千分尺。千分尺的测量精度为 0.01 mm。外径千分尺的测量范围在 500 mm 以内时，每 25 mm 为一挡，如 0 ~ 25 mm，25 ~ 50 mm 等；测量范围在 500 ~ 1 000 mm 时，每 100 mm 为一挡，如 500 ~ 600 mm，600 ~ 700 mm 等。其结构如图 1-2-15 所示。

2. 千分尺的刻线原理

千分尺的固定套管上刻有轴向中线，作为读数基准线，上面一排刻线标出的数字表示毫米整数值；下面一排刻线未注数字，表示对应上面刻线的半毫米值，即固定套管上下每相邻两刻线轴向长为 0.5 mm。千分尺的测微螺杆的螺距为 0.5 mm，当微分筒每转一圈时，测微螺杆便随之沿轴向移动 0.5 mm。微分筒的外锥面上一圈均匀刻有 50 条刻线，微分筒每转过一个刻线格，测微螺杆沿轴向移动 0.01 mm，所以千分尺的测量精度为 0.01 mm。

3. 千分尺的读数方法

千分尺的读数方法参见表 1-2-8。

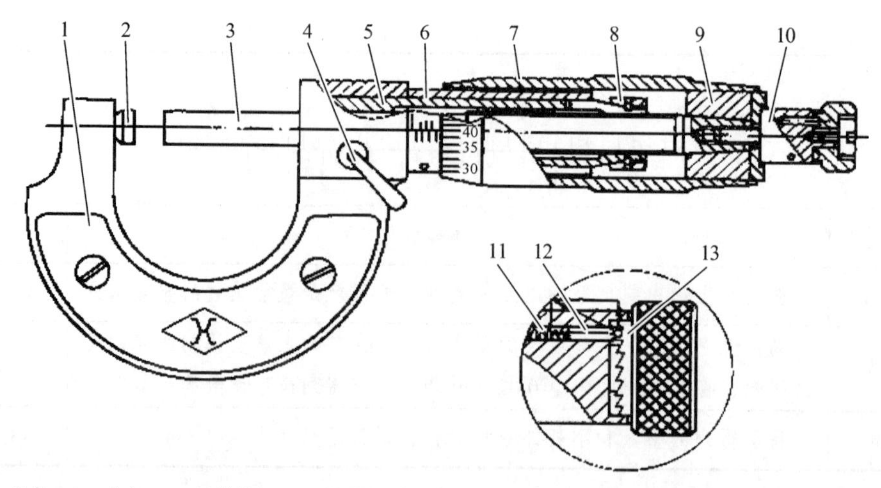

1—尺架；2—砧座；3—测微螺杆；4—锁紧手柄；5—螺纹轴套；6—固定套筒；7—微分筒；8—螺母；9—接头；10—测力装置；11—弹簧；12—棘轮爪；13—棘轮。

图 1-2-15　千分尺的结构

表 1-2-8　千分尺的读数方法

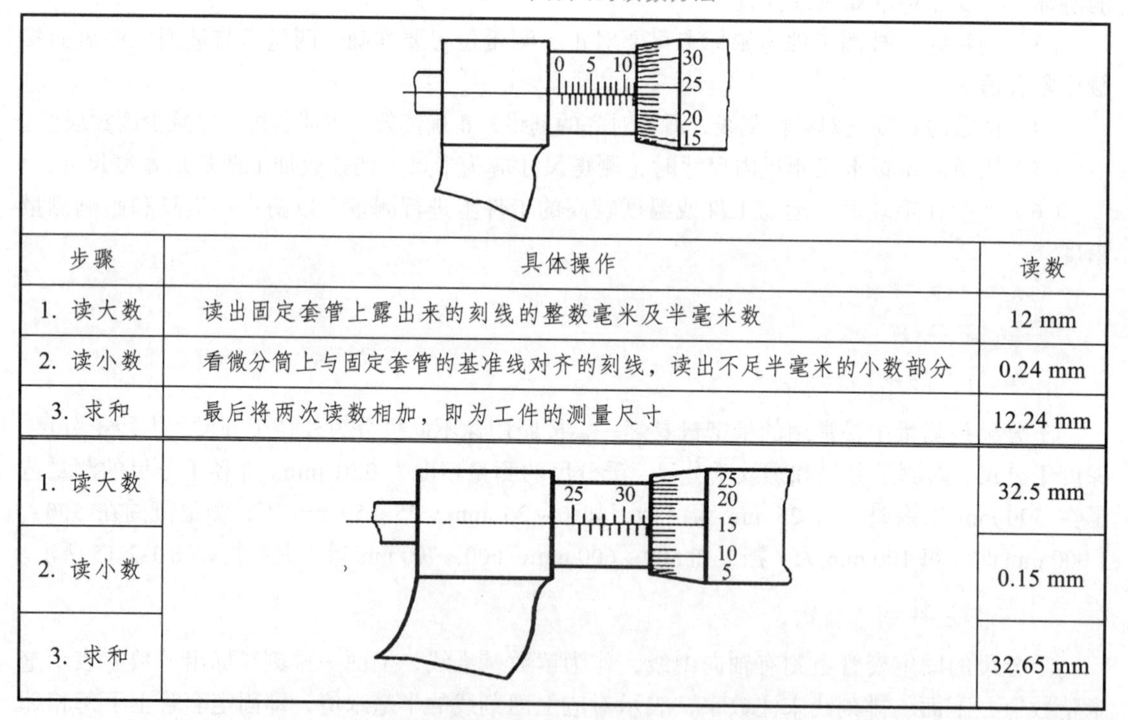

步骤	具体操作	读数
1. 读大数	读出固定套管上露出来的刻线的整数毫米及半毫米数	12 mm
2. 读小数	看微分筒上与固定套管的基准线对齐的刻线，读出不足半毫米的小数部分	0.24 mm
3. 求和	最后将两次读数相加，即为工件的测量尺寸	12.24 mm
1. 读大数		32.5 mm
2. 读小数		0.15 mm
3. 求和		32.65 mm

4. 千分尺的使用

使用千分尺前，应先校对千分尺的零位。所谓“校对千分尺的零位”，就是把千分尺的两个测量面擦干净，转动测微螺杆使它们贴合在一起（这里针对 0 ~ 25 mm 的千分尺而言，若测量范围大于 0 ~ 25 mm 时，应该在两测量面间放上校对样棒），检查微分筒圆周上的“0”刻线是否对准固定套筒的基准轴向中线，微分筒的端面是否正好使固定套筒上的“0”刻线露出来，如图 1-2-16 所示。

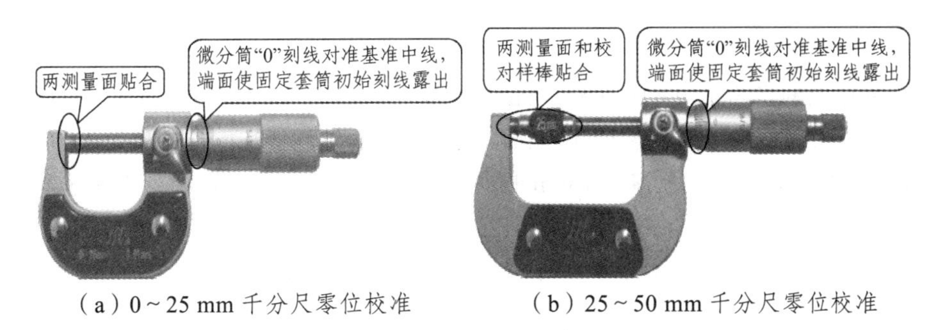

（a）0 ~ 25 mm 千分尺零位校准　（b）25 ~ 50 mm 千分尺零位校准

图 1-2-16　校对千分尺的零位

5. 注意事项

（1）使用前，应先把千分尺的两个测量面擦干净，转动测力装置，使两测量面接触，此时活动套筒和固定套筒的零刻度线应对准。

（2）测量前，应将零件的被测量面擦干净，不能用千分尺测量带有研磨剂的表面和粗糙表面。

（3）测量时，左手握千分尺尺架上的绝热板，右手旋转测力装置的转帽，使测量表面保持一定的测量压力。

（4）绝不允许旋转活动套筒（微分筒）来夹紧被测量面，以免损坏千分尺。

（5）应注意测量杆与被测尺寸方向一致，不可歪斜，并保持与测量表面接触良好。

（6）用千分尺测量零件时，最好在测量中读数，测毕经放松后，再取下千分尺，以减少测量杆表面的磨损。

（7）读数时，要特别注意不要读错主尺上的 0.5 mm。

（8）用后应及时擦干净，放入盒内，以免与其他物件碰撞而受损，影响精度。

（三）百分表

1. 百分表的结构

百分表是一种指示式量仪，主要用来测量工件的尺寸、形状和位置误差，也可用于检验机床的几何精度或调整工件的装夹位置偏差，如图 1-2-17 所示。百分表的测量范围一般有 0 ~ 3 mm，0 ~ 5 mm 和 0 ~ 10 mm 3 种。按制造精度不同，百分表可分为 0 级、1 级和 2 级。

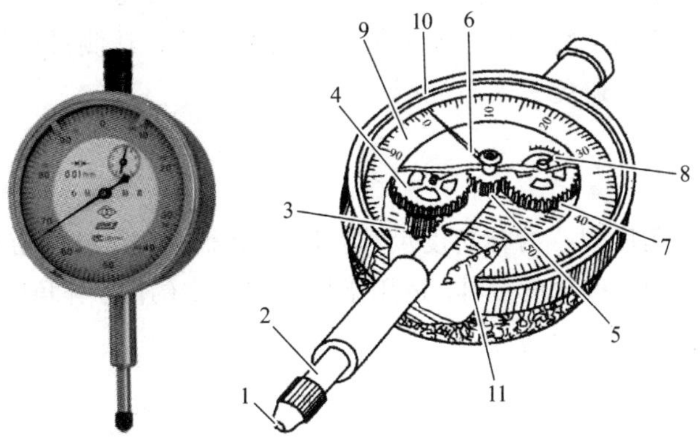

1—测头；2—量杆；3—小齿轮（16 齿）；4，7—大齿轮（100 齿）；5—传动齿轮；6，8—大小指针；9—表盘；10—表圈；11—拉簧。

图 1-2-17　百分表的结构

2. 百分表的刻线原理与读数

百分表量杆上的齿距是 0.625 mm。当量杆上升 16 齿时（即上升 0.625×16=10 mm），16 齿的小齿轮正好转 1 周，与其同轴的 100 齿的大齿轮也转 1 周，从而带动齿数为 10 的小齿轮和长指针转 10 周。即当量杆上移动 1 mm 时，长指针转 1 周。由于表盘上共等分 100 格，所以长指针每转 1 格，表示量杆移动 0.01 mm。故百分表的测量精度为 0.01 mm。测量时，量杆被推向管内，量杆移动的距离等于小指针的读数（测出的整数部分）加上大指针的读数（测出的小数部分）。

3. 百分表的安装和使用方法

百分表须装夹在百分表架或磁性表架上使用，如图 1-2-18 所示。表架上的接头即伸缩杆，可以调节百分表的上下、前后、左右位置。

将百分表及表架置于平台上，利用块规可对零尺寸，并将表盘旋转到零位。然后移去块规再测工件，即可比较出工件的尺寸是多少。

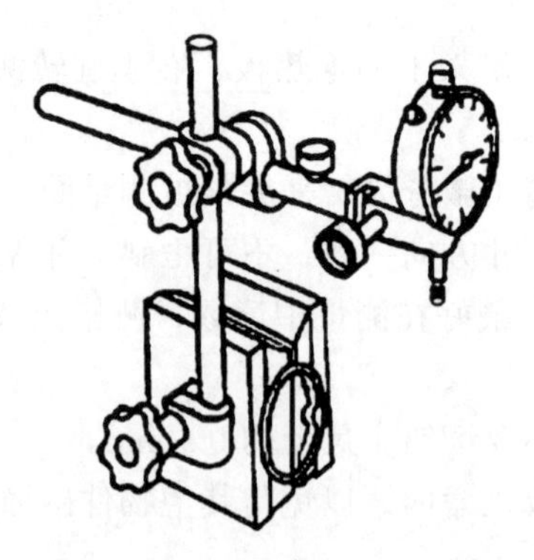

图 1-2-18　百分表的安装方法

百分表测量时，测轴应与被测量的零件表面相垂直，否则，测出的尺寸不精确；读数时眼睛要垂直于表针，防止偏视造成读数误差。

4. 注意事项

（1）远离液体，不使冷却液、切削液、水或油与内径表接触。

（2）在不使用时，要摘下百分表，使表解除其所有负荷，让测量杆处于自由状态。

（3）成套保存于盒内，避免丢失与混用。

（四）万能角度尺

万能角度尺又称为角度规、游标角度尺和万能量角器，它是利用游标读数原理来直接测量工件角度或进行划线的一种角度量具。适用于机械加工中的内、外角度测量，可测 0°～320° 外角及 40°～130°内角。

1. 万能角度尺的结构

万能角度尺的结构如图 1-2-19 所示，由主尺、角尺、游标、制动器、基尺、直尺、卡块等组成。基尺可以带着主尺沿着游标转动，当转到所需角度时，可以用制动器锁紧。卡块将角尺和直尺固定在所需的位置上。测量时，转动背面的捏手，通过小齿轮转动扇形齿轮，使基尺改变角度。

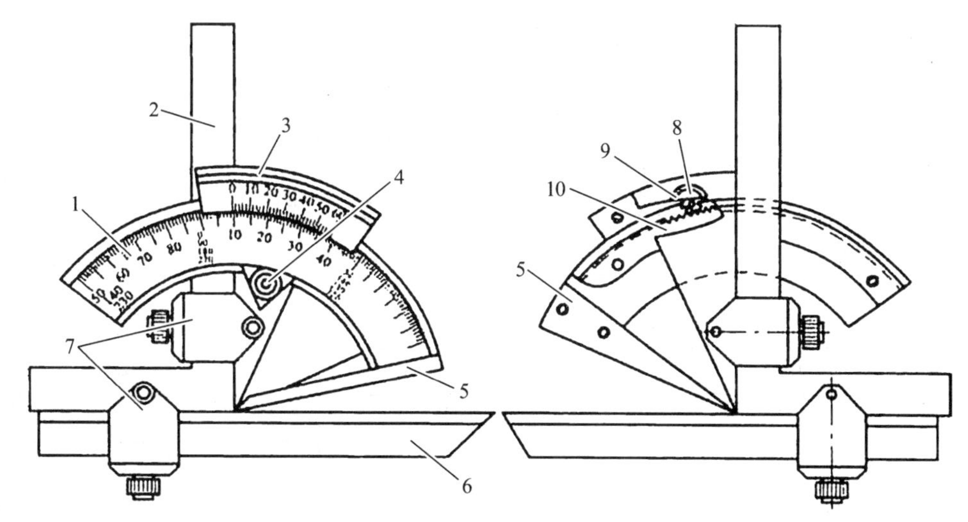

1—主尺；2—角尺；3—游标；4—制动器；5—基尺；6—直尺；7—卡块；
8—捏手；9—小齿轮；10—扇形齿轮。

图 1-2-19　万能角度尺

2. 读数原理

万能角度尺的读数机构是根据游标原理制成的，万能角度尺的示值一般分为 5′和 2′两种，下面仅介绍示值为 2′的读数原理。

主尺刻线每格为 1°，游标的刻线是取主尺的 29°等分为 30 格，如图 1-2-20（a）所示。

每格所对的角度为 29°/30=60'×29/30=58'，因此，主尺一格与游标一格相差：1°~29°/30=60'-58'=2'，也就是说万能角度尺读数准确度为 2'。其读数方法与游标卡尺完全相同，即先从主尺上读出游标零线前面的整读数，然后在游标上读出分的数值，两者相加就是被测件的角度数值。图 1-2-20（b）所示标尺读数为 9°50'。

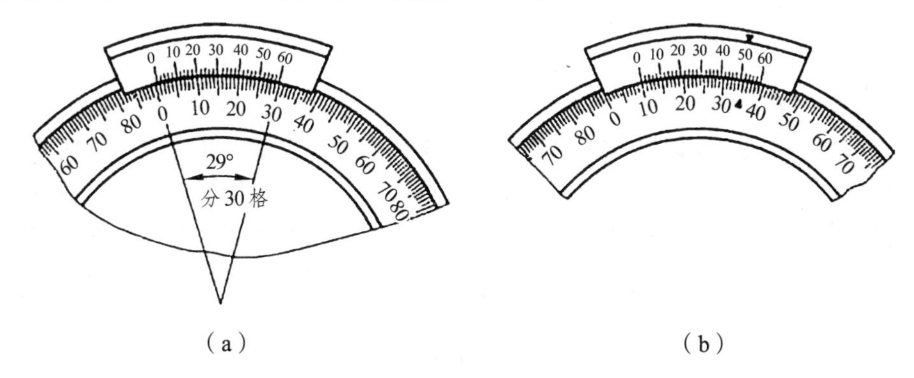

图 1-2-20　万能角度尺的读数原理

3. 万能角度尺的使用方法

1）使用方法

万能角度尺的使用方法见表 1-2-9。

表 1-2-9　万能角度尺的使用方法

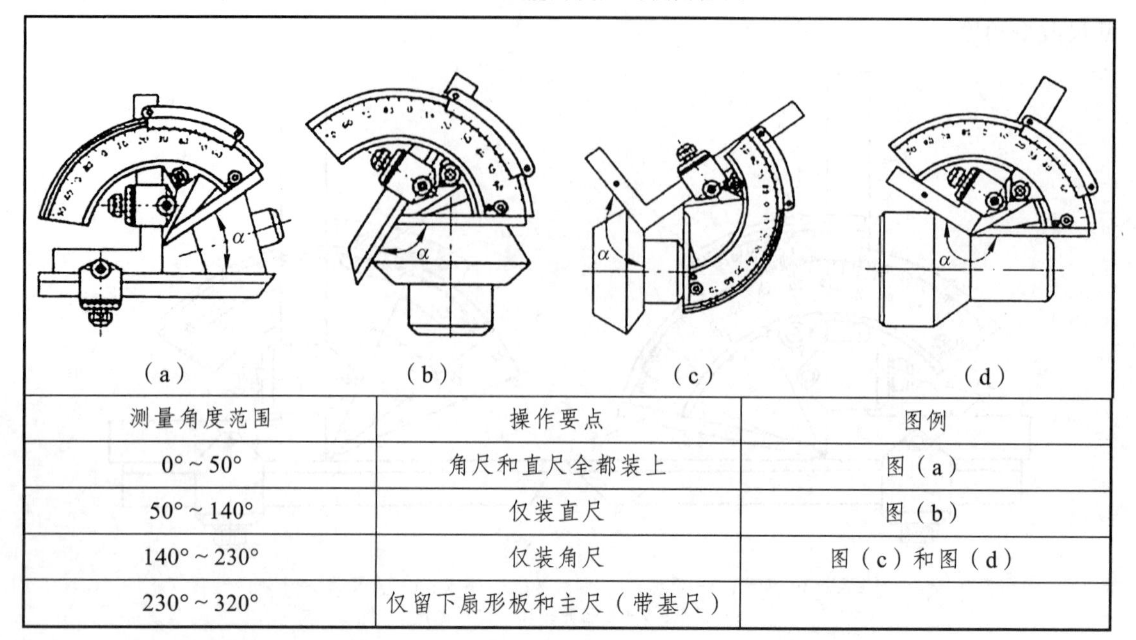

(a)　(b)　(c)　(d)

测量角度范围	操作要点	图例
0°～50°	角尺和直尺全都装上	图（a）
50°～140°	仅装直尺	图（b）
140°～230°	仅装角尺	图（c）和图（d）
230°～320°	仅留下扇形板和主尺（带基尺）	

2）测量时应注意的事项

（1）测量时应先校准零位，万能角度尺的零位，是当角尺与直尺均装上，而角尺的底边及基尺与直尺无间隙接触，此时主尺与游标的“0”线对准。调整好零位后，通过改变基尺、角尺、直尺的相互位置可测试 0～320°范围内的任意角。

（2）测量时，根据产品被测部位的情况，先调整好角尺或直尺的位置，用卡块上的螺钉把它们紧固住，再来调整基尺测量面与其他有关测量面之间的夹角。这时，要先松开制动头上的螺母，移动主尺做粗调整，然后再转动扇形齿轮板背面的微动装置做细调整，直到两个测量面与被测表面密切贴合为止；然后拧紧制动器上的螺母，把角度尺取下来进行读数。

四、金属材料的切削加工性

（一）金属材料的切削加工性简介

金属材料的切削加工性是指将其加工成合格零件的难易程度。其直接影响加工质量和刀具的耐用度。切削加工性能是一个综合指标，很难用一个简单的物理量表示。一般来说，良好的加工性能是指加工时刀具的耐用度高，或在一定耐用度下允许的切削速度高；在相同的切削条件下，切削力小或切削温度低；容易获得好的表面质量或切屑形状容易控制。某种材料的切削加工性，不仅取决于材料本身，还取决于具体的加工要求及切削条件。

由于加工要求和生产条件不同，评定工件材料的切削加工性的指标也不相同。目前，多采用一定耐用度下所允许的切削速度这个指标来衡量。在相同的切削条件下，能使刀具寿命延长的工件材料，其切削加工性好，或者在一定刀具寿命下，所允许的最大切削速度高的工件材料，其切削加工性好。

一般用相对切削加工性 K_r 来对各种材料的切削加工性进行比较。材料的切削加工性概念具有相对性，所以经常以抗拉强度 σ_b=0.637 MPa 的正火状态 45 钢的 v_{60} 作为基准，写作 $(v_{60})j$，而把其他被切削材料的 v_{60} 与之相比，可得到该材料的相对切削加工性 K_r，即

$$K_r = \frac{v_{60}}{(v_{60})j}$$

凡 K_r>1 的材料，比 45 钢容易切削；凡是 K_r<1 的材料，比 45 钢难切削。常用金属材料的相对切削加工性等级见表 1-2-10。

表 1-2-10　常用金属材料的相对切削加工性等级

相对切削加工性等级	名称及种类		相对切削加工性 K_r	代表性材料
1	很容易切削材料	一般有色金属	>3.0	钢铝合金，铜铝合金，铝镁合金
2	容易切削易削钢	易削钢	2.5～3.0	退火 1.5Cr（0.372～0.441 GPa），自动机钢（0.392～0.490 GPa）
3		较易削钢	1.6～2.5	正火 30 钢 σ_b=0.441～0.549 GPa
4	普通材料	一般钢及铸铁	1.0～1.6	45 钢，灰铸铁，结构钢
5		稍难切削材料	0.65～1.0	2Cr13 调质（0.8288 GPa），85 钢轧制（0.8829 GPa）
6	难切削材料	较难切削材料	0.5～0.65	45Cr 调质（1.03 GPa） 60Mn 调质（0.9319～0.981 GPa）
7		难切削材料	0.15～0.5	50CrV 调质，1Cr18Ni9Ti 未淬火，α 相钛合金
8		很难切削材料	<0.15	β 相钛合金，镍基高温合金

（二）影响材料切削加工性的主要因素

工件材料的物理机械性能、化学成分和金相组织是影响其加工性能的主要因素，见表 1-2-11 所示。

表 1-2-11　工件材料影响其加工性能的主要因素

主要因素		影响加工性能
物理机械性能	硬度	1. 材料的硬度高，刀具易磨损且耐用度低，加工性不好； 2. 高温合金、耐热钢，高温硬度高，高温下切削时，使刀具磨损加快，加工性能不好； 3. 硬质点多和加工硬化严重的材料，加工性能较差
	强度	1. 切削强度高的材料时，切削力大、切削温度高、刀具易磨损、加工性不好； 2. 高温下仍能保持较高强度的材料（如 1CrI8Ni9Ti），加工性能也不好； 3. 强度相近的同类材料，塑性越大，切削中的塑性变形和摩擦就越大，切削力大，切削温度高，刀具容易磨损，在较低切削速度下切削时，易产生积屑瘤和鳞刺，使加工表面粗糙度增大，断屑较困难，故加工性能也不好

续表

主要因素		影响加工性能
物理机械性能	塑性	1. 塑性太小的材料，切削时切削力、切削热集中在刀刃附近，刀具易产生崩刃，加工性较差； 2. 在碳素钢中，低碳钢的塑性过大，高碳钢的塑性太小且硬度高，故它们的加工性都不如硬度和塑性都适中的中碳钢好； 3. 材料的韧性大，与刀具材料的化学亲和性强，其加工性能差
	热导率	热导率大的材料，由切屑带走和工件传散出的热量多，有利于降低切削温度，使刀具磨损速率减小，故加工性能好
化学成分	含碳量	含碳量对加工性能影响很大，含碳量在 0.4%左右的中碳钢加工性能最好，而低、高碳钢均不如中碳钢
	合金元素	1. 钢中的各种合金元素 Cr、Ni、V、Mo、W、Mn 等虽能提高钢的强度和硬度，但却使钢的切削加工性能降低； 2. 钢中 Si 和 Al 的含量大于 0.3%时，易形成硬质点，加剧刀具磨损，使切削加工性能变差； 3. 钢中添加少量的 S、P、Pb、Ca 等能改善其加工性能
	铸铁石墨化	1. 石墨很软，而且具有润滑作用，铸铁中的石墨越多，越容易切削，铸铁中如含有 Si、Al、Ni、Cu、Ti 等促进石墨化的因素，就能改善其加工性； 2. 铸铁中如含有 Cr、Mn、V、Mo、Co、S、P 等阻碍石墨化的元素则会使铸铁的切削加工性变差； 3. 当碳以 Fe_3C 的形式存在时，因 Fe_3C 硬度很高，故会加快刀具的磨损
金相组织		1. 低碳钢中含高塑性、高韧性、低硬度的铁素体组织多，切削时，与刀具发生黏结现象严重，且容易产生积屑瘤，影响已加工表面质量，故切削加工性能不好； 2. 中碳钢的金相组织主要是珠光体和铁素体，材料具有中等强度、硬度和中等塑性、韧性，切削时，刀具不易磨损，也容易获得高的表面质量，故切削加工性能好； 3. 淬火钢的金相组织主要是马氏体，材料的强度、硬度都很高。马氏体在钢中呈针状分布切削时使刀具受到剧烈磨损； 4. 灰铸铁中含有较多的片状石墨，硬度很低，切削时，石墨还能起到润滑作用，使切削力减小。而冷硬铸铁表层材料的金相组织多为渗碳体，具有很高的硬度，很难切削

（三）改善工件材料切削加工性的途径

改善材料切削加工性能的主要途径包括调整材料的化学成分和通过适当的热处理来改变材料的金相组织。但在加工时工件材料已定且不能改变，因此只能通过适当的热处理来改变材料的金相组织，以改善其加工性能。常用改善工件材料切削加工性的途径有：

（1）对于低碳钢，进行正火处理，可适当提高硬度，降低塑性。

（2）对于高碳钢，进行退火处理，可降低其硬度、强度。

（3）对于有白口组织的铸铁件，常采用退火的方法来降低硬度等。

（4）通过调质处理，提高有的工件材料的硬度、强度，降低塑性来改善切削加工性能，如对不锈钢 2Cr13 车螺纹时，常采用调质处理使工件的表面粗糙度得到改善，生产效率也相应提高。

（5）采用去应力退火（或时效处理），减少有的工件（如氮化钢）已加工表面的残余应力，改善材料的切削加工性能。

（6）毛坯精度、硬度、组织均匀，提高毛坯质量，都有利于降低切削力的波动，减小加工时的振动和刀具的磨损，从而有利于加工质量特别是表面质量的提高。例如，冷拔料毛坯优于热轧料毛坯，热轧料毛坯优于锻件。

（7）选用合适的刀具材料，确定合理的刀具角度和切削用量，安排适当的加工方法和加工顺序，也可以改善材料的切削加工性。

五、切削液

（一）切削液的作用

1. 润滑作用

切削液可形成润滑膜，减小前刀面与切屑、后刀面与已加工表面间的摩擦，从而减小功率消耗，降低刀具与工件坯料摩擦部位的表面温度，减少刀具磨损，改善工件材料的切削加工性能。

2. 冷却作用

切削液通过它和刀具、切屑和工件间的对流和汽化作用把切削热从刀具和工件处带走，从而降低切削温度，减少工件和刀具的热变形，保持刀具硬度，提高加工精度和刀具耐用度。切削液的冷却性能与其导热系数、比热、汽化热以及黏度（或流动性）有关。水的导热系数和比热均高于油，因此水的冷却性能要优于油。

3. 清洗作用

切削液具有良好的清洗作用，能有效去除切屑、粉尘及油污等，防止机床、工件和刀具被污染，使刀具切削刃口保持锋利，不致影响切削效果。

4. 防锈作用

切削液有一定的防锈能力。在金属切削加工或工序流转过程中暂时存放时，切削液能防止环境介质及残存切削液中的油泥等腐蚀性物质对金属产生侵蚀。

5. 其他作用

切削液还具备良好的稳定性，在储存和使用中不产生沉淀或分层、析油、析皂和老化等现象；对细菌和霉菌有一定的抵抗能力，不易长霉及生物降解而导致发臭、变质；不损坏涂漆零件，对人体无危害，无刺激性气味等。

（二）切削液的种类、特点及应用场合

切削液的种类、特点及应用见表 1-2-12。

表 1-2-12　切削液的种类、特点及应用场合

种类		主要成分	特点	应用场合
油基切削液	矿物油	煤油、柴油等轻质油和全损耗系统油	具有良好的润滑性和一定的防锈剂，但生物降解性差	适用于轻负荷切削，及易切削钢材和有色金属的加工。普通精车、螺纹精加工中应用较广
	动植物油	鲸鱼油、蓖麻油、棉籽油、菜籽油、豆油	具有优良的润滑性和生物降解性，但易氧化变质	一般用于精车丝杠、滚齿、剃齿等精密切削加工
	普通复合切削油	在矿物油中加入油性剂调配而成	比单用矿物油性能好，有一定的润滑、渗透和清洗作用	适用于多工位切削及多种材料的切削加工
	极压切削油	在矿物油中加入含硫、磷、氯、硼等极压添加剂、油溶性防锈剂和油性剂等	高温下仍具有良好的润滑效果，防锈性也较好	一般在精加工中使用，钻削、铰削和加工深孔时，用黏度较小的极压切削油
水基切削液	水溶液	水加入防锈剂、防腐剂	主要起冷却作用	常用于粗加工
	乳化液	由矿物油、乳化剂、防锈剂、油性剂、极压剂和防腐剂等组成	起冷却作用、有一定的润滑和防锈性能。但工作稳定性差，使用周期短，溶液不透明	粗加工中使用，难观察切削状况，使用量逐年减少
	合成切削液	由水、各种表面活性剂和化学添加剂组成	使用寿命长，具有优良的冷却和清洗性能，适合高速切削	溶液透明，具有良好的可见性，在数控机床、加工中心等现代加工设备上使用
半合成切削液		由少量矿物油、油性剂、极压剂、防锈剂、表面活性剂和防腐剂等组成	具备乳化液和合成切削液的优点，又弥补了两者的不足，是切削液发展的趋势	弥补了乳化液和合成切削液两者的不足，是切削液发展的趋势

（三）根据刀具材料选用切削液

1. 工具钢刀具

工具钢刀具的耐热温度为 200 ~ 300 °C，在高温下会降低硬度，只适用于一般材料的切削。因为这种刀具耐热性能差，要求冷却液的冷却效果要好，所以一般采用乳化液。

2. 高速钢刀具

高速钢刀具材料是以铬、镍、钨、钼、钒（有的还含有铝）为基础的，它们的耐热性明

显比工具钢刀具高，允许的最高温度可达 600 °C。使用高速钢刀具进行低速和中速切削时，建议采用油基切削液或乳化液。高速切削时，由于发热量大，宜采用水基切削液。若使用油基切削液会产生较多油雾，污染环境，而且容易造成工件烧伤，影响加工质量，增大刀具磨损。

3. 硬质合金刀具

硬质合金刀具材料是由碳化钨（WC）、碳化钛（TiC）、碳化钽（TaC）和 5%～10%的钴组成，它的硬度大大超过高速钢，最高允许工作温度可达 1 000 °C，具有优良的耐磨性能，加工钢铁材料时，可减少切屑间的黏结现象。

选用切削液时，要考虑硬质合金对骤冷骤热的敏感性，所以一般选用含有抗磨添加剂的油基切削液。使用冷却液进行切削时，要注意均匀地冷却刀具，开始切削之前，最好预先用切削液冷却刀具。

4. 陶瓷刀具

陶瓷刀具是采用氧化铝、金属和碳化物在高温下烧结而成的。这种材料的高温耐磨性比硬质合金还要好，所以一般用于干切削，但考虑到需均匀冷却和避免温度过高，常使用水基切削液。

（四）特别提示

切削有色金属和铜、铝合金时，为了得到较高的表面质量和精度，可采用 10%～ 20%的乳化液、煤油或煤油与矿物油的混合物。但不能用含硫的切削液，因为硫对有色金属有腐蚀作用。切削镁合金时，不能用水溶液，以免燃烧。

在数控加工过程中，有些设备采用高压空气来代替切削液。高压空气在加工过程中主要起到冷却和清洗的作用，但起不到润滑和防锈的作用。使用高压空气不仅可以达到冷却的效果，而且可以降低生产成本，减少环境污染。

【训练与提高】

1. 什么是切削运动？画图说明切削运动有哪些类型。

2. 画图说明工件切削过程中产生了哪些表面。

3. 什么是切削用量的三要素？写出它们的计算公式。

4. 以车削为例，当工件待加工表面处直径为 40 mm，工件的转速为 1 400 r/min 时，试计算它的切削速度。

5. 在 CA6140 型车床上把 $\phi 60$ 的轴一次进给车至 $\phi 52$。如果选用切削速度为 90 m/min，求背吃刀量 a_p 和车床主轴转速 n。

6. 刀头一般由哪些部分组成？

7. 车刀的主要角度有哪些？它们的主要作用是什么？

8. 在主剖面、基面、切削平面中测量的车刀角度分别有哪些？

9. 按用途分车刀的种类有哪些？

10. 简述游标卡尺的结构和原理。

11. 试举例说明游标卡尺的读数方法。

12. 试根据图 1-2-14 所示确定游标卡尺所表示的尺寸，游标读数值为 0.02 mm。

13. 简述千分尺的结构和原理。

14. 试举例说明千分尺的读数方法。

15. 简述百分表的结构和原理。

16. 试举例说明百分表的读数方法。

17. 简述万能角尺的结构和原理。

18. 试举例说明万能角度尺的读数方法。

19. 什么是材料切削加工性？影响材料切削加工性的主要因素有哪些？

20. 改善工件材料切削加工性的途径有哪些？

21. 切削液有哪些作用？

22. 如何根据刀具材料选用切削液。

23. 用高速钢车刀车削一根 ϕ50 mm×200 mm 的铸铁轴，主轴转速为 400 r/min。请选用一种较适合的切削液。

【任务实施】

一、实施过程

本任务的实施步骤如下：

（一）分析零件

该零件需加工要素为：端面、外圆柱面和倒角。零件材料为 45 钢，毛坯规格为 45 mm×90 mm。尺寸精度及安全操作要求见表 1-2-13。

表 1-2-13　加工评分表

班级		姓名		学号	
零件名称		图号		检测	
序号	检测项目	配分	评分标准	检测结果	得分
1	$\phi42_{-0.039}^{0}$	40	每超差 0.01 扣 10 分		
2	*Ra*3.2	20	每降一级扣 5 分		
3	长度 45	20	每超 0.5 扣 10 分		
4	倒角两处	10	每处不符扣 5 分		
5	安全操作规程	10	按相关安全操作规程酌情扣 1～10 分		

（二）加工准备

1. 选取工量具

工量具清单见表 1-2-14。

表 1-2-14　工、量、刃具清单

序号	名称	规格	精度	数量
1	外圆车刀	45°		自定
2	外圆车刀	90°		自定
3	钢直尺	0～150 mm	1 mm	1
4	游标卡尺	0～150 mm	0.02 mm	1
5	千分尺	25～50 mm	0.01 mm	1
6	常用工具			自定

2. 选取切削用量

根据图样检查工件的加工余量和要求，选择合适的切削用量。

在零件材料为45钢的情况下粗车外圆时，通常背吃刀量为1.5 ~ 3 mm，主轴转速为500 ~ 800 r/min，进给量为 0.2 ~ 0.4 mm/r。精车外圆时，通常余量为 0.5 mm（直径方向），主轴转速为900 ~ 1 200 r/min，进给量为0.1 mm/r左右。具体选择见表1-2-15。

表 1-2-15　切削用量

刀具	加工内容	主轴转速/（r/min）	进给量/（mm/r）	背吃刀量/mm
45°外圆车刀	端面	800	0.1	0.1 ~ 1
90°外圆车刀	粗车外圆	500	0.3	2
	精车外圆	1 000	0.1	0.25

3. 确定加工步骤。

加工步骤见表1-2-16。

表 1-2-16　车削外圆、端面和倒角加工步骤

加工步骤	图示	加工内容
1	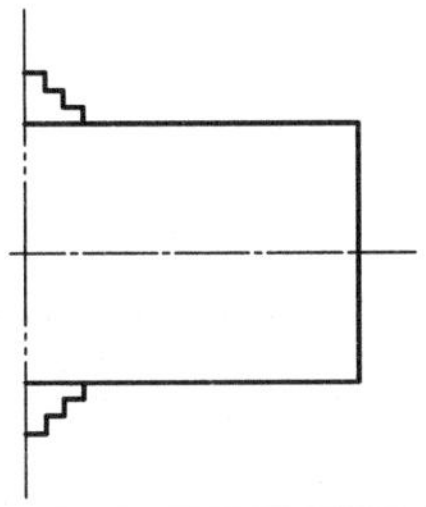	工件露出卡爪 60 mm 左右，校正并夹紧；粗、精车端面，保证表面粗糙度
2	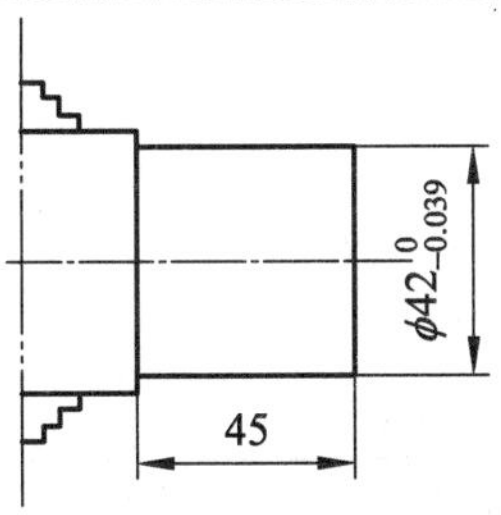 $\phi42^{0}_{-0.039}$ 45	粗、精加工ϕ42 mm×45 mm 外圆，并保证尺寸精度和表面粗糙度
3	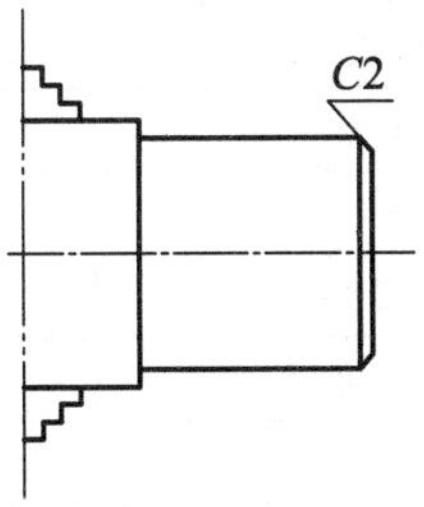 C2	加工完毕后，根据图纸要求倒角、去毛刺，并仔细检查各部分尺寸；最后卸下工件，完成操作

二、展示评比

各小组派出代表进行展示，组间交叉评比，填写表1-2-17。

表 1-2-17　评比过程记录表

序号	评比要点	优缺点	评比分值	备注
1	文字表达是否清晰、完整			
2	知识内容是否全面、正确			
3	学习组织是否有序、高效			
4	其他			
综合评分				

【任务小结与评价】

一、任务小结与反思

二、任务评价

表 1-2-18　评价表

班级			学号		
姓名			综合评价等级		
指导教师			日期		
评价项目	序号	评价内容	评价方式		
			自我评价	小组评价	教师评价
团队表现（40 分）	1	任务评比综合评分，配分 20 分			
	2	任务参与态度，配分 8 分			
	3	参与任务的程度，配分 6 分			
	4	在任务中发挥的作用，配分 6 分			
个人学习表现（50 分）	5	学习态度，配分 10 分			
	6	出勤情况，配分 10 分			
	7	课堂表现，配分 10 分			
	8	作业完成情况，配分 20 分			
个人素质（10 分）	9	作风严谨、遵章守纪，配分 5 分			
	10	安全意识，配分 5 分			
合计					
综合评分					

注：各评分项按 “A”（0.9 ~ 1.0）、“B”（0.8 ~ 0.89）、“C”（0.7 ~ 0.79）、“D”（0.6 ~ 0.69）、“E”（0.1 ~ 0.59）及 “0” 分配分；如学习态度项、出勤项、安全项评 0 分，总评为 0 分。

任务三　数控加工工艺概念与工艺过程

【学时】

4 课时。

【学习目标】

1. 了解数控加工工艺的概念、特点及数控加工的主要内容。
2. 了解数控加工工艺路线的设计。
3. 了解数控车削工艺基本特点及主要内容。
4. 了解数控车削工艺规程的制订过程。
5. 了解影响工件表面质量的因素。
6. 掌握提高机械加工精度的工艺措施，以及数控加工质量的控制方法。
7. 根据零件加工要求，能够正确选择加工方法、制订合理的工艺规程。
8. 能够分析影响工件（零件）表面质量的因素。
9. 根据零件加工要求，能够合理选择相应的工艺措施及控制加工质量的方法。

【任务描述】

在数控车床上加工如图 1-3-1 所示的典型轴套类零件，材料为 45 钢，无热处理和硬度要求，单件小批量生产。试根据尺寸精度和位置精度要求，对该零件进行数控车削工艺分析，设计加工步骤。

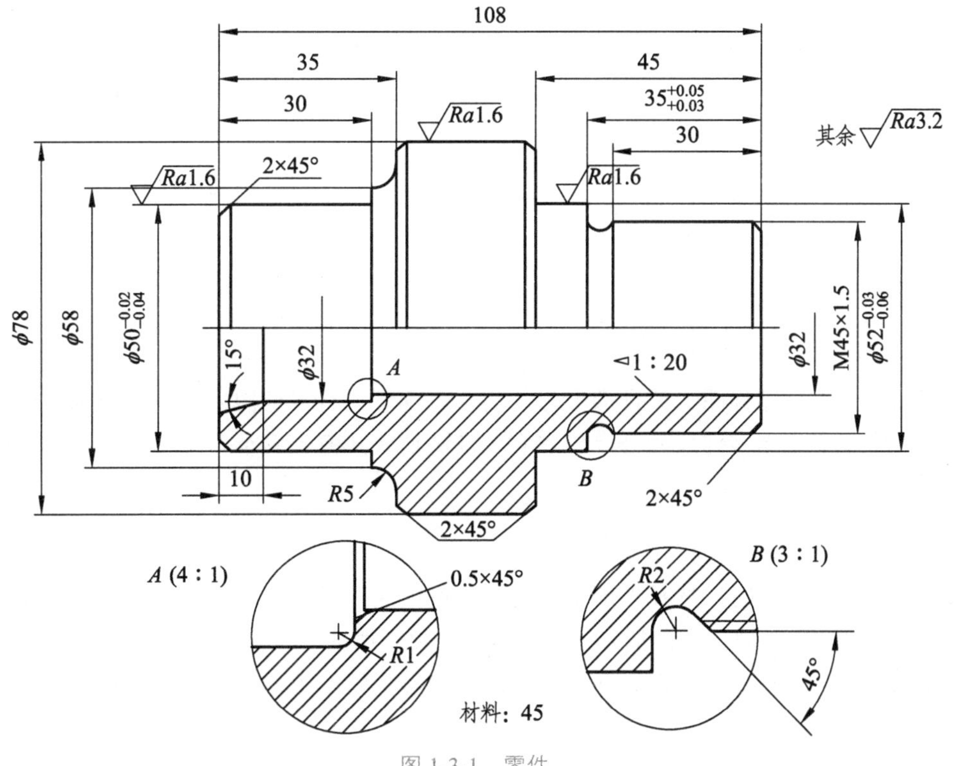

图 1-3-1　零件

【知识链接】

一、数控加工工艺概念与工艺过程

（一）数控加工工艺概念

数控加工工艺是指数控机床加工零件时所运用各种方法和技术手段的总和。在数控机床上加工零件，首先根据零件的尺寸和结构特点进行工艺分析，拟定加工方案，选择合适的夹具和刀具，确定每把刀具加工时的切削用量。然后将全部的工艺过程，工艺参数等编制成程序，输入数控系统。整个加工过程是自动进行的，因此程序编程前的工艺分析与设计是一项十分重要的工作。

（二）工艺过程

数控加工工艺过程是利用切削刀具在数控机床上直接加工对象的形状、尺寸、表面位置、表面状态等，使其成为成品或半成品的过程。

二、数控加工工艺的特点与数控加工的主要内容

（一）数控加工工艺特点

1. 数控加工工艺内容要求更具体、详细

普通加工工艺上的许多具体的工艺问题，如工步的划分与安排、刀具的几何形状与尺寸、走刀路线、加工余量、切削用量等，在很大程度上由操作人员根据实际经验和习惯自行考虑和决定，工艺人员在设计工艺规程时不必进行过多的规定，零件的尺寸精度可由试切保证。

2. 数控加工工艺要求更严密、精确

采用普通加工工艺加工时，可以根据加工过程中出现的问题，比较自由地进行人为调整。采用数控加工工艺加工时，自适应性较差，加工过程中可能遇到的所有问题必须事先精心考虑，否则将导致严重的后果。

3. 数控加工零件图形的数学处理和编程尺寸设定值的计算

编程尺寸并不是零件图上设计的尺寸的简单再现。在对零件图进行数学处理和计算时，编程尺寸设定值要根据零件尺寸公差要求和零件的形状几何关系重新调整计算，才能确定合理的编程尺寸。

4. 考虑进给速度对零件形状精度的影响

制订数控加工工艺时，选择切削用量要考虑进给速度对加工零件形状精度的影响。在数控加工中，刀具的移动轨迹是由插补运算完成的。根据插补原理，在数控系统已定的条件下，进给速度越快，则插补精度越低，导致工件的轮廓形状精度越差。尤其在高精度加工时，这种影响非常明显。

5. 强调刀具选择的重要性

复杂型面的加工编程通常采用自动编程方式。自动编程中，必须先选定刀具再生成刀具中心运动轨迹，因此对于不具有刀具补偿功能的数控机床来说，若刀具选择不当，所编程序只能推倒重来。

6. 数控加工工艺的特殊要求

数控加工程序的编写、校验与修改是数控加工工艺的一项特殊内容。

（二）数控加工的主要内容

一般来说，数控加工主要包括以下几个方面的内容：

（1）通过数控加工的适应性分析选择并确定进行数控加工零件的内容。

（2）结合加工表面的特点和数控设备的功能对零件进行数控加工工艺分析。

（3）进行数控加工工艺设计。

（4）根据编程的需要，对零件图形进行数学处理和计算。

（5）编写加工程序单。

（6）按照程序单制作控制介质，如穿孔纸带、磁带、磁盘等。

（7）检验与修改加工程序。

（8）首件试加工以进一步完善加工程序，并对现场问题进行处理。

（9）编制数控加工工艺技术文件，如数控加工工序卡、程序说明卡、走刀路线图等。

三、数控加工工艺路线设计

设计工艺路线是制订工艺规程的重要内容之一，其主要内容包括选择各加工方法、划分加工阶段、划分工序以及安排工序的先后顺序等。

数控加工的工艺路线设计与普通机床加工的常规工艺路线拟定的区别主要在于数控加工可能只是几道工序，而不是从毛坯到成品的整个工艺过程。一般来讲，一个零件的制造过程一般都是由数控加工和常规机械加工组合而成的，由于数控加工工序一般都与常规加工工序穿插在一起，因此在工艺路线设计中一定要兼顾数控加工工序和常规工序，将两者进行合理的安排，使之与整个工艺过程协调吻合。

数控加工工艺是不能与常规加工截然分开的。对于比较复杂的零件，数控加工流程中还可能穿插更多的常规加工工序，所涉及的常规工艺的种类也会更多，这就要求数控工艺员要具备良好而全面的工艺知识。在实施数控加工之前，应先使用常规的切削工艺，把加工余量减到尽可能小。这样做既可以缩短数控加工时间，降低加工成本，同时又可以保证加工的质量。

（一）加工方法的选择

（1）外圆表面的加工方法主要是车削和磨削，表面粗糙度要求较小时，还要经光整加工。

（2）内孔表面的加工方法有钻孔、扩孔、铰孔、镗孔、拉孔、磨孔以及光整加工等。

（3）平面的加工方法有拉削、铣削、磨削、车削、刨削、刮削、研磨等。

（4）平面轮廓常用的加工方法有数控铣削、线切割及磨削等；立体曲面轮廓的加工方法主要是数控铣削。

任何一种加工方法只在一定范围内获得的精度才是经济的，这种一定范围内的加工精度即为该种加工方法的经济精度。它是指在正常加工条件下（采用符合质量标准的设备、工艺装备和标准等级的工人，不延长加工时间）所能达到的加工精度。相应的表面粗糙度称为经济粗糙度。在选择加工方法时，应根据工件的精度要求选择与经济精度相适应的加工方法。常用加工方法的经济精度及表面粗糙度，可查阅有关工艺手册。在实际生产应用中，应充分利用现有设备和工艺手段，不断引进新技术，对老设备进行技术改造，挖掘企业潜力，提高工艺水平。表 1-3-1～表 1-3-4 分别列出了外圆、内孔和平面的加工方案及经济精度，供选择加工方法时参考。

表 1-3-1 外圆表面加工方案

序号	加工方案	经济精度级	表面粗糙度 *Ra*/μm	适用范围
1	粗车	IT11 以下	50～12.5	适用于淬火钢以外的各种金属
2	粗车→半精车	IT8～10	6.3～3.2	
3	粗车→半精车→精车	IT7～8	1.6～0.8	
4	粗车→半精车→精车→滚压（或抛光）	IT7～8	0.2～0.025	
5	粗车→半精车→磨削	IT7～8	0.8～0.4	主要用于淬火钢，也可用于未淬火钢，但不宜加工有色金属
6	粗车→半精车→粗磨→精磨	IT6～7	0.4～0.1	
7	粗车→半精车→粗磨→精磨→超精加工（或轮式超精磨）	IT5	0.1～*Rz*0.1	
8	粗车→半精车→精车→金刚石车	IT6～7	0.4～0.025	主要用于要求较高的有色金属加工
9	粗车→半精车→粗磨→精磨→超精磨或镜面磨	IT5 以上	0.025～*Rz*0.05	极高精度的外圆加工
10	粗车→半精车→粗磨→精磨→研磨	IT5 以上	0.1～*Rz*0.05	

表 1-3-2 孔加工方案

序号	加工方案	经济精度级	表面粗糙度 *Ra*/μm	适用范围
1	钻	IT11～12	12.5	加工未淬火钢及铸铁的实心毛坯，也可用于加工有色金属（但表面粗糙度稍大，孔径小于 15～20 mm）
2	钻→铰	IT9	3.2～1.6	
3	钻→铰→精铰	IT7～8	1.6～0.8	
4	钻→扩	IT10～11	12.5～6.3	同上，但孔径大于 15～20 mm
5	钻→扩→铰	IT8～9	3.2～1.6	
6	钻→扩→粗铰→精铰	IT7	1.6～0.8	
7	钻→扩→机铰→手铰	IT6～7	0.4～0.1	
8	钻→扩→拉	IT7～9	1.6～0.1	大批大量生产（精度由拉刀的精度而定）

续表

序号	加工方案	经济精度级	表面粗糙度 Ra/μm	适用范围
9	粗镗（或扩孔）	IT11～12	12.5～6.3	除淬火钢外各种材料，毛坯有铸出孔或锻出孔
10	粗镗（粗扩）→半精镗（精扩）	IT8～9	3.2～1.6	
11	粗镗（扩）→半精镗（精扩）→精镗（铰）	IT7～8	1.6～0.8	
12	粗镗（扩）→半精镗（精扩）→精镗→浮动镗刀精镗	IT6～7	0.8～0.4	
13	粗镗（扩）→半精镗→磨孔	IT7～8	0. 8～0. 2	主要用于淬火钢也可用于未淬火钢，但不宜用于有色金属
14	粗镗（扩）→半精镗→粗磨→精磨	IT6～7	0.2～0.1	
15	粗镗→半精镗→精镗→金刚镗	IT6～7	0.4～0.05	主要用于精度要求高的有色金属加工
16	钻→（扩）→粗铰→精铰→珩磨； 钻→（扩）→拉→珩磨； 粗镗→半精镗→精镗→珩磨	IT6～7	0.2～0.025	精度要求很高的孔
17	以研磨代替上述方案中的珩磨	IT6 级以上		

表 1-3-3　平面加工方案

序号	加工方案	经济精度级	表面粗糙度 Ra/μm	适用范围
1	粗车→半精车	IT9	6.3～3.2	
2	粗车→半精车→精车	IT7～IT8	1.6～0.8	端面
3	粗车→半精车→磨削	IT8～IT9	0.8～0.2	
4	粗刨（或粗铣）→精刨（或精铣）	IT8～IT9	6.3～1.6	一般不淬硬平面(端铣表面粗糙度较细)
5	粗刨（或粗铣）→精刨（或精铣）→刮研	IT6～IT7	0.8～0.1	精度要求较高的不淬硬平面;批量较大时宜采用宽刃精刨方案
6	以宽刃刨削代替上述方案刮研	IT7	0.8～0.2	
7	粗刨（或粗铣）→精刨（或精铣）→磨削	IT7	0.8～0.2	精度要求高的淬硬平面或不淬硬平面
8	粗刨（或粗铣）→精刨（或精铣）→粗磨→精磨	IT6～IT7	0.4～0.02	
9	粗铣→拉	IT7～IT9	0.8～0.2	大量生产，较小的平面（精度视拉刀精度而定）
10	粗铣→精铣→磨削→研磨	IT6 级以上	0.1～Rz0.05	高精度平面

表 1-3-4 各种加工方法的经济精度和表面粗糙度（中批生产）

被加工表面	加工方法	经济精度 IT	表面粗糙度 *Ra*/μm
外圆和端面	粗车	11 ~ 13	50 ~ 12.5
	半精车	8 ~ 11	6.3 ~ 3.2
	精车	7 ~ 9	3.2 ~ 1.6
	粗磨	8 ~ 11	3.2 ~ 0.8
	精磨	6 ~ 8	0.8 ~ 0.2
	研磨	5	0.2 ~ 0.012
	超精加工	5	0.2 ~ 0.012
	精细车（金刚车）	5 ~ 6	0.8 ~ 0.05
孔	钻孔	11 ~ 13	50 ~ 6.3
	铸锻孔的粗扩（镗）	11 ~ 13	50 ~ 12.5
	精扩	9 ~ 11	6.3 ~ 3.2
	粗铰	8 ~ 9	6.3 ~ 1.6
	精铰	6 ~ 7	3.2 ~ 0.8
	半精镗	9 ~ 11	6.3 ~ 3.2
	精镗（浮动镗）	7 ~ 9	3.2 ~ 0.8
	精细镗（金刚镗）	6 ~ 7	0.8 ~ 0.1
	粗磨	9 ~ 11	6.3 ~ 3.2
	精磨	7 ~ 9	1.6 ~ 0.4
	研磨	6	0.2 ~ 0.012
	珩磨	6 ~ 7	0.4 ~ 0.1
	拉孔	7 ~ 9	1.6 ~ 0.8
平面	粗刨、粗铣	11 ~ 13	50 ~ 12.5
	半精刨、半精铣	8 ~ 11	6.3 ~ 3. 2
	精刨、精铣	6 ~ 8	3.2 ~ 0.8
	拉削	7 ~ 8	1.6 ~ 0.8
	粗磨	8 ~ 11	6.3 ~ 1.6
	精磨	6 ~ 8	0.8 ~ 0.2
	研磨	5 ~ 6	0.2 ~ 0.012

（二）加工阶段的划分

当零件的加工质量要求较高时，往往不可能用一道工序来满足其要求，而要用几道工序逐步达到所要求的加工质量。按工序的性质不同，零件的加工过程通常可分为粗加工、半精加工、精加工和光整加工 4 个阶段。

1. 各加工阶段的主要任务

1）粗加工阶段

其任务是切除毛坯上大部分多余的金属，使毛坯在形状和尺寸上接近零件成品。因此，主要目标是提高生产率。

2）半精加工阶段

其任务是使主要表面达到一定的精度，留有一定的精加工余量，为主要表面的精加工（如精车、精磨）做好准备，并可完成一些次要表面加工，如扩孔、攻螺纹、铣键槽等。

3）精加工阶段

其任务是保证各主要表面达到规定的尺寸精度和表面粗糙度要求，主要目标是全面保证加工质量。

4）光整加工阶段

对零件上精度和表面粗糙度要求很高（IT6 级以上，表面粗糙度 Ra0.2 μm 以下）的表面，需进行光整加工，其主要目标是提高尺寸精度、减小表面粗糙度一般不用来提高位置精度。

2. 划分加工阶段的目的

（1）保证加工质量。工件在粗加工时，切除的金属层较厚，切削力和夹紧力都比较大，切削温度也高，将引起较大的变形。

（2）合理使用设备。粗加工余量大，切削用量大，可采用功率大、刚度好、效率高而精度低的机床。

（3）便于及时发现毛坯缺陷。

（4）便于安排热处理工序。如粗加工后，一般要安排去应力的热处理，以消除内应力。

3. 划分加工工序

工序的划分可以采用两种不同原则，即工序集中原则和工序分散原则。

（1）工序集中原则。

工序集中原则是指每道工序包括尽可能多的加工内容，从而使工序的总数减少。

（2）工序分散原则。

工序分散就是将工件的加工分散在较多的工序内进行，每道工序的加工内容很少。

（三）加工顺序的安排

1. 加工顺序安排的原则

1）先粗后精

先安排粗加工，中间安排半精加工，最后安排精加工和光整加工。

2）先主后次

先安排零件的装配基面和工作表面等主要表面的加工，后安排如键槽、紧固用的光孔和螺纹孔等次要表面的加工。由于次要表面加工工作量小，又常与主要表面有位置精度要求，所以一般放在主要表面的半精加工之后，精加工之前进行。

3）先面后孔

对于箱体、支架、连杆、底座等零件，先加工用作定位的平面和孔的端面，然后再加工孔。这样可使工件定位夹紧稳定可靠，利于保证孔与平面的位置精度，减小刀具的磨损，同时也给孔加工带来方便。

4）基面先行

用作精基准的表面，要首先加工出来。所以，第一道工序一般是进行定位面的粗加工和半精加工（有时包括精加工），然后再以精基面定位加工其他表面。例如，轴类零件顶尖孔的加工。

2. 材料热处理选择

1）退火与正火

退火或正火的目的是消除组织的不均匀，细化晶粒，改善金属的加工性能。对高碳钢零件用退火降低其硬度，对低碳钢零件用正火提高其硬度，以获得适中的、较好的可切削性，同时能消除毛坯制造中的应力。退火与正火一般安排在机械加工之前进行。

2）时效处理

时效处理以消除内应力、减少工件变形为目的。为了消除残余应力，在工艺过程中需安排时效处理。对于一般铸件，常在粗加工前或粗加工后安排一次时效处理；对于要求较高的零件，在半精加工后尚需再安排一次时效处理；对于一些刚性较差、精度要求特别高的重要零件（如精密丝杠、主轴等），常常在每个加工阶段之间都安排一次时效处理。

3）调　质

对零件淬火后再高温回火，能消除内应力、改善加工性能并能获得较好的综合力学性能。一般安排在粗加工之后进行。对一些性能要求不高的零件，调质也常作为最终热处理。

4）淬火、渗碳淬火和渗氮

它们的主要目的是提高零件的硬度和耐磨性，常安排在精加工（磨削）之前进行，其中渗氮由于热处理温度较低，零件变形很小，也可以安排在精加工之后。

四、数控车削工艺基本特点及主要内容

数控车削加工工艺是指从工件毛坯（或半成品）的装夹开始，直到工件正常车削加工完毕、机床复位的整个工艺执行过程。

（一）数控车削工艺的基本特点与方法

车削加工的工艺特点就是工件旋转做主运动，车刀做进给运动。车削加工可以在卧式车床、立式车床、转塔车床、仿形车床、自动车床、数控车床，以及各种专用车床上进行，主要用来加工各种回转表面，如外圆（含外回转槽）、内圆（含内回转槽）、平面（含台阶端面）、锥面、螺纹和滚花面等。根据所选用的车刀角度和切削用量的不同，车削可分为粗车、半精车和精车等阶段。

粗车的尺寸公差等级为 IT12 ~ IT11，表面粗糙度值 *Ra*25 ~ 12.5 μm；半精车为 IT10 ~ IT 9，*Ra*6.3 ~ 3.2 μm；精车为 IT8 ~ IT7（外圆精度可达到 IT6），*Ra*1.6 ~ 0.8 μm。

1. 车削外圆

车削外圆是最常见、最基本的车削方法，如图 1-3-2 所示。

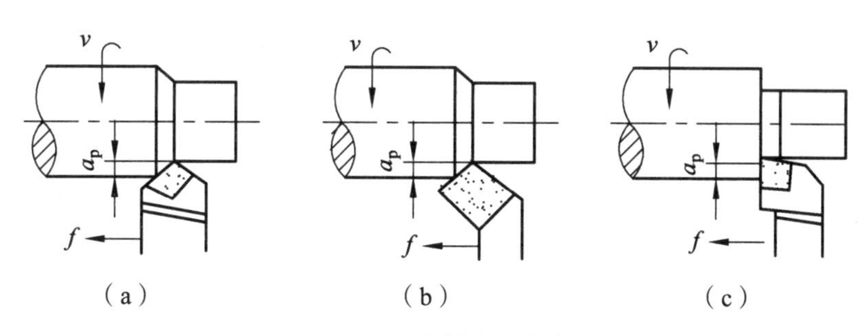

（a）　（b）　（c）

图 1-3-2　车削外圆方法

2. 车削内圆（孔）

车削内圆（孔）是指用车削方法扩大工件的孔或加工中心工件的内表面，这也是常用的车削方法之一。孔的形状不同，车孔的方法也有差异。

车通孔如图 1-3-3（a）和（b）所示。

在车削盲孔和台阶孔时，车刀要先纵向进给，当车到孔的根部时再横向进给，从外向中心进给车端面或台阶端面，如图 1-3-3（c）、（d）所示。

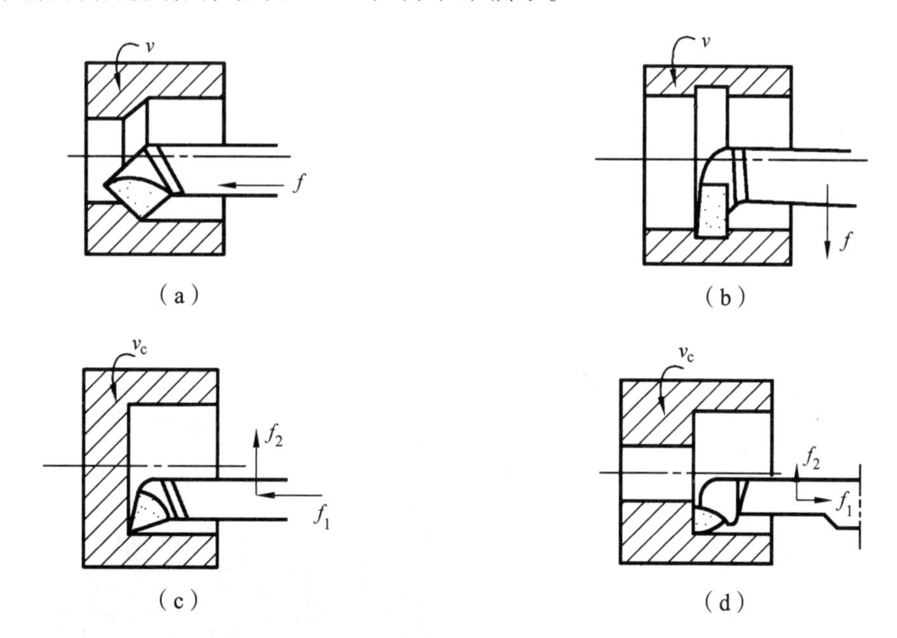

（a）　（b）　（c）　（d）

图 1-3-3　车削内孔的方法

3. 车削平面

车削平面主要指的是车端平面（包括台阶端面），常见的方法有：

（1）使用 45°偏刀车削平面，可采用较大切削深度，切削顺利，表面光洁，大小平面均可车削，如图 1-3-4 所示。

（2）使用 9 0°左偏刀从外向中心进给车削平面，适用于加工尺寸较小的平面或一般的台阶端面，如图 1-3-5（a）所示。

（3）使用右偏刀车削平面，刀头强度较高，适用于车削较大平面，尤其是铸锻件的大平面，如图 1-3-5（b）所示。

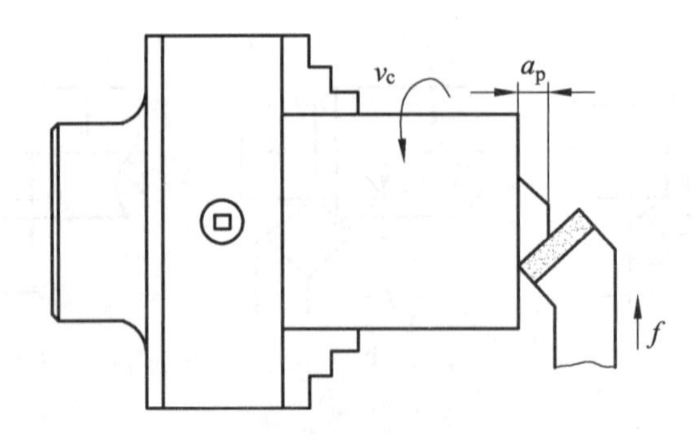

图 1-3-4　45°偏刀车削平面

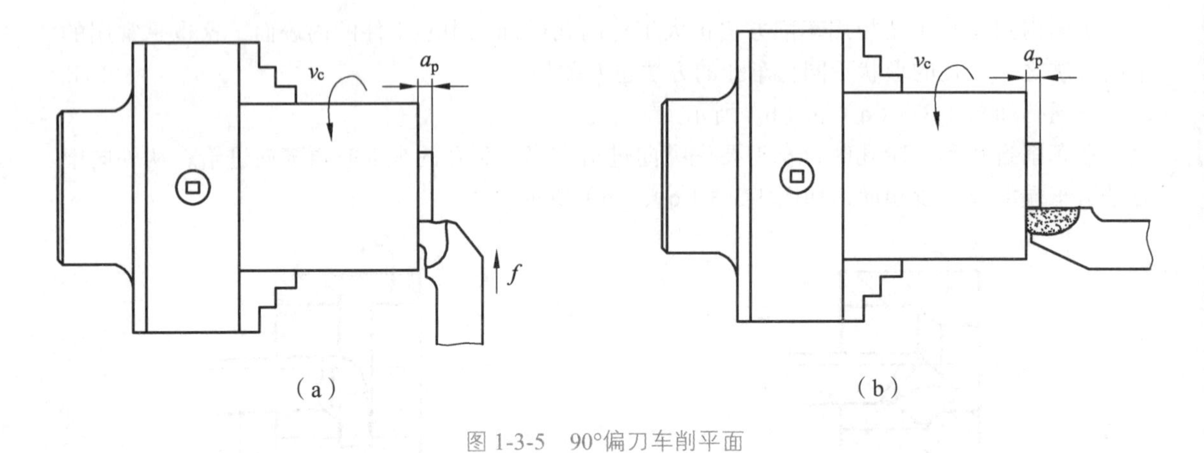

图 1-3-5　90°偏刀车削平面

4. 车削锥面

锥面可分为内锥面和外锥面，可以分别视为内圆、外圆的一种特殊形式，如图 1-3-6 所示。

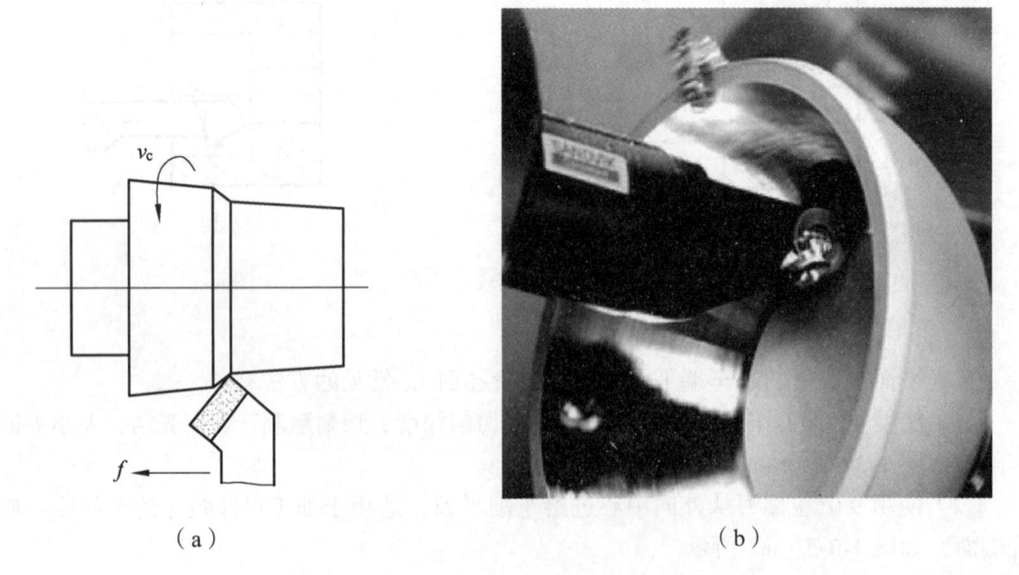

图 1-3-6　车削锥面

5. 车削螺纹

车削螺纹也是最常见、最基本的一种车削工艺，如图 1-3-7 所示。

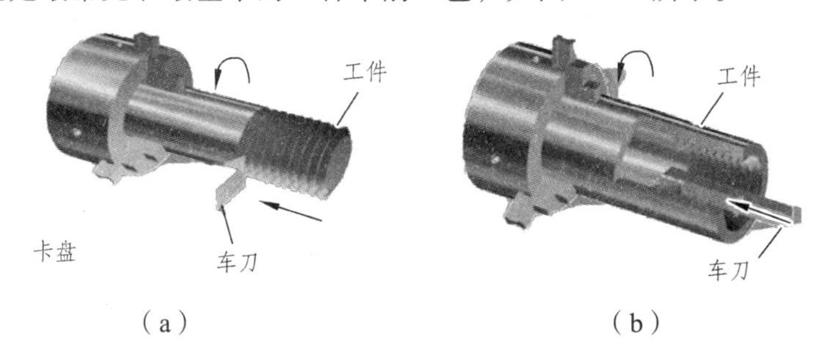

图 1-3-7 车削螺纹

（二）数控车削工艺的主要内容

普通车床受控于操作工人，因此在普通车床上切削加工时涉及的切削用量、进给路线、工序的工步等往往都由操作工人自行选定。

数控车削加工工艺主要包括以下内容：

（1）对零件图纸进行加工工艺分析，确定加工内容及技术要求。

（2）确定零件加工方案，制订数控加工工艺路线，如工步的划分、工件的定位与夹具的选择、刀具的选择、切削用量的确定等。

（3）处理特殊的工艺问题，如对刀点、换刀点的选择，加工路线的确定，刀具补偿等。

（4）加工轨迹的计算和优化。

（5）数控车削加工程序的编写、校验与修改。

（6）首件试切，进一步修改加工程序，并对现场问题进行处理。

（7）编制数控加工工艺技术文件，如数控加工工序卡、数控加工刀具明细表、数控车床调整单以及数控加工程序单等。

五、数控车削工艺规程的制订

数控车削加工工艺规程制订的主要内容有：分析零件图样、确定工件在车床上的装夹方式、各表面的加工顺序和刀具的进给路线以及刀具、夹具和切削用量的选择等。下面以典型轴类零件为例来介绍数控车削加工工艺规程制订的步骤，如图 1-3-8 所示。

（一）分析零件图样

分析零件图样是工艺制订中的首要工作，直接影响零件加工程序的编制及加工结果。首先熟悉零件在产品中作用、装配关系和工作条件，搞清各项技术要求对零件装配质量和使用性能的影响，找出主要的和关键的技术要求，然后对零件图样进行分析，主要需考虑以下几方面。

1. 图纸审查

（1）图样构成轮廓的几何元素充分性审查与分析。

图 1-3-8 所示的零件表面由圆柱、圆锥、顺圆弧、逆圆弧及螺纹等表面组成。其中，多个直径尺寸有较高的尺寸精度和表面粗糙度等要求；球面 $S\phi50$ mm 的尺寸公差还兼有控制该球面形状（线轮廓）误差的作用。尺寸标注完整，轮廓描述清楚。零件材料为 45 钢，无热处理和硬度要求。

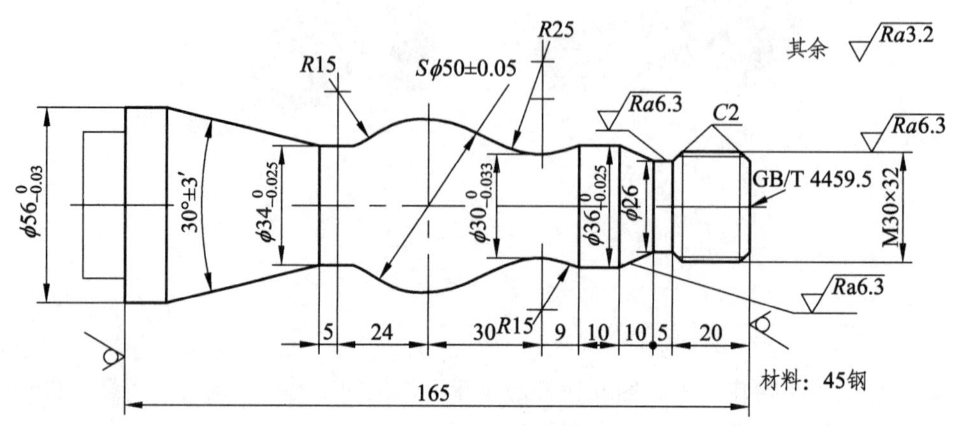

图 1-3-8　典型轴类零件

通过审查得知：螺纹、槽、圆柱面和圆锥面轮廓要素均充分。而在图 1-3-9 中，*BC* 段圆弧与 *CD* 段圆弧切点 *C* 以及 *CD* 段圆弧与 *DE* 段圆弧切点 *D* 的尺寸未在图样上标注出来，无法对它们编程加工，故需要计算解决。

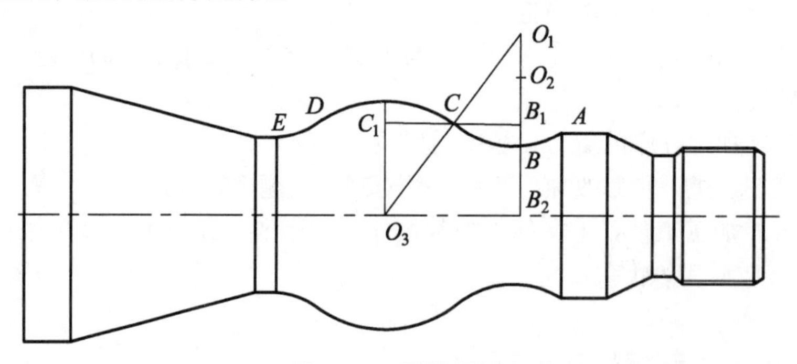

图 1-3-9　图样解析

（2）审查定位基准可靠性，加工精度、尺寸公差是否可以得到保证，应采取的工艺措施。

本零件径向基准为零件轴线，轴向基准为右端面。零件为回转体，最大直径为 56 mm，若采用三爪卡盘进行装夹，应保证轴线与机床主轴的同心度和偏角误差小于一定值。为保证轴线与机床主轴的相对精度，可将零件右端车出夹持端，采用端面与卡盘端面紧靠定位；也可以右端钻中心孔，采用顶尖顶紧进行定位。

本零件尺寸公差要求最高为 0.025 mm，角度偏差不大于 6′，表面粗糙度要求最高为 *Ra*3.2，采用数控机床进行加工，可保证其要求。可采用粗车-精车的加工方法进行加工。对图样上给定的几个精度要求较高的尺寸，因其公差数值较小，故编程时不必取平均值，而全部取其基本尺寸即可。

2. 毛坯选择与分析

本零件材料采用 45 钢，毛坯可选择型材棒料。本零件最大直径为 56 mm，圆弧要素面最大直径为 50 mm，经综合考虑，可选择直径为 60 mm 的型材棒料作为毛坯。此时，最小加工余量为（60-56）mm=4 mm，要素面最小加工余量为（60-50）mm=10 mm，可充分保证零件的尺寸精度和表面粗糙度。另外，为便于装夹，坯件左端应预先车出夹持部分（双点画线部分），右端面也应先粗车出并钻好中心孔。

3. 机床选择

本零件为回转体零件，表面有螺纹、圆弧面等复杂形状，采用普通车床不易加工。尺寸精度要求较高，表面形状可用数学模型表示。经综合考虑，可选择数控车床作为本零件的加工机床。

数控车床适合加工精度和表面粗糙度要求较高、表面形状复杂、带特殊螺纹的回转体零件。

（二）确定定位与装夹方案

在加工时，用以确定工件相对于机床、刀具和夹具正确位置所采用的基准，称为定位基准。在各加工工序中，保证零件被加工表面位置精度的工艺方法是制订工艺过程的重要任务。它不仅影响工件各表面之间的相互位置尺寸和位置精度，而且还影响整个工艺过程的安排和夹具的结构，而合理选择定位基准是保证被加工表面位置精度的前提。因此，在选择各类工艺基准时，首先应选择定位基准。

1. 定位基准的原则

定位基准有粗基准和精基准之分。零件粗加工时，以毛坯面作为定位基准，这个毛坯面被称为粗基准；之后的加工中，必须以加工过的表面作为定位基准，这些表面被称为精基准。

定位基准的选择是从保证工件加工精度要求出发的。在加工中，首先使用的是粗基准，但在选择定位基准时，为了保证零件的加工精度，首先考虑的是选择精基准，精基准选定以后，再考虑合理地选择粗基准。

1）精基准的选择原则

选择精基准时，应重点考虑如何减少工件的定位误差，保证加工精度，并使夹具结构简单，工件装夹方便，具体的选择原则如下：

（1）基准重合原则。基准重合原则是指工件定位基准的选择应尽量选择在工序基准上，也就是使工件的定位基准与本工序的工艺基准尽量重合。

（2）基准统一原则。基准统一原则是指采用同一组基准定位加工零件上尽可能多的表面。

（3）互为基准原则。对于某些位置精度要求高的表面，可以采用互为基准、反复加工的方法来保证其位置精度。

（4）自为基准原则。对于精度要求很高的表面，在精密加工时，为了保证加工精度，要求加工余量小且均匀，这时可以选已经加工过的表面自身作为定位基准。

（5）便于装夹的原则。所选择的精基准，尤其是主要定位面，应有足够大的面积和精度，以保证定位准确可靠，同时夹紧机构简单，操作方便。

2）粗基准的选择原则

选择粗基准时，主要要求保证各加工面有足够的余量，使加工面与不加工面之间的位置符合图样要求，并特别注意要尽快获得精基准面。具体选择时应考虑下列原则：

（1）重要表面原则（余量均匀原则）。

（2）保证相互位置要求的原则。

如果工件上有多个不加工面，则应选其中与加工面位置要求较高的不加工面为粗基准，以便保证要求，使外形对称等。图 1-3-10 所示的工件，毛坯孔与外圆之间偏心较大，应当选择不加工的外圆为粗基准，将工件装夹在三爪自定心卡盘中，把毛坯的同轴度误差在镗孔时切除，从而保证其壁厚均匀。

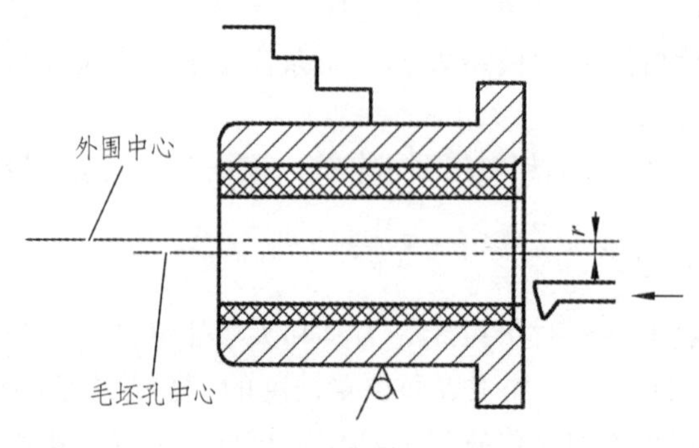

图 1-3-10　毛坯偏心的工件

（3）不重复使用原则。

（4）便于装夹的原则。

2. 工件装夹的方法

一般轴类工件的装夹方法有如下几种：

1）三爪自定心卡盘（俗称三爪卡盘）装夹

特点：自定心卡盘装夹工件方便、省时，但夹紧力没有单动卡盘大。

用途：适用于装夹外形规则的中、小型工件。

2）四爪单动卡盘（俗称四爪卡盘）装夹

特点：单动卡盘找正比较费时，但夹紧力较大。

用途：适用于装夹大型或形状不规则的工件。

3）一顶一夹装夹

特点：为了防止由于进给力的作用而使工件产生轴向位移，可在主轴前端锥孔内安装一限位支撑，也可利用工件的台阶进行限位。

用途：这种方法装夹安全可靠，能承受较大的进给力，应用广泛。

4）用两顶尖装夹

特点：两顶尖装夹工件方便，不须找正，定位精度高。但比一夹一顶装夹的刚度低，影响了切削用量的提高。

用途：较长的或必须经过多次装夹后才能加工好的工件，或工序较多，在车削后还要铣削或磨削的工件。

通过上述分析，图 1-3-8 所示的零件，可选择坯料轴线和左端大端面（设计基准）为定位基准，采用左端三爪自定心卡盘定心夹紧+右端活动顶尖支承的装夹方案。

（三）确定加工顺序

为了达到质量优、效率高和成本低的目的，制订数控车削加工顺序时一般应遵循以下基本原则：先粗后精、先近后远、内外交叉、基面先行，并且程序段最少，走的路线最短。

1. 先粗后精

为了提高生产效率并保证零件的精加工质量，在切削加工时，应先安排粗加工工序，在较短的时间内，将精加工前大量的加工余量（见图 1-3-11 中虚线内的部分）去掉，同时尽量满足精加工的余量均匀性要求。

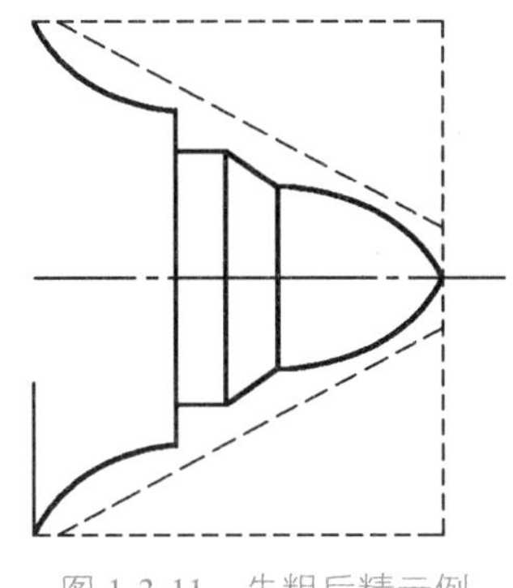

图 1-3-11　先粗后精示例

当粗加工工序安排完后，应接着安排换刀后进行的半精加工和精加工。

各个表面按照粗车—半精车—精车的顺序进行加工，逐步提高加工表面的精度。粗车可在短时间内去除工件表面上大部分加工余量。若粗车后所留余量的均匀性满足不了精加工的要求时，要安排半精车，以保证精加工余量小而均匀。精车要保证加工精度，按图样尺寸由最后一刀连续加工而成。

2. 先近后远

这里所说的远与近，是按加工部位相对于对刀点的距离而言的。一般情况下，离对刀点近的部位先加工，离对刀点远的部位后加工，以便缩小刀具移动距离，减少空行程时间，提高加工效率。对于数控车削而言，先近后远还有利于保持坯件或半成品的刚性，改善其切削条件。

3. 内外交叉

对既有内表面（内型腔）又有外表面需要加工的零件，在安排加工顺序时，应先进行内外表面粗加工，后进行内外表面精加工。切不可将零件上一部分表面（外表面或内表面）加工完毕后，再加工其他表面（内表面或外表面）。

4. 基面先行

用作精基准的表面应优先加工出来，再以加工出的精基准为定位基准，安排其他表面的加工。因为定位基准的表面越精确，装夹误差就越小。

（四）确定进给路线

进给路线是刀具在整个加工过程中的运动轨迹，即刀具从起刀点开始进给运动起，直到加工程序运行结束后退刀该点所经过的路径，包括了切削加工的路径及刀具切入、切出等空行程路径。确定进给路线的重点在于确定粗加工及空行程的进给路线。

1. 刀具引入、切出

在数控车床上进行加工时，要安排好刀具的引入、切出路线，尽量使刀具沿着轮廓的切线方向引入、切出。

尤其是车螺纹时，因为开始加速时和加工结束时主轴转速和螺距之间的速比不稳定，加工螺纹会发生乱扣现象，所以必须设置升速段 δ_1 和降速段 δ_2，这样可避免因车刀升降速而影响螺距的稳定（见图 1-3-12）。

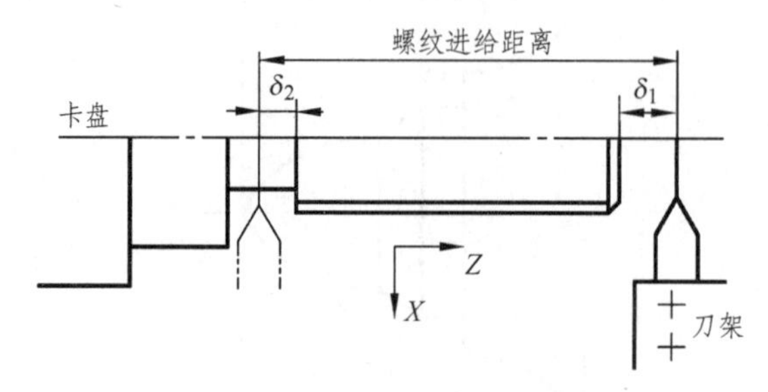

图 1-3-12　螺纹进给切削

2. 最短的空行程路线

确定最短的进给路线，除了依靠大量的实践经验外，还应善于分析，必要时可辅以一些简单的计算。

1）巧用起刀点

图 1-3-13（a）所示为采用矩形循环方式进行粗车的一般情况。其起刀点 *A* 的设定是考虑到精车等加工过程中需方便地换刀，故将其设置在离坯件较远的位置处，同时将起刀点与其对刀点重合在一起。按三刀粗车的进给路线安排如下：

第一刀为 $A \to B \to C \to D \to A$；

第二刀为 $A \to E \to F \to G \to A$；

第三刀为 $A \to H \to I \to J \to A$。

图 1-3-13（b）则是将起刀点与对刀点分离，并设于图示 *B* 点位置，仍按相同的切削量进行三刀粗车，其进给路线安排如下：

起刀点与对刀点分离的空行程为 $A \to B$；

第一刀为 $B \to C \to D \to E \to B$；

第二刀为 $B \to F \to G \to H \to B$；

第三刀为 $B \to I \to J \to K \to B$。

2）巧设换刀点

为了考虑换刀的方便和安全，有时也将换刀点设置在离坯件较远的位置处，如图 1-3-13（a）中的点 *A*。

当换第二把刀后，进行精车时的空行程路线较长；如果将第二把刀的换刀点设置在图 1-3-13（b）中 *B* 点的位置上，则可缩短空行程距离。

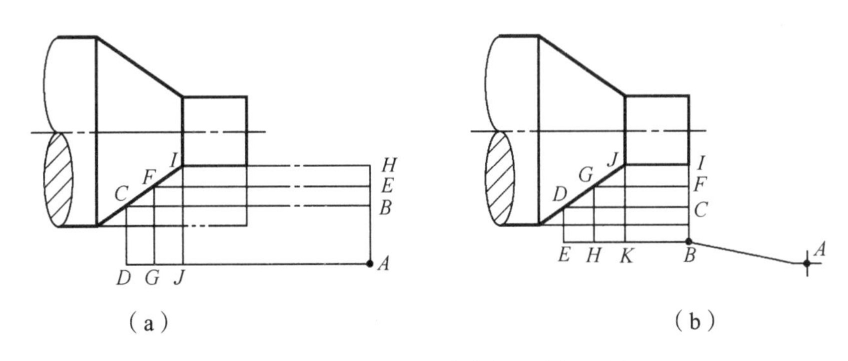

图 1-3-13 采用最短的空行程路径示例

3）合理安排“回零”路线

在手工编制较复杂轮廓的加工程序时，为使其计算过程尽量简化，既不易出错，又便于校核，编程者有时将每一刀加工完后的刀具终点通过执行“回零”（即对刀点）指令到对刀点位置，然后再执行后续程序。这样会增加走刀距离，降低生产效率。因此，在合理安排“回零”路线时，应使其前一刀终点与后一刀起点间的距离尽量缩短，或者为零，即满足进给路线为最短的要求。

3. 最短的切削进给路线

切削进给路线短，可有效地提高生产效率，降低刀具的损耗等。在安排粗加工或半精加工的切削进给路线时，应同时兼顾被加工零件的刚性及加工工艺性等要求，不能顾此失彼。

如图 1-3-14 所示为三种不同的轮廓粗车切削进给路线。其中，图 1-3-14（a）为利用数控系统的封闭式复合循环功能控制车刀沿着工件轮廓线进给的路线；图 1-3-14（b）为利用其程序循环功能安排的“三角形”循环进给路线；图 1-3-14（c）为利用矩形循环功能安排的“矩形”循环进给路线。

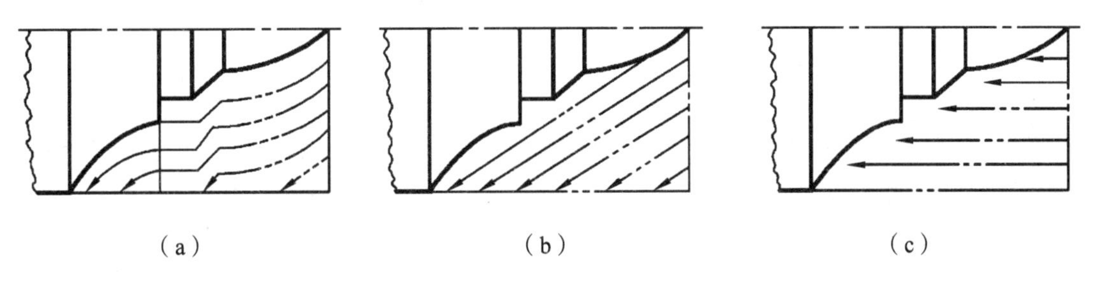

图 1-3-14 三种不同的轮廓粗车切削进给路线示例

对以上三种切削进给路线进行分析和判断后可知，矩形循环进给路线总和最短，因此在同等切削条件下的切削时间最短，刀具损耗最少。

因数控车床具有粗车循环和车螺纹循环功能，只要正确使用编程指令，机床数控系统会自行确定其进给路线，因此该零件的粗车循环和车螺纹循环不需要人为确定其进给路线（但精车的进给路线需要人为确定），如图 1-3-15 所示。

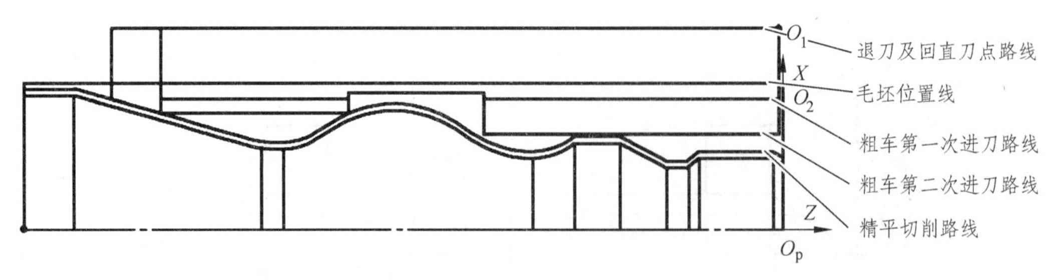

图 1-3-15　轮廓进给路线

（五）确定刀具

合理地选用刀具，是保证产品质量和提高切削效率的重要条件。在选择刀具形式和结构时，应综合考虑一些主要因素，如工件的材料、形状、尺寸和加工要求，工艺方案和生产率等。

加工图 1-3-8 所示零件所选用的刀具如下：

（1）选用 ϕ5 mm 中心钻钻削中心孔。

（2）粗车及平端面选用 75°硬质合金右偏刀，为防止副后刀面与工件轮廓干涉（可用作图法检验），副偏角不宜太小，选 κ_r'=35°。

（3）精车选用 90°硬质合金右偏刀，车螺纹选用 60°硬质合金外螺纹车刀，刀尖圆弧半径应小于轮廓最小圆角半径，取 r_ε=0.15 ~ 0.2 mm。

为了便于编程和操作管理，将所选定的刀具参数填入数控加工刀具卡片中，见表 1-3-5。

表 1-3-5　数控加工刀具卡片

产品名称或代号	×××	零件名称	典型轴	零件图号		×××
序号	刀具号	刀具规格名称	数量	加工表面	刀尖半径	备注
1	T01	ϕ5 中心钻	1	钻 ϕ5 中心孔		
2	T02	75°硬质合金右偏刀	1	车端面及粗车轮廓		
3	T03	90°硬质合金右偏刀	1	精车轮廓		
4	T04	60°硬质合金外螺纹车刀	1	螺纹	0.15	
编制 ×××	审核 ×××	批准 ×××		共×页	第×页	

（六）确定切削用量

1. 切削用量的选择原则

选择切削用量时，要在保证加工质量和刀具寿命的前提下，充分发挥车床性能和刀具切削性能，使切削效率最高、加工成本最低。合理选择切削用量的原则如下：

1）粗加工时切削用量的选择原则

首先，选取尽可能大的切削深度；其次，要根据机床动力和刚性的限制条件等，选择尽可能大的进给量；最后，根据刀具耐用度确定最佳切削速度。

2）精加工时切削用量的选择原则

首先，根据粗加工后的余量确定切削深度；其次，根据已加工表面的表面粗糙度要求，选取较小的进给量；最后，在保证刀具寿命的前提下，尽可能选取较高的切削速度。

粗加工时，以提高生产效率为主，但也要考虑经济性和加工成本；而半精加工和精加工时，以保证加工质量为目的，兼顾加工效率、经济性和加工成本。具体数值应根据机床说明书，参考切削用量手册，并结合实践经验而定。

2. 切削用量三要素的确定

1）切削深度 a_p 的确定

在工艺系统（车床-夹具-刀具-零件）刚性好和机床功率允许的情况下，尽可能选取较大的切削深度，以减少进给次数，提高生产效率。当零件的精度要求较高时，应考虑适当留出精车余量，其所留精车余量一般比普通车削时的小，常取 0.1 ~ 0.5 mm。

当粗车后所留的余量的均匀性不能满足精车要求时，则需安排半精车，一般取 1 ~ 3 mm。

因此加工如图 1-3-8 所示零件时，轮廓粗车循环选 a_p=3 mm，精车 a_p=0.25 mm；螺纹粗车时选 a_p=0.4 mm，逐刀减少，精车 a_p=0.1 mm。

2）主轴转速 n 的确定

车削加工（除车螺纹外）时，主轴转速应根据零件上被加工部位的直径、零件和刀具的材料及加工性质等条件来确定。在实际生产中，主轴转速 n（r/min）可用公式 $n=1\,000/\pi d$ 计算。表 1-3-6 为硬质合金外圆车刀切削速度的参考值。

在确定主轴转速时，需要首先确定其切削速度，而切削速度又与切削深度和进给量有关。故切削速度除了计算和查表选取外，还可以根据实践经验确定。

需要注意的是，交流变频调速的数控车床低速输出力矩小，因而切削速度不能太低。

表 1-3-6　硬质合金外圆车刀切削速度的参考值

工件材料	热处理状态	a_p/mm		
		（0.3，2]	（2，6]	（6，10]
		f/（mm/r）		
		（0.08，0.3]	（0.3，0.6]	（0.6，1）
		v_c/（m/min）		
低碳钢、易切钢	热轧	140 ~ 180	100 ~ 120	70 ~ 90
中碳钢	热轧	130 ~ 160	90 ~ 110	60 ~ 80
	调质	100 ~ 130	70 ~ 90	50 ~ 70
合金结构钢	热轧	100 ~ 130	70 ~ 90	50 ~ 70
	调质	80 ~ 110	50 ~ 70	40 ~ 60
工具钢	退火	90 ~ 120	60 ~ 80	50 ~ 70
灰铸铁	HBS＜190	90 ~ 120	60 ~ 80	50 ~ 70
	HBS190 ~ 225	80 ~ 110	50 ~ 70	40 ~ 60
高锰钢			10 ~ 20	
铜及铜合金		200 ~ 250	120 ~ 180	90 ~ 120
铝及铝合金		300 ~ 600	200 ~ 400	150 ~ 200
铸铝合金（wsi13%）		100 ~ 180	80 ~ 150	60 ~ 100

在车削螺纹时，车床的主轴转速将受到螺纹的螺距 P（或导程）大小、驱动电机的升降频特性，以及螺纹插补运算速度等多种因素影响，故对于不同的数控系统，推荐不同的主轴转速选择范围。大多数经济型数控车床推荐车螺纹时的主轴转速 n（r/min）为

$$n \leqslant (1\,200/P) - k$$

式中　P——被加工螺纹螺距，mm；

　　　k——保险系数，一般取为 80。

此外，在安排粗、精车削用量时，应注意机床说明书给定的允许切削用量范围，对于主轴采用交流变频调速的数控车床，由于主轴在低转速时扭矩降低，尤其应注意此时的切削用量选择。

3）进给量 f 的确定

进给量是指工件旋转一周，车刀沿进给方向移动的距离，单位符号为 mm/r，它与切削深度有着较密切的关系。进给速度主要是指在单位时间里，刀具沿进给方向移动的距离，单位符号为 mm/min，有些数控车床规定可选用以进给量（mm/r）表示的进给速度。

进给量是数控车床切削用量中的重要参数，主要根据零件的加工精度和表面粗糙度要求以及刀具和工件材料来选择。粗加工时，对加工表面粗糙度要求不高，进给量可以选择得大些，以提高生产效率，进给量一般取 0.3 ~ 0.8 mm/r；而半精加工及精加工时，要求表面粗糙度值低，进给量应选择得小些，进给量一般取 0.1 ~ 0.3 mm/r；切断时宜取 0.05 ~ 0.2 mm/r。

综合切削速度、表面粗糙度要求，选择精车阶段的进给量 f 为 0.15 mm/r，选择粗车每转进给量为 0.4 mm/r，精车每转进给量为 0.15 mm/r，最后根据式 $v_f=nf$ 计算粗车、精车进给速度。

切削用量应根据加工性质、加工要求、工件材料及刀具的尺寸和材料等查阅切削手册并结合经验确定，还应考虑以下因素：

（1）刀具差异。不同厂家生产的刀具质量差异较大，所以切削用量须根据实际所用刀具和现场经验加以修正。一般进口刀具允许的切削用量高于国产刀具。

（2）机床特性。切削用量受机床电动机的功率和机床的刚性限制，必须在机床说明书规定的范围内选取，避免因功率不够发生闷车，或刚性不足产生大的机床变形或振动，影响加工精度和表面粗糙度。

（3）数控机床生产率。数控机床的工时费用较高，刀具损耗费用所占比重较低，应尽量用高的切削用量，通过适当降低刀具寿命来提高数控机床的生产率。

综合前面分析的各项内容，并将其填入数控加工工艺卡片（表 1-3-7）。此表是编制加工程序的主要依据和操作人员配合数控程序进行数控加工的指导性文件，主要内容包括工步顺序、工步内容、各工步所用的刀具及切削用量等。

六、机械加工精度与表面质量

机械加工精度是指零件加工后的实际几何参数（包括尺寸、几何形状和表面间的相互位置）与理想几何参数的符合程度。它们之间的偏离程度即为加工误差。

零件的加工精度包含三方面的内容：尺寸精度、几何形状精度和相互位置精度，这三者之间是有联系的。

表 1-3-7　数控加工工艺卡片

<table>
<tr><td colspan="3" rowspan="2">产品名称</td><td colspan="2" rowspan="2">×××</td><td colspan="2">零件名称或代号</td><td colspan="2">零件名称</td><td colspan="4">零件图号</td></tr>
<tr><td colspan="2">×××</td><td colspan="2">典型轴</td><td colspan="4">×××</td></tr>
<tr><td colspan="3">工序号</td><td colspan="2">程序编号</td><td colspan="2">夹具名称</td><td colspan="2">使用设备</td><td colspan="4">车间</td></tr>
<tr><td colspan="3">001</td><td colspan="2">×××</td><td colspan="2">三爪自定心卡盘和活动顶尖</td><td colspan="2">CK6136 数控车床</td><td colspan="4">数控车削实训车间</td></tr>
<tr><td>工步号</td><td colspan="2">工步内容</td><td colspan="2">刀具号</td><td colspan="2">刀具规格/mm</td><td colspan="3">主轴转速/（r/min）</td><td>进给速度/（mm/min）</td><td>切削深度/mm</td><td>备注</td></tr>
<tr><td>1</td><td colspan="2">车端面</td><td colspan="2">T02</td><td colspan="2">25×25</td><td colspan="3">500</td><td></td><td></td><td>手动</td></tr>
<tr><td>2</td><td colspan="2">钻中心孔</td><td colspan="2">T01</td><td colspan="2">$\phi 5$</td><td colspan="3">950</td><td></td><td></td><td>手动</td></tr>
<tr><td>3</td><td colspan="2">粗车轮廓</td><td colspan="2">T02</td><td colspan="2">25×25</td><td colspan="3">500</td><td>200</td><td>3</td><td>自动</td></tr>
<tr><td>4</td><td colspan="2">精车轮廓</td><td colspan="2">T03</td><td colspan="2">25×25</td><td colspan="3">1 000</td><td>150</td><td>0.25</td><td>自动</td></tr>
<tr><td>5</td><td colspan="2">粗车螺纹</td><td colspan="2">T04</td><td colspan="2">25×25</td><td colspan="3">320</td><td></td><td>0.4</td><td>自动</td></tr>
<tr><td>6</td><td colspan="2">精车螺纹</td><td colspan="2"></td><td colspan="2">25×25</td><td colspan="3">320</td><td></td><td>0.1</td><td>自动</td></tr>
<tr><td colspan="2">编制</td><td colspan="2">×××</td><td>审核</td><td>×××</td><td colspan="2">批准</td><td>×××</td><td colspan="2">××年×月×日</td><td>共×页</td><td>第×页</td></tr>
</table>

（一）影响工件表面质量的工艺因素

影响工件表面粗糙度的几何因素，主要是刀具相对工件做进给运动时，在加工表面留下的切削层残留面积。残留面积越大，工件表面越粗糙。残留面积的大小与进给量、刀尖半径及刀具的主、副偏角有关。此外，对于宽刃刀、定尺寸刀和成型刀，其切削刃本身的表面粗糙度对零件表面粗糙度影响也很大。

影响表面粗糙度的工艺因素主要有工件材料、切削用量、刀具几何参数、切削液等。

1. 工件材料

一般韧性较大的塑性材料加工后表面粗糙度较大，而韧性较小的塑性材料加工后易得到较小的表面粗糙度。对于同种材料，其晶粒组织越大，加工表面粗糙度越大。因此，为了减小加工表面粗糙度，常在切削加工前对材料进行调质或正火处理，以获得均匀细密的晶粒组织和较大的硬度。

2. 切削用量

进给量越大，残留面积高度越高，零件表面越粗糙。因此，减小进给量可有效地减小表面粗糙度。

切削速度对表面粗糙度的影响也很大。在中速切削塑性材料时，由于容易产生积屑瘤，且塑性变形较大，因此加工后的零件表面粗糙度较大。通常采用低速或高速切削塑性材料，可有效地避免积屑瘤的产生，这对减小表面粗糙度有好的作用。

3. 刀具几何参数

主偏角、副偏角及刀尖圆弧半径。对零件表面粗糙度有直接影响。在进给量一定的情况下，减小主偏角和副偏角或增大刀尖圆弧半径可减小表面粗糙度。另外，适当增大前角和后角，可减小切削变形和前后刀面间的摩擦，抑制积屑瘤的产生，也可减小表面粗糙度。

4. 切削液

切削液的冷却和润滑作用能减小切削过程中的界面摩擦，降低切削区温度，使切削层金属表面的塑性变形程度下降，抑制积屑瘤的产生，因此可大大减小表面粗糙度。

（二）提高机械加工精度的工艺措施

为了保证和提高机械加工精度，必须找出造成加工误差的主要因素（原始误差），然后采取相应的工艺技术措施来控制或减少这些因素的影响。

1. 减少误差法

这种方法是在生产中应用较广的一种基本方法，它是在查明影响加工精度的主要原始误差因素之后，设法对其直接进行消除或减少。

2. 误差转移法

误差转移法是把影响加工精度的原始误差转移到不影响（或少影响）加工精度的方向或其他零部件上去。

3. 误差分组法

误差分组法是把毛坯按误差大小分为 n 组，每组毛坯的误差就缩小为原来的 $1/n$，然后按各组分别调整加工。

4. 误差平均法

加工过程中，机床、刀具（磨具）等的误差总是要传递给工件的。如果利用有密切联系的表面之间的相互比较、相互修正，或者互为基准进行加工，使传递到工件表面的加工误差较为均匀，就可以大大提高工件的加工精度。例如，对工件进行研磨。

5. 就地加工法

就地加工法就是“自干自”的加工方法，如牛头刨床为了使工作台面分别对滑枕和横梁保持平行的位置关系，就在装配后进行“自刨自”的精加工。

6. 误差补偿法

就是人为地制造出一种新误差，去抵消原来工艺系统中固有的原始误差，或者利用一种原始误差去抵消另一种原始误差，从而达到减少加工误差，提高加工精度的目的。

（三）数控加工质量的控制方法

机械零件在加工过程中，任何加工方法都会存在着一定的误差，误差的大小决定了加工质量的高低。机械零件的加工质量包括加工精度和表面质量，一些因素将直接影响加工质量。因此，了解影响加工精度及表面质量的工艺因素并加以控制，是提高加工质量的有效途径。

在数控加工过程中，加工质量受机床、刀具、热变形、工件余量的误差复映、测量误差和振动等因素的影响，工艺系统也会产生各种误差，这些都会改变刀具和工件在切削运动中的相互位置关系，进而影响零件的加工精度。提高加工质量，主要有表 1-3-8 中的途径和方法。

表 1-3-8　途径和方法

存在问题	解决措施
数控机床几何精度和定位精度所造成的加工质量问题	1. 提高机床导轨的直线度、平行度。 2. 定期检测机床工作台的水平情况。 3. 提高机床坐标轴之间的垂直度。 4. 提高主轴与工作台（或刀架）的垂直度。 5. 提高主轴的回转精度及回转刚度
刀具方面所造成的加工质量问题	1. 针对不同的工件材料，选择合适的刀具材料。 2. 刃磨合理的切前角度。 3. 选择合理的切削用量。 4. 针对不同的工件材料，选择不同的切削液
工件原始精度所造成的加工质量问题	加工中应严格执行粗、精分开的原则。工件在粗加工后应有充分的时间使工件达到热平衡，在达到热平衡之前，不宜立即进行精加工
热变形造成的加工质量问题	1. 采用有利于减少切削热的各项措施。 2. 充分冷却或使工件预热，以达到热平衡。 3. 合理选用切削液。 4. 创造恒温的工作环境
振动造成的加工质量问题	1. 减少或消除震源的激振力。 2. 改进传动结构与隔振。 3. 提高机床、工件及刀具的刚度，增加工艺系统的抗振性。 4. 调节振动源频率。在选择转速时，尽可能使旋转件的频率远离机床有关元件的固有频率。 5. 采用减振器与阻尼器。 6. 合理选择切削用量、刀具的几何参数

【知识拓展】

影响轴类零件加工精度与表面质量的因素和解决方法，见表 1-3-9。

表 1-3-9　影响轴类零件加工精度与表面质量的因素和解决方法

内容	原因	解决方法
尺寸精度达不到要求	看错图样或刻度盘使用不当	认真看清图样尺寸要求，正确使用刻度盘，看清刻度值
	没有进行试切削	根据加工余量算出背吃刀量，进行试切削，然后修正背吃刀量
	由于切削热的影响，使工件尺寸发生变化	不能在工件温度较高时测量，如测量应掌握工件的收缩情况，或浇注切削液，降低工件温度
	测量不正确或量具有误差	正确使用量具，使用量具前，必须检查和调整零位
	尺寸计算错误，槽深度不正确	仔细计算工件的各部分尺寸，对留有磨削余量的工件，车槽时应考虑磨削余量
	没及时关闭机动进给，使车刀进给长度超过阶台长	注意及时关闭机动进给或提前关闭机动进给，用手动进给到长度尺寸

续表

内容	原因	解决方法
表面粗糙度达不到要求	车床刚性不足，如滑板塞铁太松，传动零件（如带轮）不平衡或主轴太松引起振动	消除或防止由于车床网性不足而引起的振动（如调整车床各部件的间隙）
	车刀刚性不足或伸出太长而引起振动	增加车刀刚性和正确装夹车刀
	工件刚性不足引起振动	增加工件的装夹刚性
	车刀几何参数不合理，如选用过小的前角、后角和主偏角	合理选择车刀角度（如适当增大前角，选择合理的前角、后角和主偏角）
	切削用量选用不当	进给量不宜太大，精车余量和切前速度应选择恰当

【训练与提高】

1. 什么叫数控加工工艺？

2. 简述数控加工工艺的特点和内容是什么？

3. 机床误差有哪些？影响加工件质量的因素有哪些？

4. 加工中可能产生哪些误差？

5. 在数控车床上加工图 1-3-1 所示零件，试根据尺寸精度和位置精度要求，设计加工步骤。

【任务实施】

一、实施过程

本任务的实施步骤如下：通过各种途径收集信息→零件图工艺分析→选择设备→确定零件的定位基准和装夹方式→确定加工顺序和进给路线→选择刀具→选择切削用量→归纳总结→

填写数控加工工艺文件→展示评比。

（一）零件图工艺分析

该零件表面由内外圆柱面、内圆锥面、顺圆弧、逆圆弧及外螺纹等表面组成，其中多个直径尺寸与轴向尺寸有较高的尺寸精度和表面粗糙度要求。零件图尺寸标注完整，符合数控加工尺寸标注要求；轮廓描述清楚完整；零件材料为45钢，加工切削性能较好，无热处理和硬度要求。

通过上述分析，采用以下几点工艺措施：

（1）对图样上带公差的尺寸，因公差值较小，故编程时不必取平均值，而取基本尺寸即可。

（2）左右端面均为多个尺寸的设计基准，相应工序加工前，应该先将左右端面车出来。

（3）内孔尺寸较小，镗1∶20锥孔与镗32孔及15°锥面时需掉头装夹。

（二）选择设备

根据被加工零件的外形和材料等条件，选用CJK6240数控车床。

（三）确定零件的定位基准和装夹方式

1. 内孔加工

定位基准：内孔加工时以外圆定位。

装夹方式：用三爪自动定心卡盘夹紧。

2. 外轮廓加工

定位基准：确定零件轴线为定位基准。

装夹方式：加工外轮廓时，为保证一次安装加工出全部外轮廓，需要设一圆锥心轴装置（见图1-3-16中双点画线部分），用三爪卡盘夹持心轴左端，心轴右端留有中心孔并用尾座顶尖顶紧以提高工艺系统的刚性。

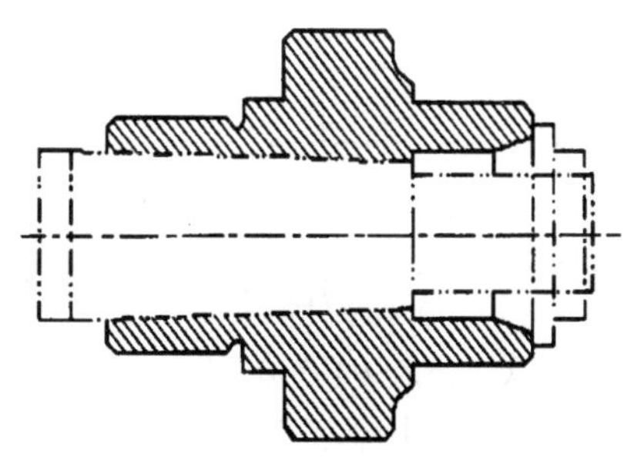

图1-3-16　外轮廓车削装夹方案

（四）确定加工顺序和进给路线

加工顺序按由内到外、由粗到精、由近到远的原则确定，在一次装夹中尽可能加工出较多的工件表面。结合本零件的结构特征，可先加工内孔各表面，然后加工外轮廓表面。由于该零件为单件小批量生产，走刀路线设计不必考虑最短进给路线或最短空行程路线，外轮廓表面车削走刀路线可沿零件轮廓顺序进行，如图1-3-17所示。

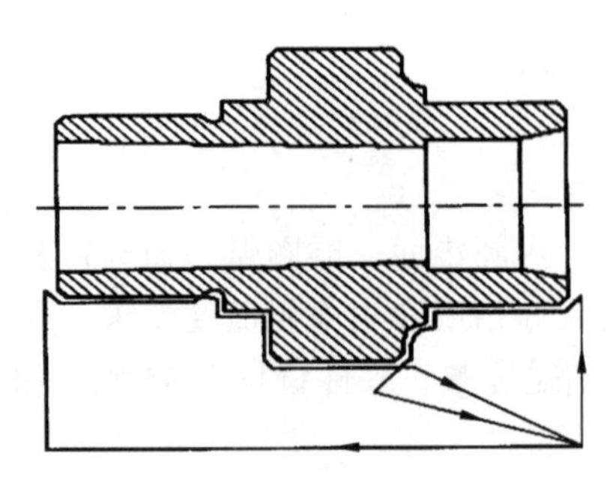

图 1-3-17　外轮廓加工走刀路线

（五）刀具选择

将所选定的刀具参数填入表 1-3-10 轴承套数控加工刀具卡片中，以便于编程和操作管理。注意：车削外轮廓时，为防止副后刀面与工件表面发生干涉，应选择较大的副偏角，必要时可作图检验。本例中选 $\kappa_r'=55°$。

表 1-3-10　数控刀具明细

<table>
<tr><td colspan="2">零件图号</td><td colspan="2">零件名称</td><td>材料</td><td colspan="2" rowspan="2">数控刀具明细表</td><td>程序编号</td><td>车间</td><td>使用设备</td></tr>
<tr><td colspan="2">JS0102-4</td><td colspan="2"></td><td></td><td></td><td></td><td></td></tr>
<tr><td>序号</td><td>刀具号</td><td colspan="2">刀具名称规格</td><td>数量</td><td colspan="4">加工表面</td><td>备注</td></tr>
<tr><td>1</td><td>T01</td><td colspan="2">45°硬质合金端面车刀</td><td></td><td colspan="4">车端面</td><td></td></tr>
<tr><td>2</td><td>T02</td><td colspan="2">ϕ5 中心钻</td><td></td><td colspan="4">钻ϕ5 中心孔</td><td></td></tr>
<tr><td>3</td><td>T03</td><td colspan="2">ϕ26 钻头</td><td></td><td colspan="4">钻底孔</td><td></td></tr>
<tr><td>4</td><td>T04</td><td colspan="2">镗刀</td><td></td><td colspan="4">镗内孔各表面</td><td></td></tr>
<tr><td>5</td><td>T05</td><td colspan="2">93°右偏刀</td><td></td><td colspan="4">从右至左车外表面</td><td></td></tr>
<tr><td>6</td><td>T06</td><td colspan="2">93°左偏刀</td><td></td><td colspan="4">从左至右车外表面</td><td></td></tr>
<tr><td>7</td><td>T07</td><td colspan="2">60°外螺纹车刀</td><td></td><td colspan="4">车 M45 螺纹</td><td></td></tr>
<tr><td>编制</td><td>×××</td><td>审核</td><td>×××</td><td>批准</td><td>×××</td><td>××年×月×日</td><td>共×页</td><td colspan="2">第×页</td></tr>
</table>

（六）切削用量选择

根据被加工表面质量要求、刀具材料和工件材料，参考切削用量手册或有关资料选取切削速度与每转进给量，然后利用公式 $v_c=\pi dn/1\,000$ 和 $v_f=nf$，计算主轴转速与进给速度（计算过程略），计算结果填入表 1-3-11 工序卡中。

背吃刀量的选择因粗、精加工而有所不同。粗加工时，在工艺系统刚性和机床功率允许的情况下，尽可能取较大的背吃刀量，以减少进给次数；精加工时，为保证零件表面粗糙度要求，背吃刀量一般取 0.1 ~ 0.4 mm 较为合适。

（七）填写数控加工工艺文件

将前面分析的各项内容综合成表 1-3-11 所示的数控加工工艺卡片。

表 1-3-11　轴承套数控加工工艺卡

<table>
<tr><td rowspan="2">单位名称</td><td rowspan="2"></td><td colspan="2">产品名称或代号</td><td colspan="2">零件名称</td><td colspan="2">零件图号</td></tr>
<tr><td colspan="2"></td><td colspan="2">轴承套</td><td colspan="2"></td></tr>
<tr><td>工序号</td><td>程序编号</td><td colspan="2">夹具名称</td><td colspan="2">使用设备</td><td colspan="2">车间</td></tr>
<tr><td>001</td><td></td><td colspan="2">三爪卡盘和自制心轴</td><td colspan="2">CJK6240</td><td colspan="2">数控中心</td></tr>
<tr><td>工步号</td><td>工步内容</td><td>刀具号</td><td>刀具规格/（mm×mm）</td><td>主轴转速/（r/min）</td><td>进给速度/（mm/min）</td><td>背吃刀量/mm</td><td>备注</td></tr>
<tr><td>1</td><td>平端面</td><td>T01</td><td>25×25</td><td>320</td><td></td><td>1</td><td>手动</td></tr>
<tr><td>2</td><td>钻 ϕ 5 mm 中心孔</td><td>T02</td><td>ϕ 5</td><td>950</td><td></td><td>2.5</td><td>手动</td></tr>
<tr><td>3</td><td>钻底孔</td><td>T03</td><td>ϕ 26</td><td>200</td><td></td><td>13</td><td>手动</td></tr>
<tr><td>4</td><td>粗镗 ϕ 32 mm 内孔、15°斜面及 C0.5 mm 倒角</td><td>T04</td><td>20×20</td><td>320</td><td>40</td><td>0.8</td><td>自动</td></tr>
<tr><td>5</td><td>精镗 ϕ 32 mm 内孔、15°斜面及 C0.5 mm 倒角</td><td>T04</td><td>20×20</td><td>400</td><td>25</td><td>0.2</td><td>自动</td></tr>
<tr><td>6</td><td>掉头装夹粗镗 1∶20 锥孔</td><td>T04</td><td>20×20</td><td>320</td><td>40</td><td>0.8</td><td>自动</td></tr>
<tr><td>7</td><td>精镗 1∶20 锥孔</td><td>T04</td><td>20×20</td><td>400</td><td>20</td><td>0.2</td><td>自动</td></tr>
<tr><td>8</td><td>心轴装夹从右至左粗车外轮廓</td><td>T05</td><td>25×25</td><td>320</td><td>40</td><td>1</td><td>自动</td></tr>
<tr><td>9</td><td>从左至右粗车外轮廓</td><td>T06</td><td>25×25</td><td>320</td><td>40</td><td>1</td><td>自动</td></tr>
<tr><td>10</td><td>从右至左精车外轮廓</td><td>T05</td><td>25×25</td><td>400</td><td>20</td><td>0.1</td><td>自动</td></tr>
<tr><td>11</td><td>从左至右精车外轮廓</td><td>T06</td><td>25×25</td><td>400</td><td>20</td><td>0.1</td><td>自动</td></tr>
<tr><td>12</td><td>卸心轴，改为三爪自定心卡盘装夹，粗车 M45 螺纹</td><td>T07</td><td>25×25</td><td>320</td><td>480</td><td>0.4</td><td>自动</td></tr>
<tr><td>13</td><td>精车 M45 螺纹</td><td>T07</td><td>25×25</td><td>320</td><td>480</td><td>0.1</td><td>自动</td></tr>
<tr><td>编制</td><td>×××</td><td>审核</td><td>×××</td><td>批准</td><td>×××</td><td>××年×月×日</td><td>共×页</td><td colspan="2">第×页</td></tr>
</table>

二、展示评比

各小组派出代表进行展示，组间交叉评比，填写表 1-3-12。

表 1-3-12　评比过程记录表

序号	评比要点	优缺点	评比分值	备注
1	文字表达是否清晰、完整			
2	知识内容是否全面、正确			
3	学习组织是否有序、高效			
4	其他			
综合评分				

【任务小结与评价】

一、任务小结与反思

二、任务评价

表 1-3-13　评价表

班级			学号		
姓名			综合评价等级		
指导教师			日期		
评价项目	序号	评价内容	评价方式		
			自我评价	小组评价	教师评价
团队表现（40分）	1	任务评比综合评分，配分 20			
	2	任务参与态度，配分 8 分			
	3	参与任务的程度，配分 6 分			
	4	在任务中发挥的作用，配分 6 分			
个人学习表现（50分）	5	学习态度，配分 10 分			
	6	出勤情况，配分 10 分			
	7	课堂表现，配分 10 分			
	8	作业完成情况，配分 20 分			
个人素质（10分）	9	作风严谨、遵章守纪，配分 5 分			
	10	安全意识，配分 5 分			
合计					
综合评分					

注：各评分项按“A”（0.9～1.0）、“B”（0.8～0.89）、“C”（0.7～0.79）、“D”（0.6～0.69）、“E”（0.1～0.59）及“0”分配分；如学习态度项、出勤项、安全项评 0 分，总评为 0 分。

项目总结和评价

【学习目标】

1. 能够以小组形式对学习过程和项目成果进行汇报总结。
2. 完成对学习过程的综合评价。

【学习课时】

2 课时。

【学习过程】

一、任务总结

以小组为单位，自己选择展示方式向全班展示、汇报学习成果。

表 1-4-1　总结报告

组名：	组长：
组员：	
总结内容	
项目	内容
组织实施过程	
归纳学习内容	
总结学习心得	
反思学习问题	

二、展示评比

各小组派出代表进行展示，组间交叉评比，填写表 1-4-2。

表 1-4-2　评比过程记录表

序号	评比要点	优缺点	评比分值	备注
1	文字表达是否清晰、完整			
2	知识内容是否全面、正确			
3	学习组织是否有序、高效			
4	其他			
综合评分				

三、综合评价

表 1-4-3　评价表

评价项目	评价内容	评价标准	评价方式		
			自我评价	小组评价	教师评价
职业素养	安全意识、责任意识	A. 作风严谨，自觉遵章守纪，出色完成工作任； B. 能够遵守规章制度，较好地完成工作任务素养； C. 遵守规章制度，没完成工作任务或完成工作任务，但忽视规章制度； D. 不遵守规章制度，没完成工作任务			
	学习态度	A. 积极参与教学活动，全勤； B. 缺勤达本任务总学时的 10%； C. 缺勤达本任务总学时的 20%； D. 缺勤达本任务总学时的 30%			
	团队合作	A. 与同学协作融洽，团队合作意识强； B. 与同学能沟通，协同工作能力较强； C. 与同学能沟通，协同工作能力一般； D. 与同学沟通困难，协同工作能力较差			
学习过程	学习活动一	A. 按时、完整地完成工作页，问题回答正确，图纸绘制准确； B. 按时、完整地完成工作页，问题回答基本正确，图纸绘制基本准确； C. 未能按时完成工作页，或内容遗漏、错误较多； D. 未完成工作页			
	学习活动二	A. 学习活动评价成绩为 90～100 分； B. 学习活动评价成绩为 75～89 分； C. 学习活动评价成绩为 60～74 分； D. 学习活动评价成绩为 0～59 分			
	学习活动三	A. 学习活动评价成绩为 90～100 分； B. 学习活动评价成绩为 75～89 分； C. 学习活动评价成绩为 60～74 分； D. 学习活动评价成绩为 0～59 分			
创新能力		学习过程中提出具有创新性、可行性的建议	加分奖励：		
班级			学号		
姓名			综合评价等级		
指导教师			日期		

项目二 数控机床编程基础

通过本项目的学习，掌握加工程序编制的内容与方法、数控机床坐标系的分类和坐标的确定方法、常用编程指令、程序结构与格式以及数控编程中数值的计算方法；通过学习能够理解各程序段的含义，具有编制简单程序的能力和数值的计算能力。

【知识目标】

1. 了解数控仿真软件。
2. 了解编程的内容与步骤、编程的方法和程序段格式。
3. 掌握仿真软件的菜单功能。
4. 掌握坐标系的选择方法、对刀方法、常用指令的含义和编程中数值的计算方法。
5. 能够正确编写程序和数值计算。

【技能目标】

1. 能够应用仿真软件进行安装工件和刀具的操作。
2. 能够根据零件图纸要求，熟练地编写简单的加工程序。

【学时】

12 课时。

【学习计划】

一、人员分工

表 2-0-1　小组成员及分工

姓名	分工

二、制订学习计划

1. 梳理学习目标

2. 学习准备工作

（1）学习准备。

（2）梳理学习问题。

三、评　价

以小组为单位，展示本组制订的学习计划，然后在教师点评基础上对学习计划进行修改完善，并根据表 2-0-2 的评分标准进行评分。

表 2-0-2　评分表

评价内容	分值	评分		
		自我评价	小组评价	教师评价
学习议题是否有条理	10			
议题是否全面、完善	10			
人员分工是否合理	10			
学习任务要求是否明确	20			
学习工具及着装准备是否正确、完整	20			
学习问题准备是否正确、完整	20			
团结协作	10			
合计	100			

任务一　数控机床编程基础知识认知

【学时】

10 课时。

【学习目标】

1. 了解数控仿真软件。
2. 了解编程的内容与步骤、编程的方法和程序段格式。
3. 掌握仿真软件的菜单功能。
4. 掌握坐标系的选择方法、对刀方法、常用指令的含义和编程中数值的计算方法。
5. 能够正确编写程序和数值计算。
6. 能够应用仿真软件进行安装工件和刀具的操作。
7. 能够根据零件图纸要求，熟练地编写简单的加工程序。

【任务描述】

为了完成零件的自动加工，用户已经按照的编程格式编写了如图 2-1-1 所示零件的程序（简称程序）。请在数控仿真软件上模拟数控机床执行程序（见表 2-1-1），完成机床进给运动、主轴起停、刀具选择、冷却、润滑等控制，实现零件的仿真加工，校验程序的可行性和准确性。

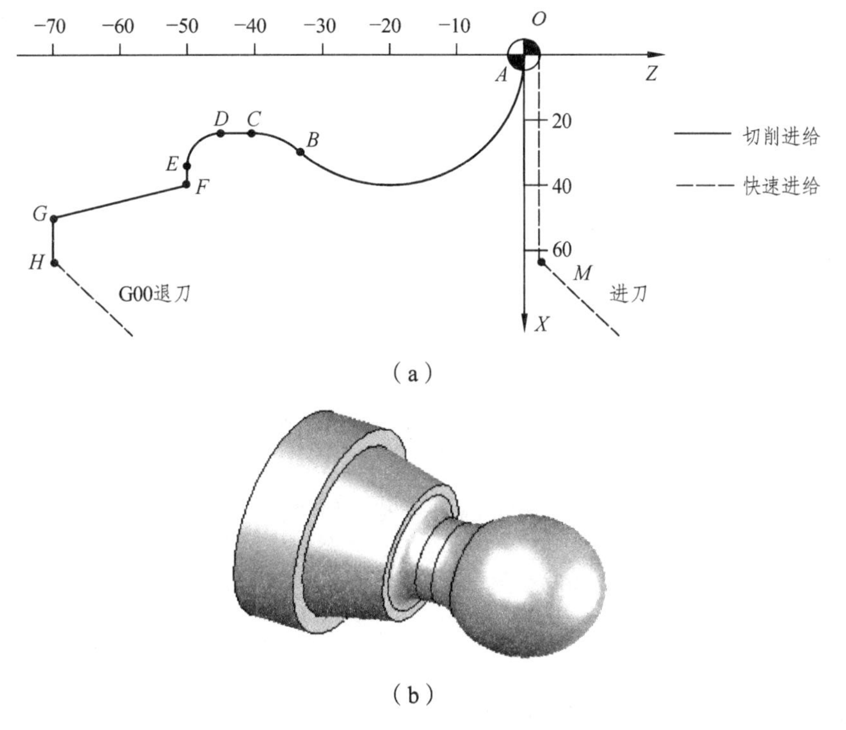

（a）

（b）

图 2-1-1　进给运动

表 2-1-1 程序表

GSK980TDb 车床 CNC 系统程序	程序说明
O0011;	程序号
N0005 G99 G40 G21;	程序初始化
N0015 T0101;	换刀：选定 1 号刀，偏置号 1 号
N0020 G00 X100.0 Z100.0;	刀具定位
N0025 M03 S1000;	主轴正转，1 000 r/min
N0030 G00 X62.0 Z2.0;	刀具定位
N0035 X0;	刀具定位
N0040 G01 Z0.0 F0.1;	*A* 点
N0045 G03 X29.33 Z-33.60 I0 K-20.0;	*B* 点
N0050 G02 X24.0 Z-41.79 R10.0;	*C* 点
N0055 G01 Z-45.0;	*D* 点
N0060 G02 X34.0 Z-50.0 R5.0;	*E* 点
N0065 G01 X40.0;	*F* 点
N0070 X50.0 Z-70.0;	*G* 点
N0075 X62.0;	*H* 点
N0070 G00 X100.0 Z100.0;	退刀
N0075 M05;	主轴停转
N0080 M30;	程序结束

【知识链接】

一、数控仿真加工

（一）数控仿真软件简介

数控仿真软件是将数控设备、工作过程、车削加工方案、系统控制编程等，利用三维模拟技术和大量的图表、数据、解释和习题的方式进行演示和训练。其有整套强大的、富有人性化的教学方法和精彩的习题库。目前，数控仿真软件有 CGTech VERICUT、VNUC、宇航、上海宇龙、斯沃等。本书仅以南京斯沃数控仿真软件为例介绍。斯沃数控仿真（数控模拟）软件包括 16 大类，65 个系统，119 个控制面板，具有 FANUC、SIEMENS（SINUMERIK）、MITSUBISHI、FAGOR、美国哈斯 HAAS、广州数控 GSK、华中世纪星 HNC、北京凯恩帝 KND 系统、大连大森 DASEN、南京华兴 WA、成都广泰 GREAT、南京巨森、江苏仁和 RENHE、PA8000、南京四开编程和加工功能，学生通过在 PC 机上操作该软件，可手动编程或读入 CAM 数控程序加工，能在很短时间内掌握各系统数控车、数控铣及加工中心的操作。

（二）软件操作

1. 启动软件（以广州数控 GSK980TDb 为例）

启动软件界面如图 2-1-2 所示。

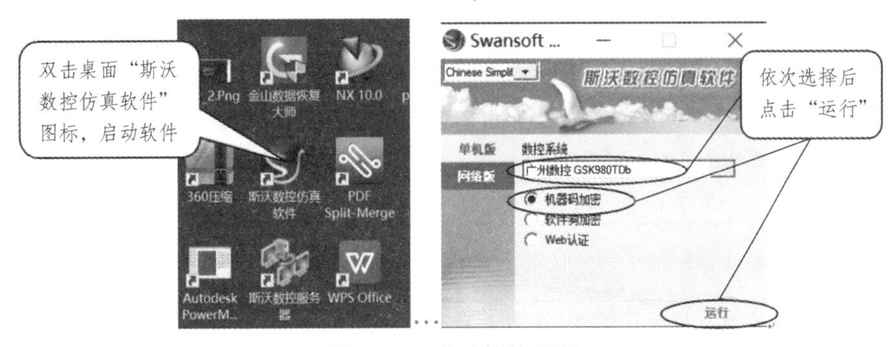

图 2-1-2　启动软件界面

2. 软件操作界面

软件操作界面如图 2-1-3 所示。

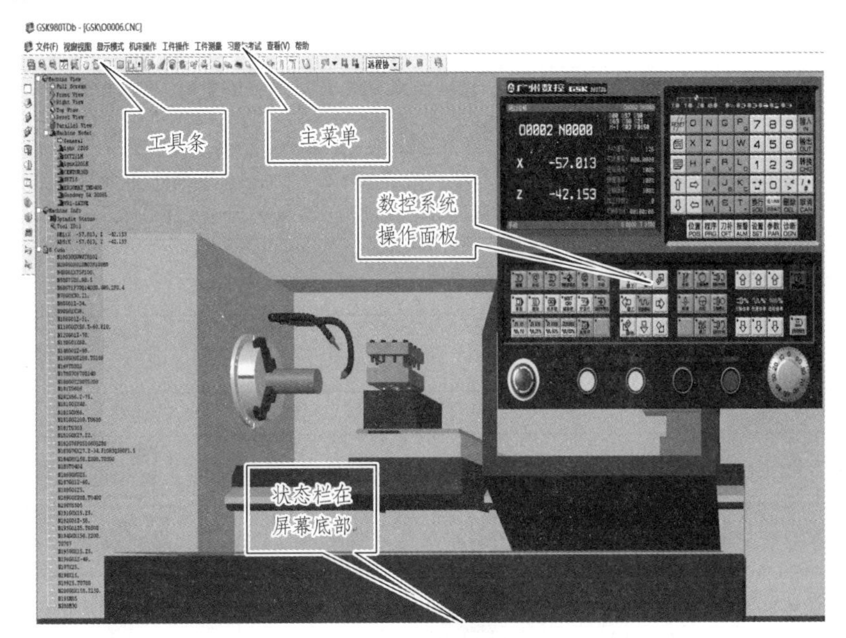

图 2-1-3　软件操作界面

3. 工具条功能简介

全部命令可以从屏幕左侧工具条上的按钮来执行。当光标指向各按钮时系统会立即提示其功能名称，同时在屏幕底部的状态栏里显示该功能的详细说明。工具按钮功能见表 2-1-2。

表 2-1-2　工具按钮功能

按钮图标	按钮名称及功能说明
	建立新 NC 文件：删除编辑窗口里正在被编辑和已加载的 NC 码。如果代码有过更改，系统提示要不要保存更改的代码
	打开保存的文件（如 NC 文件）：相应的对话框被打开，可选取所要代码的文件，完成选取后相应的 NC 代码显示在 NC 窗口里。在全部代码被加载后，程序自动进入自动方式；在屏幕底部显示代码读入进程

续表

按钮图标	按钮名称及功能说明
	保存文件（如 NC 文件）：保存在屏幕上编辑的代码。对新加载的已有文件执行这个命令时，系统对文件不加任何改变地保存，并且不论该文件是不是刚刚加载的，请求给一个新文件名
	另存文件：把文件以区别于现有文件不同的新名称保存下来
	机床参数设置：拖动“参数设置”对话框中的滑块选择合适的换刀速度；单击“选择颜色”按钮可以改变机床背景色；调节“加工图形显示加速”和“显示精度”可以获得合适的仿真软件运行速度；调节“加工图形显示加速”和“显示精度”可以获得合适的仿真软件运行速度；选择刀路和加工的显示颜色
	刀具库管理：选择、添加、定义、修改、安装刀具
	快速模拟加工：用 EDIT 编程→选择好刀具→选择好毛坯、工件零点→AUTO 模式→无须加工，可按此键快速模拟加工
	工件测量：测量特征点、特征线、粗糙度分布等，可用计算机数字键盘上的向上、向下、向左和向右光标键测量尺寸，也可利用输入对话框/*
	选择毛坯大小、工件坐标等参数
	屏幕安排：以固定的顺序来改变屏幕布置的功能

按钮图标名称		
工件显示模式	开关机床门	机床罩壳切换
屏幕整体放大	屏幕整体缩小	屏幕放大、缩小
屏幕平移	屏幕旋转	坐标显示
X-Z 平面选择	*Y-Z* 平面选择	*Y-X* 平面选择
声控	铁屑显示	冷却水显示
毛坯显示	零件显示	透明显示
ACT 显示	显示刀位号	刀具显示
刀具轨迹	在线帮助	
录制参数设置	录制开始	录制结束
示教功能开始和停止	工件装夹微调	

（三）广州数控 GSK980TDb 数控车床控制面板

一般数控车床的控制面板都由数控系统操作面板、机床操作面板和附加面板三部分组成，如图 2-1-4 所示。数控系统操作面板又包含了 LCD 显示屏、状态指示灯、编辑键盘（MDI 键盘）、显示菜单键等。

图 2-1-4　数控车床控制面板

面板各区域及按键名称和功能说明见表 2-1-3。

表 2-1-3　面板各区域及按键名称和功能说明

1. 状态指示灯		
[X Y Z 4th 指示灯图]		轴回零结束指示灯
[指示灯图]		自左起指示灯：快速、单段运行、程序段选跳、机床锁、辅助功能锁、空运行，USB 接口
2. 编辑键盘		
按键图标	名称	功能说明
RESET	复位键	CNC 复位，进给、输出停止等
O …… /#	字符键	用于输入字母、地址、符号、数字、小数点等字符；部分为双字符键，反复按键，在两者间切换
输入 IN	输入键	参数、补偿量等数据输入的确定
输出 OUT	输出键	启动通信输出
转换 CHG	转换键	信息、显示的切换
插入INS 修改ALT　删除 DEL　取消 CAN	编辑键	编辑时程序、字段等的插入、修改、删除；插入INS 修改ALT 为复合键，可在插入、修改、宏编辑间切换

续表

按键图标	名称	功能说明
换行 EOB	EOB 键	程序段结束符的输入
	翻页键 光标移动键	同一显示界面下页面的切换； 控制光标移动

3. 显示菜单

按键图标	功能说明
位置 POS	进入位置界面。位置界面有相对坐标、绝对坐标、综合坐标、坐标&程序等 4 个页面
程序 PRG	进入程序界面。程序界面有程序内容、程序目录、程序状态、文件目录 4 个页面
刀补 OFT	进入刀补界面、宏变量界面、刀具寿命管理（参数设置该功能），反复按键可在 3 界面间转换。刀补界面可显示刀具偏置磨损；宏变量界面可显示 CNC 宏变量；刀具寿命管理可显示当前刀具寿命的使用情况并设置刀具的组号
报警 ALM	进入报警界面、报警日志，反复按键可在两界面间转换。报警界面有 CNC 报警、PLC 报警 2 个页面；报警日志可显示产生报警和消除报警的历史记录
设置 SET	进入设置界面、图形界面（980TDb 特有），反复按键可在两界面间转换；设置界面有开关设置、参数操作、权限设置、梯形图设置（2 级权限）、时间日期显示（参数设置）；图形界面可显示进给轴的移动轨迹
参数 PAR	进入状态参数、数据参数、螺补参数界面、U 盘高级功能界面（识别 U 盘后）；反复按键可在各界面间转换
诊断 DGN	进入 CNC 诊断界面、PLC 状态、PLC 数据、机床软面板、版本信息界面；反复按键可在各界面间转换

4. 机床操作面板

按键图标	功能说明
循环启动 进给保持	循环启动/进给保持：程序、MDI 运行启动/运行暂停
主轴倍率 快速倍率 进给倍率	进给倍率：进给速度的调整； 快速倍率：快速移动速度的调整； 主轴倍率：主轴速度调整（主轴转速模拟量控制方式有效）

续表

按键图标	功能说明
顺时针转 主轴停止 逆时针转	主轴控制键：顺时针转、主轴停止、逆时针转
主轴准停 点动 换刀	主轴准停（C/S 轴切换）：切换主轴速度/位置控制； 点动：主轴点动状态开/关； 换刀：手动换刀
冷却 润滑	冷却：冷却液开/关； 润滑：机床润滑开/关
Y X Z 快速移动 4th	轴进给键：手动、单步操作方式各轴正向/负向移动
	快速开关：快速速度/进给速度切换
	手脉控制轴选择键：手脉操作方式各轴选择
X1 F0　X10 25%　X100 50%　X1000 100%	手脉/单步增量选择与快速倍率选择键，每一刻度对应移动量（mm）分别是：0.001 0.001、0.01 0.01、0.1 0.1
选择停 单段 跳段	选择停有效时，执行 M01 暂停； 单段：程序单段运行/连续运行状态切换，单段有效时单段运行指示灯亮； 跳段：程序段首标有“/”号的程序段是否跳过状态切换，程序段选跳开关打开时，跳段指示灯亮
机床锁	机床锁住开关：锁住时机床锁住指示灯亮，进给轴输出无效
MST 辅助锁 空运行	辅助功能锁住开关：锁住时辅助功能锁住指示灯亮，M、S、T 功能输出无效； 空运行有效时空运行指示灯点亮，加工程序及 MDI 代码段空运行
回机床零点 手脉 手动	机床回零方式选择键：进入机床回零（参考点）操作方式，可分别执行进给轴回机床零点（参考点）操作； 单步/手脉方式选择键：进入单步或手脉操作方式（两种操作方式由参数选择其一），CNC 按选定的增量进行移动； 手动方式选择键：进入手动操作方式，可进行手动进给、手动快速、进给倍率调整、快速倍率调整及主轴启停、冷却液开关、润滑液开关、主轴点动、手动换刀等操作
编辑 自动 MDI	编辑方式选择键：进入编辑操作方式，可以进行加工程序的建立、删除和修改等操作； 自动方式选择键：进入自动操作方式，自动运行程序； 录入方式选择键：进入录入（MDI）操作方式，可进行参数的输入以及代码段的输入和执行

续表

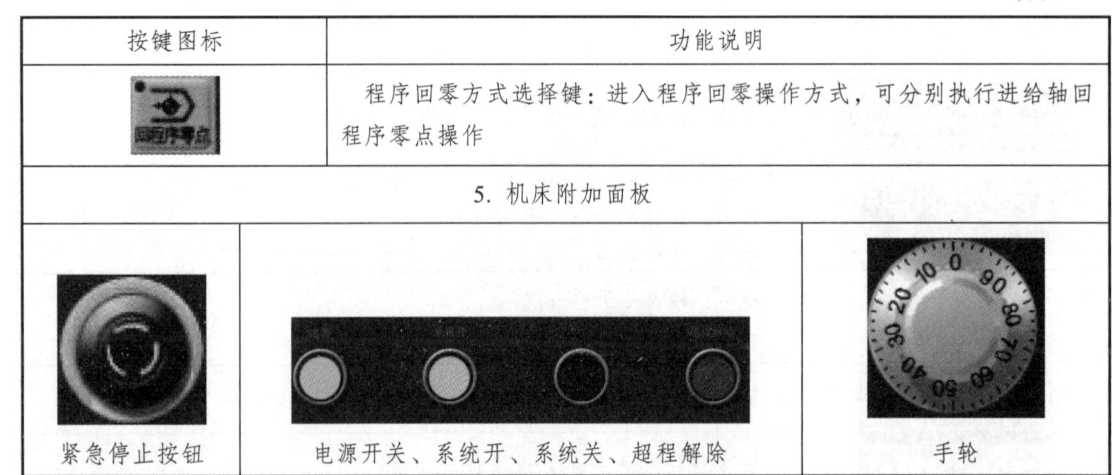

<table>
<tr><th>按键图标</th><th colspan="2">功能说明</th></tr>
<tr><td></td><td colspan="2">程序回零方式选择键：进入程序回零操作方式，可分别执行进给轴回程序零点操作</td></tr>
<tr><td colspan="3">5. 机床附加面板</td></tr>
<tr><td>紧急停止按钮</td><td>电源开关、系统开、系统关、超程解除</td><td>手轮</td></tr>
</table>

（四）广州数控 GSK980TDb 数控车床基本操作

1. 开/关机操作

开机过程：松开“紧急停止按钮”→按亮“电源”开关→按亮“系统开”→系统启动。

关机前，应确认 CNC 的 *X*、*Z* 轴是否处于停止状态，辅助功能（如主轴、水泵等）是否关闭。关机时先切断 CNC 电源，再切断机床电源。

2. 手动返回参考点

（1）按机床回零方式键，选择机床回零（参考点）操作方式，这时液晶屏幕右下角显示“机械回零”，如图 2-1-5 所示。

图 2-1-5 机床回零

（2）按下手动轴向运动开关“+Z” / “+X”，可回参考点（见图 2-1-6）。

（3）返回参考点后，返回参考点指示灯亮。

注：返回参考点结束时，返回参考点结束指示灯亮；返回参考点结束指示灯亮灭灯条件是，从参考点移出时或按下急停开关；参考点方向，需要参照机床厂家的说明书。

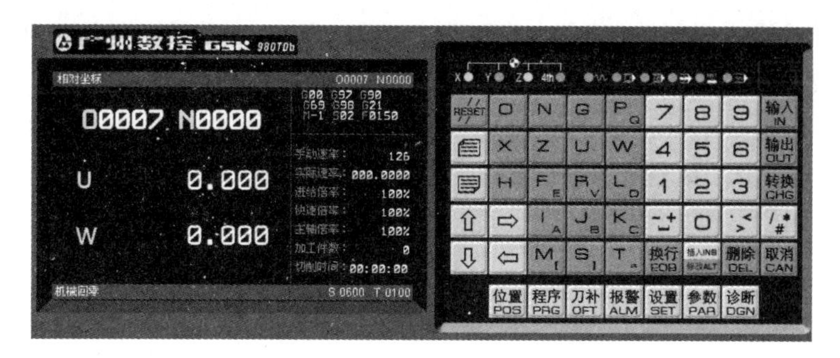

图 2-1-6　参考点示意图

3. 手动返回程序零点

（1）按下返回程序零点键，选择程序回零点方式，这时液晶屏幕右下角显示“程序回零”。

（2）选择移动轴，机床沿着程序起点方向移动。回到程序起点时，坐标轴停止移动，有位置显示的地址［X］/［Z］、［U］/［W］闪烁；返回程序起点指示灯亮；程序回零后，自动消除刀偏。

注：一般 G50 指令设定后用程序回零才能返回到程序起点，对于我院的广数车床，因训练时极少使用 G50 建立程序起点，故强烈建议不要使用回程序零点，防止出现不可预知的事故。

4. 手动连续进给

（1）按下手动方式键，选择手动操作方式，这时液晶屏幕右下角显示“手动方式”。

（2）选择移动轴，机床沿着选择轴方向移动。

（3）调节 JOG 进给速度。

（4）快速进给，按下快速进给键（同带自锁的按钮，进行开→关→开切换，当为“开”时，位于面板上部指示灯亮，关时指示灯灭），选择为开时，手动以快速速度进给。刀具在已选择的轴方向上快速进给。

5. 手轮进给

转动手摇脉冲发生器，可以使机床微量进给。

（1）按下手轮方式键，选择手轮操作方式，这时液晶屏幕右下角显示“手轮方式”。

（2）选择手轮运动轴：在手轮方式下，按下相应的键，所选手轮轴的地址[U]或[W]闪烁。

（3）转动手轮。

（4）选择移动量：按下增量选择移动增量，相应在屏幕左下角显示移动增量。

注：手摇脉冲发生器的速度要低于 5 r/s。如果超过此速度，即使手摇脉冲发生器回转结束了，但不能立即停止，会出现刻度和移动量不符。

6. MDI 方式操作

从 LCD/MDI 面板输入一个程序指令，并可以执行该程序段。

例：`G00 X200.5 Z125;`

点击机床“录入方式”键，液晶屏幕右下角显示“录入”。

点击程序键，进入程序编辑窗口，按“翻页”键，选择在左上方显示有“程序段值”的画面。

输入“G00”，按“输入”键，G00 输入后被显示出来。按“输入”键以前，如发现输入错误，可按“取消”键进行撤销操作，然后再次输入正确数值。

以此方式，输入“X200.5”，按“输入”键，“X200.5”被输入并显示出来。输入“Z125”按“输入”键，“Z125”被输入并显示出来。

点击“循环启动”键，则开始执行所输入的程序。

二、程序编制基础的内容与方法

（一）程序编制的内容与方法

1. 数控编程的概念

数控编程是从零件分析到编写加工指令，再到制成控制介质以及程序校验的全过程。数控系统的种类繁多，它们使用的数控程序的语言规则和格式也不尽相同，应该严格按照机床编程手册中的规定进行程序编制。

2. 编程的内容

一般来说，数控机床程序编制的内容主要为：分析零件图、确定机床、工艺处理、数值计算、编写程序及检验和试切工件。

3. 数控编程的步骤

数控编程的步骤主要包括：分析零件图样、确定加工工艺过程、数值计算、编写程序、制备控制介质、程序校验及首件加工，如图 2-1-7 所示。

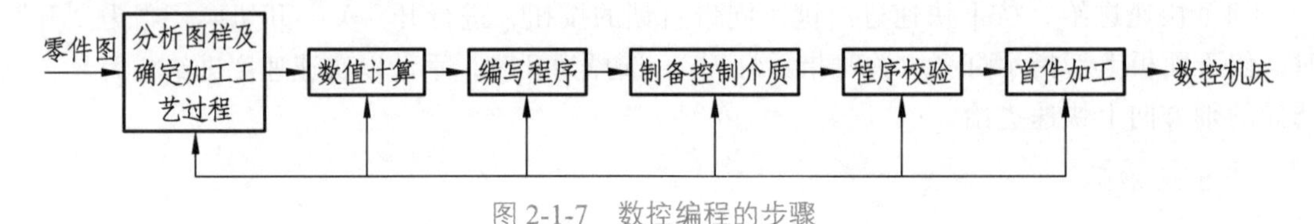

图 2-1-7　数控编程的步骤

1）分析零件图

首先是能正确地分析零件图，确定零件的加工部位，根据零件图的技术要求，分析零件的形状、基准面、尺寸公差和粗糙度要求，以及加工面的种类、零件的材料、热处理等其他技术要求。

2）确定机床

通过分析，根据零件形状和加工的内容及范围，确定该零件或哪些表面适宜在数控机床上加工，即在数控车床、数控铣床、加工中心和其他机床上加工。

3）工艺处理

在对零件图进行分析并确定好机床之后，确定零件的装夹定位方法、加工路线（如对刀点、换刀点、进给路线）、刀具及切削用量等工艺参数（如进给速度、主轴转速、切削宽度、切削深度等）。在该阶段要确定加工的顺序和步骤，一般分粗加工、半精加工、精加工三个阶段。粗加工一般留 1 mm 的加工余量，半精加工留约 0.2 mm 的加工余量，精加工直接形成产品的最终尺寸精度和表面粗糙度。对于要求较高的表面要分别进行加工，要求不高时粗加工面留约 0.5 mm 的加工余量，半精和精加工一次完成。根据粗、精加工的要求，合理选用刀具，所采用的刀具要满足加工质量和效率的要求。

4）数值计算

根据零件图、刀具的加工路线和设定的编程坐标系来计算刀具运动轨迹的坐标值。

对于表面由圆弧、直线组成的简单零件，只需计算出零件轮廓上相邻几何元素的交点或切点（基点）的坐标值，得出直线的起点、终点，圆弧的起点、终点和圆心坐标值。

对于较复杂的零件，计算会复杂一些，如对于非圆曲线需用直线段或圆弧段来逼近。对于自由曲线、曲面等加工，要借助计算机辅助编程来完成。

5）编写程序及检验

根据所计算出的刀具运动轨迹坐标值和已确定的切削用量以及辅助动作，结合数控系统规定使用的指令代码及程序段格式，编写零件加工程序单。

将编好的程序输入到数控系统的方法有两种：一种是通过操作面板上的按钮手工直接把程序输入数控系统，另一种是通过计算机 RS232 接口与数控机床连接传送程序。

为了检验程序是否正确，可通过数控系统图形模拟功能来显示刀具轨迹或用机床空运行来检验机床运动轨迹，检查刀具运动轨迹是否符合加工要求。

6）试切工件

用图形模拟功能和机床空运行来检验机床运动轨迹，只能检验刀具的运动轨迹是否正确，不能检查加工精度。因此，还应进行零件的试切。如果通过试切发现零件的精度达不到要求，则应对程序进行修改，以及采用误差补偿的方法，直至达到零件的加工精度要求为止。

在试切削工件时可用单步执行程序的方法，即按一次按钮执行一个程序段，发现问题及时处理。

4. 编程的方法

数控加工程序的编制方法有以下两种：

1）手工编程

分析零件图、确定机床、工艺处理、数值计算、编写程序及检验等各个阶段均由人工完成的编程方法，称为手工编程，如图 2-1-8 所示。

当零件形状简单或加工程序不太长时，用手工编程较为经济而且及时，因此，手工编程被广泛用于点位加工和形状简单的轮廓加工中。

但是，加工形状较复杂的零件、几何元素或形状并不复杂但程序量很大的零件以及铣削轮廓编程中的数值计算相当烦琐且程序量大，所费时间多且易出错，甚至有时手工编程难以完成，这时需要自动编程。

2）自动编程

自动编程是计算机通过自动编程软件完成对刀具运动轨迹的自动计算，自动生成加工程序并在计算机屏幕上动态地显示出刀具的加工轨迹的方法。对于加工零件形状复杂特别是涉及三维立体形状或刀具运动轨迹计算烦琐时，需采用自动编程。

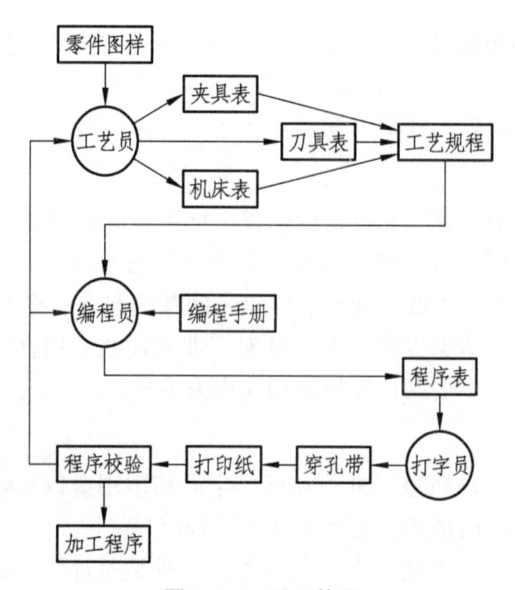

图 2-1-8　手工编程

在自动编程中，编程人员只需按零件图样的要求，将加工信息输入到计算机中，计算机在完成数值计算和后置处理后，编制出零件加工程序单。编制的加工程序还可通过计算机仿真进行检查。

自动编程可以大大减轻编程人员的劳动强度，将编程效率提高几十倍甚至上百倍。同时解决了手工编程无法解决的复杂零件的编程难题。自动编程是提高编程质量和效率的有效手段，有时甚至是实现某些零件的加工程序编制的唯一手段。但是手工编程是自动编程的基础，自动编程中的许多核心经验，都来源于手工编程。

（二）数控编程中数值的计算方法

当编制一个 CNC 程序时，被机床加工的轮廓上的对应点必须被编入程序，在大多数情况下，可以在给出尺寸的零件图中直接获取这些点，但有时这些点必须进行计算才能获得。这就需要掌握数值的计算方法，如勾股定理、三角形内角和公式、三角函数公式等。

1. 三角形内角和公式

三角形的内角 α、β、γ 的和总是 180°，如图 2-1-9 所示。

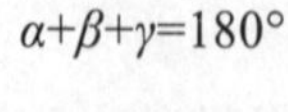

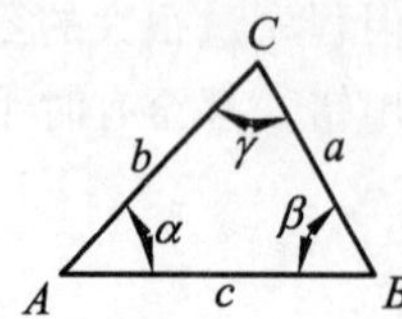

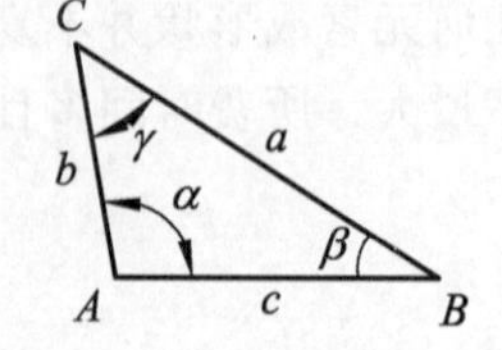

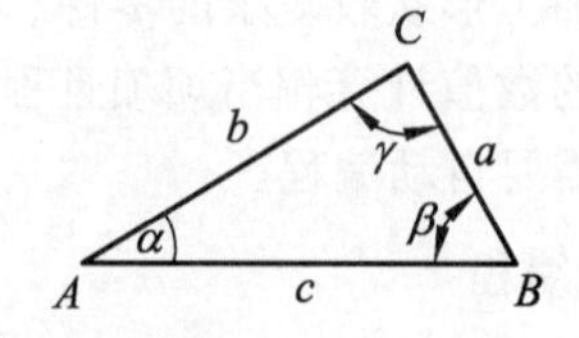

图 2-1-9　三角形内角和的关系

2. 勾股定理

在直角三角形内，如果已知其中两条边长度就可以计算出未知边的长度，利用勾股定理可以方便地计算，如图 2-1-10 所示。

$$a^2+b^2=c^2$$

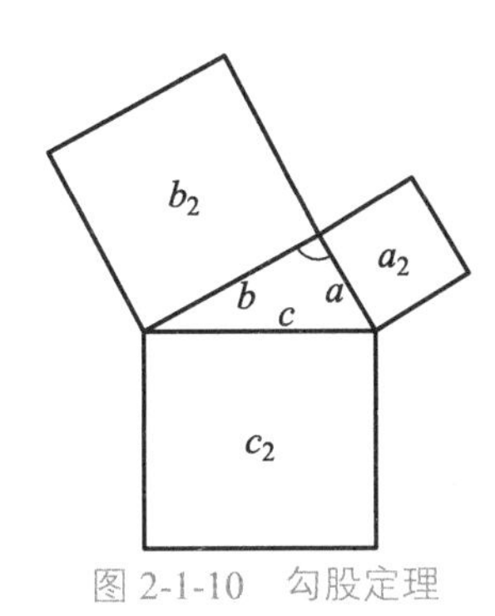

图 2-1-10　勾股定理

3. 三角函数计算法

三角函数计算法简称三角计算法。在手工编程工作中，因为这种方法比较容易被掌握，所以应用十分广泛，是进行数学处理时应重点掌握的方法之一。三角计算法主要应用三角函数关系式及部分定理，现将有关定理的表达式列出如下。

1）正弦定理

$$\frac{a}{\sin A}=\frac{b}{\sin B}=\frac{c}{\sin C}=2R$$

式中　a，b，c——$\angle A$，$\angle B$ 和 $\angle C$ 所对应边的边长；

R——三角形外接圆半径。

2）余弦定理

$$a^2=c^2+c^2-2bc\cos A$$

$$b^2=a^2+c^2-2ac\cos B$$

$$c^2=a^2+b^2-2ab\cos C$$

4. 平面解析几何法

三角计算法虽然在应用中具有分析直观、计算简便等优点，但有时为计算一个简单图形，却需要添加若干条辅助线，并要在分析完数个三角形间的关系后才能进行。而应用平面解析几何法则可省掉一些复杂的三角形关系，用简单的数学方程即可准确地描述零件轮廓的几何图形，使分析和计算的过程都得到简化，并可减少多层次的中间运算，使计算误差大大减小，计算结果更加准确，且不易出错。在绝对编程坐标系中，应用这种方法所解出的坐标值一般不产生累积误差，减少了尺寸换算的工作量，还可提高计算效率等。因此，在数控机床的手工编程中，平面解析几何计算法是应用较普遍的计算方法。

三、数控机床的坐标系

（一）机床原点与参考点

1. 机床原点

现代数控机床一般都有一个基准位置，称为机床原点（machine origin 或 home position）

或机床绝对原点（machine absolute origin），又称为机械原点，它是机床坐标系的原点。该点是机床上的一个固定的点，其位置是由机床设计和制造单位确定的，通常不允许用户改变，用 M 表示。机床原点是机床制造商设置在机床上的一个物理位置，其作用是使机床与控制系统同步，建立测量机床运动坐标的起始点。机床坐标系建立在机床原点之上，是机床上固有的坐标系。

机床原点是工件坐标系、机床参考点的基准点。数控车床的机床原点一般设在卡盘前端面或后端面的中心，如图 2-1-11（a）所示。数控铣床的机床原点，各生产厂不一致，有的设在机床工作台的中心，有的设在进给行程的终点，如图 2-1-11（b）所示。

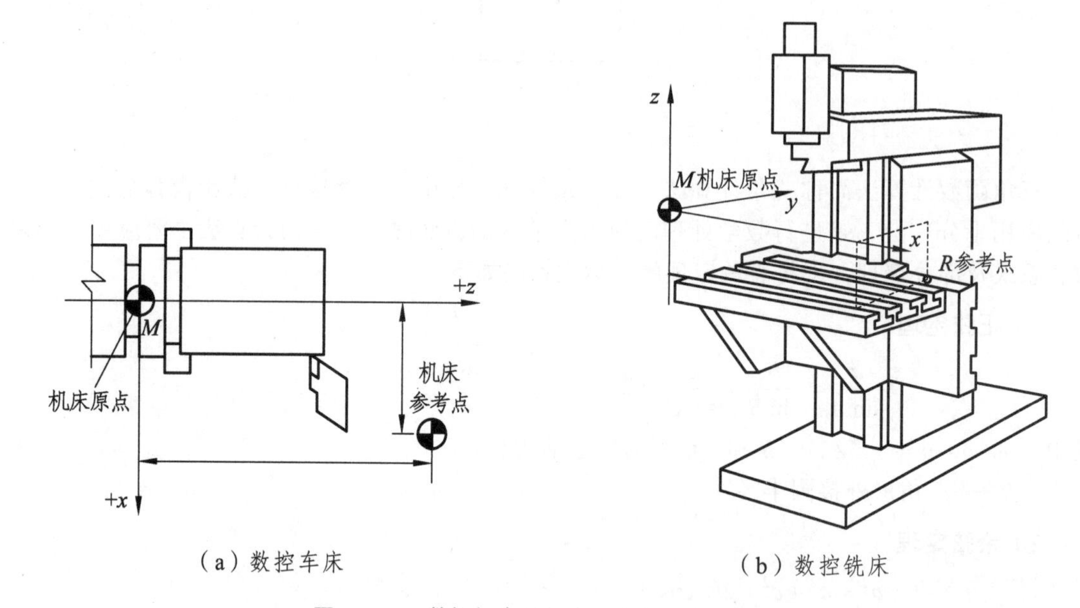

图 2-1-11　数控机床的机床原点与机床参考点

2. 机床参考点

与机床原点相对应的还有一个机床参考点（reference point），用 R 表示，它是机床制造商在机床上用行程开关设置的一个物理位置，与机床原点的相对位置是固定的，机床出厂之前由机床制造商精密测量确定。机床参考点一般不同于机床原点。一般来说，加工中心的参考点为机床的自动换刀位置。通常数控车床的机床参考点安装在 X 轴和 Z 轴的正方向的最大行程处，若车床上没有安装机床参考点，则不要使用数控系统提供的有关机床参考点的功能（如 G28）。

机床参考点是机床坐标系中一个固定不变的位置点，是用于对机床工作台、滑板与刀具相对运动的测量系统进行标定和控制的点。机床参考点通常设置在机床各轴靠近正向极限的位置（见图 2-1-11），通过减速行程开关粗定位，然后由零位点脉冲精确定位。机床参考点对机床原点的坐标是一个已知定值，也就是说，可以根据机床参考点在机床坐标系中的坐标值间接确定机床原点的位置。在机床接通电源后，通常都要做回零操作，即利用 CRT/MDI 控制面板上的功能键和机床操作面板上的有关按钮，使刀具或工作台退离到机床参考点。回零操作又称为返回参考点操作，当返回参考点的工作完成后，显示器即显示出机床参考点在机床坐标系中的坐标值，表明机床坐标系已自动建立。可以说回零操作是对基准的重新核定，能消除由于种种原因产生的基准偏差。

在数控加工程序中可用相关指令使刀具经过一个中间点自动返回参考点。机床参考点已由机床制造厂测定后输入数控系统，并且记录在机床说明书中，用户不得更改。

一般数控车床、数控铣床的机床原点和机床参考点位置，如图 2-1-11 所示。但有些数控机床机床原点与机床参考点重合。

3. 程序原点

对于数控编程和数控加工来说，还有一个重要的原点就是程序原点（program origin），用 *W* 表示，是编程员在数控编程过程中定义在工件上的几何基准点，有时也称为工件原点（part origin），如图 2-1-12 所示。程序原点一般用 G92 或 G54 ~ G59（对于数控镗铣床）和 G50（对于数控车床）设置。

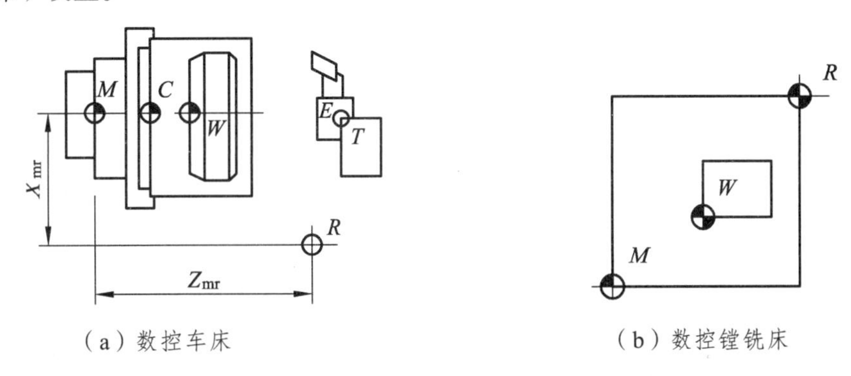

（a）数控车床　　（b）数控镗铣床

图 2-1-12　数控机床的坐标原点

在程序开发开始之前必须决定坐标系和程序的原点；通常把程序原点确定为便于程序开发和加工的点；数控车床在多数情况下，把 *Z* 轴与 *X* 轴的交点设置为程序原点。

4. 装夹原点

除了上述三个基本原点以外，有的机床还有一个重要的原点，即装夹原点（fixture origin），用 *C* 表示，装夹原点常见于带回转（或摆动）工作台的数控机床或加工中心，一般是机床工作台上的一个固定点，比如回转中心，与机床参考点的偏移量可通过测量，存入 CNC 系统的原点偏置寄存器（origin offset register）中，供 CNC 系统原点偏移计算用。图 2-1-12 描述了数控车床和数控镗铣床的坐标原点及其相互关系。

（二）机床坐标系

数控机床的标准坐标系及其运动方向，在国际标准中有统一规定，我国原机械工业部制订的标准 JB/T 3052—1982 与之等效。

1. 规定原则

1）右手直角笛卡尔坐标系

标准的机床坐标系是一个右手直角笛卡尔坐标系，用右手法则判定，如图 2-1-13 所示。右手的拇指、食指、中指互相垂直，并分别代表+*X*、+*Y*、+*Z* 轴。围绕+*X*、+*Y*、+*Z* 轴的回转运动分别用+A，+B，+C 表示，其正向用右手螺旋定则确定。与+X、+Y、+Z、+A、+B、+C 相反的方向用+X'、+Y'、+Z'、+A'、+B'、+C'表示。

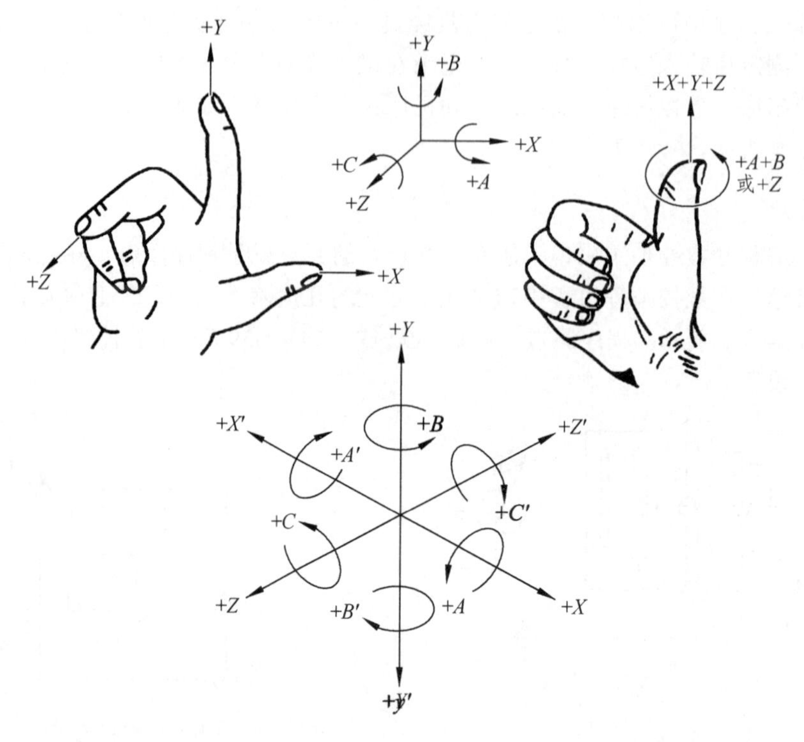

图 2-1-13　右手直角笛卡尔坐标系

2）刀具运动坐标与工件运动坐标

数控机床的坐标系是机床运动部件进给运动的坐标系。由于进给运动可以是刀具相对工件的运动（如数控车床），也可以是工件相对刀具的运动（如数控铣床），所以统一规定：不论机床的具体结构是工件静止、刀具运动，还是工件运动、刀具静止，在确定坐标系时，一律看作是刀具相对“静止的工件”运动，坐标轴名（X、Y、Z、A、B、C）表示刀具相对“静止工件”运动的刀具运动坐标。

3）运动的正方向

规定使刀具与工件距离增大的方向为运动的正方向。

2. 坐标轴确定的方法及步骤

1）Z 轴

一般取产生切削力的主轴轴线为 Z 轴，刀具远离工件的方向为正向，如图 2-1-14～图 2-1-16 所示。当机床有几个主轴时，选一个与工件装夹面垂直的主轴为 Z 轴。当机床无主轴时，选与工件装夹面垂直的方向为 Z 轴。

2）X 轴

X 轴一般位于平行工件装夹面的水平面内。对于工件做回转切削运动的机床（如车床、磨床等），在水平面内取垂直工件回转轴线（Z 轴）的方向为 X 轴，刀具远离工件的方向为正方向，如图 2-1-14 所示。

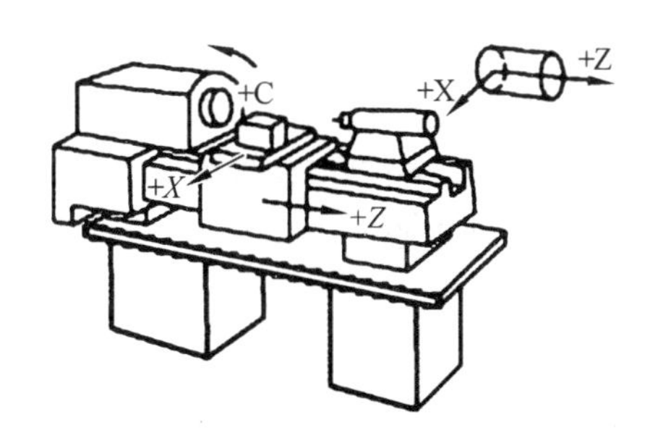

图 2-1-14　数控车床坐标系

对于刀具做回转切削运动的机床（如铣床、镗床等），当 Z 轴水平，由主要刀具主轴向工件看时，则向右为正 X 方向，如图 2-1-15 所示；当 Z 轴垂直，由主要刀具主轴向立柱看时，向右为正 X 方向，如图 2-1-16 所示。

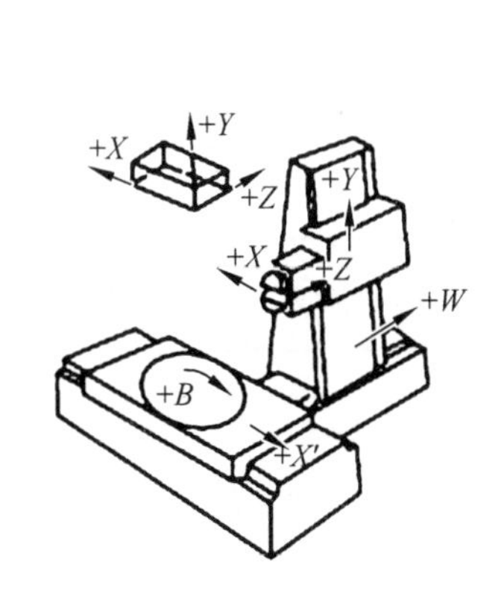

图 2-1-15　卧式数控铣床

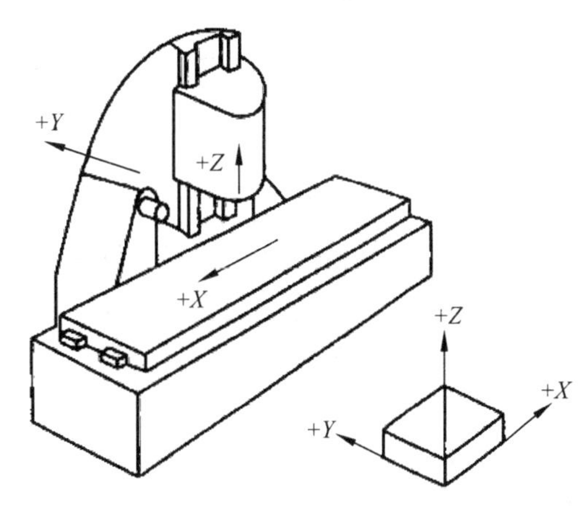

图 2-1-16　立式数控铣床

对于无主轴的机床（如刨床），以切削方向为正 X 方向。

3）Y 轴

根据已确定的 X、Z 轴，按右手直角笛卡尔坐标系确定 Y 轴。

4）A、B、C 轴

此三轴坐标为回转进给运动坐标。根据已确定的 X、Y、Z 轴，用右手螺旋定则确定 A、B、C 三轴坐标。

机床坐标系是机床上固有的坐标系，是用来确定工件坐标系的基坐标系，是确定刀具（刀架）或工件（工作台）位置的参考系，并建立在机床原点上。机床坐标系各坐标和运动正方向按前述标准坐标系规定设定。

（三）工件坐标系

工件坐标系是在数控编程时用来定义工件形状和刀具相对工件运动的坐标系，为保证编程与机床加工的一致性，工件坐标系也应是右手笛卡尔坐标系。工件装夹到机床上时，应使工件坐标系与机床坐标系的坐标轴方向保持一致。工件坐标系的原点称为工件原点或编程原点，工件原点在工件上的位置虽可任意选择，但一般应遵循以下原则。

（1）工件原点选在工件图样的基准上，以利于编程。

（2）工件原点尽量选在尺寸精度高、粗糙度值低的工件表面上。

（3）工件原点最好选在工件的对称中心上。

（4）工件原点要便于测量和检验。

在数控车床上加工工件时，工件原点一般设在主轴中心线与工件右端面（或左端面）的交点处，如图 2-1-17（a）所示。数控铣床上加工工件时，工件原点一般设在进刀方向一侧工件外轮廓表面的某个角上或对称中心上，如图 2-1-17（b）所示。

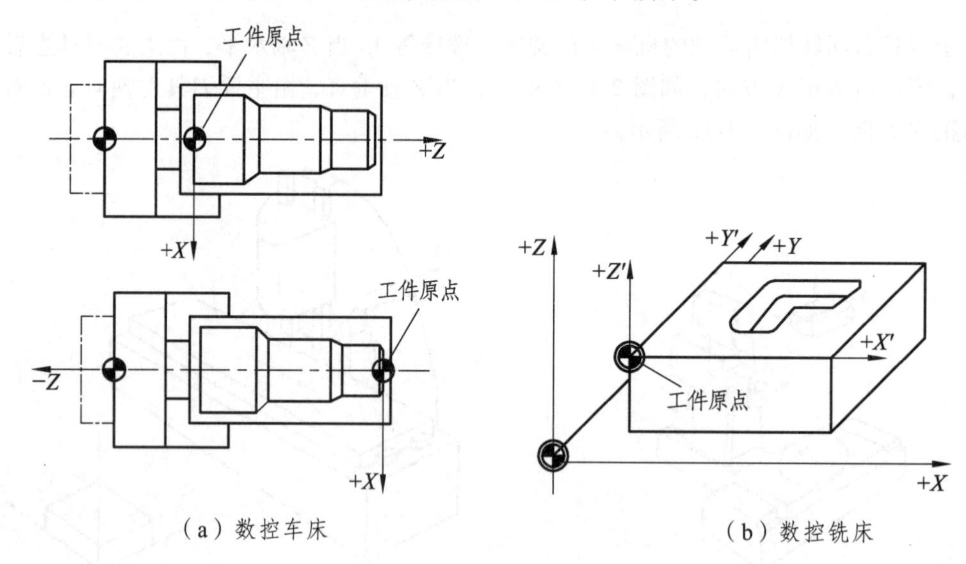

（a）数控车床　　（b）数控铣床

图 2-1-17　工件原点设置

（四）坐标值编程方式

数控加工程序中表示几何点的坐标位置有绝对值和增量值两种方式。绝对值是以“工件原点”为依据来表示坐标位置，如图 2-1-18（a）所示。增量值是以相对于“前一点”位置坐标尺寸的增量来表示坐标位置，如图 2-1-18（b）所示。如编程时要根据零件的加工精度要求及编程方便与否选用坐标类型。

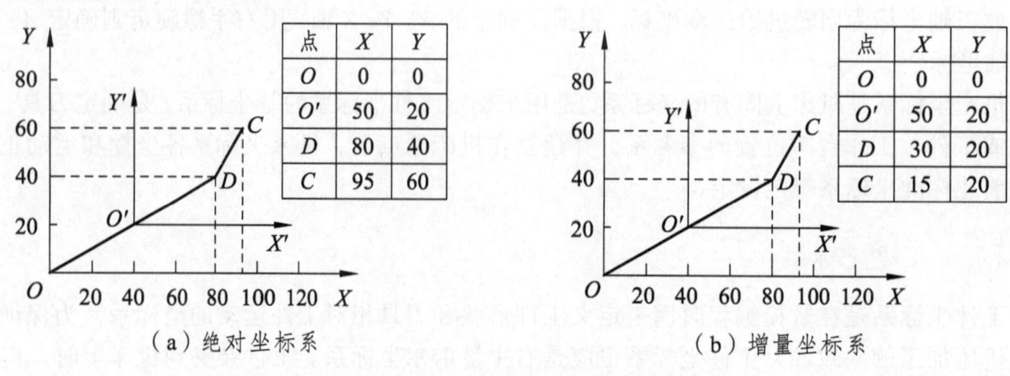

点	X	Y
O	0	0
O′	50	20
D	80	40
C	95	60

点	X	Y
O	0	0
O′	50	20
D	30	20
C	15	20

（a）绝对坐标系　　（b）增量坐标系

2-1-18　绝对坐标系与增量坐标系

在数控程序中绝对坐标与增量坐标可单独使用，也可在不同程序段上交叉设置使用，数控车床上还可以在同一程序段中混合使用，使用原则主要是看何种方式编程更方便。

数控铣床或加工中心大都以 G90 指令设定程序中 X，Y、Z 坐标值为绝对值；用 G91 指令设定 X、Y、Z 坐标值为增量值，图 2-1-19 所示刀具路线分别用绝对坐标与增量坐标编程见表 2-1-4。

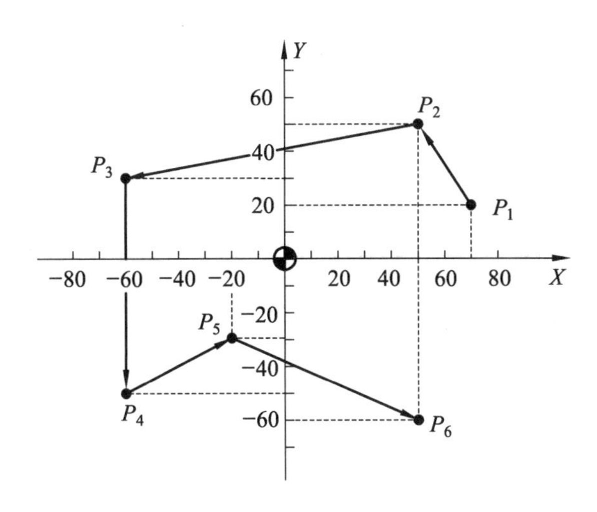

图 2-1-19　绝对坐标与增量坐标编程示例

表 2-1-4　G90 指令

G90 绝对方式指令	G91 增量方式指令
起点为 P_1（X70　Y20）	
G90　X50.0　Y50.0；（P_2 点）	G91　X-20.0　Y30.0；（P_2 点）
X-60　Y30.0；（P_3 点）	X-110　Y-20.0；（P_3 点）
X-60　Y-50.0；（P_4 点）	X0.0　Y-80.0；（P_4 点）
X-20.0　Y-30.0；（P_5 点）	X40.0　Y20.0；（P_5 点）
X50.0　Y-60.0；（P_6 点）	X70.0　Y-30.0；（P_6 点）

注：其中（ ）内的内容可以省略。

例 2-1-1　根据图 2-1-20 所示零件形状中图示点的位置，将各转折点的坐标值填入右侧表中。

一般数控车床上绝对值的坐标以地址 X、Z 表示；增量值的坐标以地址 U、W 分别表示 X、Z 轴向的增量。X 轴向的坐标无论是绝对值还是增量值，一般都用直径值表示（称为直径编程），这样会给编程带来方便，这时刀具实际的移动距离是直径值的一半。

广数 980TDb 系统可用绝对坐标（X、Z 字段），相对坐标（U、W 字段），或混合坐标（X/Z，U/W 字段，绝对和相对坐标同时使用）进行编程，见表 2-1-5。

根据图 2-1-21 所示走刀路线图中图示点的位置，将各转折点的坐标值填入右侧表中。

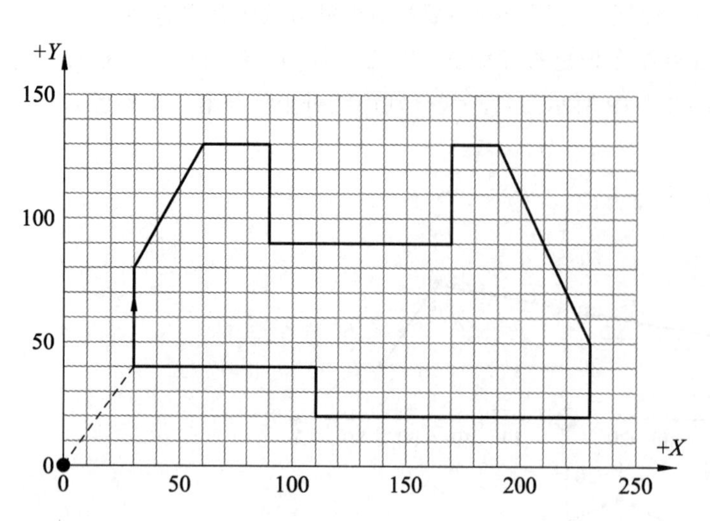

N	G	X	Y	Z
1				
2				
3				
4				
5				
6				
7				
8				
9				
10				
11				
12				
13				
14				
15				
16				
17				

图 2-1-20　零件形状简图

表 2-1-5　坐标值

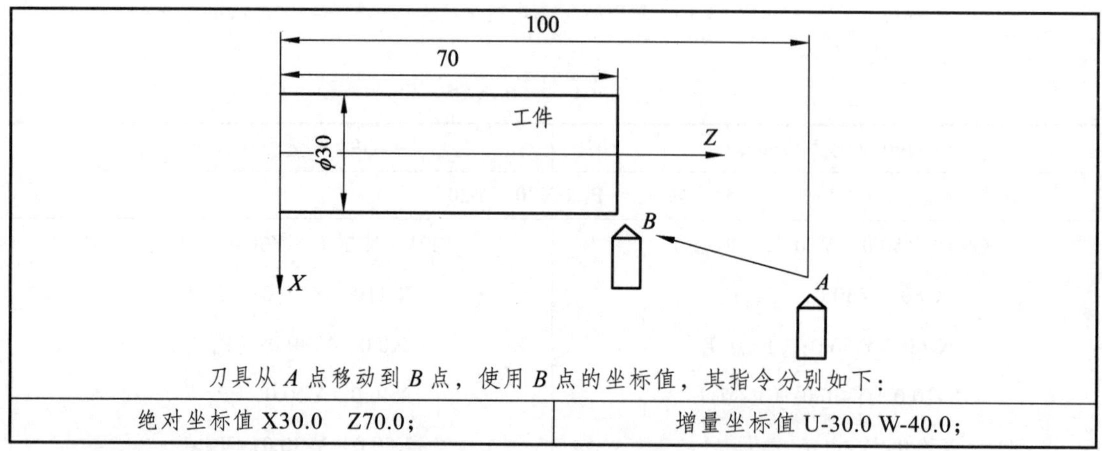

刀具从 *A* 点移动到 *B* 点，使用 *B* 点的坐标值，其指令分别如下：

绝对坐标值 X30.0　Z70.0；	增量坐标值 U-30.0 W-40.0；

	X	Y
P_1		
P_2		
P_3		
P_4		
P_5		
P_6		

图 2-1-21　走刀路线

（五）对　刀

对刀的目的是确定程序原点在机床坐标系中的位置。对刀点可以设在零件上、夹具上或机床上。对刀时应使对刀点与刀位点重合。

刀位点既是用于表示刀具特征的点，也是对刀和加工的基准点。

车刀与镗刀的刀位点通常指刀具的刀尖（见图 2-1-22），钻头的刀位点通常指钻尖，立铣刀、端面铣刀和铰刀的刀位点指刀具底面的中心（见图 2-1-23），而球头铣刀的刀位点指球头中心。

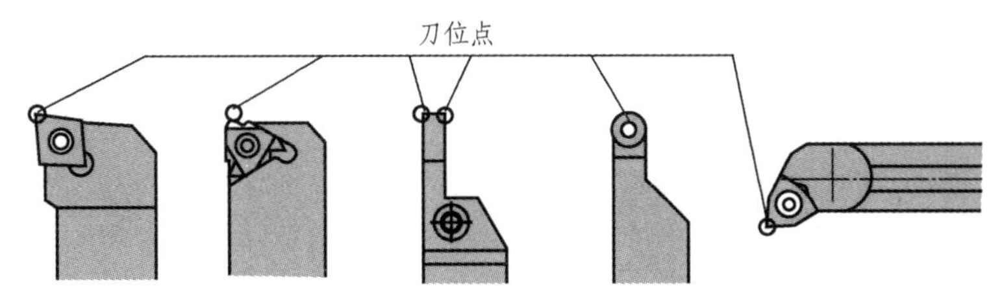

图 2-1-22　刀位点示意（一）

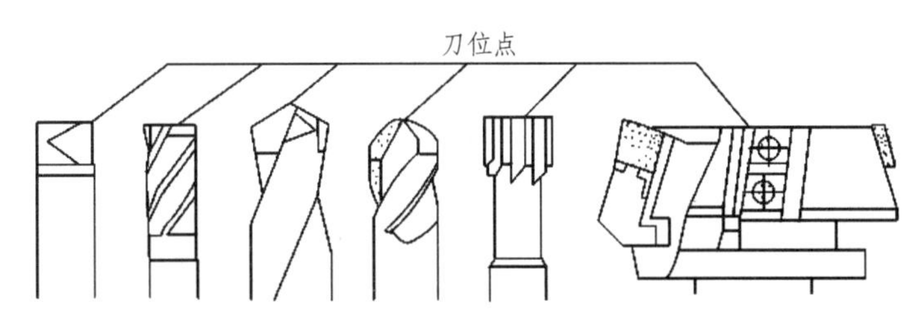

图 2-1-23　刀位点示意（二）

在加工程序执行前，调整每把刀的刀位点，使其尽量重合于某一理想基准点，这一过程称为对刀。理想基准点可以设在基准刀的刀尖上，也可以设定在对刀仪的定位中心（如光学对刀镜内的十字刻线交点）上。数控车床常用的对刀方法有 3 种：试切对刀、机械对刀仪对刀（接触式）和自动对刀（非接触式）。

1. 试切对刀

数控车床常用的试切对刀方法，如图 2-1-24 所示。试切对刀的具体方法如下：

（1）回机械零点（参考点）。

（2）*Z* 向对刀，如图 2-1-24（a）所示。

① 将工件安装好后，先用手动方式或 MDI 方式操作机床，将工件端面车一刀，然后保持刀具在 *Z* 向尺寸不变，沿 *X* 向退刀。

② 按“刀补 SFT”键→进入“刀具偏置磨损”参数设定界面→将光标移到与刀位号相对应的位置后，输入“Z0”，按“输入 IN”键，系统自动计算出 *Z* 方向刀具偏移量，即在机床坐标系中找到了工件原点的“Z0”。

当取工件左端面 *O'*为工件原点时，停止主轴转动，需要测量从内端面到加工面的长度尺寸 β，此时对刀输入为 $Z\beta$。

（3）X 向对刀，如图 2-1-24（b）所示。

① 用同样的方法，再将工件外圆表面车一刀，然后保持刀具在 X 向尺寸不变，从 Z 向退刀，停止主轴转动，再量出工件车削后的直径值 ϕd。

② 按“刀补 SFT”键→进入“刀具偏置磨损”参数设定界面→将光标移到与刀位号相对应的位置后，输入“Xd”（注意：此处的“d”代表直径值，而不是符号），按“输入 IN”键，系统自动按公式计算出 X 方向刀具偏移量，即在机床坐标系中找到了工件原点的“X0”，通过上述操作过程确定工件原点（X0，Z0），从而建立了工件坐标系。

其他各刀都需进行以上操作，以确定每把刀具在工件坐标系中的位置。

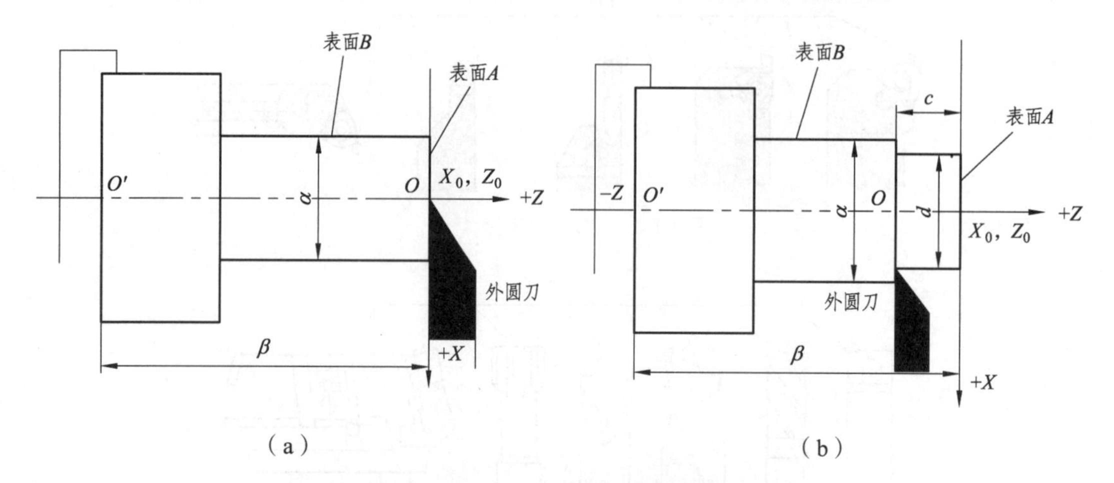

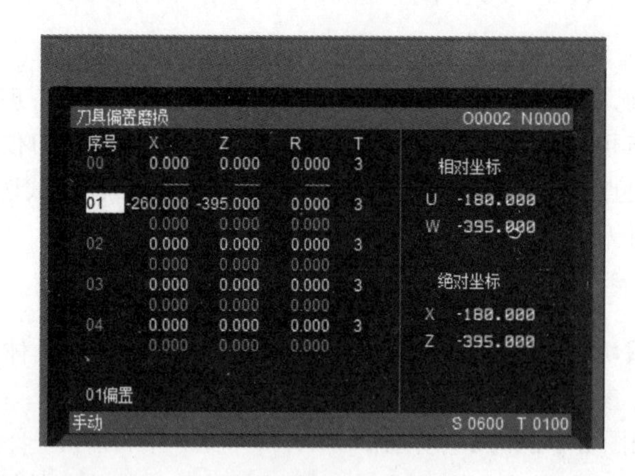

（c）

图 2-1-24 数控车床的对刀

2. 机外对刀仪对刀

机外对刀的本质是测量出刀具假想刀尖点到刀具台基准之间 X 及 Z 方向的距离。利用机外对刀仪可将刀具预先在机床外校对好，以便装上机床后将对刀长度输入相应刀具补偿号即可以使用，如图 2-1-25 所示。

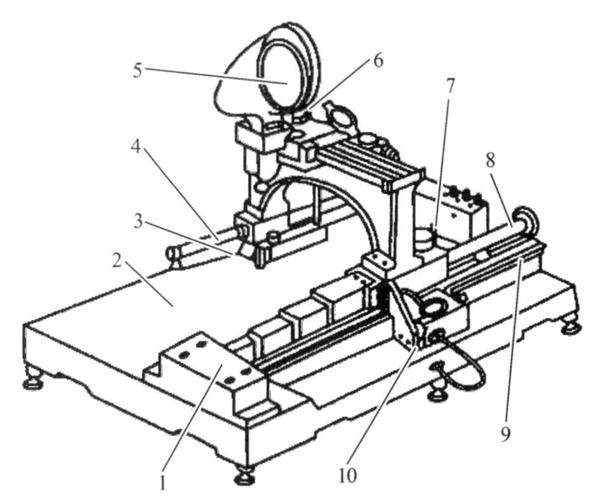

1—刀具台安装座；2—底座；3 一光源；4，8—轨道；5—投影放大镜；6—*X* 向进给手柄；
7—*Z* 向进给手柄；9—刻度尺；10—微型读数器。

图 2-1-25 机外对刀仪对刀

3. 自动对刀

自动对刀是通过刀尖检测系统实现的，刀尖以设定的速度向接触式传感器接近，当刀尖与传感器接触并发出信号，数控系统立即记下该瞬间的坐标值，并自动修正刀具补偿值。自动对刀过程，如图 2-1-26 所示。

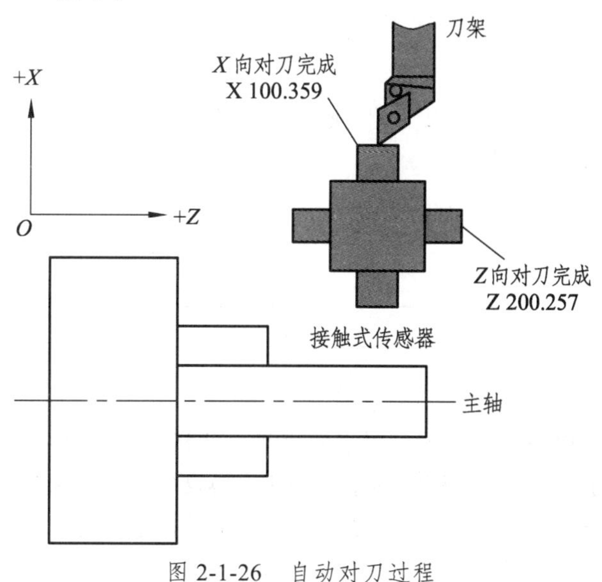

图 2-1-26 自动对刀过程

四、程序结构与格式

(一) 程序的结构

一个完整的数控加工程序，由程序号、程序内容和程序结束指令三部分组成，如图 2-1-27 所示。下面以广数 GSK980-TDb 型数控车床的控制系统为例来说明程序的结构。

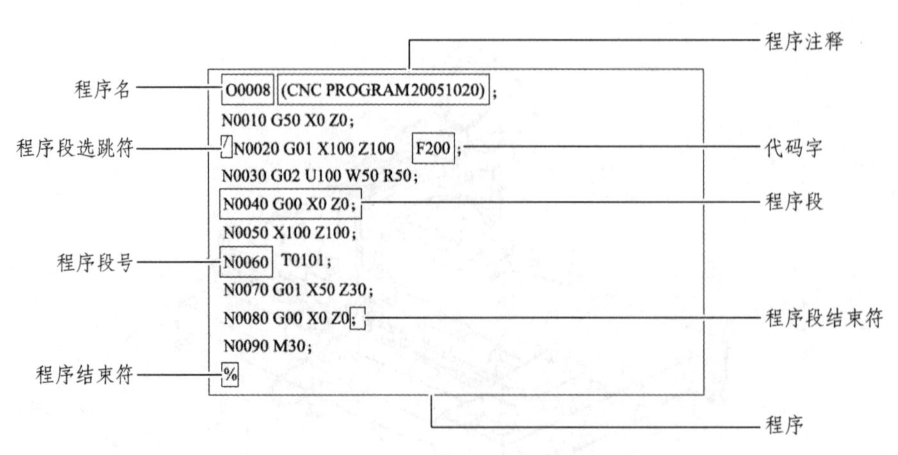

图 2-1-27　数控加工程序的构成

1. 程序名

GSK980TDb 最多可以存储 10 000 个程序，为了识别区分各个程序，每个程序都有唯一的程序名（程序名不允许重复），程序名位于程序的开头由 O 及其后的 4 位数字构成，前面的零可以省略，如图 2-1-28 所示。

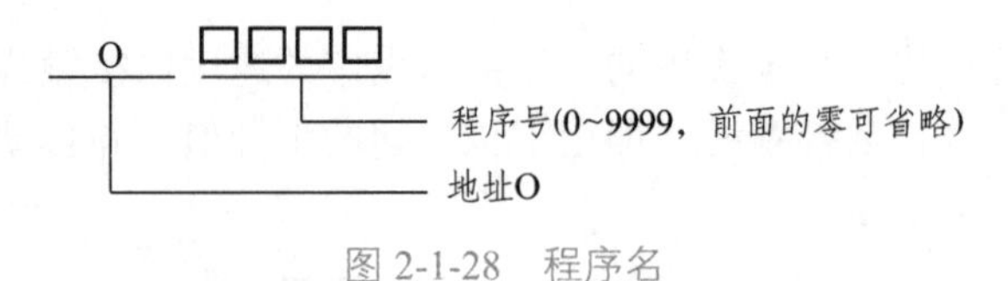

图 2-1-28　程序名

2. 程序段

程序段由若干个代码字构成，以“;”或“*”结束，是 CNC 程序运行的基本单位，本书中用“;”表示，如图 2-1-29 所示。

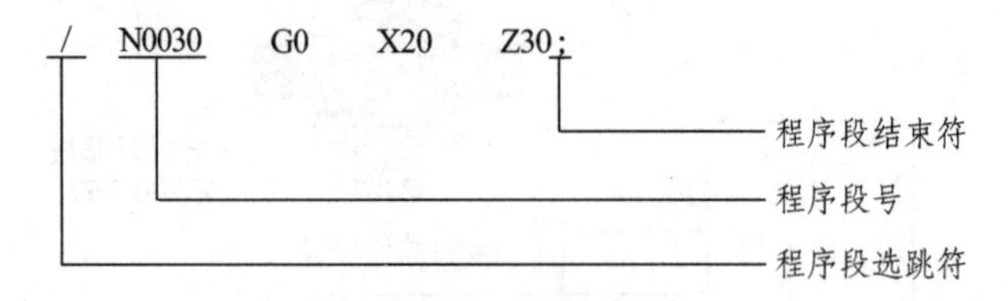

图 2-1-29　程序段格式

程序段是数控加工程序中的一句，用来发出指令使机床做出某一个动作或一组动作。每个程序段由若干个程序字组成。程序字的字首为一个英文字母，它称为字的地址如 G、M、T、S 等，随后为若干位十进制数字。程序字的功能类别由字的地址决定。根据功能的不同，程序字可分为程序段序号（N）、准备功能字（G）、辅助功能字（M）、尺寸字（X、Y、Z）、进给功能字（F）、主轴转速功能字（S）和刀具功能字（T），程序段格式见表 2-1-6。

表 2-1-6　程序段格式

N_	G_	X（U）_	Y（V）_	Z（W）_	I_J_K_R_	F_	S_	T_	M_	EOB
顺序号	准备功能	坐标尺寸字				进给功能	主轴转速	刀具功能	辅助功能	结束符号

3. 代码字

GSK980TBb 系统常用代码字及其功能意义见表 2-1-7。

表 2-1-7　GSK980TBb 系统常用代码字及其功能意义

代码字	功能意义	代码字	功能意义
O	程序名	N	程序段号
G	准备功能	M	辅助功能输出、程序执行流程
X	X 轴绝对坐标		子程序调用
	暂停时间	Z	Z 轴绝对坐标
U	X 轴增量坐标	W	Z 轴增量坐标
	暂停时间	I	圆弧中心相对于起点在 X 轴矢量
R	圆弧半径		英制螺纹牙数
	G71、G72 中循环退刀量	K	圆弧中心相对于起点在 Z 轴矢量
	G73 中粗车循环次数	F	每分钟进给速度
	G74、G75 中切削后的退刀量		每转进给速度
	G76 中精加工余量		公制螺纹导程
	G90、G92、G94 中锥度	S	主轴转速指定

4. 程序段号

程序段号由地址 N 和后面四位数构成：N0000 ~ N9999，前导零可省略。程序段号应位于程序段的开头，否则无效。

程序段号可以不输入，但程序调用、跳转的目标程序段必须有程序段号。

5. 程序段选跳符

程序段选跳符“/”，表示程序执行时此程序段将被跳过、不执行。如果程序段选跳开关未打开，即使程序段前有“/”该程序段仍会执行。

6. 程序结束（M02/M30）

指令“M02”或“M30”结束主程序，切断机床所有动作。该指令必须单独作为一个程序段设定。

7. 程序结束符

“%”为程序文件的结束符，在通信传送程序时，“%”为通信结束标志。新建程序时，CNC 自动在程序尾部插入“%”。

（二）常用代码字简介

1.准备功能 G 指令

准备功能 G 指令由 G 后一位或两位数值组成，它用来规定刀具和工件的相对运动轨迹、机床坐标系、坐标平面、刀具补偿、坐标偏置等多种加工操作，具体含义见表 2-1-8。

表 2-1-8　代码组及其含义

种类	意义	
一次性代码	只在被指令的程序段有效	
模态 G 代码	在同组其他 G 代码指令前一直有效	
G 代码	组别	功能
G00	01	定位（快速移动）
*G01		直线插补（切削进给）
G02		圆弧插补 CW（顺时针）
G03		圆弧插补 CCW（逆时针）
G04	00	暂停，准停
G28		返回参考点
G32	01	螺纹切削
G50	00	坐标系设定
G65	00	宏程序命令
G70	00	精加工循环
G71		外圆粗车循环
G72		端面粗车循环
G73		封闭切削循环
G74		端面深孔加工循环
G75		外圆、内圆切槽循环
G90	01	外圆、内圆车削循环
G92		螺纹切削循环
G94		端面切削循环
G96	02	恒线速开
G97		恒线速关
*G98	03	每分进给
G99		每转进给

注：1. 带有*记号的 G 代码，当电源接通时，系统处于这个 G 代码的状态。
2. 00 组的 G 代码是一次性 G 代码。
3. 如果使用了 G 代码一览表中未列出的 G 代码，则出现报警（N0.010），或指令了不具有的选择功能的 G 代码，也报警。
4. 在同一个程序段中可以指令几个不同组的 G 代码，如果在同一个程序段中指令了两个以上的同组 G 代码时，后一个 G 代码有效。
5. 在恒线速控制下，可设定主轴最大转速（G50）。

2. 主轴功能 S 指令

主轴功能 S 指令用来控制主轴转速，其后的数值表示主轴速度，单位符号为 r/min。恒线速度（G96 恒线速度有效、G97 取消恒线速度）功能时 S 指定切削线速度，其后的数值单位符号为 m/min。S 是模态指令，只有在主轴速度可调节时有效。S 所编程的主轴转速可以借助机床控制面板上的主轴倍率开关来控制。

3. 进给功能 F 指令

进给功能字又称为 F 功能或 F 指令，由地址符 F 与其后的若干位数字组成，用来表示刀具的进给速度（或称进给率），单位符号一般为 mm/min，当进给速度与主轴转速有关时（如车削螺纹），单位符号为 mm/r。在准备功能中常使用 G98 代码来指定每分钟进给率、G99 代码来指定每转进给率。

4. 刀具功能 T 指令

T 表示刀具地址符，T 代码用于选择刀架或刀具库中的刀具。一般数控车床的 T 指令格式为 T××××，前两位数表示刀具号，后两位数表示刀具补偿号，当执行了 T××××指令后进行换刀。加工中心上 T××指令通常并不执行换刀操作，只是选刀，而 M06 指令用于启动换刀操作。T××指令不一定要放在 M06 指令之前，只要放在同一程序段中即可执行功能。

5. 辅助功能 M 指令

辅助功能由地址字 M 和其后的一或两位数字组成，主要用于控制零件程序的走向，以及机床各种辅助功能的开关动作。M 功能有非模态 M 功能和模态 M 功能两种形式。非模态 M 功能（当段有效代码）只在书写了该代码的程序段中有效。常用代码见表 2-1-9。

表 2-1-9　常用代码

指令	解释	说明
M00	程序暂停	执行 M00 功能后，机床的所有动作均被切断，机床处于暂停状态；重新启动程序后，系统将继续执行后面的程序段；如进行尺寸检验，排屑或插入必要的手工动作时，用此功能很方便；M00 须单独设一程序段；如在 M00 状态下，按复位键，则程序将回到开始位置
M01	选择停止	在机床的操作面板上有一“任选停止”开关，当该开关打到“ON”位置时，程序中如遇到 M01 代码时，其执行过程同 M00 相同；当上述开关打到“OFF”位置时，数控系统对 M01 不予理睬；此功能通常用来进行尺寸检验，而且 M01 应作为一个程序段单独设定
M02	程序结束	主程序结束，切断机床所有动作；必须单独作为一个程序段设定
M30	程序结束	主程序结束，切断机床所有动作，并使程序复位；必须单独作为一个程序段设定
M03	主轴正转	（a）主轴正转 （b）主轴反转
M04	主轴反转	
M05	主轴停止	

续表

指令	解释	说明
M06	换刀	该指令用于具有刀库的数控机床（如加工中心）的换刀功能，有的数控系统中此代码表示对刀仪摆出
M07	1 号切削液开	M00、M01 和 M02 也可以将切削液关掉
M08	2 号切削液开	
M09	切削液关	

（三）主程序和子程序

在程序中，若某一固定的加工操作重复出现时，可把这部分操作编制成子程序，然后根据需要调用，这样可使程序变得非常简单。调用第 1 层子程序的指令所在的加工程序叫作主程序。一个子程序调用语句，可以多次重复调用子程序。子程序可以由主程序调用，已被调用的子程序还可以调用其他子程序，这种方式称为子程序嵌套。子程序套可达 4 次，如图 2-1-30 所示。

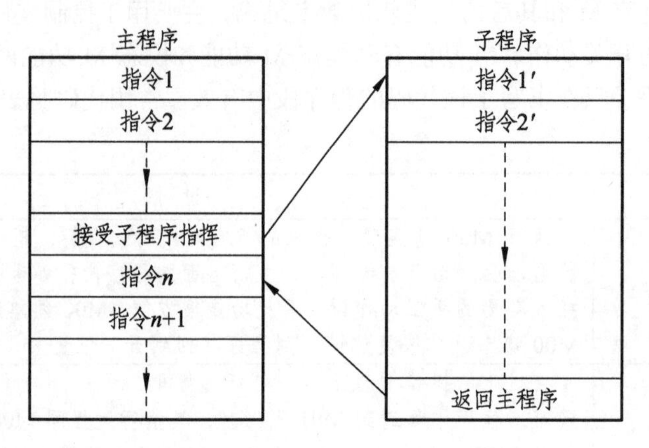

图 2-1-30　主程序和子程序

1. 子程序调用指令 M98 及从子程序返回指令 M99

M98：用来调用子程序。

M99：表示子程序结束，执行 M99 使控制返回到主程序。

2. 子程序的格式

```
O（%）××××
......
......
......
M99
```

在子程序开头，必须规定子程序号，以作为调用入口地址。在子程序的结尾用 M99 指令，以控制执行完该子程序后返回主程序。

3. 调用子程序的格式

M98 P_L _

P：被调用的子程序号。

L：重复调用次数。

五、程序的输入与编辑

在编辑操作方式下，可建立、选择、修改、复制、删除程序，也可实现 CNC 与 CNC、CNC 与 PC 机的双向通信。为防程序被意外修改、删除，GSK980TDb 设置了程序开关。编辑程序前，必须打开程序开关，程序开关的设置如下。

（一）开关设置

在开关设置页面，可显示、设置参数、程序、自动序号的开、关状态，如图 2-1-31 所示。

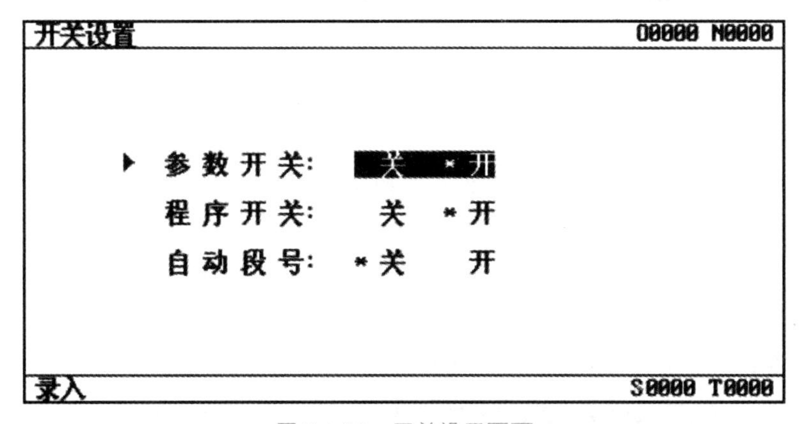

图 2-1-31 开关设置页面

（1）按 设置 SET 键进入设置界面，按 或 键进入开关设置页面。

（2）按 ⇧ 或 ⇩ 键移动光标到要设置的项目上。

（3）按 L 和 W 键切换开关状态，按 W 键，“*”左移，关闭开关，按 L 键，“*”右移，打开开关。

只有在参数开关打开时，才可以修改参数；只有在程序开关打开时，才可以编辑程序；只有在自动序号开关打开时，程序编辑时才会自动加程序段顺序号。

注：当参数开关由“关”切换为“开”时，CNC 会出现报警，先按住 设置 SET 键再按住 图形 GRA 键可消除报警。如果再切换参数的开关状态，则不报警。为安全起见，参数修改结束后，务必设置参数开关为“关”。

（二）新程序的建立

（1）按编辑键 进入编辑操作方式；按程序菜单键 程序 PRG 进入程序界面，按 或 键选择程序内容显示界面。

（2）依次键入地址键 O 和数字键“0”“0”“1”“0”（以建立O0010程序为例）。

（3）按换行EOB键，建立新程序，如图2-1-32所示。

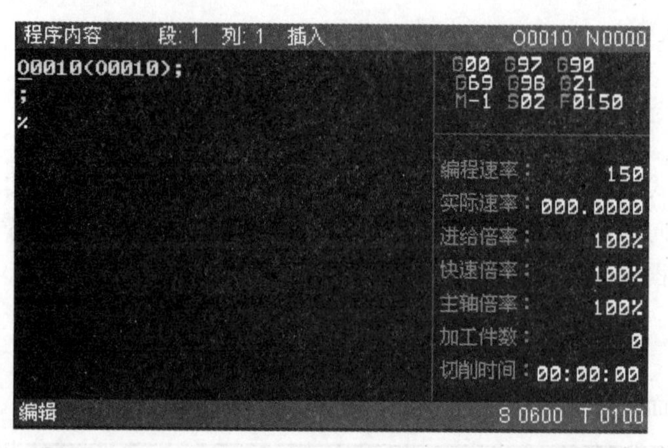

图2-1-32 建立新程序

（4）按照编制好的零件程序逐个输入，每输入一个字符，在屏幕上立即会显示出输入的字符（复合键的处理是反复按此复合键，实现交替输入），一个程序段输入完毕，按换行EOB键结束。

按步骤（4）的方法可完成该程序其他程序段的输入。

（三）程序的编辑与修改

1. 字符的检索

字符的检索有扫描法和查找法两种，如图2-1-33所示。

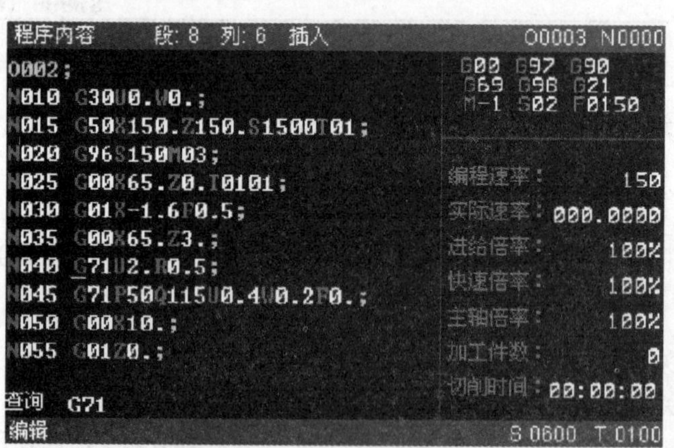

图2-1-33 字符的检索

在编辑操作方式、程序显示界面中，按复位键RESET，光标回到程序开头。

2. 字符的插入

按插入INS/修改ALT键，在字符的“插入”与“修改”状态间切换。

（1）在插入状态下，如光标不在行首，插入代码地址时会自动生成空格；如光标在行首，不会自动生成空格，必须手动插入空格。

（2）在插入状态下，若光标前一位为小数点且光标不在行末时，输入地址字，小数点后自动补 0。

（3）在插入状态下，若光标前一位为小数点且光标不在行末时，按换行EOB键后小数点后自动补 0。

3. 字符的删除

（1）按编辑键选择编辑操作方式，按程序菜单键显示程序内容界面。

（2）按取消键取消CAN删除光标处的前一字符；按删除键删除DEL删除光标所在处的字符。

4. 字符的修改

按插入INS修改ALT键，在字符的“插入”与“修改”状态间切换。

（1）在修改状态下，每输入一个字符后，当前光标处字符被修改成输入的字符，且光标后移一位。

（2）在修改状态下，若当前光标处于“;”号上，输入字符将替代“;”号，下一程序段将上移一行。

5. 程序段的删除

（1）按编辑键选择编辑操作方式，按程序菜单键显示程序内容界面。

（2）将光标移至要删除的程序段的行首（第 1 列），按删除键删除DEL即可。如果该程序段没有程序段号，在该段行首输入“N”，光标前移至“N”上，按删除键删除DEL即可。

（四）程序的删除

1. 单个程序的删除

操作步骤如下（以 O0001 程序为例）：

（1）选择编辑操作方式，进入程序显示页面。

（2）依次键入“O 0001”。

（3）按删除DEL键，O 0001 程序被删除。

2. 全部程序的删除

操作步骤如下：

（1）选择编辑操作方式，进入程序显示页面。

（2）依次键入地址键 O，符号键 -，数字键 9、9、9。

（3）按删除DEL键，全部程序被删除。

3. 程序区初始化

操作步骤如下：

（1）选择编辑操作方式，进入程序显示页面。

（2）依次键入地址键 O，符号键 -，数字键 8、8、8。

（3）按删除DEL键，约4 s内按输入IN键确认，全部程序被删除，程序区初始化。

注：程序区初始化过程需等待几分钟，此时不能进行其他操作。

（五）程序的改名

（1）按编辑键选择编辑操作方式，按程序菜单键进入程序内容显示界面。

（2）按地址键O，键入新程序名。

（3）按插入INS/修改ALT键。

（六）程序的复制

（1）按编辑键选择编辑操作方式，按程序菜单键进入程序内容显示界面。

（2）按地址键O，键入新程序号。

（3）按转换CHG键。

六、自动加工

（一）程序的选择

1. 检索法

（1）按编辑键选择编辑或自动操作方式，按程序菜单键进入程序内容显示界面。

（2）按地址键O，键入程序号。

（3）在编辑操作方式按⇩或换行EOB键，或在自动操作方式按⇩，在显示界面上显示检索到的程序，若程序不存在，CNC出现报警。

在"步骤（3）"的编辑操作方式下，若该程序不存在，按换行EOB键后，CNC会新建一个程序。

2. 扫描法

（1）按编辑键选择编辑或自动操作方式，按程序菜单键进入程序内容显示界面。

（2）按地址键O。

（3）按⇩或⇧键，显示下一个或上一个程序。

（4）重复步骤（2）、（3），逐个显示存入的程序。

3. 光标确认法

光标确认法如图2-1-34所示。

（二）自动运行的启动

（1）按自动键选择自动操作方式。

（2）按循环启动键启动程序，程序自动运行。

程序的运行是从光标的所在行开始的，所以在运行程序之前应先检查一下光标是否在需要运行的程序段上。

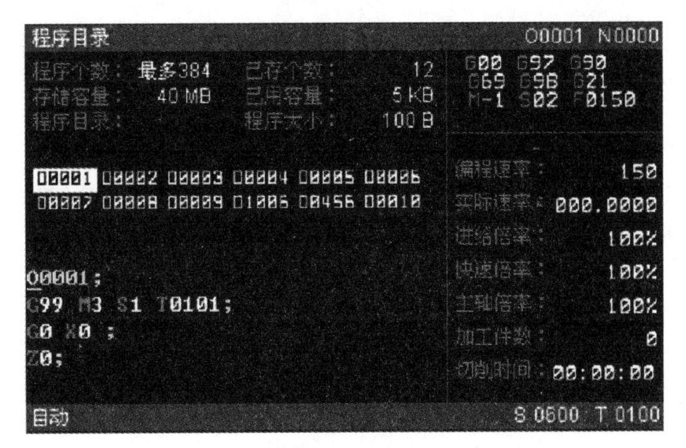

图 2-1-34 光标确认法

（三）自动运行状态

1. 单程序段运行

首次执行程序时，为防止编程错误出现意外，可选择单段运行。自动操作方式下，单段程序开关打开的方法如下：

方法 1：按 单段 键使状态指示区中的单段运行指示灯亮，表示选择单段运行功能。

方法 2：按 诊断 DGN 进入机床软面板页面，按数字键 3 使“*”号处于单段程序开状态。

单段运行时，执行完当前程序段后，CNC 停止运行；继续执行下一个程序段时，需再次按 循环起动 键，如此反复直至程序运行完毕

2. 空运行

自动运行程序前，为了防止编程错误出现意外，可以选择空运行状态进行程序的校验。自动操作方式下，空运行开关打开的方法如下：

方法 1：按 空运行 键使状态指示区中的空运行指示灯亮，表示进入空运行状态。

方法 2：或者按 诊断 DGN 进入机床软面板页面，按数字键 4 使“*”号处于空运行开状态。

空运行状态下，机床进给、辅助功能有效（如果机床锁住、辅助锁住开关处于关状态），也就是说，空运行开关的状态对机床进给、辅助功能的执行没有任何影响，程序中指定的速度无效。

3. 跳段运行

在程序中不想执行某一段程序而又不想删除时，可选择程序段选跳功能。当程序段段首具有“/”号且程序段选跳开关打开（机床面板按键或程序选跳外部输入有效）时，在自动运行时此程序段跳过不运行。自动操作方式下，程序段选跳开关打开的方法如下：

方法 1：按 跳段 键使状态指示区中程序段选跳指示灯亮。

方法 2：按 诊断 DGN 进入机床软面板页面，按数字键 5 使“*”号处于开状态。

注：当程序段选跳开关未开时，程序段段首具有“/”号的程序段在自动运行将不会被跳过，照样执行。

4. 图形轨迹显示

（1）按两次 设置SET 键进入轨迹页面。

（2）在图形显示页面，可通过编辑键盘上的 I_A 、M_t 键进行图形轨迹的实时放大、缩小；按一次 S_] 键，开始作图；按一次 T_= 键，停止作图；按一次 R_V 键，清除当前的图形轨迹；按 J_B 键可调整移动间距；按方向键实现图形轨迹的移动。

（四）自动运行的停止

在自动运行过程中，除程序指令中的暂停（M00）、程序结束（M02 和 M30）等指令可以使自动运行停止外，操作者还可以使用操作面板上的进给保持键、急停按钮、复位键等方式选择键来中断或停止机床的自动加工。

【训练与提高】

1. 判断题

（1）数控机床开机“回零”的目的是建立工件坐标系。（ ）

（2）内径千分尺可用来测量两平行完整孔的中心距。（ ）

（3）驱动装置是数控机床的控制核心。（ ）

（4）数控装置是数控机床的控制系统，它采集和控制着机床所有的运动状态和运动量。（ ）

（5）数控机床由主机、数控装置、驱动装置和辅助装置组成。（ ）

（6）数控装置是由中央处理单元、只读存储器、随机存储器和相应的总线和各种接口电路所构成的专用计算机。（ ）

（7）数控车床的回转刀架刀位的检测一般采用角度编码器。（ ）

（8）数控车床传动系统的进给运动有纵向进给运动和横向进给运动。（ ）

（9）数控系统按照加工路线的不同，可分为点位控制系统、点位直线控制系统和轮廓控制系统。（ ）

（10）数控机床的机床坐标系和工件坐标系零点相重合。（ ）

（11）数控装置是数控机床执行机构的驱动部件。（ ）

（12）机床坐标系零点简称机床零点，机床零点是机床直角坐标系的原点，一般用符号 W 表示。（ ）

（13）数控程序由程序号、程序段和程序结束符组成。（ ）

（14）数控机床的插补可分为直线插补和圆弧插补。（ ）

（15）当编程时，如果起点与目标点有一个坐标值没有变化时，此坐标值可以省略。（ ）

（16）在程序中，X、Z 表示绝对坐标值地址，U、W 表示相对坐标值地址。（ ）

（17）在程序中，F 只能表示进给速度。（ ）

（18）刀具位置偏置补偿可分为刀具形状补偿和刀具磨损补偿两种。（ ）

（19）刀具形状补偿是对刀具形状及刀具安装的补偿。（ ）

（20）辅助功能 M00 为无条件程序暂停，执行该程序指令后，所有运转部件停止运动，且

所有模态信息全部丢失。（　）

2. 选择题

（1）数控车床刀具从（　　）工艺上可分为外圆车刀、内孔车刀、外螺纹车刀、内螺纹车刀、外圆切槽刀、内孔切槽刀、端面车刀、仿型车刀等多种类型。

A. 理论　　B. 装配　　C. 车削　　D. 实际

（2）数控车床以主轴轴线方向为（　　）轴方向，刀具远离工件的方向为 Z 轴的正方向。

A. Z　　B. X　　C. Y　　D. 坐标

（3）参考点与机床原点的相对位置由 Z 向 X 向的（　　）挡块来确定。

A. 测量　　B. 电动　　C. 液压　　D. 机械

（4）工件原点设定的依据是：既要符合图样尺寸的标注习惯，又要便于（　　）。

A. 操作　　B. 计算　　C. 观察　　D. 编程

（5）在下列 G 功能代码中，（　　）是一次有效 G 代码。

A. G00　　B. G04　　C. G01

（6）在下列 G 功能代码中，（　　）是直线插补。

A. G00　　B. G04　　C. G01

（7）在下列 G 功能代码中，（　　）是顺时针圆弧插补。

A. G02　　B. G03　　C. G30

（8）刀具补偿功能是数控系统所具有的为方便用户精确编程而设置的功能，它可分为（　　）和刀尖圆弧补偿。

A. 刀具形状补偿　　B. 刀具磨损补偿　　C. 刀具位置偏置补偿

（9）数控机床的标准坐标系为（　　）。

A. 机床坐标系　　B. 工件坐标系　　C. 右手直角笛卡尔坐标系

（10）在数控机床中（　　）是由传递切削动力的主轴所确定。

A. X 轴坐标　　B. Y 轴坐标　　C. Z 轴坐标

3. 应用题

（1）已知中心点到坐标原点 X 轴方向的距离为 65 mm，圆弧半径 r 为 25 mm，试根据图 2-1-35 所示零件示意图的尺寸关系，计算坐标原点到点 C 的距离 X_c。

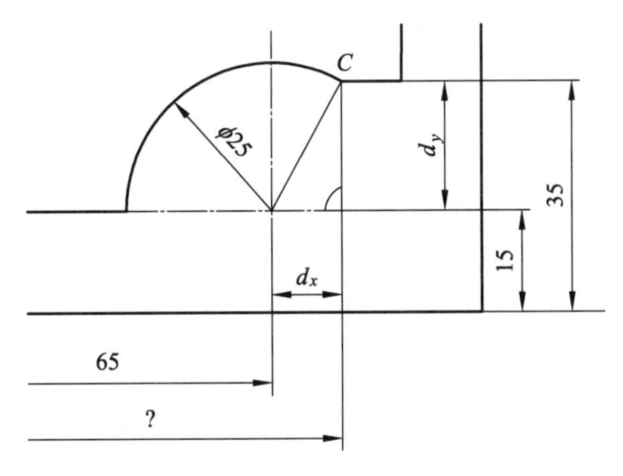

图 2-1-35　零件示意图（一）

提示：

$x=\sqrt{r^2-y^2}=\sqrt{25^2-20^2}\text{mm}=15\text{ mm}$、$X_c=(65+15)\text{ mm}=80\text{ mm}$。

（2）试根据图 2-1-36 所示条件，计算各点的坐标。

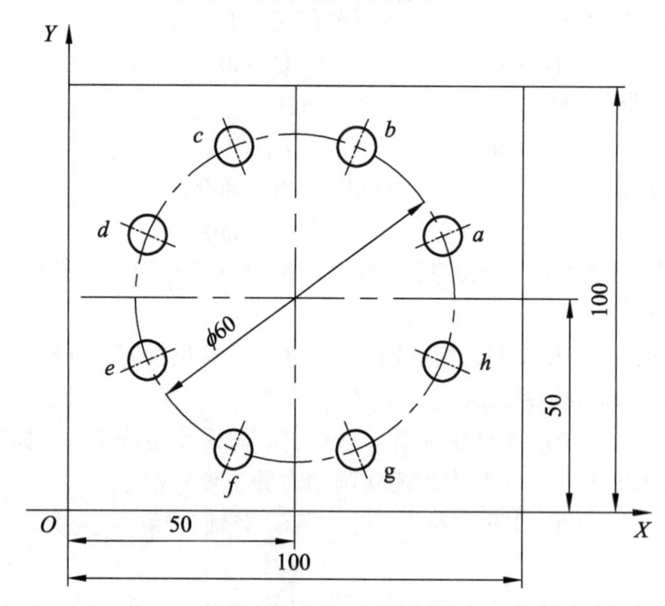

图 2-1-36　零件示意图（二）

（3）指出下列程序中各程序段的作用。

```
O0002
N1  T0101;
N2  M03  S600;
N3  G00  x46.0  Z0;
```

```
N4  G01  X-0.1   F0.15;
N5  Z1.0;
N6  G00  X46.0;
N7  X100.0  Y100.0;
N8  X43.0  Z-45.0;
N9  T0202;
…
Nn  M30;
```

【任务实施】

一、任务的实施步骤

（1）启动仿真软件，完成数控车床的基本操作。
（2）在数控车床上录入编辑数控程序。
（3）对刀和校验操作。
（4）自动运行，进行仿真加工。
（5）检验加工效果。

二、展示评比

各小组派出代表进行展示，组间交叉评比，填写表 2-1-10。

表 2-1-10　评比过程记录

序号	评比要点	优缺点	评比分值	备注
1	文字表达是否清晰、完整			
2	知识内容是否全面、正确			
3	学习组织是否有序、高效			
4	其他			
综合评分				

【任务小结与评价】

一、任务小结与反思

二、任务评价

表 2-1-11 评价表

班级			学号		
姓名			综合评价等级		
指导教师			日期		
评价项目	序号	评价内容	评价方式		
			自我评价	小组评价	教师评价
团队表现（40 分）	1	任务评比综合评分，配分 20			
	2	任务参与态度，配分 8 分			
	3	参与任务的程度，配分 6 分			
	4	在任务中发挥的作用，配分 6 分			
个人学习表现（50 分）	5	学习态度，配分 10 分			
	6	出勤情况，配分 10 分			
	7	课堂表现，配分 10 分			
	8	作业完成情况，配分 20 分			
个人素质（10 分）	9	作风严谨、遵章守纪，配分 5 分			
	10	安全意识，配分 5 分			
合计					
综合评分					

注：各评分项按“A”（0.9～1.0）、“B”（0.8～0.89）、“C”（0.7～0.79）、“D”（0.6～0.69）、“E”（0.1～0.59）及“0”分配分；如学习态度项、出勤项、安全项评 0 分，总评为 0 分。

项目总结和评价

【学习目标】

1. 能够以小组形式对学习过程和项目成果进行汇报总结。
2. 完成对学习过程的综合评价。

【学习课时】

2 课时。

【学习过程】

一、任务总结

以小组为单位，自己选择展示方式向全班展示、汇报学习成果。

表 2-2-1　总结报告

组名：	组长：
组员：	
总结内容	
项目	内容
组织实施过程	
归纳学习内容	
总结学习心得	
反思学习问题	

二、展示评比

各小组派出代表进行展示，组间交叉评比，填写表 2-2-2。

表 2-2-2　评比过程记录

序号	评比要点	优缺点	评比分值	备注
1	文字表达是否清晰、完整			
2	知识内容是否全面、正确			
3	学习组织是否有序、高效			
4	其他			
综合评分				

三、综合评价

表 2-2-3　评价表

<table>
<tr><th rowspan="2">评价项目</th><th rowspan="2">评价内容</th><th rowspan="2">评价标准</th><th colspan="3">评价方式</th></tr>
<tr><th>自我评价</th><th>小组评价</th><th>教师评价</th></tr>
<tr><td rowspan="3">职业素养</td><td>安全意识、责任意识</td><td>A. 作风严谨，自觉遵章守纪，出色完成工作任；
B. 能够遵守规章制度，较好地完成工作任务素养；
C. 遵守规章制度，没完成工作任务或完成工作任务，但忽视规章制度；
D. 不遵守规章制度，没完成工作任务</td><td></td><td></td><td></td></tr>
<tr><td>学习态度</td><td>A. 积极参与教学活动，全勤；
B. 缺勤达本任务总学时的 10%；
C. 缺勤达本任务总学时的 20%；
D. 缺勤达本任务总学时的 30%</td><td></td><td></td><td></td></tr>
<tr><td>团队合作</td><td>A. 与同学协作融洽，团队合作意识强；
B. 与同学能沟通，协同工作能力较强；
C. 与同学能沟通，协同工作能力一般；
D. 与同学沟通困难，协同工作能力较差</td><td></td><td></td><td></td></tr>
<tr><td rowspan="3">学习过程</td><td>学习活动一</td><td>A. 按时、完整地完成工作页，问题回答正确，图纸绘制准确；
B. 按时、完整地完成工作页，问题回答基本正确，图纸绘制基本准确；
C. 未能按时完成工作页，或内容遗漏、错误较多；
D. 未完成工作页</td><td></td><td></td><td></td></tr>
<tr><td>学习活动二</td><td>A. 学习活动评价成绩为 90～100 分；
B. 学习活动评价成绩为 75～89 分；
C. 学习活动评价成绩为 60～74 分；
D. 学习活动评价成绩为 0～59 分</td><td></td><td></td><td></td></tr>
<tr><td>学习活动三</td><td>A. 学习活动评价成绩为 90～100 分；
B. 学习活动评价成绩为 75～89 分；
C. 学习活动评价成绩为 60～74 分；
D. 学习活动评价成绩为 0～59 分</td><td></td><td></td><td></td></tr>
<tr><td colspan="2">创新能力</td><td>学习过程中提出具有创新性、可行性的建议</td><td colspan="3">加分奖励：</td></tr>
<tr><td colspan="2">班级</td><td></td><td colspan="2">学号</td><td></td></tr>
<tr><td colspan="2">姓名</td><td></td><td colspan="2">综合评价等级</td><td></td></tr>
<tr><td colspan="2">指导教师</td><td></td><td colspan="2">日期</td><td></td></tr>
</table>

项目三　数控车削工艺与编程

【知识目标】

1. 了解如何确定锥体加工工艺路线。
2. 了解如何确定圆弧加工工艺路线。
3. 了解孔的加工工艺。
4. 了解深孔加工的特点。
5. 掌握 G71、G73、G70 指令格式及其应用。
6. 熟练掌握台阶轴加工的编程方法及其加工。
7. 掌握 G00、G01、G90、G94 指令格式及其应用。
8. 掌握刀尖圆弧半径补偿指令 G40、G41、G42 的应用。
9. 掌握 G90、G94、G96、G97、G50 指令格式及其应用。
10. 掌握 G02、G03 指令格式及其应用。
11. 掌握 G04、G75、G74 指令的含义、格式及其应用。
12. 掌握 M98、M99 指令的含义及其运用。
13. 掌握子程序的编程方法。
14. 掌握螺纹切削指令格式及其应用。
15. 熟练运用 G01、G90、G71、G70 等指令编制孔加工程序。
16. 掌握 G74 指令格式及其含义。
17. 掌握套类零件的加工工艺。
18. 掌握 G73、G70 等指令格式及其应用。

【技能目标】

1. 能够正确运用循环指令编制零件加工程序。
2. 能够正确编制台阶轴零件的加工程序。
3. 能够正确运用 G90、G94 编制锥体零件的加工程序。
4. 能够正确编制倒角、圆角的加工程序。
5. 能够正确编制圆弧零件的加工程序。
6. 能够正确编制槽零件的加工程序。
7. 能够正确选择孔加工刀具，且能正确对刀。
8. 能够正确编制阶梯孔零件的加工程序。
9. 能够正确编制深孔零件的加工程序。
10. 能够正确编制套类零件的加工程序。
11. 能够正确编制螺纹零件的加工程序。

【学时】

14 课时。

【学习计划】

一、人员分工

表 3-0-1　小组成员及分工

姓名	分工

二、制订学习计划

1. 梳理学习目标

2. 学习准备工作

（1）学习工具及着装准备。

（2）梳理学习问题。

三、评　价

以小组为单位，展示本组制订的学习计划，然后在教师点评基础上对学习计划进行修改完善，并根据表 3-0-2 的评分标准进行评分。

表 3-0-2　评分表

评价内容	分值	评分		
		自我评价	小组评价	教师评价
学习议题是否有条理	10			
议题是否全面、完善	10			
人员分工是否合理	10			
学习任务要求是否明确	20			
学习工具及着装准备是否正确、完整	20			
学习问题准备是否正确、完整	20			
团结协作	10			
合计	100			

任务一 台阶轴加工

【学时】

4 课时。

【学习目标】

知识目标：

1. 掌握 G00、G01、G90、G94 指令格式及应用。
2. 掌握 G71、G73、G70 指令格式及应用。
3. 熟练掌握台阶轴加工的编程方法及加工。

技能目标：

1. 能够正确运用循环指令编制零件加工程序。
2. 能够正确编制台阶轴零件的加工程序。

【任务描述】

图 3-1-1 所示为中间轴，毛坯尺寸为 ϕ35 mm×73 mm，材料为 45 钢。本任务要求编写该零件的粗、精加工程序，并完成该零件的加工。该零件主要由外圆和端面组成，外圆尺寸精度要求较高，毛坯去除余量不均匀且较大，因此需要采用循环指令编写加工程序。

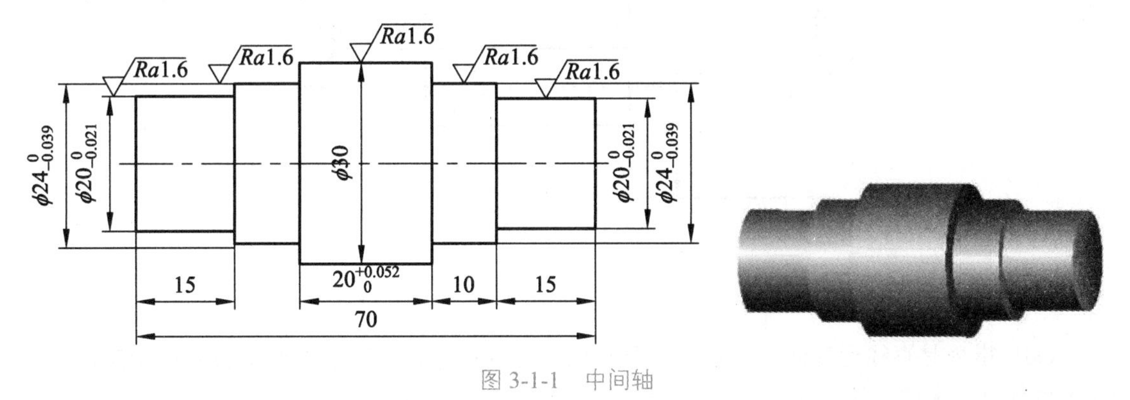

图 3-1-1 中间轴

【知识链接】

一、基本运动指令

（一）快速点定位指令 G00

G00 指令使刀具以点定位控制方式从刀具所在点快速移动到下一个目标位置。

1. 指令格式

G00X（U）Z（W）;

式中 X、Z——刀具目标点绝对坐标值；

W——刀具目标点相对于起始点的增量坐标，不运动的坐标可以不写。

2. 指令说明

（1）G00 只是快速定位，而无运动轨迹要求，且无切削加工过程。G00 为模态指令，可由 G01、G02、G03 或 G33 功能注销。G00 一般用于加工前的快速定位或加工后的快速退刀。

（2）移动速度不能用程序指令设定，而是通过机床系统参数预先设置的；快速移动速度可由机床面板上的快速进给倍率开关进行调节。

（3）G00 的执行过程为：刀具由程序起始点加速到最大速度，然后快速移动，最后减速到终点，实现快速点定位。

（4）刀具的实际运动路线有时不是直线，而是折线，使用时注意刀具是否和工件相干涉。

3. 实　例

如图 3-1-2 所示，要求刀具快速从 *A* 点移动到 *B* 点。

（1）绝对值方式编程为

```
G00 X25.0 Z35.0;
```

（2）增量值方方编程为

```
G00 U-25.0 W0;
```

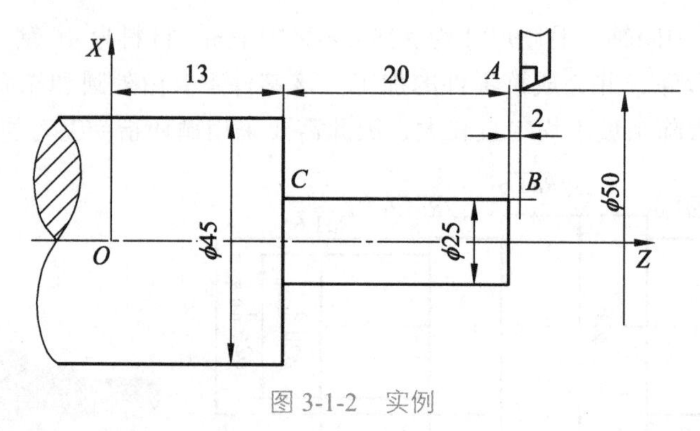

图 3-1-2　实例

（二）直线插补指令 G01

G01 指令是直线运动命令，规定刀具在两坐标或三坐标间以插补联动方式按指定的进给速度做任意斜率的直线运动。

1. 指令格式

```
G01 X(U)_Z(W)_F_;
```

式中　X、Z——刀具目标点的绝对坐标值；

U、W——刀具目标点相对于起始点的增量坐标；

F——刀具切削进给的进给速度，单位可以是每分钟进给，也可以是每转进给。

2. 指令说明

（1）G01 程序中必须含有 F 指令，进给速度由 F 指令决定。F 指令也是模态指令，可由 G00 指令取消。如果在 G01 程序段之前的程序段没有 F 指令，且现在的 G01 程序段中也没有 F 指令，则机床不运动。G01 为模态指令，可由 G00、G02、G03 或 G33 功能注销。

（2）程序中 F 指令进给速度在没有新的 F 指令以前一直有效，不必在每个程序段中都写入 F 指令。

3. 实　例

用 G01 编写如图 3-1-3 所示从 $A \to C$ 的刀具轨迹。

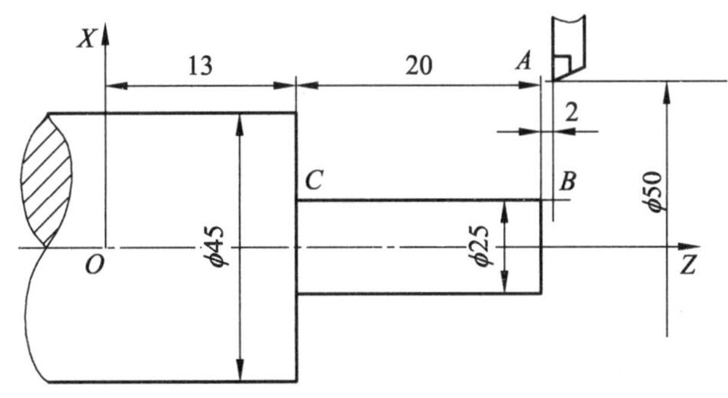

图 3-1-3　直线插补指令

（1）绝对值方式编程为

```
G01 X25.0  Z35.0  F0.3; A→B
G01 X25.0  Z13.0; B→C
```

（2）增量值方式编程为

```
G01 U-25.0 W0 F0.3;   A→B
G01 U0 W-20;   B→C
```

（三）综合实例

图 3-1-4 所示零件，毛坯尺寸为 ϕ50 mm×65 mm，材料为 45 钢，单件。该零件外形简单，只需加工外圆和端面，试编写其数控加工程序并进行加工。

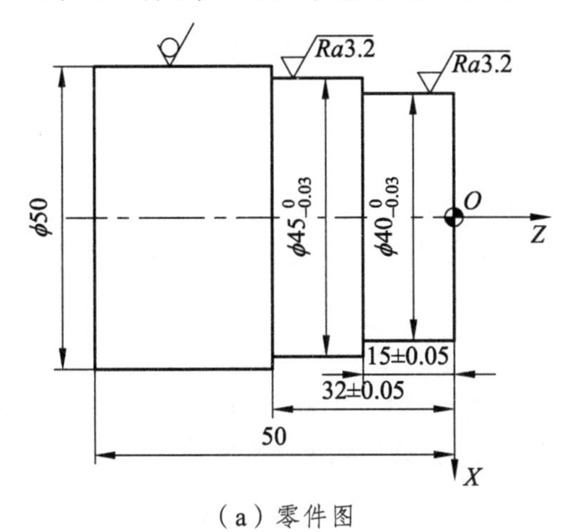

（a）零件图　　（b）实物图

图 3-1-4　短轴加工实例

1. 准备工作

1）零件图工艺分析

本任务中的零件需要加工两端面及 ϕ40 mm、ϕ45 mm 外圆柱面，同时还要控制长度尺寸

（15±0.05）mm、（30±0.05）mm。尺寸标注完整，轮廓描述清楚。零件材料为 45 钢，无热处理和硬度要求。

通过以上分析，可采用以下两点工艺措施：

（1）对图样上给定的尺寸，编程时全部取其基本尺寸。

（2）为了便于确定总长，零件左端面应先车出来，再夹持左端加工右端面及 ϕ40 mm、ϕ45 mm 外圆。

2）选择设备

根据零件图样要求，选用经济型数控车床即可达到要求，故选用 CK0630 型数控卧式车床。

3）确定零件的定位基准和装夹方式

（1）定位基准：确定坯料轴线和左端大端面为定位基准。

（2）装夹方法：采用三爪自定心卡盘定心夹紧。

4）确定加工顺序及进给路线

加工顺序按由粗到精、由近到远（由右到左）的原则确定。即先从右到左进行粗车（留 0.5 mm 精车余量），然后从右到左进行精车。

5）刀具选择

由于该零件批量为单件，平端面、粗车及精车均选用一把 90°硬质合金右偏刀即可。

6）切削用量选择

（1）背吃刀量的选择。

轮廓粗车时选 a_p=2.25 mm，精车时选 a_p=0.25 mm。

（2）主轴转速的选择。

查表 1-3-6 选粗车切削速度 v_c=100 m/min、精车切削速度 v_c=120 m/min，然后利用公式 $v_c=\dfrac{\pi dn}{1\,000}$ 计算主轴转速 n（粗车直径 d=45 mm，精车工件直径取平均值）得，粗车 600 r/min、精车 900 r/min。

（3）进给速度的选择。

查表 1-3-7 选择粗车、精车每转进给量，再根据加工的实际情况确定粗车每转进给量为 0.4 mm/r，精车每转进给量为 0.15 mm/r，最后根据公式 $v_f = nf$ 计算粗车、精车进给速度分别为 200 mm/min 和 120 mm/min。

7）确定工件坐标系、对刀点和换刀点

确定以工件右端面与轴心线的交点 O 为工件原点，建立 XOZ 工件坐标系，如图 3-1-4（a）所示。采用手动试切对刀方法把点 O 作为对刀点。换刀点设置在工件坐标系下（X100，Z50）处。

8）填写数控加工工艺卡片

综合前面分析的各项内容，并将其填入表 3-1-1 所示的数控加工工艺卡片中。此表是编制加工程序的主要依据和操作人员配合数控程序进行数控加工的指导性文件，主要内容包括工步顺序、工步内容、各工步所用的刀具及切削用量等。

表 3-1-1　数控加工工艺卡片

<table>
<tr><td rowspan="2">单位名称</td><td rowspan="2">×××</td><td colspan="2">产品名称或代号</td><td colspan="2">零件名称</td><td colspan="2">零件图号</td></tr>
<tr><td colspan="2">×××</td><td colspan="2">短轴</td><td colspan="2">×××</td></tr>
<tr><td>工序号</td><td>程序编号</td><td colspan="2">夹具名称</td><td colspan="2">使用设备</td><td colspan="2">车间</td></tr>
<tr><td>001</td><td>×××</td><td colspan="2">三爪卡盘</td><td colspan="2">数控车床</td><td colspan="2">数控中心</td></tr>
<tr><td>工步号</td><td>工步内容</td><td>刀具号</td><td>刀具规格/mm</td><td>主轴转速/(r/min)</td><td>进给速度/(mm/min)</td><td>背吃刀量/mm</td><td>备注</td></tr>
<tr><td>1</td><td>平端面</td><td>T01</td><td>25×25</td><td>500</td><td>—</td><td>—</td><td>手动</td></tr>
<tr><td>3</td><td>粗车轮廓</td><td>T01</td><td>25×25</td><td>600</td><td>200</td><td>2.25</td><td>自动</td></tr>
<tr><td>4</td><td>精车轮廓</td><td>T01</td><td>25×25</td><td>900</td><td>120</td><td>0.25</td><td>自动</td></tr>
<tr><td>编制</td><td>×××</td><td>审核</td><td>×××</td><td>批准</td><td>×××</td><td>××年×月×日</td><td>共×页</td><td>第×页</td></tr>
</table>

2. 编制加工程序

```
O2001 ;       程序号
N10     G98     G40  G21     G18;     程序初始化
N20     S600    M03;     主轴正转
N30     T0101;        换 1 号刀，取 1 号刀具位置补偿
N40     G00   X52.00    Z2.0; 快速到达起刀点
N50 G01 X45.5 F200; 粗车 ø45 mm 外圆，背吃刀量为 2.25 mm
N60 Z-30.0;
N70 X52.0;
N80 G00 Z2.0;
N90 G01 X40.5 F200;  粗车 ø40 mm 外圆，背吃刀量为 2.5 mm
N100 Z-15.0;
N110 X46.0;
N120 G00 Z2.0;
N125 M00;
N130 G01 X40.0 F120 S900;   轮廓精车
N140 Z-15.0;
N150 X45.0;
N160 Z-30.0;
N170 X52.0;
N180 G00 X100.0 Z50.0;
N190 M30; 程序结束
```

3. 工件加工

1）输入并检查程序

将验证了的程序，通过面板输入数控系统中，并检查正误。

2）对 刀

（1）设置主轴转动指令，使主轴转动。

（2）*X* 向对刀。

在手动/手轮方式下，车削外圆，沿+*Z* 方向退刀，按下主轴停止按钮，测量切削外圆的直径；按功能键“OFFSET/SETING”→按软键“OFFSET”→按“形状”软键→将光标移动至 01 号偏置处，输入“XD”，按“测量”软键，完成 *X* 方向对刀。

（3）Z 向对刀。

在手动/手轮方式下，车削端面，沿+*X* 方向退刀，按下主轴停止键，测量工件的长度，在 01 号偏置处，输入“Z0”（根据工件长度确定），按“测量”软键，完成 *Z* 方向对刀。

3）自动加工

经校验对刀无误，按机床“循环启动”键，开始自动加工。

4）加工尺寸的修正

对于试切的零件，在粗车后使用程序暂停指令（M00 或 M01）停止机床转动，测量零件尺寸是否符合要求，如有偏差，则要在精车前及时修正。如采用 T01 粗车后，实际尺寸比零件要求外径大 0.02 mm，则按下“OFFSET/SETING”键，进入刀具补正界面，用↓键或↑键移动光标至 T01 对应的刀补号 001，输入“−0.02”，按“INPUT”输入，完成刀具磨损补偿；反之，若加工后的实际尺寸比工件要求尺寸小，则输入“+”数据。通过上述修正后，再进行精加工，即可达到尺寸要求。

二、单一形状固定循环指令

数控车床上加工工件的毛坯常用棒料或为铸、锻件，因此加工余量大，一般需要多次重复循环加工，才能去除全部余量。为了简化编程，数控系统提供不同形式的固定循环功能，以缩短程序的长度，减少程序所占内存。固定切削循环通常是用一个含 G 代码的程序段，完成用多个程序段指令的加工操作，使程序得以简化。固定循环一般分为单一形状固定循环和复合形状固定循环。

（一）内外圆切削循环 G90

1. 指令格式

G90 X（U）_Z（W）_F_;

式中 X（U）_Z（W）_——循环切削终点处的坐标；

F——循环切削过程中的进给速度。

2. 指令说明

（1）如图 3-1-5 所示为刀具的运动轨迹，刀具从循环起点出发，第 1 段以 G00 指令快速移动 *X* 轴，到达 *B* 点；第 2 段以 F 指令的进给速度切削到达终点坐标处 *C* 点；第 3 段切削进给退到 *D* 点；第 4 段以 G00 指令快速退回到循环起点 *A*，完成一个切削循环。

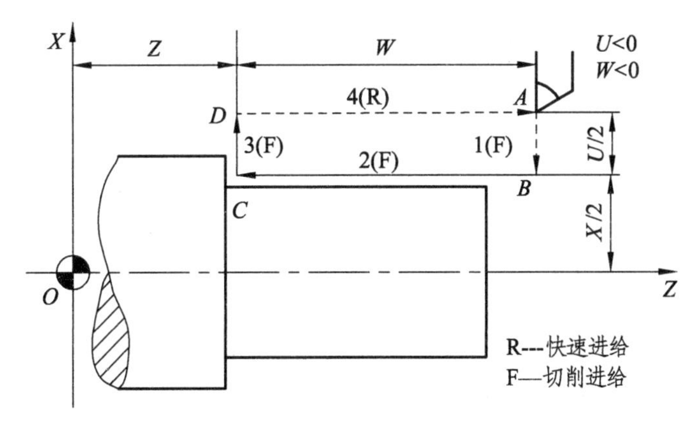

图 3-1-5　外圆切削循环 G90

（2）在固定循环切削过程中，M、S、T 等功能都不能改变；如需改变，必须在 G00 或 G01 的指令下变更，然后再指令固定循环。

（3）G90 循环每一次切削加工结束后刀具均返回循环起点。G90 循环第一步移动为 *Z* 轴方向移动。

提示：G90 指令将 *AB*、*BC*、*CD*、*DA* 四条直线指令组合成一条指令进行编程，从而达到了简化编程的目的。

3. 实　例

加工如图 3-1-6 所示的工件，编写加工程序。

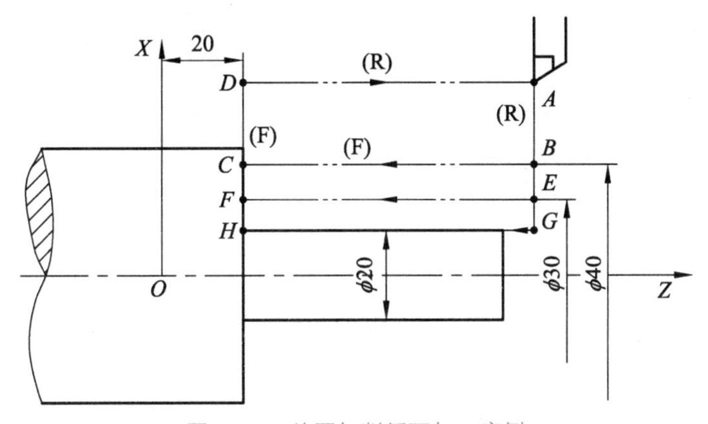

图 3-1-6　外圆切削循环加工实例

其加工程序如下：

```
…
N50  G90   X40.0 Z20.0 F0.3;     A→B→C→D→A
N60  X30.0;                    A→E→F→D→A
N70  X20.0;                    A→G→H→D→A
…
```

（二）端面切削循环 G94

G94 与 G90 指令的使用方法类似，G90 主要用于轴类零件的内/外圆切削，G94 主要用于大小径之差较大而轴向台阶长度较短的盘类工件端面切削。

1. 指令格式

G94 X（U）_Z（W）_F_;

式中，X、Z、U、W、F 的含义与 G90 相同。

提示：这里的端面是指与 *Z* 轴坐标平行的端面。

2. 指令说明

如图 3-1-7 所示为刀具的运动轨迹，刀具从 *A* 点出发，第 1 段快速移动 *Z* 轴，到达 *B* 点，第 2 段以 F 指令的进给速度切削到达 *C* 点，第 3 段切削进给退到 *D* 点，第 4 段快速退回到循环起点 *A*，完成一个切削循环。

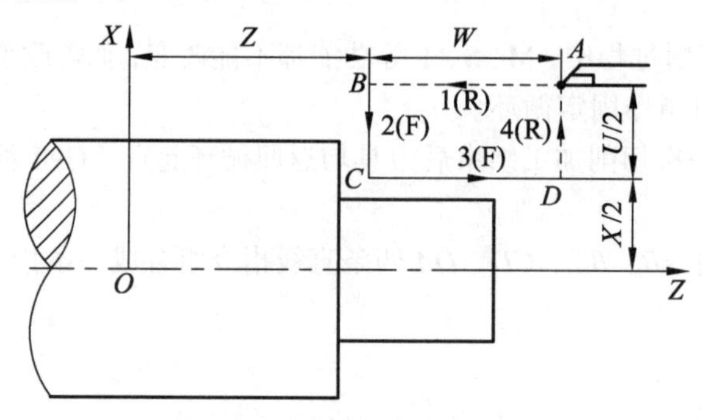

图 3-1-7　端面切削循环 G94

G94 的特点是选用刀具的端面切削刃作为主切削刃，以车端面的方式进行循环加工。G90 与 G94 的区别在于 G90 是在工件径向做分层粗加工，而 G94 是在工件轴向做分层粗加工，如图 3-1-8 所示。G94 第一步先走 *Z* 轴，而 G90 则是先走 *X* 轴。

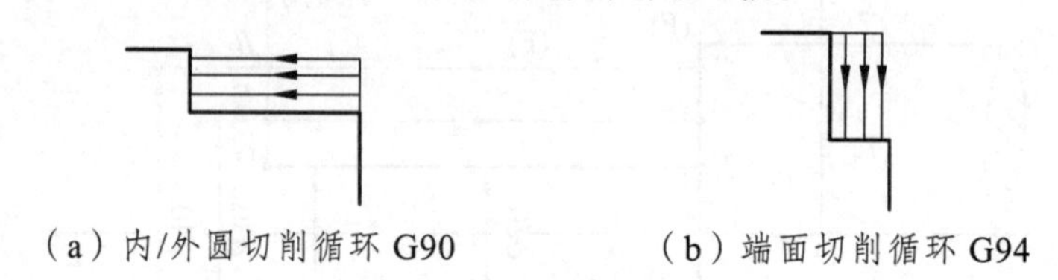

（a）内/外圆切削循环 G90　　（b）端面切削循环 G94

图 3-1-8　固定循环的选择

3. 实　例

加工如图 3-1-9 所示零件，编写加工程序。

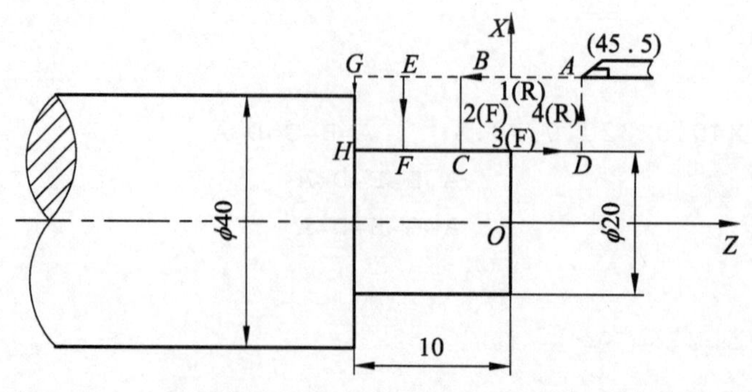

图 3-1-9　G94 切削循环编程实例

其加工程序如下：

```
O2002;
N10    M03 T0101 S500; 主轴正转，选择 1 号刀及 1 号刀补
N20    G00 X45.0 Z5.0;  快速移动到循环起点 A
N30    G94 X20.0 Z-3.5 F0.3; 第一次循环加工，A→B→C→D→A
N40    Z-7.0; 第二次循环加工，A→E→F→D→A
N50    Z-10.0; 第三次循环加工，A→H→I→D→A
N60    M05;   主轴停
N70    M30;   主程序结束并复位
```

三、复合形状固定循环

对于铸、锻毛坯的粗车或用棒料直接车削过渡尺寸较大的阶台轴，需要多次重复进行车削，使用 G90 或 G94 指令编程仍然比较麻烦，而用 G71、G72、G73、G70 等复合形状固定循环指令，只要编写出精加工进给路线，给出每次切除余量或循环次数和精加工余量，数控系统即可自动计算出粗加工时的刀具路径，完成重复切削直至加工完毕。

（一）外圆粗车循环 G71

G71 指令用于粗车圆柱棒料，以切除较多的加工余量。

1. 指令格式

```
G71 U(Δd) R(e) ;
G71 P(ns) Q(nf) U(Δu) W(Δw) F S T ;
```

式中　Δd——径向背吃刀量，半径量，不带正负号；

e——粗加工每次车削循环的；向退刀量，无符号；

ns——精加工路线的第一个程序段号；

nf——精加工路线的最后一个程序段号；

Δu——*Z* 向精加工余量（直径量）；

Δw——*Z* 向精加工余量；

F，S，T——粗加工循环中的进给速度、主轴转速与刀具功能。

2. 指令说明

（1）图 3-1-10 所示为 G71 粗车循环的运动轨迹，图中 *A* 点既为粗加工循环起点，*E* 点为精加工路线的第一点，*D* 点为精加工路线的最后一点。在循环开始时，刀具首先由 *A* 点退到 *C* 点，移动 $\Delta u/2$ 和 Δw 的距离。刀具从 *C* 点平行于 *AB* 移动 Δd，开始第一刀的切削循环。第 1 步的移动是由顺序号 ns 的程序段中 G00 或 G01 指定；第 2 步切削运动用 G01 指令，当到达本段终点时，以与 *Z* 轴夹角 45°的方向退出；第 3 步以离开切削表面 *e* 的距离快速返回到 *Z* 轴的出发点。再以切深为 Δd 进行第二刀切削，当达到精车余量时，沿精加工余量轮廓 *EF* 加工一刀，使精车余量均匀。最后从 *F* 点快速返回到 *A* 点，完成一个粗车循环。

只要在程序中，给出 *A*→*B*→*D* 之间的精加工形状及径向精车余量 Δu、轴向精车余量 Δw

及每次切削深度 Δd 即可完成 $ABDA$ 区域的粗车工序。

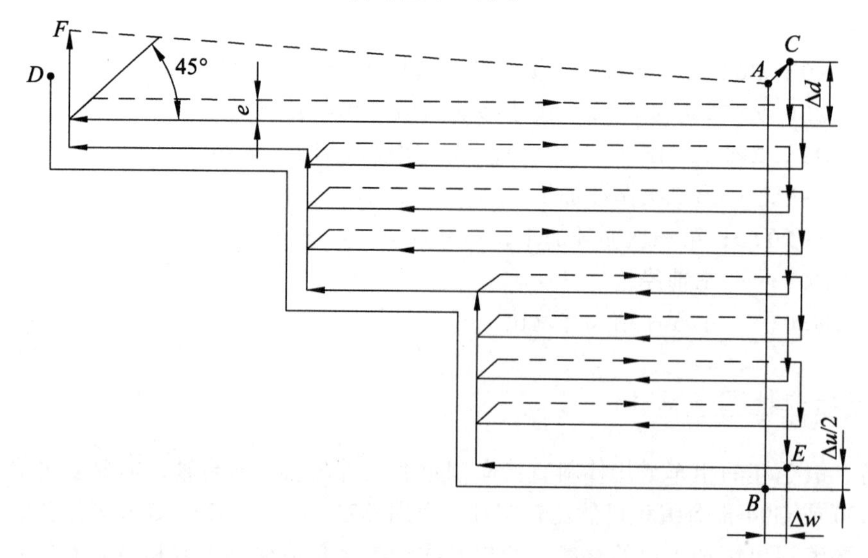

图 3-1-10　G71 指令刀具循环路径

（2）在 B→D 之间的移动指令中指令 F、S、T 功能，仅在精车中有效。粗车循环使用 G71 程序段或以前指令的 F、S、T 功能。当有恒线速控制功能时，在 B→D 之间移动指令中指定的 G96 或 G97 也无效，粗车循环使用 G71 程序段或以前指令的 G96 或 G97 功能。

（3）A→B 之间的刀具轨迹，由顺序号 ns 的程序段中指定。可以用 G00 或 G01 指令，但不能指定 Z 轴的运动。在程序段 ns 到 nf 中，不能调用子程序。当顺序号 ns 的程序段用 G00 移动时，在指令 A 点时，必须保证刀具在 Z 轴方向上位于零件之外。顺序号 ns 的程序段，不仅用于粗车，还要用于精车时的进刀，一定要保证进刀的安全。

（4）B→D 之间的零件形状，X 轴和 Z 轴都必须是单调增大或减小的图形。

（5）在编程时，A 点在 G71 程序段之前指令。

（6）X 向和 Z 向精加工余量 Δu 和 Δw 的符号如图 3-1-11 所示。

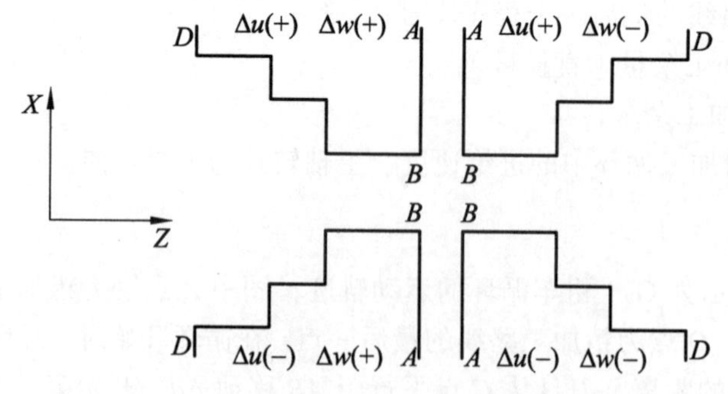

图 3-1-11　G71 循环中 U 和 W 的符号

3. 实　例

图 3-1-12 所示为棒料毛坯的加工示意图。粗加工切削深度为 2 mm，进给量为 0.3 mm/r，主轴转速为 500 r/min；精加工余量 X 向为 1 mm（直径值），Z 向为 0.5 mm；进给量为 0.15 mm，主轴转速为 800 r/min；程序起点如图所示，试编写加工程序。

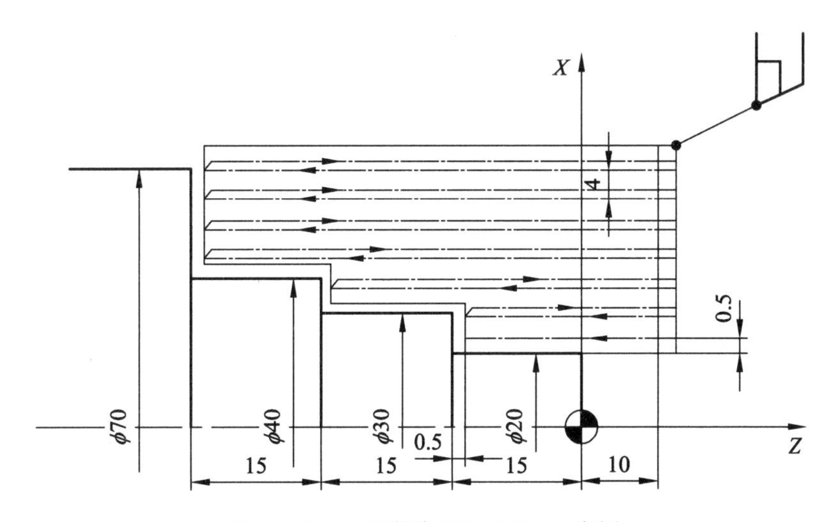

图 3-1-12　外圆粗车循环（G71）实例

其加工程序如下：

```
O2003;
N10    M03 S800; 主轴正转，转速 800 r/min
N15    T0101; 选 1 号刀，执行 1 号刀补
N20    G00 X72.0 Z10.0; 快速移到循环起刀点
N30 G71 U2.0 R1.0;   粗车背吃刀量为 2 mm，退刀量为 1 mm
N40 G71   P50 Q110 U1.0 W0.5 F0.3; 精车余量：X1 mm，Z0.5 mm
N50 G00 X20.0;    精加工轮廓起点，转速为 800r/min
N60    G01 Z-15.0    F0.15; 精加工 ø20 mm 外圆
N70    X30.0; 精加工端面
N80    Z-30.0;    精加工 ø30 mm 外圆
N90    X40.0; 精加工端面
N100   Z-45.0;    精加工 ø40 mm 外圆
N110   X72.0; 精加工端面
N120 M00; 程序暂停，便于测量尺寸
N130   G70 P50    Q110;  精加工指令
N140   G00 X100.0Z100.0;    退刀
N150   M05;   主轴停
N160 M30; 程序结束并复位
```

（二）端面粗车循环 G72

1. 指令格式

```
G72  W(Δd)  R(e)  ;
G71  P(ns)  Q(nf)  U(Δu)  W(Δw)  F  S  T  ;
```

式中　Δd——粗加工每次车削深度（正值）;

e——粗加工每次车削循环的 Z 向退刀量;

ns——精加工程序的第一个程序段的顺序号;

nf——精加工程序的最后一个程序段的顺序号;

Δu——X 向精加工余量（直径量）;

Δw——Z 向精加工余量。

2. 指令说明

端面粗车循环指令 G72 的含义与 G71 类似，不同之处是刀具平行于 X 轴方向切削，它是从外径方向往轴心方向切削端面的粗车循环，该循环方式适用于长径比较小的盘类工件端面粗车。

3. 实　例

图 3-1-13 所示为棒料毛坯的加工示意图。粗加工背吃刀量为 4 mm，进给量为 0.3 mm/r，主轴转速为 500 r/min；精加工余量 X 向为 1 mm（直径值），Z 向为 0.5 mm，进给量为 0.15 mm，主轴转速为 800r/mm；程序起点如图所示，用端面粗车循环 G72 指令编写加工程序。

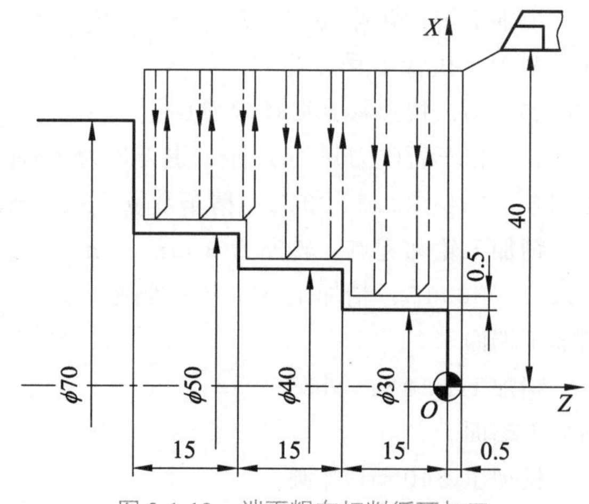

图 3-1-13　端面粗车切削循环加工

其加工程序如下：

```
O2004;
N10 M03 S800;        主轴正转，转速为 800 r/min
N15 T0101;      选 1 号刀，执行 1 号刀补
N20     G00 X72.0 Z2.0;  快速移到循环起刀点
N30 G72 W4.0 R1.0;    粗加工背吃刀量为 4 mm，退刀量为 1 mm
N40 G72 P50 Q110 U1.0 W0.5 F0.3; 精车余量 X1 mm，Z0.5 mm
N50     G00 Z-45.0;     精加工轮廓起点，转速为 800 r/min
N60     G01 X50.0 F0.15;  精加工 Ø45 mm 端面
N70 Z-30.0;     精加工 Ø50 mm 外圆
N80 X40.0;      精加工 Ø30 mm 端面
```

N90 Z-15.0;　　精加工 ø40 mm 外圆

N100 X30.0;　　精加工 ø15 mm 端面

N110 Z2.0;　　精加工 ø30 mm 外圆

N120 G70 P50 Q110;　　精加工循环指令

N130 G00 X100.0 Z100.0;　　退至安全点

N140 M05;　主轴停

N150 M30;　主程序结束并复位

（三）固定形状粗车循环 G73

G73 指令适用于毛坯轮廓形状与零件轮廓形状基本接近的毛坯件的粗车，如一些锻件、铸件的粗车。

1. 指令格式

G73 U（Δi） W（Δk） R（Δd）;

G73 P（ns） Q（nf） U（Δu） W（Δw） F_S_T_;

式中　Δi ——粗切时径向切除的总余量（半径值）;

Δk——粗切时轴向切除的总余量;

Δd——循环次数;

其他参数含义同 G71 指令。

2. 指令说明

图 3-1-14 所示为 G73 循环指令的运动轨迹。执行 G73 功能时，每一刀的切削路线的轨迹形状是相同的，只是位置不同。每走完刀，就把切削轨迹向工件移动一个位置，因此对于经锻造、铸造等粗加工已初步成型的毛坯，可高效加工。G73 循环加工的轮廓形状没有单调递增或单调递减形式的限制。

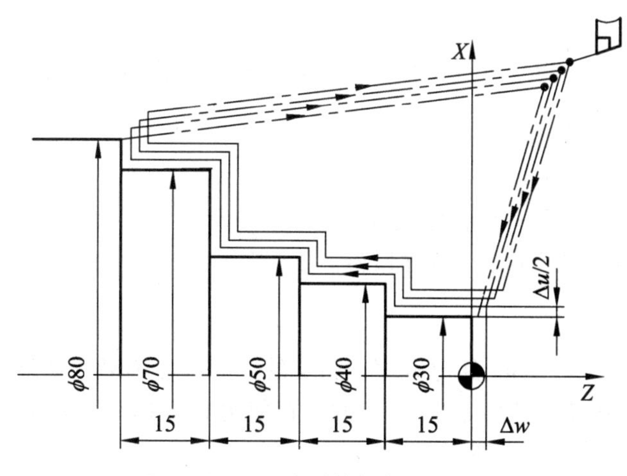

图 3-1-14　固定形状粗车循环 G73

3. 实　例

图 3-1-14 所示为棒料毛坯的加工示意图。粗加工切削深度为 9 mm，进给量为 0.3 mm/r，主轴转速为 500 r/min；精加工余量 *X* 向为 1 mm（直径值），进给量为 0.15 mm，主轴转速为 800 r/min，用固定形状粗车循环 G73 指令编写加工程序。

其加工程序如下：

```
O2005;
N10 M03 S800 T0101;  主轴正转，转速为 800r/min
N15 T0101;      选 1 号刀，执行 1 号刀补
N20 G00 X100.0 Z20.0;    快速移到循环起刀点
N30 G73 U9.0 W1.0 R3;    设置 X 向、Z 向总余量及循环次数
N40 G73 P50 Q130 U1.0 W0.5 F0.3; 精车余量 X 向为 1 mm，Z 向为 0.5 mm
N50 G00 X30.0 Z5.0;  精加工轮廓起点，转速为 800r/min
N60 G01 Z-15.0 F0.15;    精加工 ø20 mm 外圆
N70 X40.0; 精加工端面
N80 Z-30.0;    精加工 ø30 mm 外圆
N90 X50.0;     精加工端面
N100 Z-45.0;   精加工 ø40 mm 外圆
N110 X70.0;    精加工端面
N120 Z-60.0;   精加工 ø70 mm 外圆
N130 X82.0;    精加工端面
N140 G70 P50 Q130;   精加工循环指令
N150 G00 X100.0 Z100.0; 退至安全点
N160 M05; 主轴停
N170 M30; 主程序结束并复位
```

（四）精加工循环指令 G70

采用 G71、G72、G73 指令进行粗车后，用 G70 指令可进行精车循环车削。

1. 指令格式

G70　P（ns）　Q（nf）　;

式中　ns——精加工程序的第一个程序段号；

　　　nf——精加工程序的最后一个程序段号。

2. 指令说明

在精车循环 G70 状态下，ns 至 *nf* 程序中指定的 F、S、T 有效；如果 ns 至 *nf* 序中不指定 F、S、T 时，粗车循环中指定的 F、S、T 有效。在使用 G70 梢车循环时，要特别注意快速退刀路线，防止刀具与工件发生干涉。

【训练与提高】

加工如图 3-1-15 所示零件，毛坯尺寸为 ϕ40 mm×70 mm，材料为 45 钢。

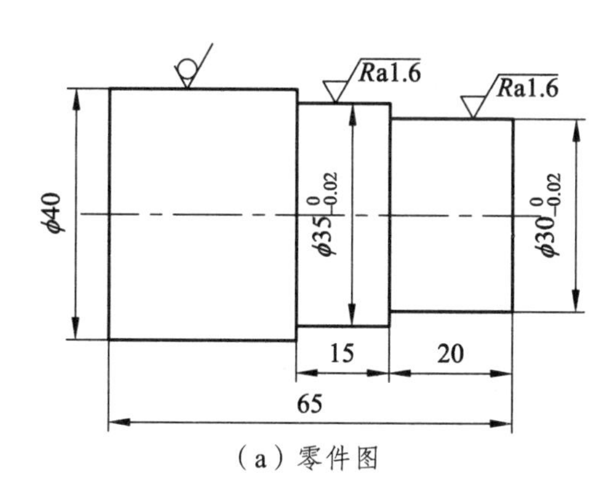

（a）零件图

（b）实物图

图 3-1-15　细短轴加工实例

【任务实施】

一、实施过程

（一）制定加工工艺

1. 零件图工艺分析

图 3-1-1 所示零件需要加工两端面及直径 $\phi200_{-0.021}^{0}$ mm 和直径 $\phi240_{-0.039}^{0}$ mm 外圆柱面，同时还要控制 $20_{0}^{+0.052}$ mm、15 mm、10 mm 等长度尺寸。尺寸标注完整，轮廓描述清楚。零件材料为 45 钢，无热处理和硬度要求。

通过上述分析，可采用以下两点工艺措施：

（1）对图样上给定的尺寸，编程时全部取其中值。

（2）由于该零件外圆尺寸精度要求较高，毛坯去除余量不均匀且较大，按先粗后精、先主后次的加工原则，确定加工路线。其加工路线为：车端面（可以在普车上加工）→粗车大外圆及右侧两外圆→反头装夹粗车左端两外圆→精车右端 φ20 mm、φ24 mm 外圆→反头精车左端直径 φ20 mm、φ24 mm、φ30 mm 外圆。

2. 填写工艺卡片

1）刀具选择

该零件加工余量不均匀，粗、精加工要分开，需用两把刀进行加工，具体见表 3-1-2。

表 3-1-2　数控加工刀具卡片

刀具号	刀具名称	数量	加工内容	主轴转速/（r/min）	进给量/（mm/r）	背吃刀量/mm
T01	90°外圆偏刀	1	粗车工件外轮廓	500	0.3	2.0
T02	90°外圆偏刀	1	精车工件外轮廓	800	0.1	0.5

2）填写数控加工工艺卡片

对零件进行综合工艺分析，将分析结果填入表 3-1-3 的数控加工工艺卡片中。

表 3-1-3　数控加工工艺卡片

单位名称	×××	产品名称或代号	零件名称	零件图号
		×××	中间轴	×××
工序号	程序编号	夹具名称	使用设备	车间
002	×××	三爪卡盘	数控车床	数控中心

工步号	工步内容	刀具号	刀具规格/mm	主轴转速/（r/min）	进给速度/（mm/min）	背吃刀量/mm	备注
1	粗车工件右端外轮廓	T01	25×25	500	150	2.0	
2	粗车工件左侧外轮廓	T01	25×25	500	150	2.0	
3	精车工件右端外轮廓	T02	25×25	800	80	0.5	
4	精车工件左端外轮廓	T02	25×25	800	80	0.5	

编制	×××	审核	×××	批准	×××	××年×月×日	共×页	第×页

（二）编制加工程序（参考）

```
O2006; 程序名
N10    G98 M03   S500;  主轴正转，转速为 500 r/min
N15    T0101; 选 1 号刀，执行 1 号刀补
N20    G00 X40.0 Z2.0;  快速接近工件
N30    G90 X31.0 Z-50.0 F150;  单一循环粗车第一刀
N40    X27.0  Z-25.0;    粗车第二刀
N50    X26.0  Z-25.0;    粗车第三刀
N60    X23.0  Z-15.0;    粗车第四刀
N70    X21.0  Z-15.0;    粗车第五刀
N80    G00 X100.0Z100.0;    快速回退到起刀点
N90    M05;  主轴停
N100   M00;  程序暂停，工件掉头
N110   M03 S500   T0101; 主轴正转，转速为 500 r/min
N120 G00 X36.0 Z2.0;    刀具快速到达起刀点
N130 G71 U2.0 R0.5;  背吃刀量为 2.0，退刀量为 0.5 mm
N140 G71 P150 Q190 U0.5 W0.1 F150; X 向余量为 0.5 mm，Z 向为 0.1 mm
N150   G00 X19.99;  精加工定刀点
N160   G01 Z-15.0 F80;  精车 ø20 mm 外圆
N170   X23.98;    精车端面
N180   Z-25.0;    精车 ø24 mm 外圆
N190   X31.0; 精车端面
N200   G00 X100.0Z100.0;    快速回到换刀点
N210   M05;  主轴停
N220   M00;  程序暂停
```

```
N230    M03 S800; 主轴正转，转速为 800 r/min
N235    T0202; 选 2 号刀，执行 2 号刀补
N240    G00 X31.0 Z2.0;   快速移动到精加工定刀点
N250    G70 P150 Q190;    采用精加工循环精加工外圆
N260    M05;    主轴停
N270    M00;    程序暂停，工件掉头
N280    M03 S800; 主轴正转，转速为 800 r/min
N285    T0202; 选 2 号刀，执行 2 号刀补
N290    G00 X32.0 Z2.0;   快速移动到精加工定刀点
N300    X19.99 Z1.0;   到精加工第一切削点
N310    G01 Z-15.0    F80;    精车 ø20 mm 外圆
N320    X23.98;     精车端面
N330    Z-25.0;     精车 ø24 mm 外圆
N340    X29.9; 精车端面
N350    Z-51.0;     精车 ø30 mm 外圆
N360    X32.0;                         X 向退刀
N370    G00 X100.0    Z100.0;     回换刀点
N380    M05;     主轴停止
N390    M30;     程序停止并返回程序开始
```

（三）工件加工

将程序输入机床数控系统，校验无误后加工出合格的零件。

二、展示评比

各小组派出代表进行展示，组间交叉评比，填写表 3-1-4。

表 3-1-4　评比过程记录

序号	评比要点	优缺点	评比分值	备注
1	文字表达是否清晰、完整			
2	知识内容是否全面、正确			
3	学习组织是否有序、高效			
4	其他			
综合评分				

【任务小结与评价】

一、任务小结与反思

二、任务评价

表 3-1-5　评价表

<table>
<tr><td>班级</td><td colspan="2"></td><td colspan="2">学号</td><td></td></tr>
<tr><td>姓名</td><td colspan="2"></td><td colspan="2">综合评价等级</td><td></td></tr>
<tr><td>指导教师</td><td colspan="2"></td><td colspan="2">日期</td><td></td></tr>
<tr><td rowspan="2">评价项目</td><td rowspan="2">序号</td><td rowspan="2">评价内容</td><td colspan="3">评价方式</td></tr>
<tr><td>自我评价</td><td>小组评价</td><td>教师评价</td></tr>
<tr><td rowspan="4">团队表现
（40 分）</td><td>1</td><td>任务评比综合评分，配分 20</td><td></td><td></td><td></td></tr>
<tr><td>2</td><td>任务参与态度，配分 8 分</td><td></td><td></td><td></td></tr>
<tr><td>3</td><td>参与任务的程度，配分 6 分</td><td></td><td></td><td></td></tr>
<tr><td>4</td><td>在任务中发挥的作用，配分 6 分</td><td></td><td></td><td></td></tr>
<tr><td rowspan="4">个人学习表现
（50 分）</td><td>5</td><td>学习态度，配分 10 分</td><td></td><td></td><td></td></tr>
<tr><td>6</td><td>出勤情况，配分 10 分</td><td></td><td></td><td></td></tr>
<tr><td>7</td><td>课堂表现，配分 10 分</td><td></td><td></td><td></td></tr>
<tr><td>8</td><td>作业完成情况，配分 20 分</td><td></td><td></td><td></td></tr>
<tr><td rowspan="2">个人素质
（10 分）</td><td>9</td><td>作风严谨、遵章守纪，配分 5 分</td><td></td><td></td><td></td></tr>
<tr><td>10</td><td>安全意识，配分 5 分</td><td></td><td></td><td></td></tr>
<tr><td colspan="3">合计</td><td></td><td></td><td></td></tr>
<tr><td colspan="3">综合评分</td><td colspan="3"></td></tr>
</table>

注：各评分项按“A”（0.9～1.0）、“B”（0.8～0.89）、“C”（0.7～0.79）、“D”（0.6～0.69）、“E”（0.1～0.59）及“0”分配分；如学习态度项、出勤项、安全项评 0 分，总评为 0 分。

【任务拓展】

请编写程序加工如图 3-1-16 所示阶台轴，毛坯尺寸为直径 ϕ50 mm×105 mm，材料为 45 钢。

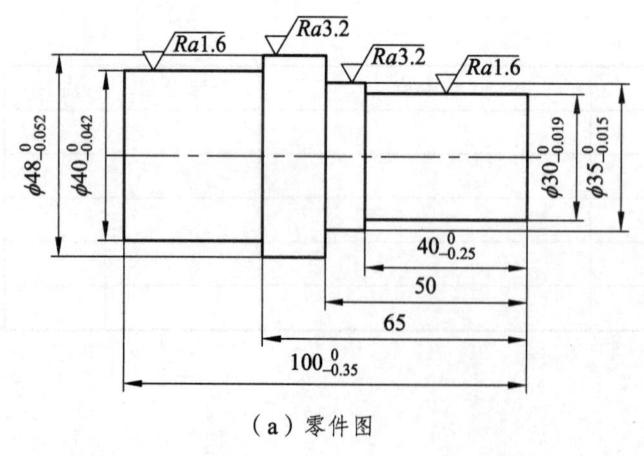

（a）零件图

（b）实物图

图 3-1-16　台阶轴

任务二　典型轴类零件加工

【学时】

4 课时。

【学习目标】

知识目标：

1. 了解锥体加工工艺路线的确定。
2. 了解圆弧加工工艺路线的确定。
3. 掌握刀尖圆弧半径补偿指令 G40、G41、G42 的应用。
4. 掌握 G90、G94、G96、G97、G50 指令格式及应用。
5. 掌握 G02、G03 指令格式及其应用。
6. 掌握 G04、G75、G74 指令的含义、格式及应用。
7. 掌握 M98、M99 指令的含义及运用。
8. 掌握子程序的编程方法。
9. 掌握螺纹切削指令格式及其应用。

技能目标：

1. 能够正确运用 G90、G94 编制锥体零件的加工程序。
2. 能够正确编制倒角、圆角的加工程序。
3. 能够正确编制圆弧零件的加工程序。
4. 能够正确编制槽零件的加工程序。
5. 能够正确编制螺纹零件的加工程序。

【任务描述】

本任务加工如图 3-2-1 所示典型轴类零件，毛坯尺寸为 ϕ50 mm×105 mm，材料为 45 钢。本任务要求学生能够熟练地确定该零件的加工工艺，正确地编制零件的加工程序，并完成零件的加工。

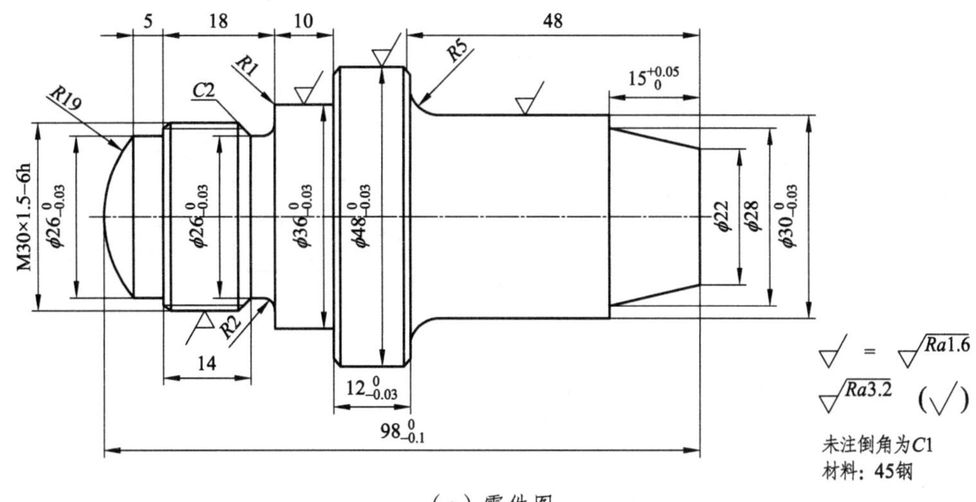

（a）零件图

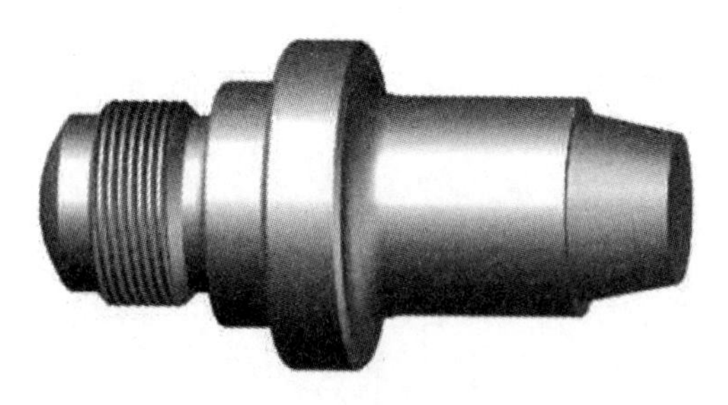

（b）实物图

图 3-2-1　典型轴类零件

【知识链接】

一、圆锥车削加工路线的确定

在数控车床上车外圆锥时可分为车正锥和车倒锥两种情况，而每一种情况又有平行法和终点法两种加工路线。

如图 3-2-2（a）所示为平行法车正锥的加工路线。平行法车正锥时，刀具每次切削的背吃刀量相等，切削运动的距离较短。采用这种加工路线时，加工效率高，但需要计算终刀距 S。

假设圆锥大径为 D，小径为 d 锥长为 L，背吃刀量为 a_p，则由相似三角形可得

$$\frac{D-d}{2L}=\frac{a_p}{S}$$

则

$$S=\frac{2La_p}{D-d}$$

如图 3-2-2（b）所示为终点法车正锥加工路线。终点法车正锥时，不需要计算终刀距，但在每次切削中，背吃刀量是变化的，而且切削运动的路线较长，容易引起工件表面粗糙度不一致。

如图 3-2-3 所示为车倒锥的两种加工路线，其原理与车正锥相同。

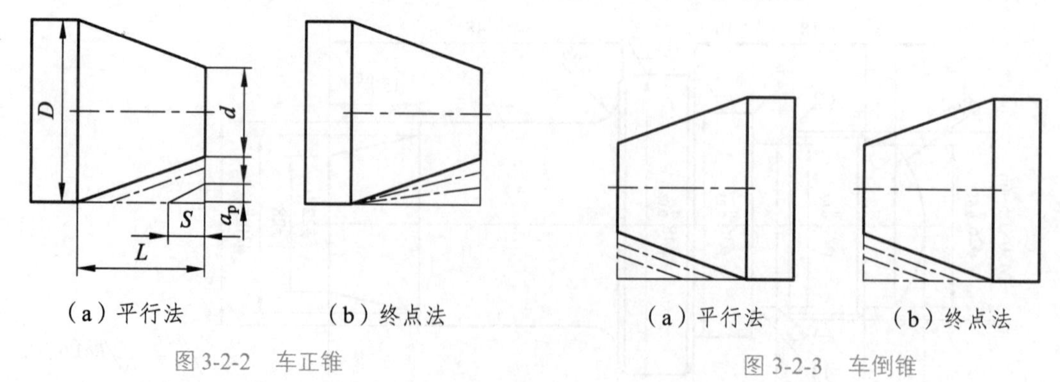

（a）平行法　（b）终点法

图 3-2-2　车正锥

（a）平行法　（b）终点法

图 3-2-3　车倒锥

二、刀尖圆弧半径补偿

刀具的补偿功能是数控车床的一种主要功能，它分为刀具位置补偿和刀尖圆弧半径补偿，

项目二中所讲的对刀就是为了建立刀具位置补偿，在此只讲述刀尖圆弧半径补偿。

（一）刀尖圆弧半径补偿的目的

在理想状态下，我们总是将尖形车刀的刀位点假想成一个点，即为假想刀尖，如图 3-2-4（a）所示尖头刀。但实际加工中的车刀，由于工艺或其他要求，刀尖往往不是一个理想的点，而是一段圆弧，如图 3-2-4（b）所示。该圆弧所构成的假想圆半径就是刀尖圆弧半径。

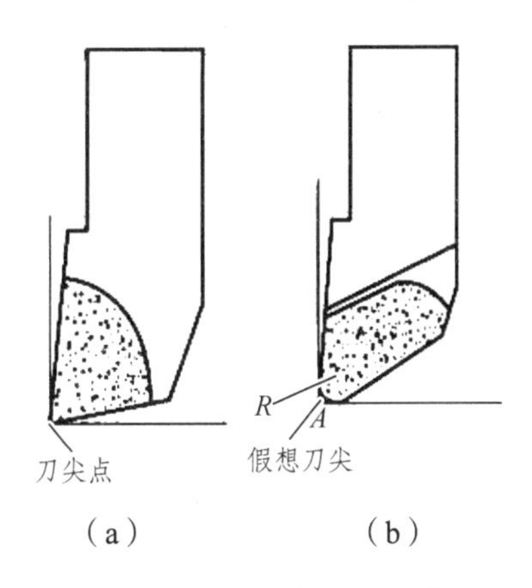

图 3-2-4　假想刀与圆弧过渡刃

一般的不重磨刀片刀尖处均呈圆弧过渡，且有一定的半径值。即使是专门刃磨的“尖刀”其实际状态还是有一定的圆弧倒角，不可能是绝对尖角。因此，实际上真正的刀尖是不存在的，这里所说的刀尖只是一“假想刀尖”。但是，编程计算点是根据理论刀尖（假想刀尖）*A* 来计算的，相当于图 3-2-4（a）中尖头刀的刀尖点。

提示：实际加工中，所有车刀均有大小不等或近似的刀尖圆弧，假想刀尖是不存在的。

当加工与坐标轴平行的圆柱面和端面轮廓时，刀尖圆弧并不影响其尺寸或形状，只是可能在起点与终点处造成欠切，这可采用分别加导入、导出切削段的方法来解决。但当加工锥面、圆弧等非坐标方向轮廓时，刀尖圆弧将引起尺寸或形状误差，出现欠切或过切，如图 3-2-5 所示。

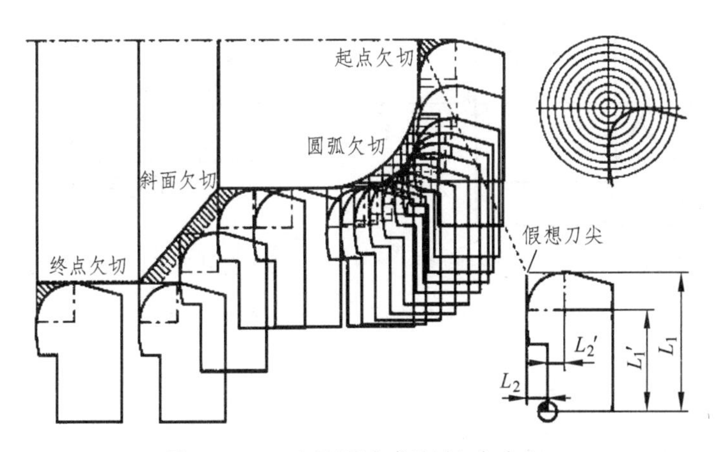

图 3-2-5　刀尖圆弧造成的过切与欠切

因此，当使用带有刀尖圆弧半径的刀具加工锥面和圆弧面时，必须对假设的刀尖点路径进行适当修正，使切削加工出来的工件能获得正确的尺寸，这种修正方法称为刀尖圆弧半径补偿。

注意：图 3-2-5 中的锥面和圆弧面尺寸均比编程轮廓大，而且圆弧形状也发生了变化。这种误差的大小不仅与轮廓形状、走势有关，而且与刀具刀尖圆弧半径有关。如果零件精度较高，就可能出现超差。

现代数控车床控制系统一般都具有刀具半径补偿功能。这类系统只需要按零件轮廓编程，并在加工前输入刀具半径数据，通过在程序中使用刀具半径补偿指令，数控装置可自动计算出刀具中心轨迹，并使刀具中心按此轨迹运动。也就是说，执行刀具半径补偿后，刀具中心将自动在偏离工件轮廓一个半径值的轨迹上运动，从而加工出所要求的工件轮廓。

（二）刀尖圆弧半径补偿指令

1. 指令格式

G41　G01（G00）X（U）_Z（W）_F_；（刀具半径左补偿指令）

G42　G01（G00）X（U）_Z（W）_F_；（刀具半径右补偿指令）

G40 G01（G00）X（U）_Z（W）_；（取消刀具半径补偿指令）

2. 指令说明

（1）刀具半径补偿通过准备功能指令 G41/G42 建立。刀具半径补偿建立后，刀具中心在偏离编程工件轮廓一个半径的等距线轨迹上运动。

（2）沿刀具运动方向看，刀具在工件左侧时，称为刀具半径左补偿，如图 3-2-6（a）所示；刀具在工件右侧时，称为刀具半径右补偿，如图 3-2-6（b）所示。编程时，刀尖圆弧半径补偿偏置方向的判断如图 3-2-6 所示。在判别时，一定要沿 Y 轴正方向向负方向观察刀具所在位置。

若需要取消刀具左、右补偿，可编入 G40 指令，这时，车刀轨迹按照编程轨迹运动。

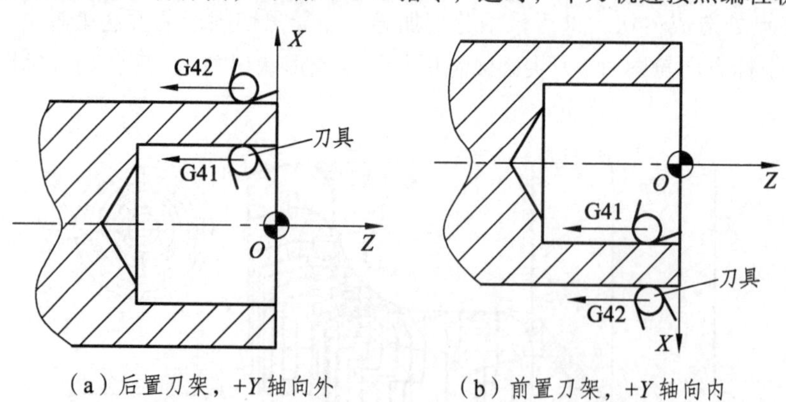

（a）后置刀架，+Y 轴向外　　（b）前置刀架，+Y 轴向内

图 3-2-6　刀尖圆弧半径补偿方向的判别

（三）刀具半径补偿的过程

刀具半径补偿的过程分为以下三步：

（1）刀补的建立，刀具中心从编程轨迹重合过渡到与编程轨迹偏离一个偏移量的过程。

（2）刀补的进行，执行 G41 或 G42 指令的程序段后，刀具中心始终与编程轨迹相距一个偏移量。

（3）刀补的取消，刀具离开工件，刀具中心轨迹过渡到与编程轨迹重合的过程。

图 3-2-7 所示为刀补建立与取消的过程。

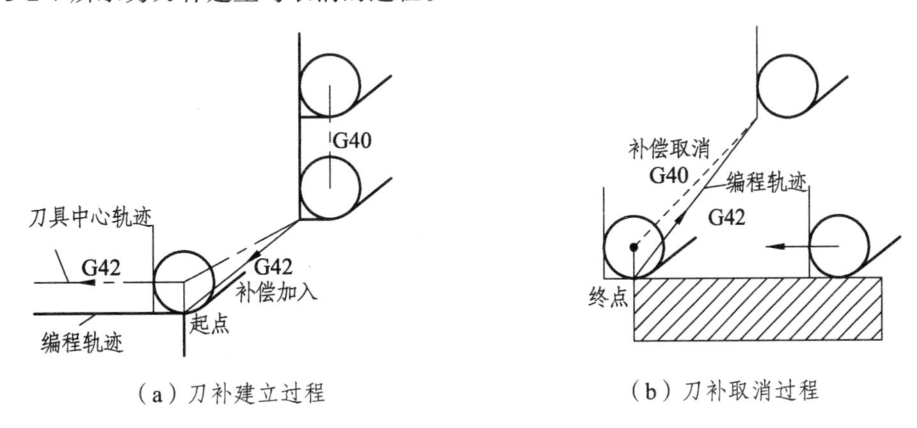

（a）刀补建立过程　　（b）刀补取消过程

图 3-2-7　刀具半径补偿的建立与取消过程

（四）刀尖方位的确定

执行刀尖半径补偿功能时，除了与刀具刀尖半径大小有关外，还和刀尖的方位有关。不同的刀具，刀尖圆弧的位置不同，刀具自动偏离零件轮廓的方向就不同。如图 3-2-8 所示，车刀方位有 9 个，分别用参数 0 ~ 9 表示。如车削外圆表面时，从右向左车削，刀的方位为 3；从左向右车削，刀的方位为 4。

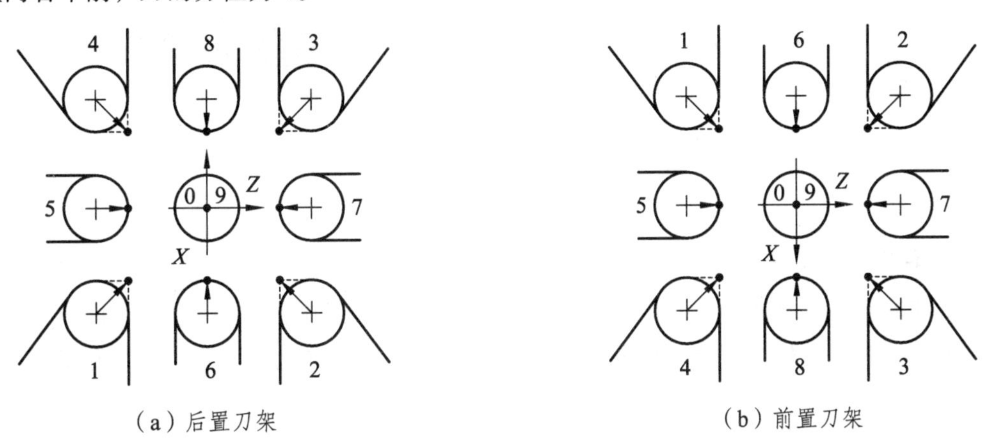

（a）后置刀架　　（b）前置刀架

图 3-2-8　刀尖方位号

使用刀尖圆弧半径补偿时的注意事项：

（1）G41、G42、G40 指令不能与圆弧切削指令写在同一个程序段内，可与 G01、G00 指令在同程序段出现，即它是通过直线运动来建立或取消刀具补偿的。

（2）在调用新刀具前或要更改刀具补偿方向时，中间必须取消刀具补偿，目的是避免产生加工误差或干涉。

（3）刀尖半径补偿取消在 G41 或 G42 程序段后面，加 G40 程序段，便使刀尖半径补偿取消，其格式为

```
G41（或 G42）
……
G40
```

程序的最后必须以取消偏置状态结束，否则刀具不能在终点定位，而是停在与终点位置偏移一个矢量刀尖圆弧半径的位置上。

（4）G41、G42、G40 是模态代码。

（5）在编入 G41、G42、G40 的 G00 与 G01 前后的两个程序段中，*X*、*Z* 值至少有一个值变化，否则发生报警。

（五）编程实例

加工如图 3-2-9 所示零件，毛坯尺寸为直径 ϕ55 mm×65 mm，材料为 45 钢。编制其加工程序，并仿真加工。

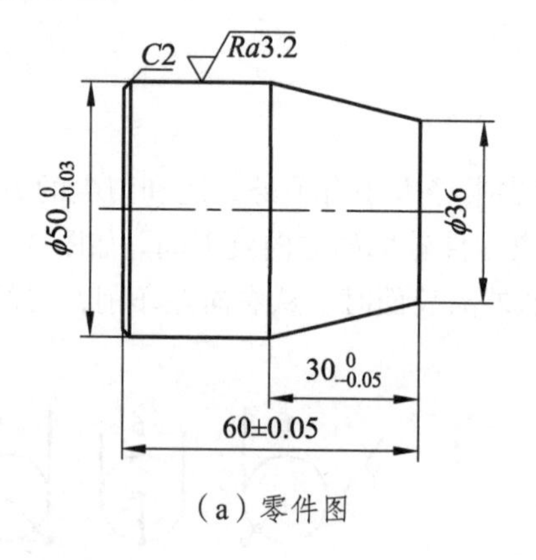

（a）零件图

（b）实物图

图 3-2-9　零件图和实物图

1. 制定加工工艺

1）零件图工艺分析

该零件需要加工 $\phi 50_{-0.03}^{\ 0}$ mm 外圆、锥体、端面和 *C*2 倒角，同时控制长度 $30_{-0.05}^{\ 0}$ mm、（60±0.05）mm。尺寸标注完整，轮廓描述清楚。零件材料为 45 钢，无热处理和硬度要求。通过上述分析，可采用以下两点工艺措施：

（1）对图样上给定的尺寸，编程时全部取其中值。

（2）由于毛坯去除余量不大，可按照工序集中的原则确定加工工序。其加工工序如下：车端面控制总长（60±0.05）mm（可以在普通车床上加工）→粗精车左端外圆和 *C*2 倒角→反头装夹，粗精车右端锥体。

2）确定刀具

由于毛坯去除余量不是太大，采用一把 90°外圆偏刀就能满足加工要求，具体见表 3-2-1。

表 3-2-1 数控加工刀具卡

刀具号	刀具规格形状	数量	加工内容	主轴转速/（r/min）	进给/（mm/r）	背吃刀量/mm
T01	90°外圆偏刀	1	粗车工件外轮廓	800	0.3	2.0
T01	90°外圆偏刀	1	精车工件外轮廓	800	0.1	0.5

2. 编制加工程序（参考）

1）左端加工程序（以左端面为编程原点）

```
O3001;  程序名
N10 G98 M03 T0101 S800; 主轴正转，转速为 800 r/min，选 1 号刀，执行 1 号刀补
N20G00 X56.0 Z1.0;   快速接近工件
N30 G01 X51.0 F240;  X 向进刀
N40 Z-32.0;   粗车外圆
N50 X56.0;    X 向退刀
N60 G00 Z1.0;    Z 向退刀
N70 G01 X43.99   F80;   X 向进刀
N80 X49.99 Z-2.0;    倒 C2 角
N90 Z-32.0;   精车 Φ50 mm 外圆
N100 X56.0;   X 向退刀
N110 G00 X100.0 Z50.0;  快速退刀至安全点
N120 M05;  主轴停
N130 M30;  程序结束
```

2）右端加工程序（以右端面为编程原点）

```
O3002; 程序名
N10 M03 S800 T0101;  主轴正转，转速为 800 r/min
N20    G00 X56.0 Z2.0; 快速接近工件
N30    G01 X51.0 F240; X 向进刀
N40    Z-30.0;     粗车外圆
N50     G00   X52.0  Z0; 快速退刀
N60    G01 X47.0 F240; X 向进刀
N70    X50.0 Z-30.0;      粗车锥体第一刀
N80     G00   Z0;             Z 向退刀
N90    G01 X43.0  F240; X 向进刀
N100   X50.0 Z-30.0;      粗车锥体第二刀
N110   G00 Z0;    Z 向退刀
N120   G01 X39.0 F240;  X 向进刀
N130   X50.0 Z-30.0;      粗车锥体第三刀
N140   G00 Z0;     Z 向退刀
N150   G01 X37.0 F240; X 向进刀
```

```
N160    X50.0 Z-30.0;      粗车锥体第四刀
N170    G00 Z0;      Z 向退刀
N180 G01   G42 X36.0 F240;   X 向进刀，并建立刀尖圆弧半径右补偿
N190    X50.0 Z-30.0;      精车锥体
N200    G00 G40 X100.0 Z50.0;    回安全点，并取消刀尖圆弧半径补偿
N210    M05;     主轴停
N220    M30;     程序结束
```

3. 工件加工

1）输入刀尖圆弧半径值及刀尖方位

由于编制加工锥体程序时采用了刀尖圆弧半径补偿，所以对刀时需要把刀尖圆弧半径和刀尖方位输入刀具偏置参数表中。在刀具形状偏置界面中，把光标移至“R”参数位置，输入刀尖圆弧半径值（不带 *R*，只输数值即可），按“输入”软键，刀尖圆弧半径值被输入刀具偏置参数表中。按照同样方法，将刀尖方位输入“T”参数中，如图 3-2-10 所示。

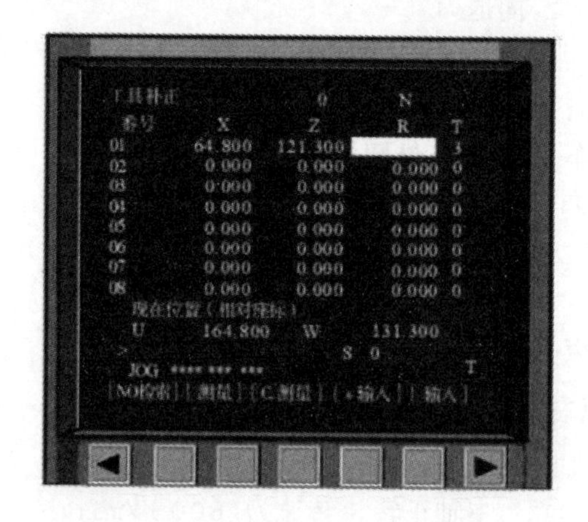

图 3-2-10 输入刀尖圆弧半径及刀尖方位

注意：刀具参数表中的 T 表示刀尖方位，而不是刀具号。

2）程序校验与零件加工

将程序输入机床数控系统，校验无误后加工出合格的零件。

三、锥面切削循环指令

（一）圆锥面切削循环指令 G90

1. 指令格式

G90 X（U）_Z（W）_R_F_;

式中 X（U）_Z（W）_——循环切削终点处的坐标；

R——车削圆锥面时起端半径与终端半径的差值；

F——进给速度。

2. 指令说明

（1）如图 3-2-11 所示为圆锥面切削循环运动轨迹，刀具从 $A \to B$ 快速进给，因此在编程时，A 点在轴向上要离开工件一段距离，以保证快速进刀时的安全。刀具从 $B \to C$ 为切削进给，按照指令中的 F 值进给；刀具从 $C \to D$ 时也为切削进给，为了提高生产率，D 点在径向上不要离 C 点太远。

（2）在增量编程中，地址 U、W 和 R 后的数值符号与刀具轨迹之间的关系如图 3-2-12 所示。

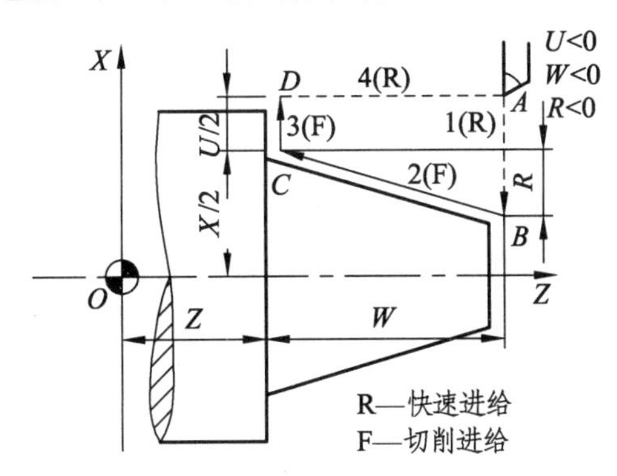

图 3-2-11　圆锥面切削循环

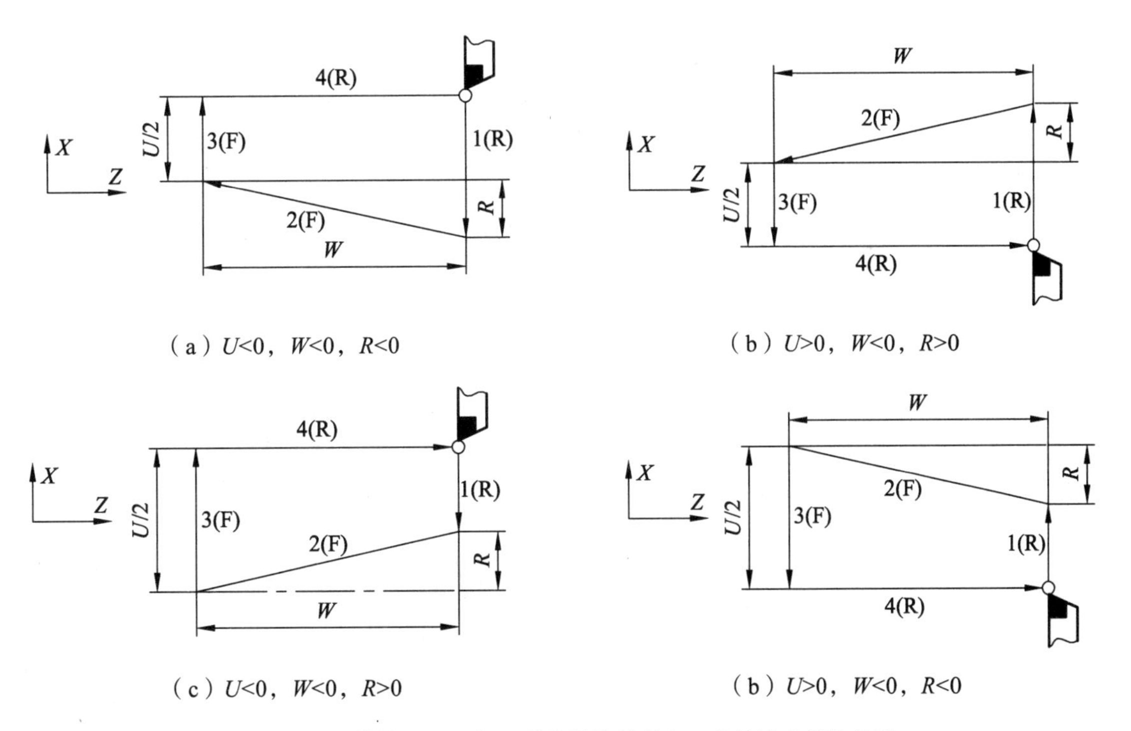

图 3-2-12　地址 U、W 和 R 后的数值符号与刀具轨迹之间的关系

3. 实　例

加工如图 3-2-13 所示零件，试编写加工程序。

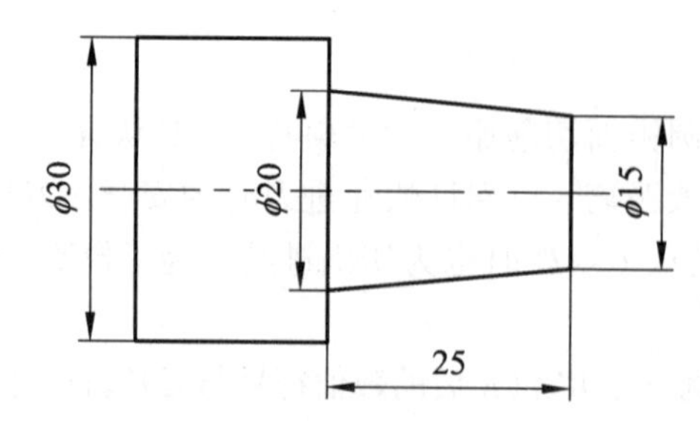

图 3-2-13　圆锥面切削循环 G90 加工实例

其加工程序如下：

```
O3003;
N10 G98 M03 T0101 S800;      主轴正转，选 1 号刀，执行 1 号刀补
N20 G00 X35.0 Z2.0; 快速靠近工件
N30 G90 X26.0 Z-25.0 R-2.5 F100; 第一次循环加工
N40 X22.0;     第二次循环加工
N50 X20.0;     第三次循环加工
N60 G00 X100.0 Z50.0 T0100; 快速回安全点，并取消 1 号刀补
N70 M30;   程序结束
```

（二）带锥度的端面切削循环指令 G94

1. 指令格式

G94 X（U）_Z（W）_K_F_;

式中　X、Z、U、W、F——与 G90 含义相同；

K——端面切削的起点相对于终点在 Z 轴方向上的增量值，圆台左大右小，R 取正值，反之为负值。

2. 指令说明

G94 的刀具运动轨迹为：刀具从 A 点出发，第 1 段快速移动 Z 轴，到达 B 点，第 2 段以 F 指令的进给速度切削到达 C 点，第 3 段切削进给退到 D 点，第 4 段快速退回到出发点 A 点，完成一个切削循环，如图 3-2-14 所示。

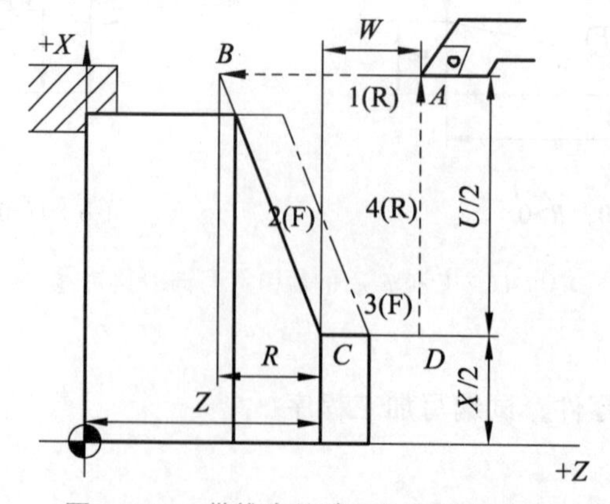

图 3-2-14　带锥度的端面切削循环 G94

3. 实　例

加工如图 3-2-15 所示零件，试编写加工程序。

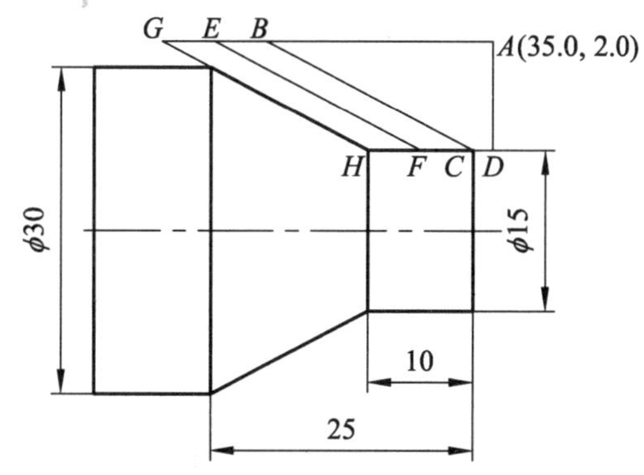

图 3-2-15　G94 切削循环编程实例

1）K 值的计算

$$K=-\frac{10\times15}{15/2}=-20$$

2）加工程序

O3004；以工件右端面中心点为编程原点

N10 G98 M03 S500 T0101；主轴正转，选 1 号刀，执行 1 号刀补

N20 G00 X35.0 Z2.0；快速靠近工件

N30 G94 X15.0 Z0 K-20.0 F100；第一次循环加工，A→B→C→D→A

N60 Z-5.0；第二次循环加工，A→E→F→D→A

N70 Z-10.0；第三次循环加工，A→G→H→D→A

N80 G00 X50 Z20 T0100；快速退至安全点，并取消 1 号刀补

N90 M30；程序结束

（三）恒线速切削

1. 恒线速控制指令 G96

G96 是恒线速切削控制有效指令。系统执行 G96 指令后，S 后面的数值表示切削速度。例如，G96 S100 表示切削速度是 100 m/min。

2. 取消恒线速切削指令 G97

G97 是恒线速切削控制取消指令。系统执行 G97 指令后，S 后面的数值表示主轴每分钟的转数。例如，G97 S800 表示主轴转速为 800 r/min。系统开机状态为 G97 状态。

3. 主轴最高速限定指令 G50

G50 除了具有坐标系设定功能外，还具有主轴最高转速设定功能，即用 S 指定的数值设定主轴每分钟的最高转速。例如，G50 S2000 表示主轴转速最高为 2 000 r/mm。用恒线速控制加工端面、锥面和圆弧时，容易获得内外一致的表面粗糙度。但由于 X 坐标值不断变化，所以由公式 $v=\frac{n\pi d}{1\,000}$ 计算出的主轴转速也不断变化。当刀具逐渐接近工件的旋转中心时，主轴转速会越来越高，工件就有从卡盘飞出的危险。所以为防止事故的发生，有时必须限定主轴的最高转速，这时就可借助 G50 指令达到此目的。

（四）综合实例

编程加工如图 3-2-16 所示零件，毛坯尺寸为直径 ϕ45 mm×90 mm，材料为 45 钢。

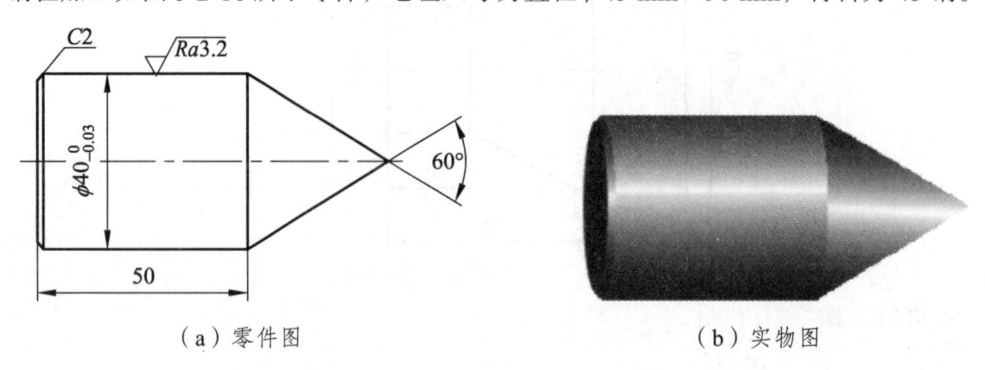

（a）零件图　　（b）实物图

图 3-2-16　锥体加工实例

该零件需要加工两端面、直径 40 mm 外圆、60°锥体和 C2 倒角。该锥体的加工余量较大，若使用 G01 指令编写加工程序，程序段会很多，比较烦琐，容易出现编程错误。为了简化程序的编制，可采用 G90、G94 等循环加工指令编制锥体加工程序。

1. 制订加工工艺

1）零件图工艺分析

该零件需要加工两端面、$\phi400_{-0.03}^{0}$ mm 外圆、C2 倒角和右端 60°锥体，同时控制长度 50 mm。尺寸标注完整，轮廓描述清楚。零件材料为 45 钢，无热处理和硬度要求。

通过上述分析，可采用以下两点工艺措施：

（1）对图样上给定的尺寸，编程时全部取其中值。

（2）由于毛坯去除余量不是太大，可按照工序集中的原则确定加工工序。其加工工序为：车端面控制总长（可以在普通车床上加工）→粗精车左端 $\phi400_{-0.03}^{0}$ mm 外圆和 C2 倒角→反头装夹，粗精车右端锥体。

2）锥体长度计算

$$L = R\cot30° = 20\times\cot30° = 20\times1.732 = 34.64\ (\text{mm})$$

3）确定刀具

由于工件外形简单，采用一把 90°外圆偏刀就能满足加工要求，具体见表 3-2-2。

表 3-2-2　数控加工刀具卡片

刀具号	刀具规格形状	数量	加工内容	主轴转速/（r/min）	进给量/（mm/r）	背吃刀量/mm
T01	90°外圆偏刀	1	粗车工件外轮廓	600	0.3	2.0
T01	90°外圆偏刀	1	精车工件外轮廓	600	0.1	0.5

2. 编制加工程序

1）左端加工程序

```
O3005 ；以工件左端面中心为编程原点
N10 G98 M03 S600 T0101；主轴正转，转速为 600 r/min，选 1 号刀，执行 1 号刀补
N20 G00 X46.0 Z2.0；快速靠近工件
N30 G90 X41.0 Z-51.0 F180；用 G90 粗车循环粗车 ⌀40 mm 外圆
N40 G01 X36.0 Z0；刀具移至倒角起点
N50 X39.99 Z-2.0；倒 C2 角
N60 Z-51.0；精车 ⌀40 mm 外圆
N70 X46.0；X 向退刀
N80 G00 X100.0 Z50.0 T0100；快速退至安全点，并取消 1 号刀补
N90 M30；程序结束
```

2）右端加工程序

```
O3006；以工件右端面中心为编程原点
N10 G50 S2000；主轴转速最高为 2 000 r/min
N20 G96 G98 M03 S100；主轴正转，恒线速度为 100 m/min
N30 G00 X46.0 Z2.0 T0101 ；快速靠近工件，选 1 号刀，执行 1 号刀补
N40 G90 X40.0 Z -34.64 R-4.0 F100；第一次循环加工
N50 R-8.0；第二次循环加工
N60 R-12.0；第三次循环加工
N70 R-16.0；第四次循环加工
N80 R-19.0；第五次循环加工
N90 G42 G00 X0.0；快速进刀，并建立刀具右补偿
N100 G01 Z0.0 F80；刀具到达锥体起点
N110 X39.99 Z-34.64；精车锥体
N120 G40 G00 X100.0 Z50.0 T0100；快速退刀，并取消 1 号刀补
N130 M30；程序结束
```

3. 工件加工

将程序输入机床数控系统，校验无误后对刀加工出合格的零件。

四、圆弧面加工

（一）圆弧插补指令 G02/G03

圆弧插补指令使刀具相对工件以指定的速度从当前点（起始点）向终点进行圆弧插补。

1. 指令格式

$$\begin{Bmatrix} G02 \\ G03 \end{Bmatrix} X(U)\_Z(W)\_ \quad \begin{Bmatrix} I\_\ K\_\ F\_ \\ R\_\ F\_ \end{Bmatrix};$$

指令格式中各程序字的含义见表 3-2-3。

表 3-2-3　G02、G03 指令格式内容及字符的含义

项目	指定内容		命令	意义
L	进给方向		G02	顺时针圆弧插补 CW，如图 3-2-17（a）所示
			G03	逆时针圆弧插补 CCW，如图 3-2-17（b）所示
2	绝对值	终点位置	XZ	工件坐标系中的终点坐标（位置）
	增量值		UW	从起点到终点的距离
3	圆心位置		IK	从圆心到始点的距离
	圆弧半径		R	圆弧半径（半径指定）
4	进给速度		F	沿圆弧的进给速度

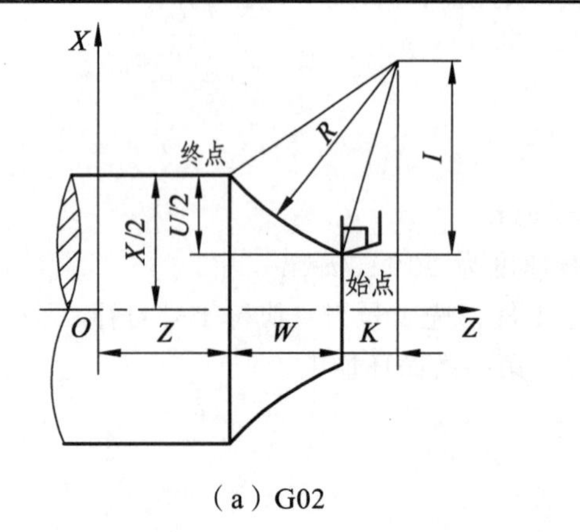

（a）G02

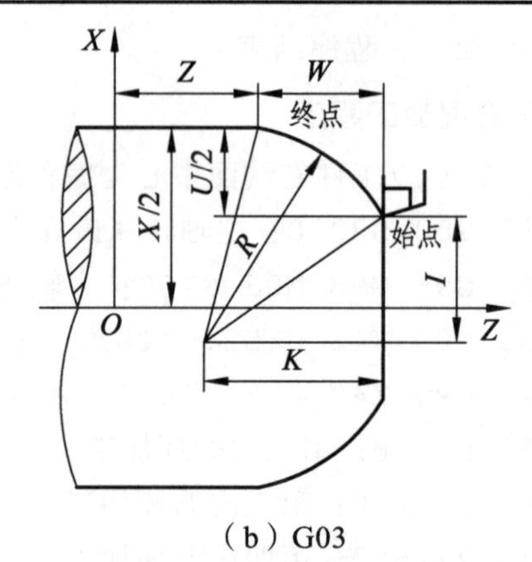

（b）G03

图 3-2-17　圆弧插补指令

2. 指令说明

1）顺时针圆弧与逆时针圆弧的判别

在使用圆弧插补指令时，需要判断刀具是沿顺时针方向还是逆时针方向加工零件。判别方法是，从圆弧所在平面（数控车床为 *Z-X* 平面）的另一个轴（数控车床为 *Y* 轴）的正方向看该圆弧，时针方向为 G02，逆时针方向为 G03。在判别圆弧的逆方向时，一定要注意刀架的位置及 *Y* 轴的方向，如图 3-2-18 所示。

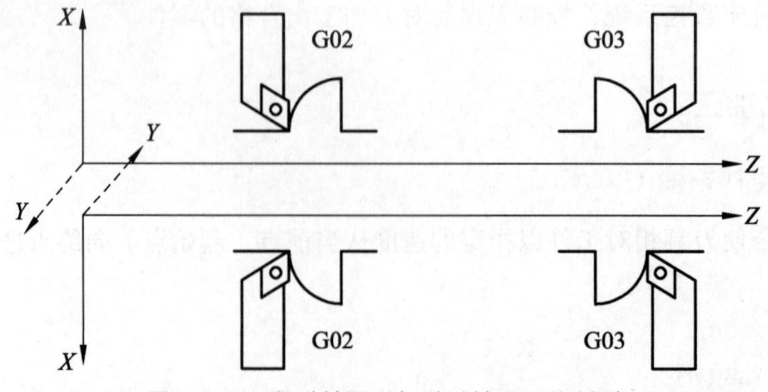

图 3-2-18　顺时针圆弧与逆时针圆弧的判别

2）圆心坐标的确定

圆心坐标 I、K 值为圆弧起点到圆弧圆心的矢量在 X、Z 轴向上的投影，如图 3-2-19 所示。I、K 为增量值，带有正负号，且 I 值为半径值。I、K 的正负取决于该矢量方向与坐标轴方向的异同，相同的为正，相反的为负。若已知圆心坐标和圆弧起点坐标，则 $I=X_{圆心}-X_{起点}$（半径差），$K=Z_{圆心}-Z_{起点}$。图 3-2-19 中 I 值为−10，K 值为−20。

3）圆弧半径的确定

圆弧半径 R 有正值与负值之分。当圆弧所对的圆心角小于或等于 180°时，R 取正值；当圆弧所对的圆心角大于 180°并小于 360°时，R 取负值，如图 3-2-20 所示。通常情况下，在数控车床上所加工的圆弧的圆心角小于 180°。

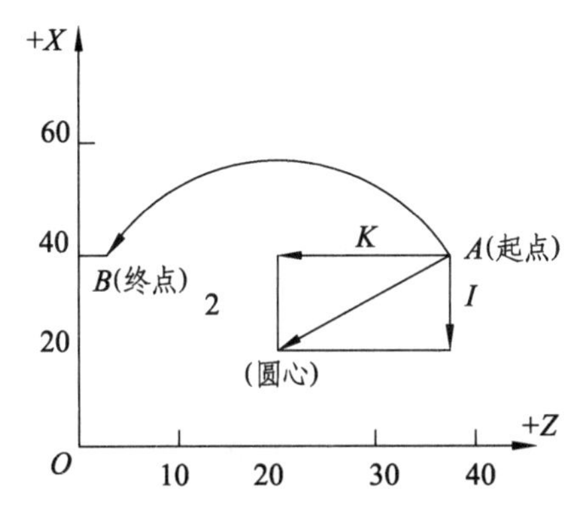

图 3-2-19　圆弧编程中的 I、K 值

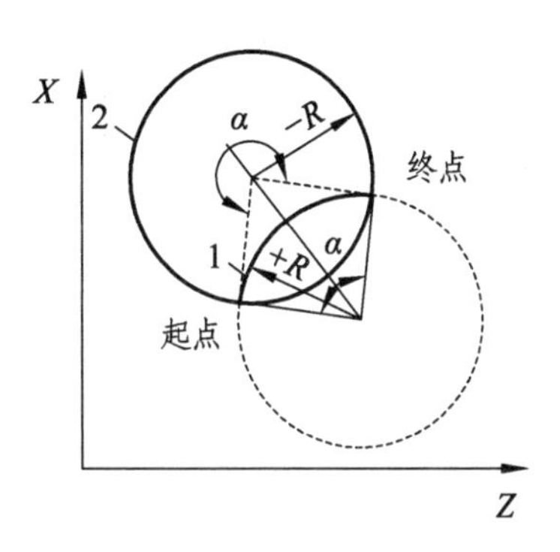

图 3-2-20　圆弧半径 R 正负的确定

3. 实　例

编制如图 3-2-21 所示圆弧精加工程序。

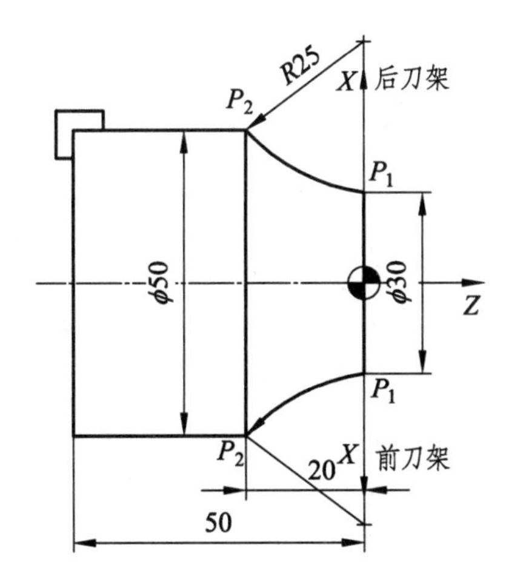

图 3-2-21　圆弧编程实例

$\overset{\frown}{P_1P_2}$ 圆弧加工程序见表 3-2-4。

表 3-2-4 $\overset{\frown}{P_1P_2}$ 圆弧加工程序

刀架形式	编程方式	指定圆心 *I*、*K*	指定半径 *R*
后刀架	绝对值编程	G02 X50.0 Z-20.0 125.0 K0 F0.3	G02 X50.0 Z-20.0 R25.0 F0.3
	增量值编程	G02 U20.0 W-20.0 125.0 K0 F0.3	G02 U20.0 W-20.0 R25.0 F0.3
前刀架	绝对值编程	G02 X50.0 Z-20.0 125.0 K0 F0.3	G02 X50.0 Z-20.0 R25.0 F0.3
	增量值编程	G02 U20.0 W-20.0 125.0 K0 F0.3	G02 U20.0 W-20.0 R25.0 F0.3

（二）圆弧车削加工路线

1. 车锥法

根据加工余量，采用圆锥分层切削的办法将加工余量去除后，再进行圆弧精加工，如图 3-2-22（a）所示。采用这种加工路线时，加工效率高，但计算麻烦。

2. 移圆法

根据加工余量，采用相同的圆弧半径，渐进地向机床的某一轴方向移动，最终将圆弧加工出来，如图 3-2-22（b）所示。采用这种加工路线时，编程简单，但处理不当会导致较多的空行程。

3. 车圆法

在圆心不变的基础上，根据加工余量，采用大小不等的圆弧半径，最终将圆弧加工出来，如图 3-2-22（c）所示。

4. 台阶车削法

先根据圆弧面加工出多个台阶，再车削圆弧轮廓，如图 3-2-22（d）所示。这种加工方法在复合固定循环中被广泛应用。

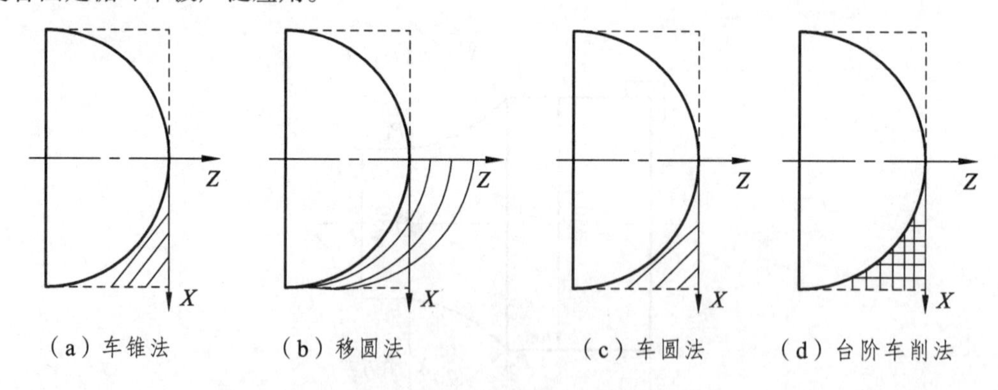

图 3-2-22 圆弧车削加工路线

（三）综合实例

编程加工如图 3-2-23 所示零件，毛坯尺寸为 ϕ55 mm×65 mm，材料为 45 钢。

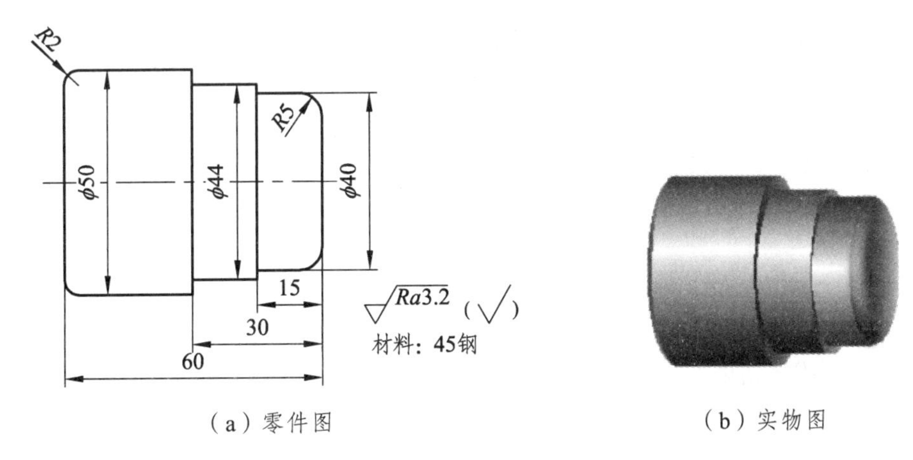

（a）零件图　（b）实物图

图 3-2-23　圆弧零件加工实例

1. 制定加工工艺

1）零件图工艺分析

该零件需要加工 ϕ50 mm、ϕ44 mm 和 ϕ40 mm 外圆，*R*5 mm 和 *R*2 mm 圆弧，以及控制 15 mm、30 mm、60 mm 长度。尺寸公差为自由公差，表面粗糙度值为 *Ra*3.2 μm。

通过上述分析，可采用以下两点工艺措施：

（1）对图样上给定的尺寸，编程时全部取其基本尺寸。

（2）由于毛坯去除余量不是太大，可按照工序集中的原则确定加工工序。其加工工序如下：车端面控制总长（可以在普通车床上加工）→粗、精车左端 ϕ50 mm 外圆和 *R*2 倒角→反头装夹，粗、精车右端 *R*5 mm 圆弧、ϕ40 mm 和 ϕ44 mm 外圆。

2）确定圆弧的起始点坐标

（1）*R*2 圆弧的起终点坐标（以工件左端面与轴心线的交点为坐标系原点）起点（*X*46.0，*Z*0），终点坐标（*X*50.0，*Z*−2.0）。

（2）*R*5 圆弧的起终点坐标（以工件右端面与轴心线的交点为坐标系原点）起点（*X*30.0，20），终点坐标（*X*40.0，*Z*−5.0）。

3）确定刀具

由于工件外形简单，采用一把 90°外圆偏刀就能满足加工要求，具体见表 3-2-5。

表 3-2-5　数控加工刀具卡片

刀具号	刀具名称	数量	加工内容	主轴转速/（r/min）	进给量/（mm/r）	背吃刀量/mm
T01	90°外圆偏刀	1	粗车工件外轮廓	800	0.2	2.0
T02	90°外圆偏刀	1	精车工件外轮廓	800	0.1	0.5

2. 编制加工程序（参考）

1）左端加工程序

```
O4001;
N10 G98 M03 S800 T0101; 主轴正转，转速为 800 r/min，选 1 号刀，执行 1 号刀补
```

```
N20  G00  G42  X56.0  Z2.0;       快速靠近工件，并建立刀尖圆弧半径右补偿
N30  G90  X51.0  Z-31.0  F160; 用 G90 粗车循环粗车 ø50 mm 外圆
N40  G01  X46.0  Z0  F80;    刀具移至倒角起点
N50  G03  X50  Z-2.0  R2.0;       车 R2 圆弧
N60  G01  Z-31.0;   精车 ø50 mm 外圆
N70  X56.0 ;                      X 向退刀
N80  G00  G40  X100.0  Z50.0; 快速退至安全点，取消刀尖圆弧半径补偿
N85  T0100; 取消 1 号刀补
N90  M30; 程序结束
```

2）右端加工程序

```
O4002;
N5    G50   S2000;  主轴转速最高为 2 000 r/min
N10    G96   G98M03  S100  T0101;   主轴正转，线速度为 100 m/min
N15    T0101;   选 1 号刀，执行 1 号刀补
N20    G00   G42  X56.0  Z2.0;   快速靠近工件，并建立刀尖圆弧半径右补偿
N30    G90  X51.0  Z-30.0  F100;     第一次循环粗加工 ø44 mm 外圆
N40    X48.0;   第二次循环粗加工 ø44 mm 外圆
N50    X45.0;   第三次循环粗加工
N60    X41.0  Z-15.0;   循环粗加工 ø40 mm 外圆
N70    G01  X36.0  Z0;   进刀至圆弧粗加工起点
N80    G03  X46.0  Z-5.0  R5.0;       粗车及 R5 圆弧
N90    G01  Z0  F80;                   Z 向退刀
N100    X31.0;               X 向进刀
N110    G03  X41.0  Z-5.0  R5.0; 粗车 R5 圆弧
N120    G01  Z0;                  Z 向退刀
N130    X30.0;               X 向进刀
N140    G03  X40.0  Z-5.0  R5.0  F80; 精车 R5 圆弧
N150    G01  Z-15.0;    精车 ø40 mm 外圆
N160    X44.0;               X 向退刀
N170    Z-30.0;     精车 ø44  mm 外圆
N180    X51.0;               X 向退刀
N190    G00  G40  X100.0  Z50.0;     快速退至安全点取消刀尖圆弧半径补偿
N195    T0100; 取消 1 号刀补
N200    M30;    程序结束
```

以上参考程序采用移圆法编制圆弧加工程序。也可采用 G71、G70 指令编制，其参考程序如下：

```
O4003;
N5    G50  S2000;    主轴转速最高为 2 000 r/min
```

```
N10  G96 G98 M03 S100;   主轴正转，线速度为 100 m/min
N15  T0101;    选 1 号刀，执行 1 号刀补
N20  G00 X56.0 Z2.0;      快速靠近工件，并建立刀尖圆弧半径右补偿
N30  G71 U2.0 R0.5;  设置粗车循环进刀量和退刀量
N40  G71 P50 QU0 U0.5 W0.1  F160; 设置粗车循环 G71 参数
N50  G00 G42 X30.0;  建立刀尖圆弧半径右补偿，X 向进刀
N60  G01 Z0;  刀具到达圆弧起点
N70  G03 X40.0 Z-5.0 R5.0;  精车 R5.0 圆弧
N80  G01 Z-15.0; 精车 ø40 mm 外圆
N90   X44.0;        X 向退刀
N100  Z-30.0; 精车 ø44 mm 外圆
N110  X51.0;        X 向退刀
N120  G70 P50 Q110   F80;    精车循环
N130  G00 G40 X100.0 Z50.0;     快速退至安全点取消刀尖圆弧半径补偿
N135  T0100; 补偿取消 1 号刀补
N140  M30; 程序结束
```

3. 工件加工

将程序输入机床数控系统，校验无误后对刀加工出合格的零件。

五、槽加工

（一）槽加工工艺

1. 外圆槽加工方法

（1）车削精度不高的窄槽时，可选用刀宽等于槽宽的车槽刀，用直进法一次车出。精度要求较高时，切槽至尺寸后，可使刀具在槽底暂停几秒，光整槽底，如图 3-2-24 所示。

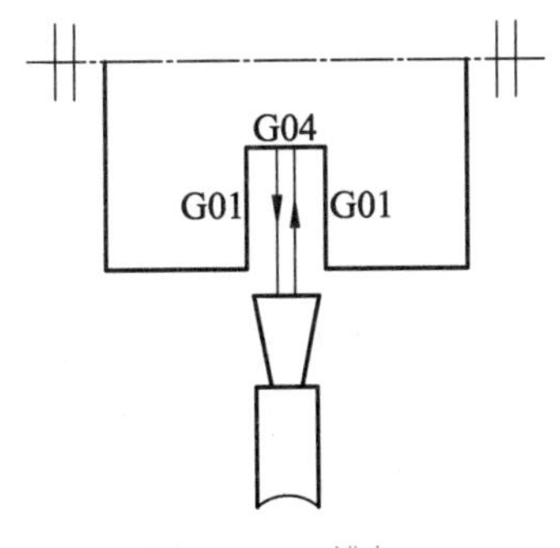

图 3-2-24　槽加工

（2）车削较宽的外圆槽时，可采用多次直进法切削，每次车削轨迹在宽度上略有重叠，并在槽壁和槽的外径留出余量，最后精车槽侧和槽底，如图 3-2-25 所示。

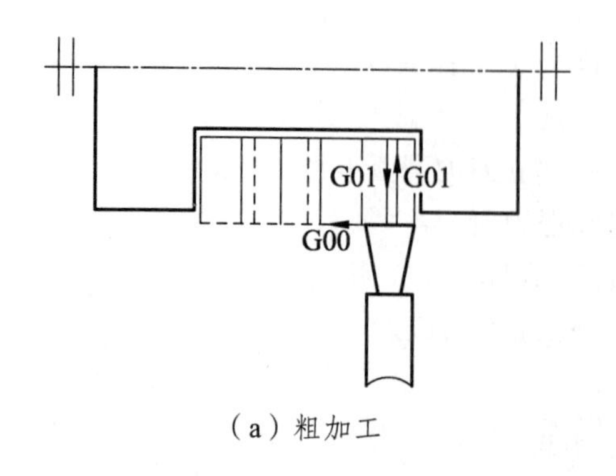

（a）粗加工

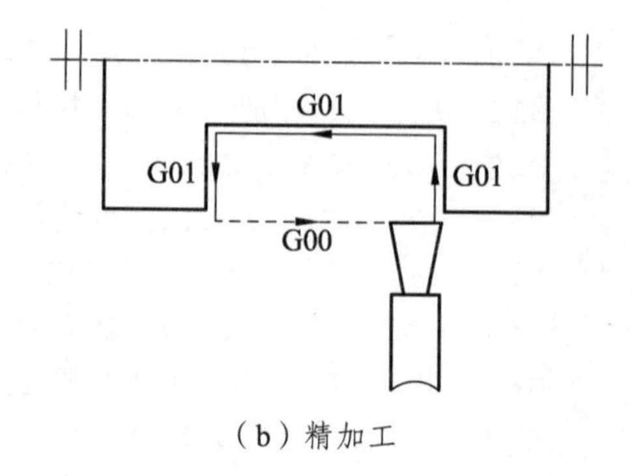

（b）精加工

图 3-2-25　宽槽加工

2. 刀具选择及刀位点确定

切槽选用切槽刀时，要正确选择切槽刀刀宽和刀头长度，以免在加工中引起振动等问题。具体可根据以下经验公式计算：

刀头宽度 a≈（0.5-0.6）$\sqrt{d}$（d 为工件直径）

刀头长度 $L=h+$（2～3）（h 为切入深度）

切槽刀有左右两个刀尖及切削刃中心处的 3 个刀位点，在编写程序时可采用其中 1 个作为刀位点。

3. 切槽加工中的注意事项

（1）整个切槽加工程序中应采用同一个刀位点。

（2）注意合理安排切槽进退刀路线，避免刀具与零件相撞。进刀时，宜先 Z 方向进刀再 X 方向进刀，退刀时先 X 方向退刀再 Z 方向退刀。

（3）切槽时，刀刃宽度、切削速度和进给量都不宜选太大，以免产生振动，影响加工质量。

（二）进给暂停指令 G04

1. 指令格式

```
G04 X;
G04 U;
G04 P;
```

2. 指令说明

（1）G04 指令为非模态指令，该指令使刀具作短时间的无进给（主轴不停转）光整加工，然后再退刀，可获得平整而光滑的表面，用于车槽、镗孔、铰孔等场合。

（2）暂停时间由 X、U、P 后面的数据指定。X、U 后可用带小数点的数，单位符号是 s；P 后面的数据不允许用小数点，单位符号是 ms。

3. 实　例

加工如图 3-2-26 所示零件，毛坯尺寸为 ϕ65 mm×90 mm，材料为 45 钢，试编写加工程序。

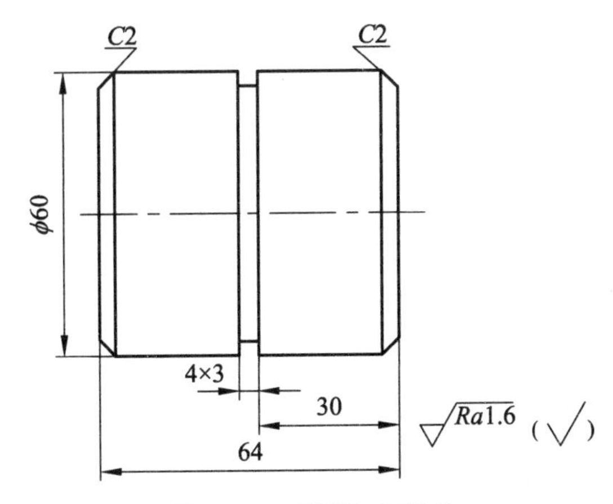

图 3-2-26　窄槽加工零件

其加工程序如下：

```
O5001； 以工件右端面与主轴轴心线交点为编程原点
N10    G99 G40 M03 S500；    主轴正转，转速为 500 r/min
N15    T0101 M08；    选 1 号刀，执行 1 号刀补
N20    G00 X61.0 Z2.0；  快速靠近工件
N30    G01 Z-68.0 F0.25；    粗车 ø60 mm 外圆
N40    G00 X62.0 Z2.0；
N50    X0.0 S800；    精车主轴转速为 800 r/min
N60    G01 Z0.0 F0.1；    精车进给量为 0.1 mm/r
N70    X56.0；
N80    X60.0 Z-2.0； 倒 C2 角
N90   Z-68.0；
N100  G01 X65.0；
N110  M09；
N120  G00 X100.0 Z100.0 T0100；    1 号刀返回换刀点并取消刀补
N130  T0202 S300；    选 2 号刀，执行 2 号刀补，主轴转速为 300 r/min
N140    G00   X62.0 Z-34.0；    切槽刀以左刀尖对刀
N150    G01   X54.0 F0.05； 切槽至尺寸
N160    G04   X2.0； 进给暂停 2 s
N170    G01   X62.0；
N180    G00   Z-68.0；
N190    G01   X56.0；
N200    X62.0；
N210    G00   W2.0； 准备切左倒角
N220    G01   X60.0；
N230    X56.0 Z-68.0；    车左倒角
N240    X1.0； 切断
```

```
N250    G00   X100.0;          2号刀X方向退刀
N260    Z 100.0  T0200;   Z方向退刀并取消刀补
N270    M30;  程序结束
```

（三）内、外圆切槽复合循环指令 G75

1. 指令格式

G75 R(e);

G75 X(U) Z(W) P(Δi) Q(Δk) R(Δd);

式中 e——切槽过程中径向退刀量，半径值，mm；

X（U）Z（W）——切槽终点处坐标；

Δi——切槽过程中径向的每次切入量，用不带符号半径值表示，μm；

Δk——沿径向切完一个刀宽后退出，在 *Z* 向的移动量用不带符号值表示，μm；

Δd——刀具切到槽底后，在槽底沿 *Z* 方向的退刀量，μm；

提示：采用绝对坐标编程时，*X* 为槽底直径，*Z* 为终点 *Z* 向位置坐标；采用相对坐标编程时，*U* 是从起点至槽终点的 *X* 方向的增量，相对坐标 *W* 是从起点至终点的乙方向增量。

2. 指令说明

（1）如图 3-2-27 所示为 G75 指令轨迹。

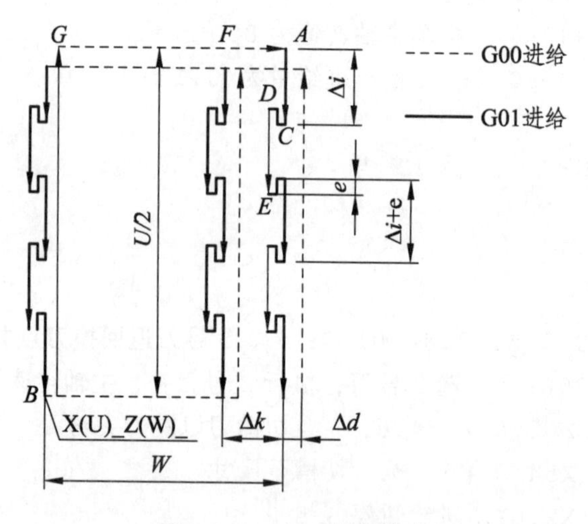

图 3-2-27 G75 指令轨迹

（2）切槽刀起始点 *A* 的 *X* 向位置应比槽口最大直径大 2 ~ 3 mm，以免在刀具快速移动时发生撞刀。*Z* 向与切槽起始位置从槽的左侧或右侧开始有关。如图 3-2-28 所示，刀宽为 4 mm，当切槽起始位置从左侧开始时，*Z* 为-30；当切槽起始位置从右侧开始时，*Z* 为-24。

（3）在切单个宽槽时须注意 Δk 值应小于刀宽，以使每次切削轨迹在宽度上都有重叠。

（4）Δ*d* 一般不设数值，取 0，以免断刀。

（5）对于指令中的 Δ*i*、Δ*k* 值，在 FANUC 系统中，不能输入小数点，而直接输入脉冲当量值，如 P1500 表示径向每次切深量为 1.5 mm。

3. 实例 1

加工如图 3-2-28 所示槽，材料为 45 钢，选用刀具为 4 mm 切槽刀，试编写加工程序。

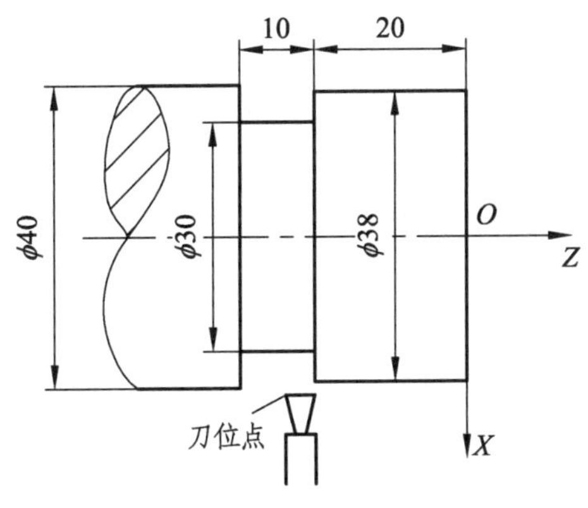

图 3-2-28　宽槽加工

其加工程序如下：

```
O5002;
N10 G99 M03 S300;  主轴正转，转速为 300 r/min
N20   T0101;  选 1 号刀，执行 1 号刀补
N30 G00  X42.0  Z-24.0  M08;   刀具快速调至循环起点，打开切削液
N40 G75  R0.2;  切槽过程中径向退刀量为 0.2 mm
N50   G75  X30.0  Z-30.0  P500  Q3000  F0.05; 设置切槽循环参数
N60 G00  X50.0  M09;   X 方向快速退刀并关闭切削液
N70   Z100.0;  Z 方向快速退刀
N80   M30;     程序结束
```

4. 实例 2

加工如图 3-2-29 所示工件上的 5 个等距槽，试编写加工程序。

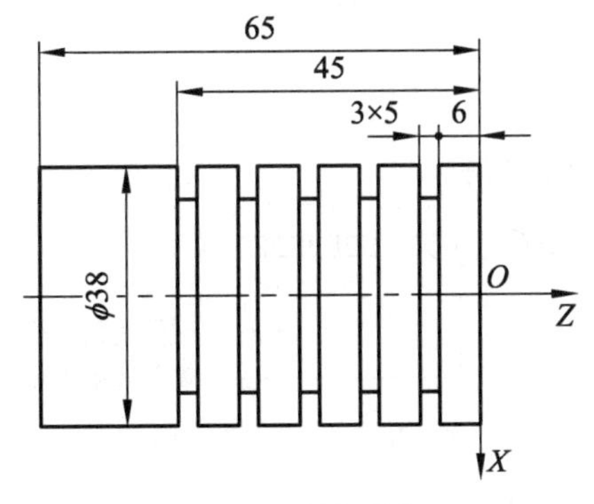

图 3-2-29　等距槽加工

其加工程序如下：

```
O5005;
N10 G99  G97  T0101;   刀宽为 3 mm 的 1 号切槽刀及刀补
```

```
N20 M03 S300;   主轴正转，转速为 300 r/min
N30 G00  X42;   刀具快速 X 方向定位
N40   Z-9.0 M08; 刀具快速调至 Z 方向定位，打开切削液
N50 G75  R0.2; 切槽循环，每次退刀量为 0.2 mm
N60   G75 X28.0 Z-45.0 P1500 Q9000 F0.1; 设置切槽循环参数
N70 G00  X50.0 M09;   X 方向快速退刀并关闭切削液
N80   Z 100.0;    Z 方向快速退刀
N90   M30;      程序结束
```

六、子程序

（一）子程序的概念

在编制加工程序时会遇到一组程序段在一个程序中多次出现或在几个程序中都要用到，那么就可把这一组加工程序段编制成固定程序，并单独予以命名，这组程序段称为子程序。

子程序可分为用户子程序和机床制造商所固化的子程序（即公司子程序）两种。用户子程序是机床使用者根据实际需要所编写的子程序；公司子程序是机床制造商固化在系统内部的常用程序，如切槽程序、外圆粗车简单固定循环程序、复合固定循环程序等，用户可根据需要修改参数用于加工。

（二）子程序与主程序的区别

（1）完成的加工内容级别不同。主程序是一个完整的零件加工程序或零件加工程序的主体部分，不同的主程序用于加工不同的零件或针对不同的加工要求；子程序一般都不能作独立的加工程序用，只能通过主程序使用指令 M98 调用完成零件加工中的局部加工动作，执行结束后，自动返回到主程序中。

（2）结束标记不同。子程序与主程序在程序号及程序内容方面基本相同，但结束指令不同，主程序的结束为 M02 或 M30 指令，子程序用 M99 表示结束并实现自动返回主程序。

（三）子程序调用格式

子程序调用格式如图 3-2-30 所示。

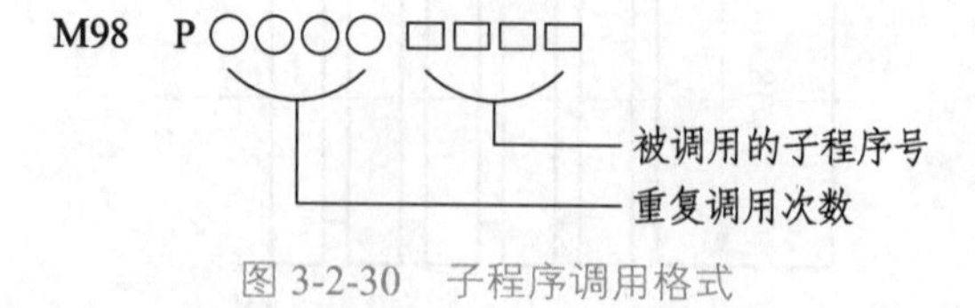

图 3-2-30　子程序调用格式

子程序调用说明：

（1）如果省略了重复次数，则认为重复次数为 1 次。

如“M98 P1002”表示号码为 1002 的子程序连续调用 1 次。

（2）M98 P__也可以与移动指令同时存在于一个程序段中。

如“G0 X1000 M98 P1200”表示此时，*X* 移动完成后，调用 1200 号子程序。

（3）主程序调用子程序执行的顺序如图 3-2-31 所示。在子程序中调用子程序与在主程序中调用子程序的情况一样。

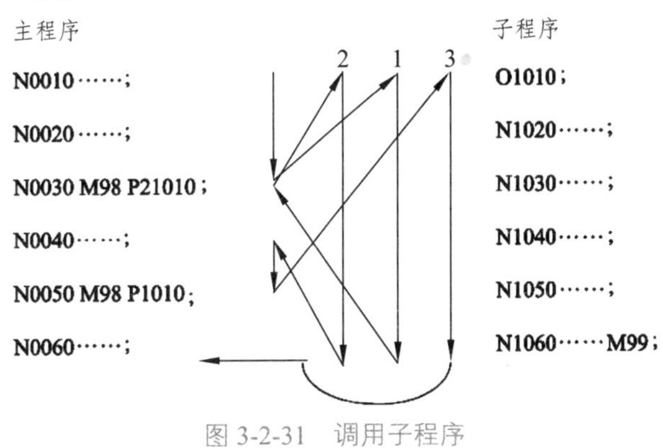

图 3-2-31　调用子程序

主程序调用子程序执行的顺序如图 3-2-32 所示。

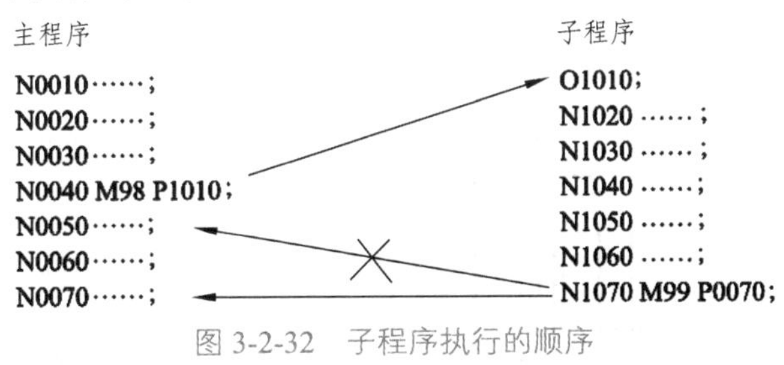

图 3-2-32　子程序执行的顺序

（四）实例 1

加工如图 3-2-33 所示工件上的 3 个不等距槽，试编写加工程序。

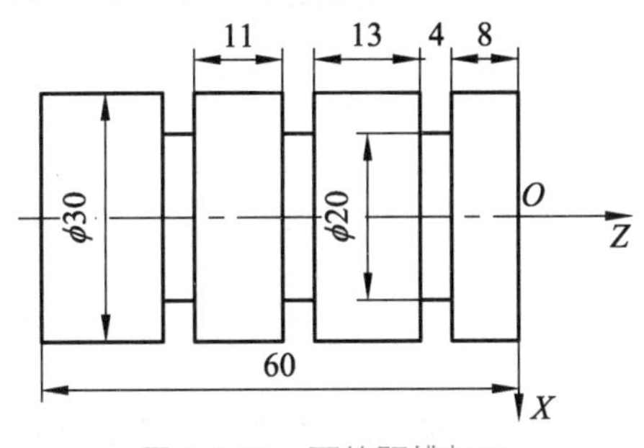

图 3-2-33　不等距槽加工

其加工程序如下：

1. 主程序

```
O5006;
N10  G99 G97 T0101;  调用刀宽为 4 mm 的 1 号切槽刀及刀具补偿值
N20 M03 S300;  主轴正转，转速为 300 r/min
N30 G00 X32.0;      刀具快速 X 方向定位
N40 Z5.0   M08;     刀具快速 Z 方向定位，打开切削液
N50  M98  P5023  L2;      调用子程序 O5007 循环两次，切右端两个槽
```

```
N60  G00 X32.0 Z-27.0;
N70 M98 P5023; 调用子程序 O5007 循环一次，切左端槽
N80 G00 X100.0 M09;  X 方向快速退刀并关闭切削液
N90 Z 100.0;    Z 方向快速退刀
N100  M05;      主轴停转
N110  M30;      程序结束
```

2. 切槽子程序

```
O5007;
N10 G00 W-17.0;    刀具快速左移 17 mm
N20 G01 U-12.0 F0.05;     切 ø20 mm 的槽
N30 U12.0; 退刀至 X32 处
N40 M99;    跳出子程序返回主程序
```

（五）实例 2

编程加工如图 3-2-34 所示零件上的多槽，半成品工件尺寸为ϕ40 mm×80 mm，材料为 45 钢。

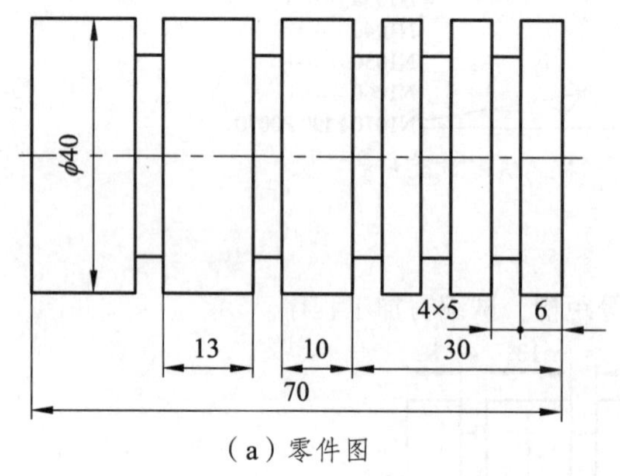

（a）零件图

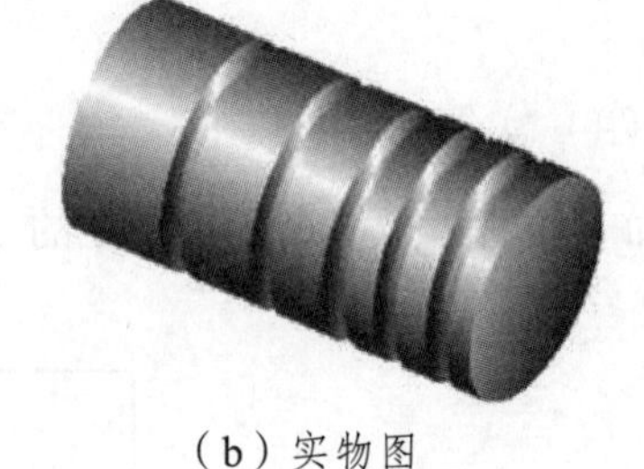

（b）实物图

图 3-2-34 多槽加工

1. 制订加工工艺

1）零件图工艺分析

该零件材料为 45 钢的半成品件，只需加工右侧 3 个等距槽和左侧 2 个不等距槽。由于切槽过程中切削力较大，为防止工件装夹不牢产生晃动，可采用一夹一顶的装夹方式。

2）确定刀具

由于加工的槽宽均为 4 mm 的槽，采用一把 4 mm 切槽刀就能满足加工要求，具体见表 3-2-6。

表 3-2-6 数控加工刀具卡片

刀具号	刀具名称	数量	加工内容	主轴转速/（r/min）	进给量/（mm/r）	背吃刀量/mm
T01	4 mm 切槽刀	1	切 5 个槽	300	0.05	4

2. 编制加工程序

1）主程序

```
O5008;
N10    G99 G97  T0101;     选 1 号刀，执行 1 号刀补
N20    M03 S300;  主轴正转，转速为 300  r/min
N30    G00  X43.0;     刀具快速 X 方向定位
N40   Z-10.0 M08;      刀具快速调至 Z 向定位，打开切削液
N50   G75  R0.2;   切槽循环，每次退刀量为 0.2  mm
N60   G75  X30.0  Z-30.0.0  P2000  Q10000  F0.1；设置切槽循环参数
N70 G00  X43.0  Z-27.0;     刀具快速向左定位
N80   M98  P5025  L2;  调子程序两次，切左端不等距槽
N90   G00  X50.0  M09;      X 方向快速退刀并关闭切削液
N100     Z  100.0;     Z 方向快速退刀
N110     M05;  主轴停转
N120     M30;  程序结束
```

2）切槽子程序

```
O5009;
N10    G00  W-17.0;    刀具快速左移 17  mm
N20    G01  U-13.0  F0.05;     切 ø30  mm 的槽
N30    U13.0; 退刀至 X33 处
N40    M99;    跳出子程序返回主程序
```

3. 工件加工

将程序输入机床数控系统，校验无误后对刀加工出合格的零件。

七、外螺纹加工

（一）螺纹车削指令

1. 单行程等距螺纹切削指令 G32

1）指令格式

G32 X（U）_Z（W）_F_ Q_;

2）指令说明

（1）螺纹导程用 F 直接指令。对锥螺纹（见图 3-2-35），其斜角 α 在 45°以下时，螺纹导程以 Z 轴方向的值指令；45°以上至 90°时，以 X 轴方向的值指令。Q 为螺纹起始角。该值为不带小数点的非模态值，其单位为 0.001°。

（2）圆柱螺纹切削时，X（U）指令省略。指令格式为“G32 Z（W）_ F_ Q_;”端面螺纹切削时，Z（W）指令省略。指令格式为“G32 X（U）_　　Q_;”。

（3）当螺纹收尾处没有退刀槽时，可按 45°退刀收尾，如图 3-2-36 所示。

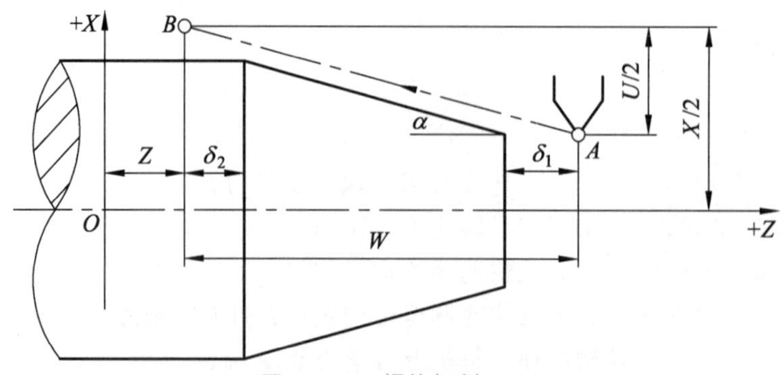

图 3-2-35　螺纹切削 G32

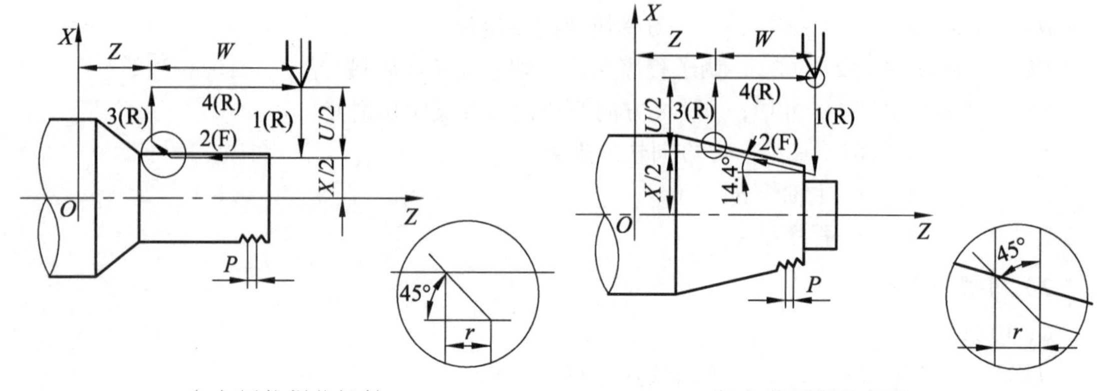

（a）圆柱螺纹切削　　　　（b）锥面螺纹切削

图 3-2-36　在没有退刀槽时退刀收尾

3）实　例

（1）加工如图 3-2-37 所示的锥螺纹切削，螺纹导程为 3.5 mm，δ_1=2 mm，δ_2=1 mm，每次背吃刀量为 1 mm。试编制加工程序。

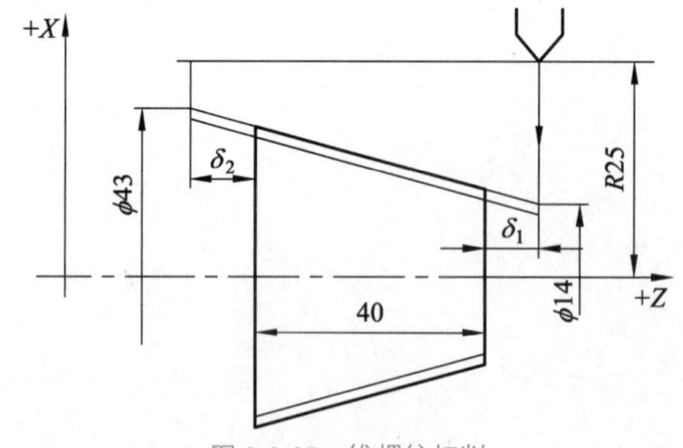

图 3-2-37　锥螺纹切削

其加工程序如下：

```
N70     G00 X12.0;      X向快速进刀
N80     G32 X41.0 W-43.0 F3.5;  车锥螺纹
N90     G00 X50.0;      X向快速退刀
N100    W43.0; Z向快速退刀
```

N110　X10.0；X 向快速进刀
N120　G32 X39.0 W-43.0 F3.5；　车锥螺纹
N130　G00 X50.0；　X 向快速退刀
N140　W43.0；Z 向快速退刀
……

（2）加工如图 3-2-38 所示的圆柱螺纹切削，螺纹螺距为 1.5 mm。试编制加工程序。

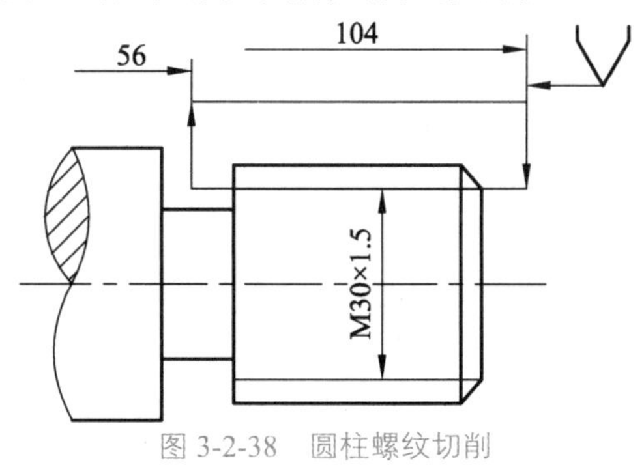

图 3-2-38　圆柱螺纹切削

其加工程序如下：

N50 G00 Z104.0；　Z 向快速靠近工件
N60 X29.3；　X 向进刀，a_{p1}=0.35 mm
N70 G32 Z56.0 F1.5；　车削螺纹第一刀
N80 G00 X40.0；　X 向快速退刀
N90 Z104.0；　Z 向快速退刀
N100 X28.9；　X 向进刀，a_{p2}=0.2 mm
N110　G32 Z56.0　F1.5；　车削螺纹第二刀
N120　G00 X40.0；　X 向快速退刀
N130 Z104.0；　Z 向快速退刀
N140 X28.5；　X 向进刀，a_{p3}=0.2 mm
N150　G32　Z56.0 F1.5；　车削螺纹第二刀
N160　G00 X40；　X 向快速退刀
……

（3）加工如图 3-2-39 所示的端面螺纹，试编制加工程序。

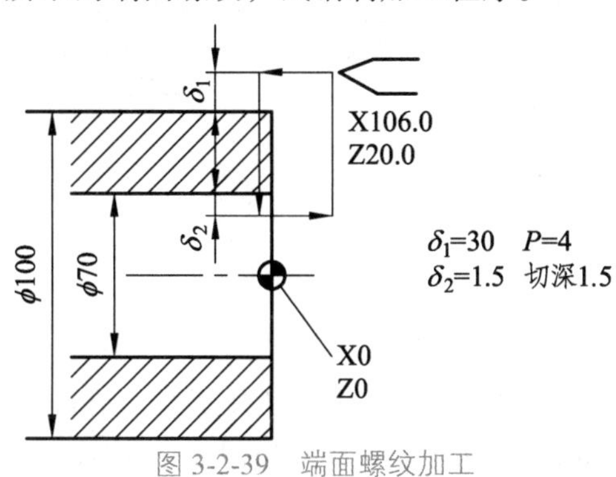

图 3-2-39　端面螺纹加工

其加工程序如下：

```
N50 G00 X106.0 Z20.0 M03;   快速靠近工件
N60     Z-0.5 ;     Z 向进刀
N70     G32 X67.0 F4.0;   车端面螺纹，第一刀
N80     G00 Z20.0;     Z 向快速退刀
N90     X106.0;     X 向快速退刀
N100    Z-1.0; Z 向进刀
N120    G32 X67.0 F4.0;   车端面螺纹，第二刀
N130    G00 Z20.0;     Z 向快速退刀
N140    X106.0;     X 向快速退刀
N150    Z-1.5; Z 向进刀
N160    G32 X67.0 F4.0;   车端面螺纹，第三刀
N170    G00 Z20.0;     Z 向快速退刀
N400    G32 X67.0 F4.0;   车端面螺纹，第 W 刀
N410    G00 Z20.0;     Z 向快速退刀
N420    X200.0 Z200.0 M09;   快速退至安全点
N430    M30;    程序结束
```

2. 螺纹切削循环 G92

1）指令格式

G92 X（U） Z（W） R F ;

式中 X、Z——螺纹终点坐标值；

U、W——螺纹终点相对循环起点的坐标增量；

R——锥螺纹始点与终点的半径差，加工圆柱螺纹时，R 为零，可省略，如图 3-2-40 所示。

2）指令说明

该指令可切削锥螺纹和圆柱螺纹（见图 3-2-40）。刀具从循环起点开始按梯形循环，最后又回到循环起点。图中虚线表示按 G00 的速度快速移动，实线表示按 F 指令的工件进给速度移动。

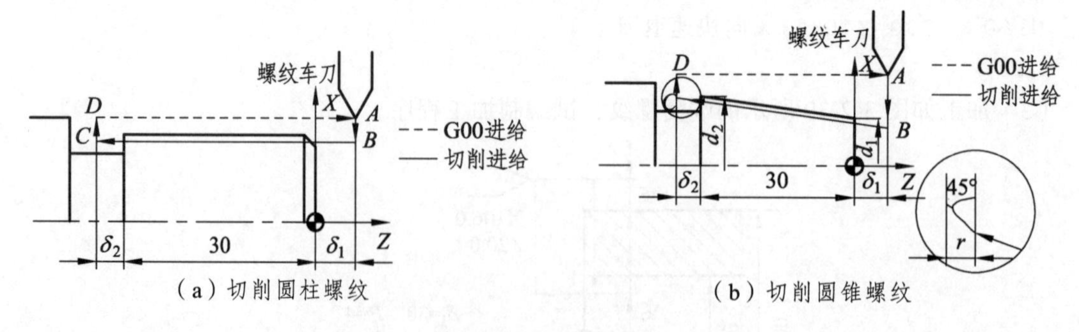

图 3-2-40 G92 循环

3）实 例

（1）加工如图 3-2-41 所示的 M30×2-6g 普通圆柱螺纹，用 G92 指令加工时，其程序设计如下：取编程大径为 ϕ29.7 mm；设其牙底由单一的圆弧 R 构成，取 R=0.2 mm；据计算螺纹

底径为ϕ27.246 mm；取编程小径为ϕ27.3 mm。试编制加工程序。

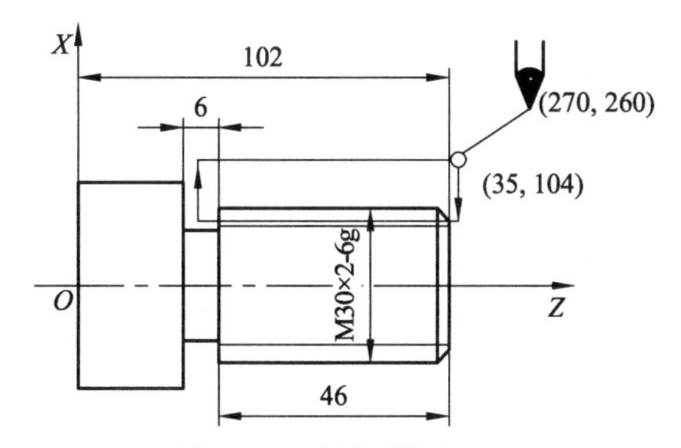

图 3-2-41　圆柱螺纹的加工

其加工程序如下：

```
O7001；程序名
N01     G50 X270.0 Z260.0；    设置工件坐标系
N02     M03 S800   T0101；主轴正转，转速为 800 r/min，选 1 号刀，执行 1 号刀补
N03     G00 X35.0 Z104.0；     快速靠近工件
N04 G92 X28.9 Z53.0 F2.0；车螺纹，第一刀
N05     X28.2；第二刀
N06     X27.7；第二刀
N07     X27.3；第四刀
N08     G00 X270.0 Z260.0；    快速退至参考点
N09 M05；   主轴停
N10 M30；   程序结束
```

（2）加工如图 3-2-42 所示的圆锥螺纹，用 G92 指令试编制加工程序。

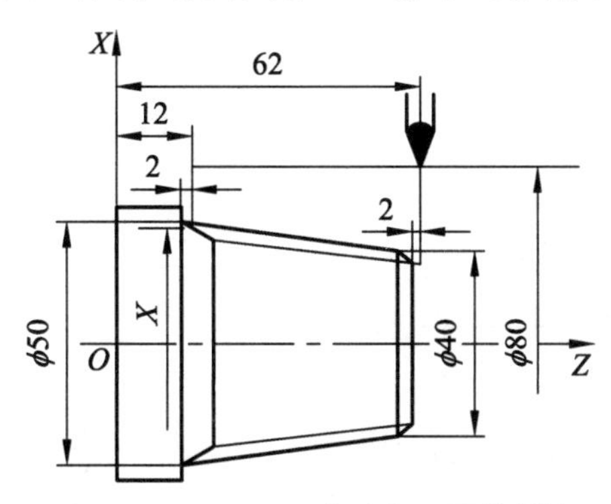

图 3-2-42　用 G92 指令加工圆锥螺纹

其加工程序如下：

```
O7002；程序名
N01     G50 X80.0 Z62.0；设置工件坐标系
N02     G97 S300 M03；      主轴正转，转速为 300 r/min
N03 T1010；     选 10 号刀，执行 10 号刀补
```

```
N04    G00 X80.0 Z62.0; 快速靠近工件
N05    G92 X49.6 Z12.0 R-5.0 F2.0;     车锥螺纹，第一刀
N06    X48.7; 第二刀
N07    X48.1; 第三刀
N08    X47.5; 第四刀
N09    X47.1; 第五刀
N10    X47.0; 第六刀
N11    G00 X80.0 Z62.0 T1000 M05; 快速退至参考点，取消 10 号刀补
N12  M30;  程序结束
```

3. 螺纹切削复合循环 G76

用 G76 时，一段指令就可以完成螺纹切削循环加工程序。

1）指令格式

```
G76   P(m)(r)(α) Q(Δdmin) R(d);
G76   X(U) Z(W) R(Δi) P(Δk) Q(Δd) F  ;
```

式中 m——精加工最终重复次数（01 ~ 99）;

r——倒角量，大小可设置在 0.01P ~ 9.9P，系数应为 0.1 的整数倍，用 00 ~ 99 的两位整数表示，P 为导程；

a——刀尖角度，可以选择 80°、60°、55°、30°、29°、0°六种，其角度数值用两位数指定；

Δdmin——最小切削背吃刀量，该值用不带小数点的半径量表示；

d——精加工余量，用带小数点的半径量表示；

X（U），Z（W）——螺纹切削终点坐标；

Δi——螺纹部分半径差（i=0 时为圆柱螺纹）;

Δk——螺牙的高度（用半径值指令 X 轴方向的距离）;

Δd——第一次的切削背吃刀量（用半径值指定）;

f——螺纹的导程（与 G32 螺纹切削时相同）。

提示：m，r，a 可用地址一次指定，如 m=2，r=1.2P，α=60 时可写成："P021260;"。

2）指令说明

螺纹切削方式如图 3-2-43 所示。

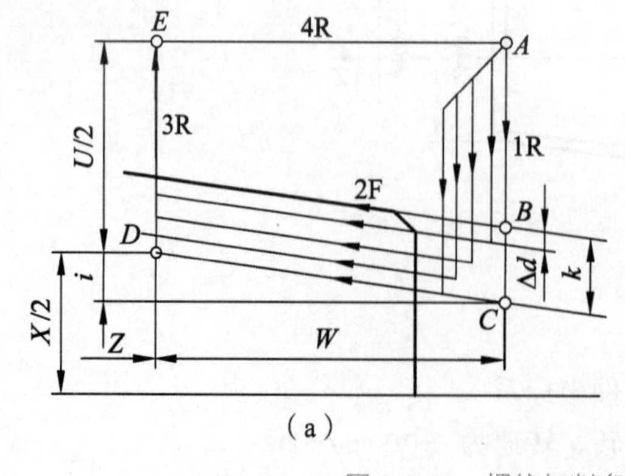

（a）

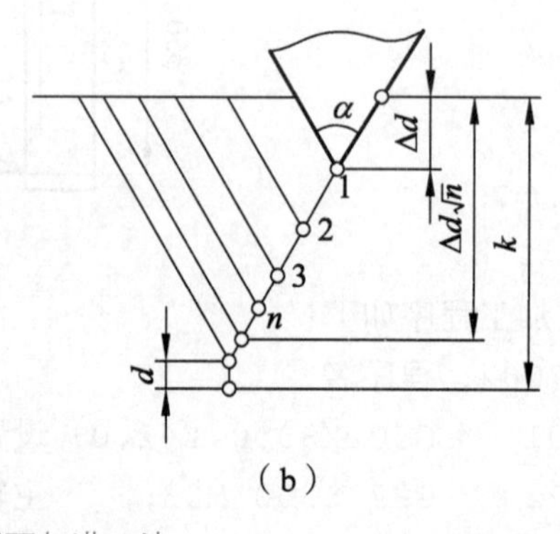

（b）

图 3-2-43　螺纹切削多次循环与进刀法

4. 综合实例

编程加工如图 3-2-44 所示工件，毛坯尺寸为ϕ50 mm×65 mm，材料为 45 钢。要求学生能够熟练地确定外螺纹的加工工艺，正确地编制螺纹的加工程序，并完成零件的加工。

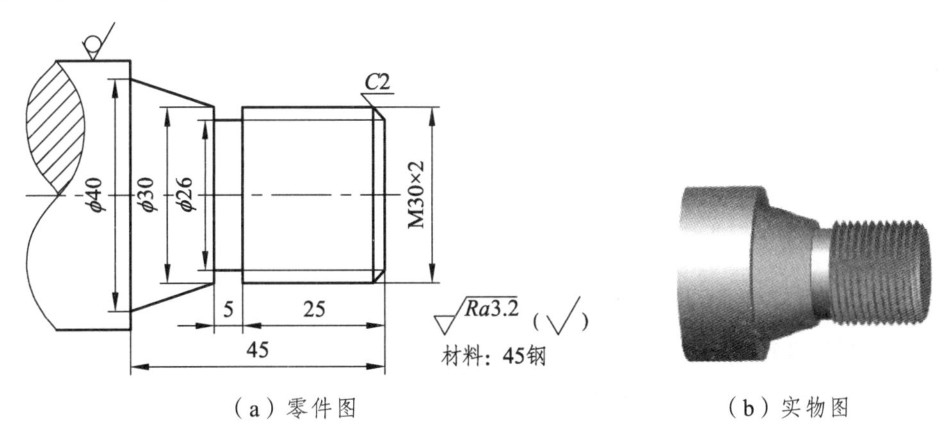

（a）零件图　　（b）实物图

图 3-2-44　螺纹加工

1）**制定加工工艺**

（1）零件图工艺分析。

该零件需要加工螺纹、槽和锥体。图中尺寸标注完整，轮廓描述清楚。零件材料为 45 钢，无热处理和硬度要求。

通过上述分析，可采用以下工艺措施：

① 对图样上给定的尺寸，编程时全部按照标注尺寸编程。

② 按照工序集中的原则确定加工工序。其加工工序为：粗、精加工零件轮廓→加工 5 mm ×4 mm 窄槽→粗、精车 M30 螺纹。

（2）填写相关工艺卡片。

数控加工刀具卡片见表 3-2-7。

表 3-2-7　螺纹类零件数控加工刀具卡片

产品名称或代号		×××	零件名称	××	零件图号	××
序号	刀具号	刀具名称	数量	加工表面	刀尖半径/mm	刀具规格/mm
1	T01	90°左偏刀	1	工件外轮廓	0.2	25×25
2	T02	切槽刀	1	槽	0.1	25×25
3	T03	60°外螺纹车刀	1	车 M30 螺纹	0.1	25×25

编制	×××	审核	×××	批准	×××	××年×月×日	共×页	第×页

2）**相关计算**

螺纹大径：　$d_{大} = D - 0.13P = 30 - 0.13\times 2 \approx 29.74\,(\text{mm})$

螺纹小径：　$d_{小} = D - 1.08P = 30 - 1.08\times 2 \approx 27.84\,(\text{mm})$

3）编制加工程序

```
O7003; 程序名
N10    G98 G40 G21;  程序初始化
N20    T0101; 选 1 号刀，执行 1 号刀补
N30    M03 S800;  主轴正转，转速为 800 r/min
N40    G00 X100.0 Z100.0;   刀具快速到达安全点
N50    X52.0 Z2.0;   快速靠近工件
N60    G71 U1.0 R0.5;    设置粗车循环参数
N70   G71 P80 Q140 U0.3 W0.0 F100;
N80   G01 G42 X25.85 F60 S1000;    X 向进刀，并建立刀尖圆弧半径右补偿
N90   Z0.0;   Z 向进刀
N100   X29.74 Z-2.0;    倒 C2 角
N110   Z-30.0;    精车螺纹大径
N120   X30.0; X 向退刀
N130   X40.0 Z45.0;  精车锥体
N140   X52.0; 精车端面
N160   G70 P80 Q140;    精车循环
N170   G00 G40 X100.0 Z100.0;  快速退至安全点
N180   M05;   主轴停
N190   M00;   程序暂停
N200   G98 G40 G21; 程序初始化
N210   T0202; 换切槽刀，刀宽为 3 mm
N220   M03 S300;  主轴正转，转速为 300 r/min
N230   G00 X32.0 Z-28.0;    快速靠近工件
N240   G75 R0.5;  设置切槽循环参数
N250   G75 X26.0 Z-30.0 P1000 Q2000 F50;
N260   G00 X100.0 Z100.0;   快速退至安全点
N270   M05;   主轴停
N280   M00;   程序暂停
N290   G98 G40 G21;  程序初始化
N300   T0303; 换螺纹车刀
N310   M03 S500;  主轴正转，转速为 500 r/min
N320   G00 X32.0 Z5.0;  快速到达起刀点，螺纹导入量 δ1=5 mm
N330   G92 X28.7 Z-26.0 F2.0;  多刀切削螺纹
N340   X28.0;
N350   X27.84;
N360   G00 X100.0 Z100.0;   快速退至安全点
N370   M30;   程序结束
```

4）工件加工

将编写的程序输入机床数控系统，校验无误后加工出合格的零件。

【训练与提高】

1. 加工如图 3-2-45 所示零件，毛坯尺寸为直径为 ϕ40 mm×70 mm，材料为 45 钢。

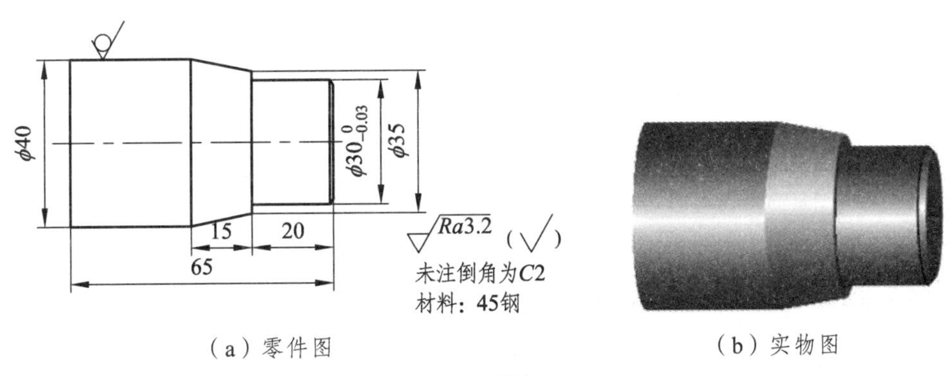

（a）零件图　（b）实物图

图 3-2-45　锥体加工

2. 加工如图 3-2-46 所示零件，毛坯尺寸为 ϕ65 mm×145 mm，材料为 45 钢。试用 G71 指令编制加工程序。

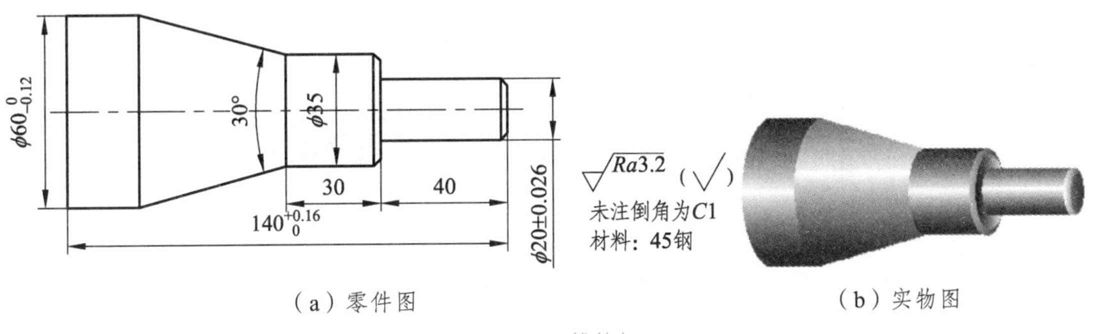

（a）零件图　（b）实物图

图 3-2-46　锥体加工

3. 编程加工如图 3-2-47 所示零件，毛坯尺寸为 ϕ55 mm×65 mm，材料为 45 钢。

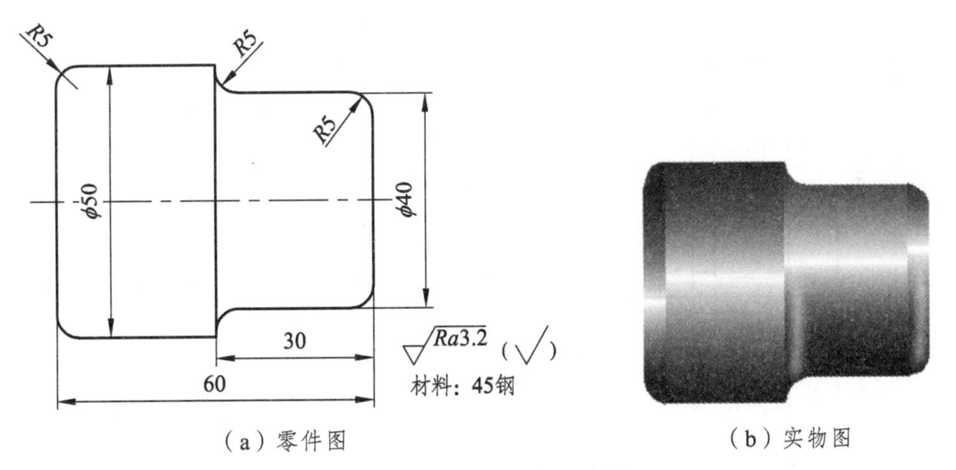

（a）零件图　（b）实物图

图 3-2-47　圆弧零件加工实例二

4. 编写如图 3-2-48 所示零件的加工程序。

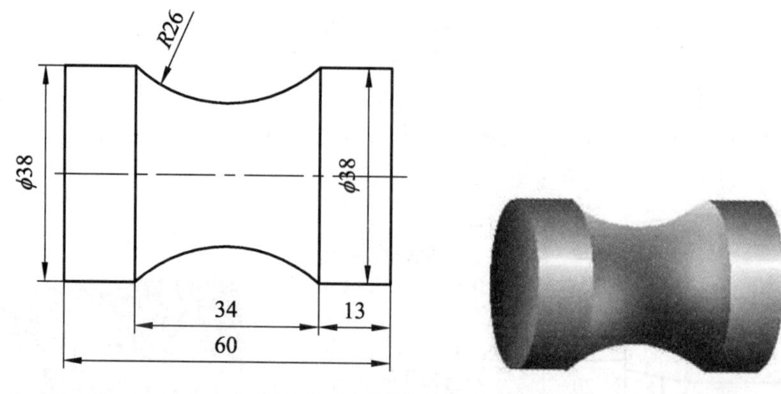

图 3-2-48 零件的加工程序

5. 编写如图 3-2-49 所示零件的加工程序。

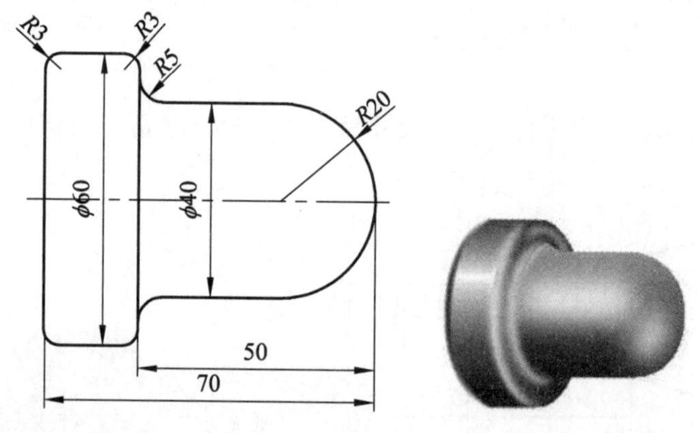

图 3-2-49 零件的加工程序

6. 加工如图 3-2-50 所示零件，毛坯尺寸为 ϕ 50 mm×105 mm，材料为 45 钢。试用 G75 指令编制加工程序。

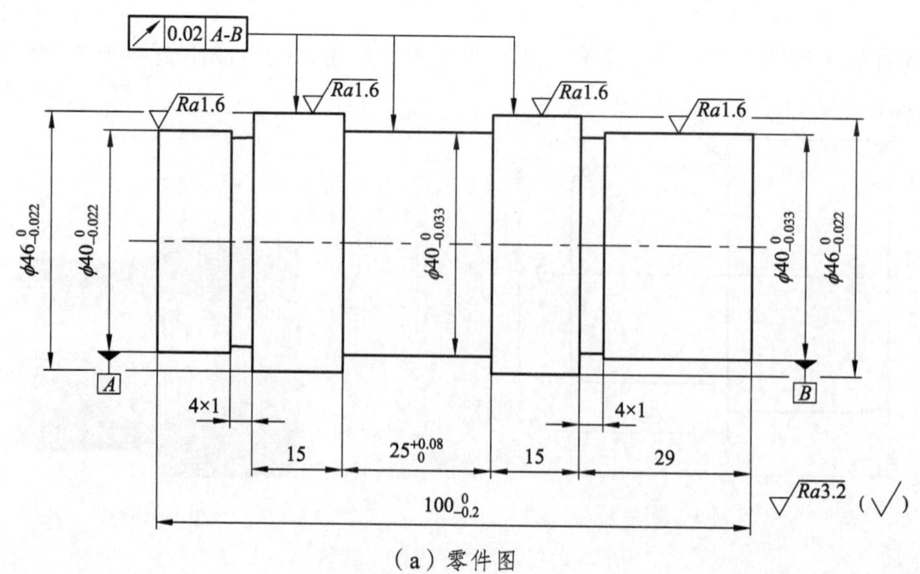

（a）零件图

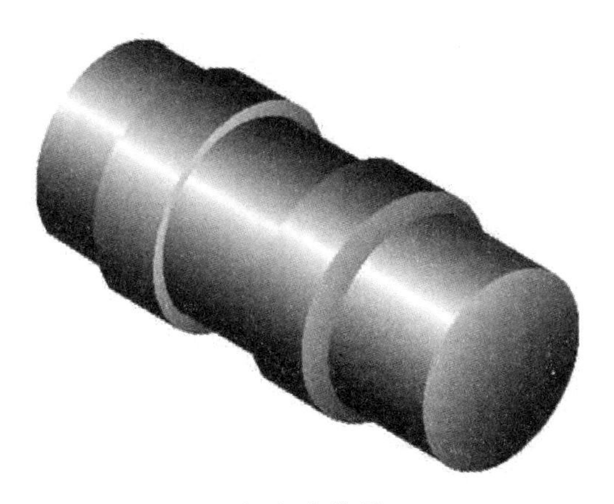

（b）实物图

图 3-2-50　槽加工实例

7. 加工如图 3-2-51 所示零件，毛坯尺寸为 ϕ52 mm×150 mm，材料为 45 钢。试用子程序编制槽加工程序。

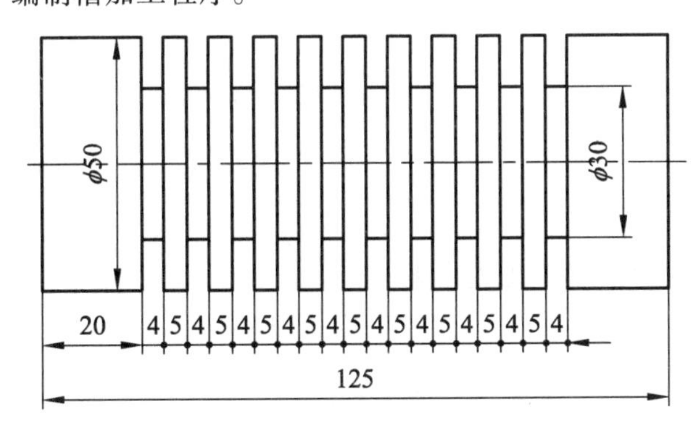

（a）零件图

（b）实物图

图 3-2-51　等距槽加工实例

8. 加工如图 3-2-52 所示零件，毛坯尺寸为 ϕ45 mm×120 mm，材料为 45 钢。试用子程序编制槽加工程序。

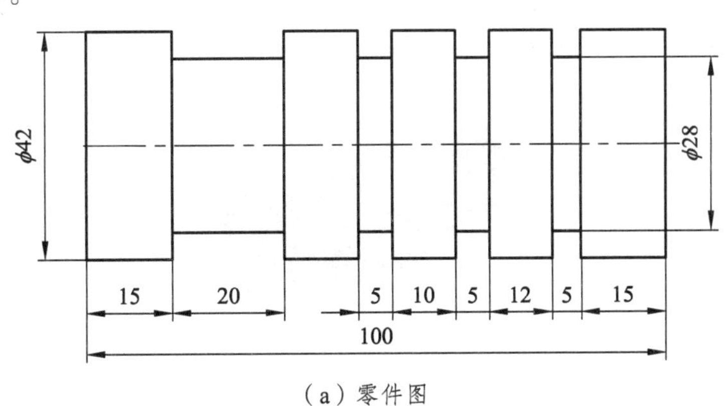

（a）零件图

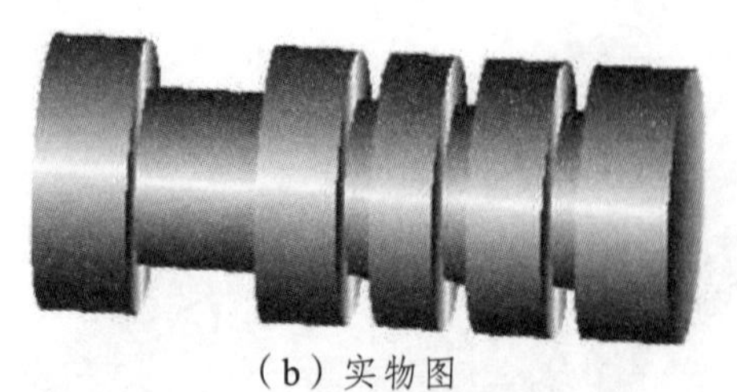

（b）实物图

图 3-2-52　不等距槽加工实例

9. 编写如图 3-2-53 所示零件的加工程序，并仿真加工出来。

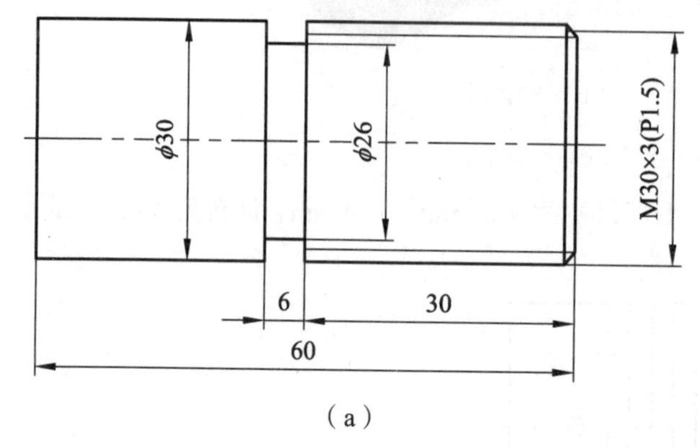

（a）

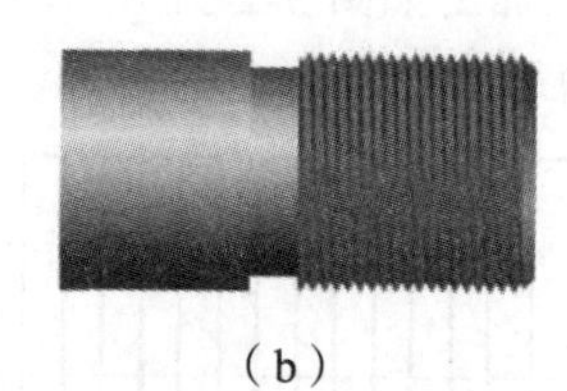

（b）

图 3-2-53　零件图

10. 编写如图 3-2-54 所示零件的加工程序，并仿真加工出来。

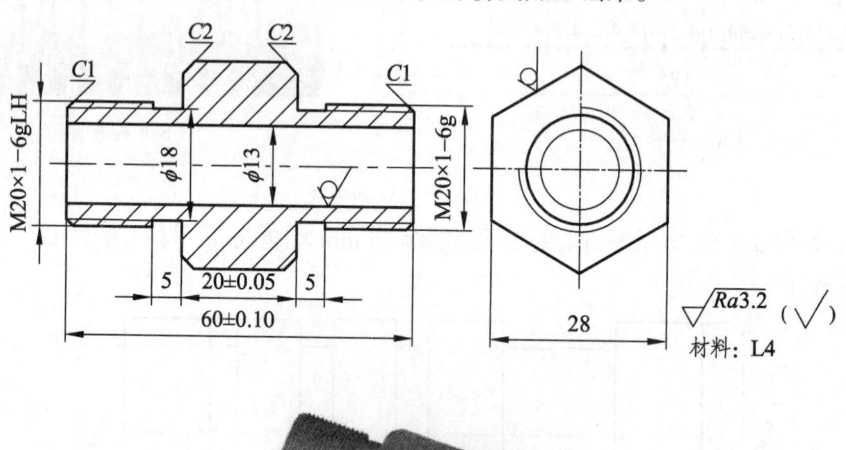

图 3-2-54　零件图

【任务实施】

一、实施过程

（一）制订加工工艺

1. 零件图工艺分析

图 3-2-1 所示零件主要加工外轮廓表面。零件轮廓包括球头、外圆、螺纹、沟槽、锥体等表面。其中，多个直径尺寸与轴向尺寸有较高的尺寸精度，各主要外圆表面的表面粗糙度值均为 *Ra*1.6 μm，其余表面的表面粗糙度值均为 *Ra*3.2 μm，说明该零件对尺寸精度和表面粗糙度有比较高的要求，因此，加工工艺应安排粗车和精车。零件左右两端的轮廓不能同时加工完成，需要掉头装夹。

2. 确定装夹方式及工艺路线

（1）用三爪自定心卡盘夹持毛坯面，粗、精车工件右端轮廓（端面、锥体、$\phi 32_{-0.03}^{0}$ mm 外圆、*R*5 mm 圆弧面）至要求的尺寸。

（2）掉头装夹，以工件右端面定位，用铜皮包住，三爪自定心卡盘夹持 $\phi 32_{-0.03}^{0}$ mm 外圆，粗、精车左端轮廓（*R*19 mm 球头、$\phi 26_{-0.03}^{0}$ mm 外圆、M30 螺纹牙顶圆、退刀槽、$\phi 36_{-0.03}^{0}$ mm 和 $\phi 48_{-0.03}^{0}$ mm 外圆）至尺寸。

（3）最后再用螺纹刀车削 M30×1.5 螺纹。

3. 填写相关工艺卡片

数控加工刀具卡片见表 3-2-8。

表 3-2-8　典型轴类零件数控加工刀具卡片

产品名称或代号		××××	零件名称	轴承套		零件图号	××	
序号	刀具号	刀具名称	数量	加工表面		刀尖半径/mm	刀具规格/mm	
1	T01	45°硬质合金端面车刀	1	手动车端面		0.5	25×25	
2	T02	35°菱形机夹刀	1	工件外轮廓		0.2	25×25	
3	T03	60°外螺纹车刀	1	车 M30 螺纹		0.1	25×25	
编制	×××	审核	×××	批准	×××	××年×月×日	共×页	第×页

数控加工工艺卡片见表 3-2-9。

表 3-2-9　典型轴类零件数控加工工艺卡片

单位名称	××××	产品名称或代号	零件名称	零件图号
		××××	轴承套	××
工序号	程序编号	夹具名称	使用设备	车间
001	××	三爪自定心卡盘	CK6140	数控中心

续表

工步号	工步内容	刀具号	刀具规格/mm	主轴转速/（r/min）	进给速度/（mm/min）	度背吃刀量/mm	备注
1	平端面	T01	25×25	320	—	1	手动
2	粗车右端轮廓	T02	25×25	600	150	1.5	自动
3	精车右端轮廓	T02	25×25	900	80	0.5	自动
4	粗车左端轮廓	T02	25×25	600	150	1.5	自动
5	精车左端轮廓	T02	25×25	200	80	0.5	自动
6	粗精车螺纹	T03	20×20	600	900	—	自动
编制 ×××	审核 ×××	批准 ×××		××年×月×日		共×页	第×页

（二）相关计算

螺纹大径：$d_{大}=D-0.13P=30-0.13\times1.5\approx29.8\,(\mathrm{mm})$

螺纹小径：$d_{小}=D-1.08P=30-1.08\times1.5=28.38\,(\mathrm{mm})$

（三）编制加工程序

1. 右端加工程序

```
O8005; 程序名
N10 G98 M03 S600;     每分钟进给，主轴正转，转速为 600 r/min
N20 M08 T0202; 切削液开，选 2 号刀，执行 2 号刀补
N30 G00 X52.0 Z2.0;     快速靠近工件
N40 G71 U1.5 R0.5;     粗车循环，指定背吃刀量 1.5 mn，退刀量 0.5 mm
N50 G71 P60 Q140   U0.5   W0.0   F150; 指定循环的起始段号、精车余量、进给量
N60 G00 G42 X22.0 D01;    X 向进刀，并建立刀尖圆弧半径右补偿
N70 G01 Z0.0 F80; 到达锥体起点
N80 X28.0 Z-15.0;     精车锥体
N90 X30.0;     精车端面
N100 Z43.0;    精车 ø30 外圆
N110   G02 X42.0 Z-48.0 R5.0    F80;    精车及 5 圆弧
N120 G01  X46.0; 精车端面
N130 X48.0 Z49.0;     倒圆角
N140 X52.0;    X 向退刀
N150   G70 P60 Q140 S900;    精车循环，主轴转速为 900 r/min
N160   G00 G40 X100.0 Z50.0;     退至安全点，并取消刀尖圆弧半径补偿
N170 M30; 程序结束
```

2. 左端加工程序

O8006; 程序名

N5 G98 M03S600; 每分钟进给，主轴正转，转速为 600 r/min

N10 M08 T0202; 切削液开，选 2 号刀，执行 2 号刀补

N20 G00 X52.0 Z1.0; 快速靠近工件

N30 G71 U2.0 R0.5; 粗车循环，车去大部分加工余量

N40 G71 P50 Q120 U1.0 W0.2 F100; 指定循环的起始段号、精车余量、进给量

N50 G00 X0; X 向进刀

N55 G01 Z0 F60; 到达圆弧起点

N60 G03 X26.0 Z-5.0 R19.0; 加工 R19 mm 圆弧

N70 G01 Z-10.0; 加工 ⌀26 mm 外圆

N80 X30.0; 加工端面

N90 Z-28.0; 加工 ⌀30 mm 外圆

N100 X36.0; 加工端面

N110 Z-38.0; 加工 ⌀36 mm 外圆

N120 X51.0; X 向退刀

N130 G73 U2.0 W0 R2; 固定形状循环，指定 X、Z 总切削深度和循环次数

N140 G73 P150 Q300 U0.5 W0 F100; 指定循环的起始段号、精车余量、进给量

N150 G00 G42 X0 Z0 F60; 快速到达圆弧起点，并建立刀尖圆弧半径右补偿

N160 G03 X26.0 Z-5.0 R19.0; 精加工 R19 mm 圆弧

N170 G01 Z-10.0; 精加工 ⌀26 mm 外圆

N180 X28.0; 加工端面

N190 X29.8 Z-11.0; 倒 C1 角

N200 Z-22.0; 精加工螺纹顶径

N210 X26.0 Z-24.0; 倒 C2 角

N220 Z-26.0; 精车槽底

N230 G02 X30.0 Z-28.0 R2.0; 精车 R2 mm 圆弧

N240 G01 X34.0; 精车端面

N250 G03 X36.0 Z-29.0 R1.0; 精加工及 R1 mm 圆弧角

N260 G01 Z-38.0; 精加工 ⌀36 mm 外圆

N270 X46.0; 精加工端面

N280 X48.0 Z-39.0; 倒 C1 角

N290 G01 Z-50.0; 精加工 ⌀48 mm 外圆

N300 X52.0; X 向退刀

N310 G70 P150 Q300; 精加工循环

N320 G00 G40 X100.0 Z50.0; 退至安全点，并取消刀尖圆弧半径右补偿

N330 M03 S600 T0303; 换螺纹刀，主轴正转，转速为 600 r/min

```
N340    G00 X32.0 Z-7.0;  快速靠近工件
N350    G92 X29.0 Z-25.0 F1.5;  螺纹循环，第一次切入 0.8 mm
N360    X28.5；第二次切入  0.5 mm
N380    X28.38；第三次切入 0.12 mm
N390    G00  X100.0 Z50.0;   退至安全点
N400    M30;    程序结束
```

（四）工件加工

将编写的程序输入机床数控系统，校验无误后加工出合格的零件。

二、展示评比

各小组派出代表进行展示，组间交叉评比，填写表 3-2-10。

表 3-2-10　评比过程记录

序号	评比要点	优缺点	评比分值	备注
1	文字表达是否清晰、完整			
2	知识内容是否全面、正确			
3	学习组织是否有序、高效			
4	其他			
综合评分				

【任务小结与评价】

一、任务小结与反思

二、任务评价

表 3-2-11　评价表

班级			学号		
姓名			综合评价等级		
指导教师			日期		
评价项目	序号	评价内容	评价方式		
			自我评价	小组评价	教师评价
团队表现（40 分）	1	任务评比综合评分，配分 20 分			
	2	任务参与态度，配分 8 分			
	3	参与任务的程度，配分 6 分			
	4	在任务中发挥的作用，配分 6 分			
个人学习表现（50 分）	5	学习态度，配分 10 分			
	6	出勤情况，配分 10 分			
	7	课堂表现，配分 10 分			
	8	作业完成情况，配分 20 分			
个人素质（10 分）	9	作风严谨、遵章守纪，配分 5 分			
	10	安全意识，配分 5 分			
合计					
综合评分					

注：各评分项按“A”（0.9～1.0）、“B”（0.8～0.89）、“C”（0.7～0.79）、“D”（0.6～0.69）、“E”（0.1～0.59）及“0”分配分；如学习态度项、出勤项、安全项评 0 分，总评为 0 分。

【任务拓展】

1. 加工如图 3-2-55 所示典型轴类零件，毛坯尺寸为 ϕ50 mm×85 mm，材料为 45 钢。

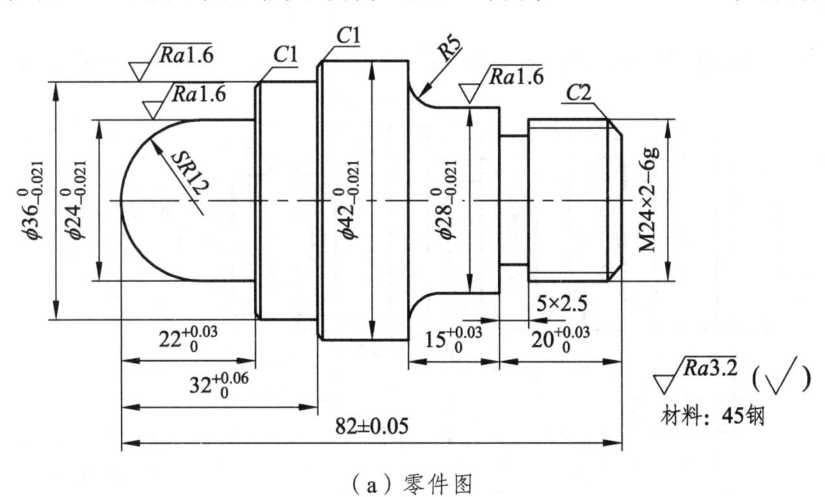

（a）零件图

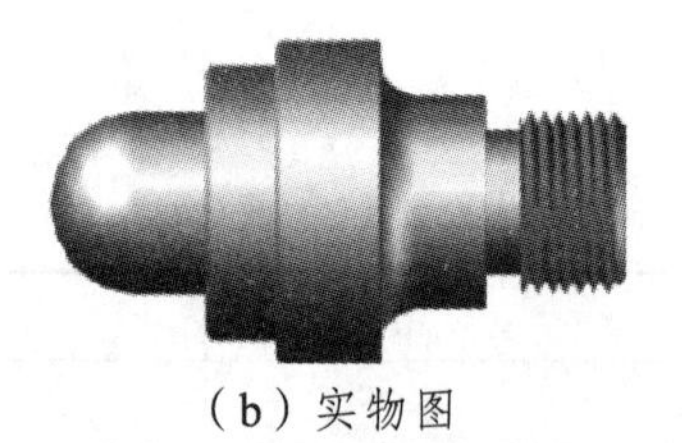

（b）实物图

图 3-2-55　典型轴类零件一

2. 加工如图 3-2-56 所示典型轴类零件，毛坯尺寸为 ϕ50 mm×95 mm，材料为 45 钢。

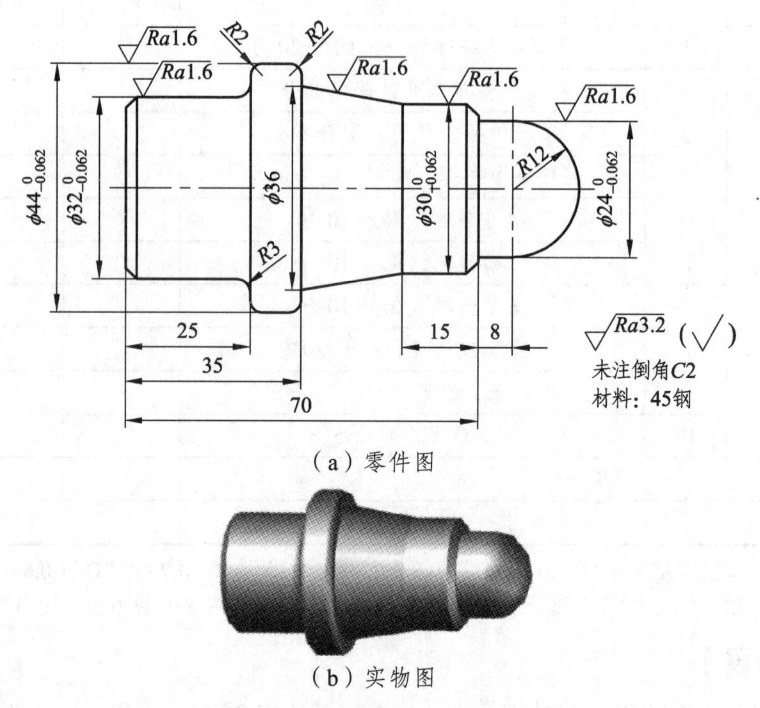

（a）零件图

（b）实物图

图 3-2-56　典型轴类零件二

3. 加工如图 3-2-57 所示轴类零件，毛坯尺寸为 ϕ30 mm×75 mm，材料为 45 钢。

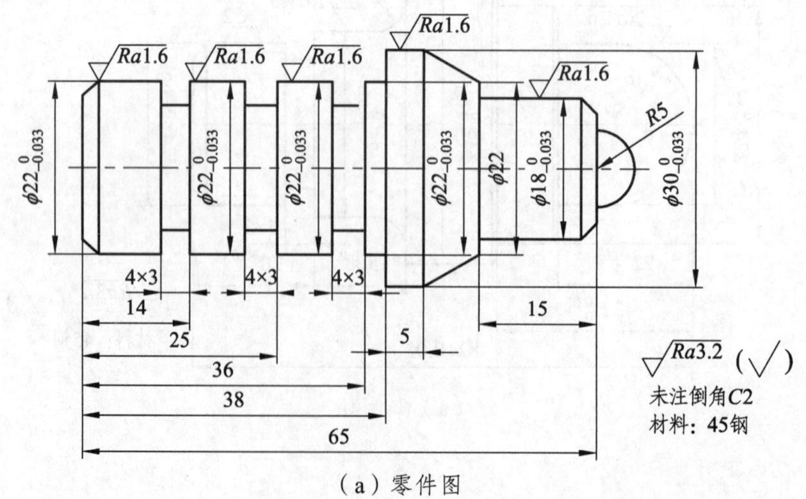

（a）零件图

（b）实物图

图 3-2-57　典型轴类零件三

4. 加工如图 3-2-58 所示阶台轴，毛坯尺寸为 ϕ50 mm×105 mm，材料为 45 钢。

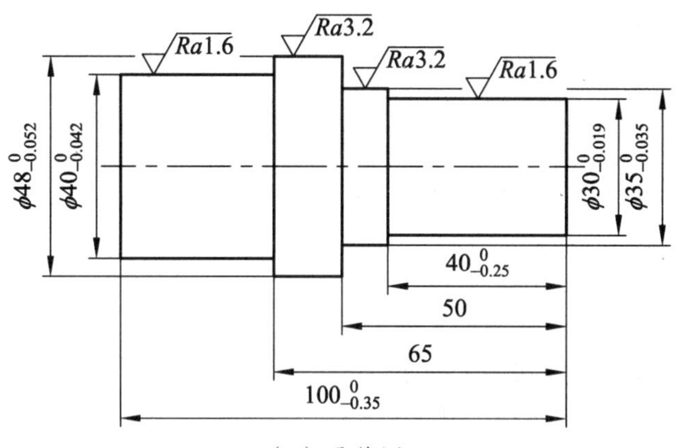

（a）零件图

（b）实物图

图 3-2-58　台阶轴

任务三　典型套类零件加工

【学时】

4 课时。

【学习目标】

知识目标：

1. 了解孔的加工工艺。
2. 了解深孔加工的特点。
3. 熟练运用 G01、G90、G71、G70 等指令编制孔加工程序。
4. 掌握 G74 指令格式及含义。
5. 掌握套类零件的加工工艺。
6. 掌握 G73、G70 等指令格式及其应用。

技能目标：

1. 能够正确选择孔加工刀具，且能正确对刀。
2. 能够正确编制阶梯孔零件的加工程序。
3. 能够正确编制深孔零件的加工程序。
4. 能够正确编制套类零件的加工程序。

【任务描述】

本任务加工如图 3-3-1 所示轴承套零件，毛坯尺寸为 ϕ80 mm×125 mm，材料为 45 钢，单件小批量生产。该零件结构典型，有圆柱、圆弧、圆锥、螺纹、槽及倒角，加工精度中等，检测手段常规，难度适中。本任务要求学生能够熟练地确定零件的加工工艺，正确地编制零件的加工程序，并完成零件的仿真加工。

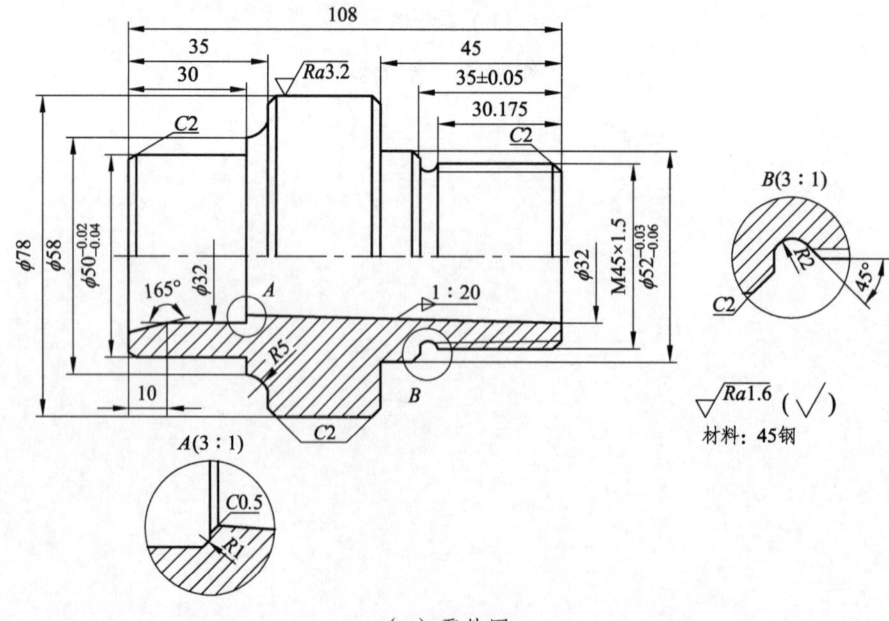

（a）零件图

（b）实物图

图 3-3-1　轴承套

【知识链接】

一、孔加工工艺

孔加工有两种情况，一种是在实体工件上加工孔，另一种是在有工艺孔的工件上再加工孔。前者一般采用先钻孔、扩孔，再车孔或铰孔的方法加工，后者则可以根据孔加工要求直接进行粗、精镗或铰孔等加工。

（一）钻孔加工

对于精度要求不高的内孔，可以用麻花钻直接钻出；对于精度要求较高的孔，钻孔后还需经过镗孔或铰孔才能完成。选用麻花钻时，应根据下一道工序的要求留出加工余量。麻花钻的长度应使钻头螺旋部分稍长于孔深。

钻孔时需要注意以下几点：

（1）钻孔前工件端面要车平，以利于钻头准确定心。

（2）用直径小的麻花钻钻孔时，先用中心钻钻出浅孔用以定心，再用钻头钻孔。

（3）钻孔时转速应选高一些，并及时排屑。

（二）车削孔

直孔车削基本上与车外圆相同，可用 G90、G71 等指令来完成孔的粗车，只是 X 向进刀和退刀方向与车外圆时相反。车孔的关键是解决内孔车刀的刚度问题和内孔车削中的排屑问题

增加内孔车刀刚度主要方法是：尽量增加刀杆的截面积，尽可能缩短刀杆的伸出长度（只需略大于孔深）。

解决内孔车削中的排屑问题，主要是控制切屑的流出方向。精车孔时应采用正刃倾角内孔车刀，以使切屑流向待加工表面。

车削孔时需要注意以下几点：

（1）内孔车刀刀尖应与工件中心等高或略高，以免产生扎刀现象，或造成孔径尺寸增大。

（2）刀柄尽可能伸出短些，以防止产生振动，一般比被加工孔长 5 ~ 10 mm

（3）刀柄基本平行于工件轴线，以防止车到一定深度时刀柄与孔壁相撞。

（三）车加工孔时刀具的进退刀方式

加工孔时刀具的进退刀方式如图 3-3-2 所示。

（1）$A \to B$ 沿+X 方向快速进刀；

（2）$B \to C$ 刀具以指令中指定的 F 值进给切削；

（3）$C \to D$ 刀具沿−X 方向退刀；

（4）$D \to A$ 刀具沿+Z 方向快速退刀。

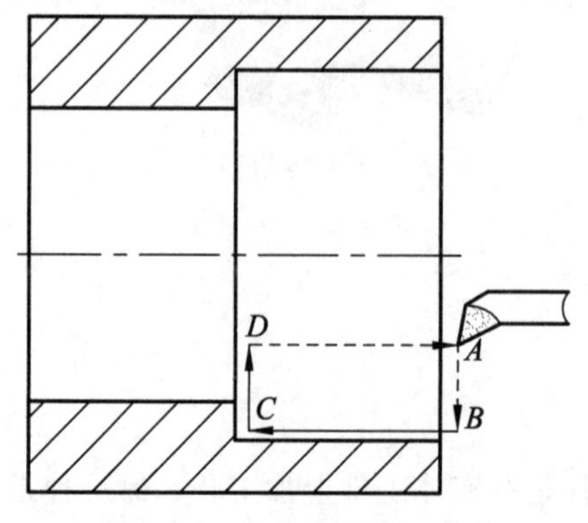

图 3-3-2　刀具的进退刀方式

提示：

（1）循环起点 A 在轴向上要离开工件一段距离（1 ~ 2 mm），以保证快速进刀时的安全。

（2）D 点在径向上不要离 C 点太远，以提高生产率。

二、阶梯孔加工实例

例 3-3-1　加工如图 3-3-3 所示工件的阶梯孔，已钻出 ϕ18 mm 的通孔，试编写加工程序。

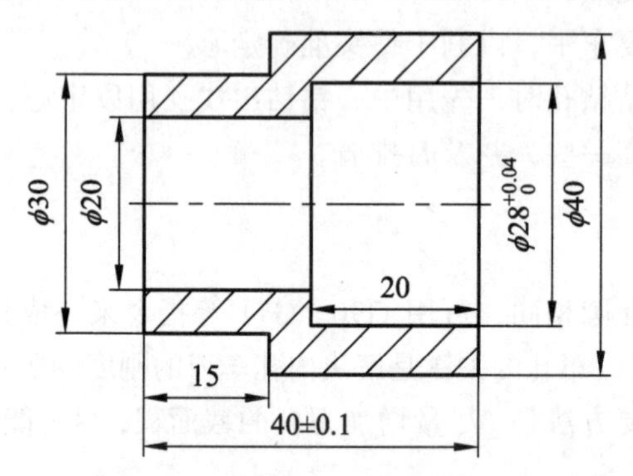

图 3-3-3　切削循环 G90 阶梯孔加工实例

其加工程序如下：

```
O6001；以工件右端面与主轴线的交点为编程原点
N10 G97 G99 M03 S600；主轴正转，转度为 600 r/min
N20 T0101；选 1 号镗刀，执行 1 号刀补
N30 G00 X18.0 Z2.0 M08；刀具快速定位，打开切削液
N40 G90 X19.0 Z-41.0 F0.25；粗车 ø20 mm 内孔面留精加工余量 0.5 mm
N50 X21.0 Z-20.0；粗车 ø28 mm 内孔面第一刀
N60 X23.0；粗车 ø28 mm 内孔面第二刀
```

```
N70 X25.0; 粗车 ø28 mm 内孔面第三刀
N80 X27.0; 粗车循环结束，留精加工余量 0.5 mm
N90 S800; 主轴转速调为 800 r/min
N100 G00 X28.02; 刀具 X 向快速定位准备精车内孔
N110 G01 Z-20.0 F0.08; 精车 ø28 mm 内孔面
N120 X20.0; 精车内端面
N130 Z-41.0; 精车 ø20 mm 内孔面
N140 X18.0 M09;  X 方向退刀，关闭切削液
N150 G00 Z2.0;  Z 方向快速退刀
N160 G00 X50.0 Z100.0; 刀具快速退刀
N170 M30; 程序结束
```

例 3-3-2　加工如图 3-3-4 所示工件的阶梯孔，已钻出 ϕ20 mm 的通孔，试编写加工程序。

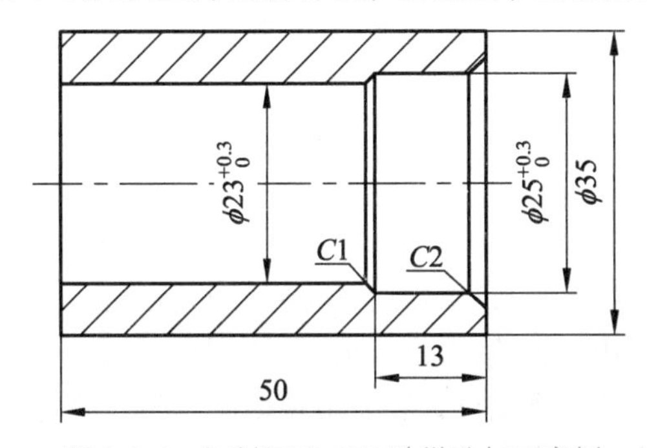

图 3-3-4　切削循环 G71 阶梯孔加工实例

其加工程序如下：

```
O6002; 以工件右端面与主轴线交点为编程原点
N10 G97 G99 M03 S500; 主轴正转，转速为 500 r/min
N20 T0 101; 选 1 号镗刀，执行 1 号刀补
N30 G00 X20.0 Z2.0 M08; 刀具快速定位，打开切削液
N40 G71 U1.5 R0.5; 背吃刀量为 1.5 mm，退刀量为 0.5 mm
N50 G71 P60 Q120 U-0.4 W0.1 F0.25; 加工内孔时 U 为负值
N60 G41 G01 X29.15 S800 F0.1 ;  N60～N120 指定精车路线
N70 Z0.0;
N80 X25.15 Z-2.0; 精车 C2 孔倒角
N90 Z-13.0; 精车 ø25 mm 内孔面
N100 X23.15 Z-14.0; 精车 C1 孔倒角
N110 Z-51.0;
N120 X20.0; 退刀
N130 G70 P60 Q120; 精车内孔轮廓
N140 M09; 关闭切削液
N150 G00 G40 X50.0 Z100.0; 刀具快速退刀，取消刀具半径补偿
N160 M30; 程序结束
```

例 3-3-3 加工如图 3-3-5 所示零件，毛坯尺寸为ϕ48 mm×65 mm，材料为 45 钢。

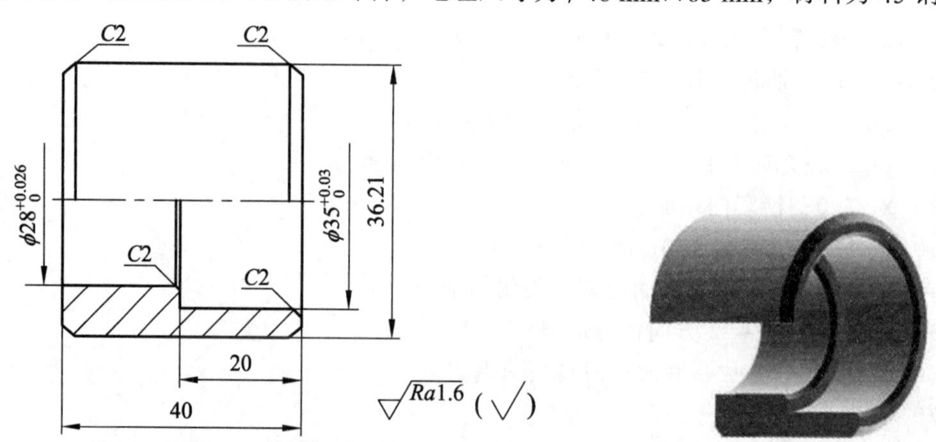

（a）零件图　　（b）实物图

图 3-3-5 阶梯孔加工

（一）制订加工工艺

1. 零件图工艺分析

该零件材料为 45 钢，需要加工两端面、外圆、C2 倒角和阶梯孔及内孔倒角，同时控制长度 40 mm。加工内孔时若用 G01 编程，需求出每次走刀的定位点和终点坐标，当切削余量较大时，不仅计算烦琐，而且程序较长，容易出现错误。为了简化程序的编制，可采用 G90、G71 等循环加工指令编制孔加工程序。

通过上述分析，可采用以下两点工艺措施：

（1）对图样上阶梯孔尺寸，编程时取其中值。

（2）由于毛坯去除余量不是太大，可按照工序集中的原则确定加工工序。其加工工序为：车右端面，手动钻中心孔，用ϕ26 mm 钻头手动钻内孔，粗、精镗阶梯孔，粗、精车外圆和 C2 倒角，车左外倒角、切断。

2. 确定刀具

数控加工刀具卡片见表 3-3-1

表 3-3-1 数控加工刀具卡片

刀具号	刀具名称	数量	加工内容	主轴转速/（r/min）	进给量/（mm/r）	背吃刀量/mm
T01	90°外圆偏刀	1	粗车工件外轮廓	600	0.25	2.0
T01	90°外圆偏刀	1	粗车工件外轮廓	1 000	0.1	0.5
T02	不通孔镗刀	1	粗镗阶梯孔	500	0.2	1
T02	不通孔镗刀	1	粗镗阶梯孔	800	0.1	0.25
T03	切断刀（宽 4 mm）	1	车左外倒角、切断	350	0.05	4

（二）编制加工程序

```
O6003 ；以工件右端面与主轴线交点为编程原点
N10 G97 G99 M03 S500；主轴正转，转速为 500 r/min
N20 T0202；选 2 号镗刀，执行 2 号刀补
N30 G00 X26.0 Z2.0 M08；刀具快速定位，打开切削液
N40 G71 U1.5 R0.5；粗车循环背吃刀量 1.5 mm，退刀量 0.5 mm
N50 G71 P60 Q130 U-0.5 W0.1 F0.2；设置粗车循环参数
N60 G41 G01 X39.015 S800 F0.1； N60～N130 指定精车路线
N70 Z0.0；
N80 X35.015 Z-2.0；精车 C2 倒角
N90 Z-20.0；车ϕ35 mm 内孔面
N100 X32.013；
N110 X28.013 W-2.0；精车 C2 倒角
N120 Z-41.0；精车 ø28 mm 内孔面
N130 X26.0；退刀
N140 G70 P60 Q130；精车内孔轮廓
N150 M09；关闭切削液
N160 G00 G40 X50.0 Z100.0；刀具快速退刀，取消刀具半径补偿
N170 T0101 S600 M08；选 1 号车刀，执行 1 号刀补
N180 G42 G00 X46.0 Z2.0；刀具右补偿，并快速定位
N190 G01 Z-44.0 F0.25；粗车外圆
N200 G00 X48.0 Z2.0；
N210 X41.0；
N220 G01 Z0.0 F0.1 S800；主轴正转，转速为 800 r/min
N230 X45.0 Z-2.0；精车右外倒角
N240 Z-44.0；精车 ø45 mm 外圆面
N250 G40 G00 X50.0 Z100.0；取消刀补，刀具返回换刀点
N260 T0303；选 3 号车刀，执行 3 号刀补
N270 G00 X50.0 Z-44.0 S350；主轴正转，转速为 350 r/min
N280 G01 X41.0 F0.05；
N290 X47.0；
N300 G00 W2.0；
N310 G01 X45.0；
N320 X41.0 W-2.0；车左外倒角
N330 X28.0；切断到
N340 G00 X50.0 Z100.0；
N350 M30；程序结束
```

（三）工件加工

将编写的程序输入机床数控系统，校验无误后对刀设置每把刀具的偏置参数，加工出合格的零件。内孔车刀的对刀方式如下：

1. *X* 方向对刀

在手动方式下主轴正转，移动刀架使其靠近零件右端面，内孔车刀车一内孔面，车削长度够测量工具测量内孔直径即可，刀具沿+*Z* 方向退出，*Z* 方向不要移动刀具，主轴停转，测量已车内孔直径。按“OFFSET/SETTING”键，然后按“形状”软功能键，把光标移动到相应刀号位置，输入 *X* 及数值（数值为测量内孔直径值），按“测量”软键，完成 *X* 方向对刀。

2. *Z* 方向对刀

在手动方式下主轴旋转，内孔车刀靠近工件右端面，当刀尖移动到右端面上时，按“OFFSET/SETTING”键，然后按“形状”软功能键，把光标移动到相应刀号位置，输入“*Z*0”，按“测量”软键，沿+*Z* 向退刀，完成内孔车刀 *Z* 方向对刀。

三、深孔加工

（一）深孔加工的特点

深孔加工具有以下特点：

（1）加工深孔时，孔轴线容易歪斜，钻削中钻头容易引偏。

（2）刀杆受内孔行径限制，一般细长、刚性差，车削内孔时易产生振动和让刀现象。

（3）排屑通道狭长，切屑不易排出。排屑方法有外排屑和内排屑两种。

（4）切削液输入困难，使切削温度过高，散热困难，钻头容易磨损。

（5）孔内加工情况难以观察，加工质量不易控制。

（二）端面深孔钻循环指令 G74

1. 指令格式

```
G74 R(e);
G74 X(U)Z(W)P(Δi)Q(Δk)R(Δd)F;
```

式中 e——每次切削的回退量，模态值；

Δi——刀具完成一次轴向切削后，在 *X* 方向的偏移量，用不带符号的半径量表示；

Δk——Z 轴方向的每次切削进给的背吃刀量，无正负符号，μm；

Δd——切削到终点的退刀量，为防止打刀，一般设为 0，μm。

2. 指令说明

（1）G74 加工路线如图 3-3-6 所示。

（2）X（U）值省略或为 0，d 为 0，实现端面深孔的循环加工。

（3）使用时刀具一定要精确定位到工件的旋转中心。

（4）F、S 的值为粗加工循环中的进给速度和主轴转速，一经指定，精加工程序段中的 F 和 S 值则无效；如未指定则沿用前面程序段中的值。

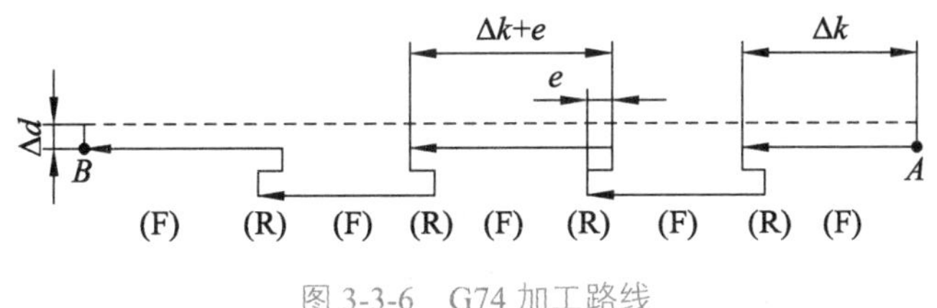

图 3-3-6　G74 加工路线

3. 实　例

例 3-3-4　在数控车床上加工如图 3-3-7 所示直径为 5 mm、长为 50 mm 的深孔，试用 G74 指令编制加工程序。

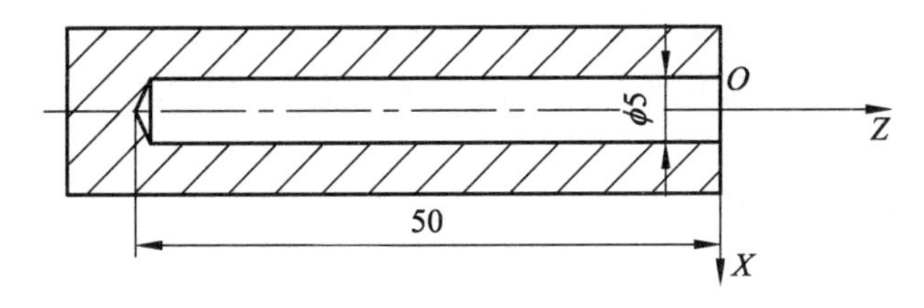

图 3-3-7　端面深孔加工

其加工程序如下：

```
O6004; 程序号
N10 G99 G97 M03 S800; 程序初始化
N20 T0 101; 选 1 号刀，执行 1 号刀补
N30 G00 X0 Z5.0 M08; 快速靠近工件
N40 G74 R2.0;
N50 G74 Z-50.0 Q5000 F0.15;
N60 G00 X50.0 Z100.0; 快速回安全点
N70 M09; 关闭切削液
N80 M30; 程序结束
```

将程序输入机床数控系统，校验无误后对刀设置刀具偏置参数，加工出合格的零件。钻头的对刀方法如下：

1）*X* 方向对刀

主轴停转，在手动方式下，钻头侧刃轻轻贴外圆面。按“OFFSET/SETTING”键，然后按“形状”软功能键，把光标移动到相应刀号位置，输入 *X* 及数值（数值为工件直径和钻头直径代数和），按“测量”软键，完成 *X* 方向对刀，刀具沿+*X* 方向退刀。

2）*Z* 方向对刀

在手动方式下，主轴旋转，钻头钻尖靠近工件右端面。当钻尖移动到右端面上时，按“OFFSET/SETTING”键，然后按“形状”软功能键，把光标移动到相应刀号位置，输入“Z0”，按“测量”软键，钻头 *X* 方向不动，沿+*Z* 向退出，完成钻头 *Z* 方向对刀。

四、套类零件加工

（一）套类零件加工特点及工艺措施

按结构形状分，套类零件大体可分为短套和长套两类。套类零件的内外圆表面和相关端面间的形状、位置精度要求较高，零件壁的厚度较薄且易变形，零件长度一般大于直径等。

套类零件加工的主要工序多为内孔和外圆表面的粗、精加工，尤以孔的粗精加工最为重要。常用加工方法有钻孔、扩孔、铰孔、车孔、磨孔、研磨孔等。

为保证套类零件各表面间的位置精度，通常采用的装夹方法如下：

（1）同轴度要求较高且较短的套类零件用三爪或四爪卡盘装夹。

（2）以外圆为基准保证位置精度时，一般用软卡爪装夹。

（3）用已加工好的内孔为定位基准时，根据内孔配制一根合适的心轴，将装夹工件的心轴支承在车床上。

（4）加工较长的套类零件时，通常一端用卡盘夹住一端用中心架托住，即“一夹一托”方式。

（二）薄壁套的加工工艺

加工薄壁套零件时，工件很容易变形。引起工件变形的因素有切削力、夹紧力、切削热和应力变形等，其中影响最大的是夹紧力和切削力。减少切削力的方法是，合理选择切削用量、刀具几何角度、刀具材料等。

减少夹紧力引起的变形措施有：

（1）合理选择刀具几何角度和切削参数。应控制主偏角，使切削力朝向工件刚性差的方向减小，刃倾角取正值；车削按同种材料车削加工的背吃刀量与进给量在选取范围中取较小值，切削速度取正常值。

（2）粗精加工分开。

（3）增加辅助支承面，提高薄壁套零件在切削过程中的刚性，减少变形。

（4）将局部夹紧机构改为均匀夹紧机构，以减小变形。

（5）适当增加工艺加强肋。在夹紧部位铸出工艺加强肋，以减少安装变形，提高加工精度。

（三）实　例

例 3-3-5　加工如图 3-3-8 所示套零件，已钻出 ϕ18 mm 通孔，试编写加工程序。

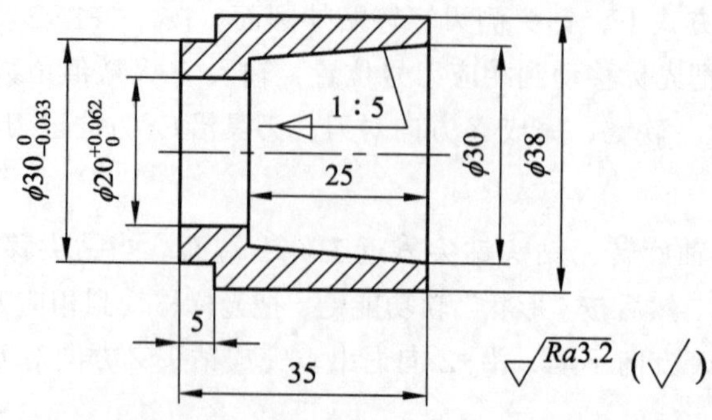

图 3-3-8　切削循环 G73 套加工实例

1. 锥面孔小端直径的计算

$$D_2 = D_1 - C \times L = 30 - \frac{1}{5} \times 25 = 25\,(\text{mm})$$

2. 加工程序

```
O6006;
N10 G97 G99 M03 S500; 主轴正转，转速为 500 r/min
N20 T0101; 选 1 号刀，执行 1 号刀补
N30 G00 X18.0 Z2.0 M08; 刀具快速定位，打开切削液
N40 G71 U1.5 R0.5; 粗车循环背吃刀量为 1.5 mm，退刀量为 0.5 mm
N50 G71 P60 Q110 U-0.5 W0.1 F0.25;  X 方向精车余量分别为 0.25 mm、0.1 mm
N60 G41 G01 X30.0 S800 F0.1 ;  N60～N110 指定精车路线
N70 Z0.0;
N80 X25.0 Z-25.0; 精车内锥面
N90 X20.031;
N100 Z-35.0; 精车 ø20 mm 内圆面
N110 X18.0;  X 方向退刀
N120 G70 P60 Q110; 定义 G70 精车循环
N130 M09; 关闭切削液
N140 G00 G40 X50.0 Z100.0; 刀具快速退刀，取消刀具半径补偿
N150 M30 ; 程序结束
```

例 3-3-6　加工如图 3-3-9 所示零件，毛坯尺寸为 ϕ52 mm×80 mm，材料为 45 钢。

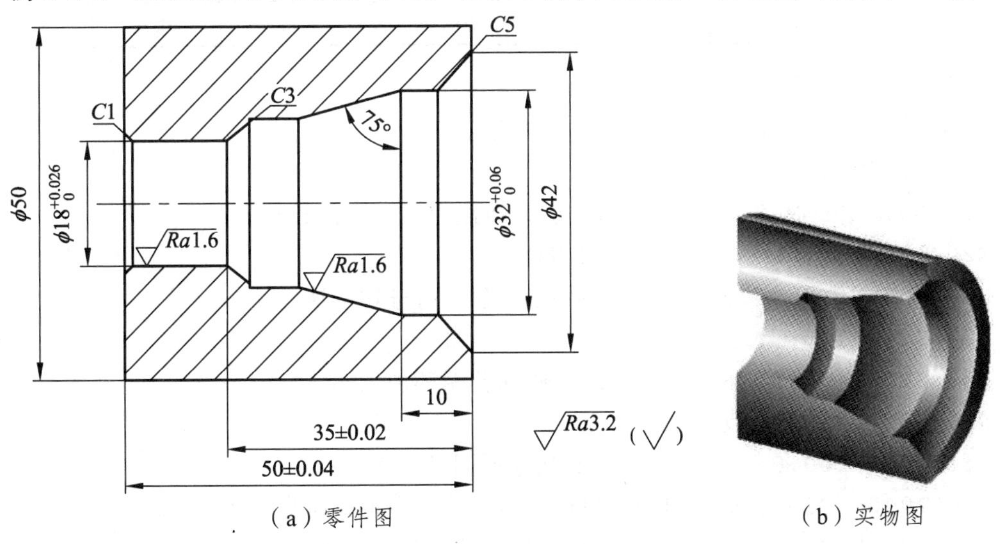

（a）零件图　　（b）实物图

图 3-3-9　套类零件加工图

1. 制订加工工艺

1）零件图工艺分析

该零件外轮廓需加工两端面、ϕ50 mm 外圆；内轮廓需加工三段直孔和三段锥孔，同时

控制长度 50 mm。零件图轮廓清楚，尺寸标注完整。零件材料为 45 钢，无热处理和硬度要求。该轴套零件内轮廓形状较复杂，加工余量较大且不均匀。为了避免编程时出现错误，简化程序的编制，除可采用 G71 编程外，还可采用 G73、G70 循环加工指令编制加工程序。

通过上述分析，可采用以下两点工艺措施：

（1）对图样上给定的尺寸，编程时全部取其中值。

（2）由于毛坯去除余量不太大，可按照工序集中的原则确定加工工序。其加工工序：手动车右端面→钻 ϕ16 mm 孔→粗精车 ϕ50 mm 外圆→粗、精车内轮廓面→调头装夹，手动车左端面并倒角。

2）锥体长度计算

$$L=\frac{32-24}{2}\times\tan 75°=4\times\tan 75°=15\,(\text{mm})$$

3）确定刀具

该零件加工内轮廓时需用钻头、镗孔刀，加工外轮廓时需用 90°外圆偏刀和切断刀，具体见表 3-3-2。

表 3-3-2　数控加工刀具卡

刀具号	刀具名称	数量	加工内容	主轴转速/（r/min）	进给量/（mm/r）	背吃刀量/mm
T01	ϕ16 mm 麻花钻	1	钻孔	600	0.15	8
T02	内孔车刀	1	粗加工内轮廓	500	0.2	1.5
T03	内孔车刀	1	精加工内轮廓	1 000	0.1	0.25
T04	90°外圆偏刀	1	粗车工件外轮廓	500	0.3	0.75
T04	90°外圆偏刀	1	精车工件外轮廓	800	0.1	0.25

2. 编制加工程序

粗精车外轮廓程序略，内轮廓加工程序如下：

```
O6007; 程序名
N10 G97 G99 M03 S600; 主轴正转，转速为 600 r/min
N20 T0101; 选 1 号刀，执行 1 号刀补
N30 G00 X0.0 Z5.0 M08; 刀具快速定位，打开切削液
N35 G74 R1.5;
N40 G74 Z-55.0 Q6000 F0.15; 端面孔循环加工
N50 M09; 关闭切削液
N60 G00 X100.0 Z 100.0; 刀具快速返回换刀点
N70 T0404 S500; 选 4 号刀，执行 4 号刀补，主轴转速为 500 r/min
N80 G00 X50.5 Z2.0 M08; 刀具快速定位，打开切削液
N90 G01 Z-51.0 F0.3; 粗车 ø50 mm 外圆轮廓
N100 X52.0 M09;  X 方向退刀，关闭切削液
N110 G00 Z2.0;  Z 方向退刀
N120 S800; 主轴转速为 800 r/min
```

```
N130 G00 X50.0 M08; 刀具快速定位，打开切削液
N140 G01 Z-51.0 F0.1; 精车 ø50 mm 外圆轮廓
N150 X52.0 M09;  X 方向退刀，关闭切削液
N160 G00 X100.0 Z100.0; 刀具快速返回换刀点
N170 T0202 S500; 选 2 号刀，执行 2 号刀补，主轴速度为 500 r/min
N180 G00 X16.0 Z2.0 M08; 刀具快速定位，打开切削液
N190 G71 U1.5 W0.0; 设置粗车循环参数
N200 G71 P210 Q290 U-0.2 W0.0 F0.2;
N210 G41 G01 X42.0 D01 S1000 F0.1;  N210～N290 指定精车路线
N220 Z0.0;
N230 X32.03 Z-5.0; 车右侧第一内锥面
N240 Z-10.0;
N250 X24.013 W-15.0; 车第二内锥面
N260 W-7.0;
N270 X18.013 Z-35.0; 车第三内锥面
N280 Z-50.0;
N290 X17.0;
N300 G00 G40 Z100; 刀具返回换刀点
N310 T0303; 调 3 号精车刀并调用刀补
N320 G70 P210 Q290; 定义 G70 精车循环
N330 M09; 关闭切削液
N340 G00 Z100.0;  Z 方向快速退刀
N350 M30; 程序结束
```

3. 工件加工

将程序输入机床数控系统，校验无误后对刀设置刀具偏置参数，加工出合格的零件。

【训练与提高】

1. 加工如图 3-3-10 所示零件，毛坯尺寸为直径 40 mm×50 mm，材料为 45 钢。试编制零件加工程序。

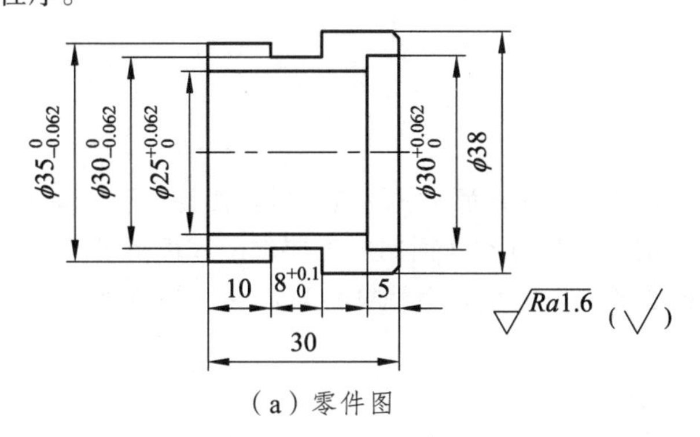

(a) 零件图　　(b) 实物图

图 3-3-10　孔加工实例

2. 加工如图 3-3-11 所示零件，毛坯尺寸为 ϕ20 mm×70 mm，材料为 45 钢。试用 G74 指令编制深孔加工程序。

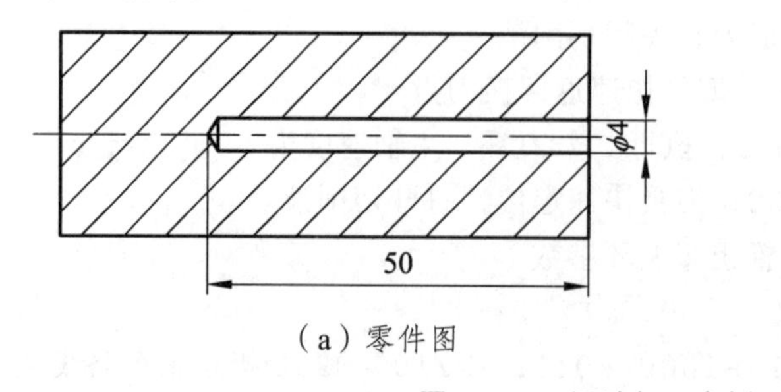

（a）零件图　　（b）实物图

图 3-3-11　深孔加工实例

3. 加工如图 3-3-12 所示零件，毛坯尺寸为 ϕ50 mm×60 mm，材料为 45 钢。试编制加工程序。

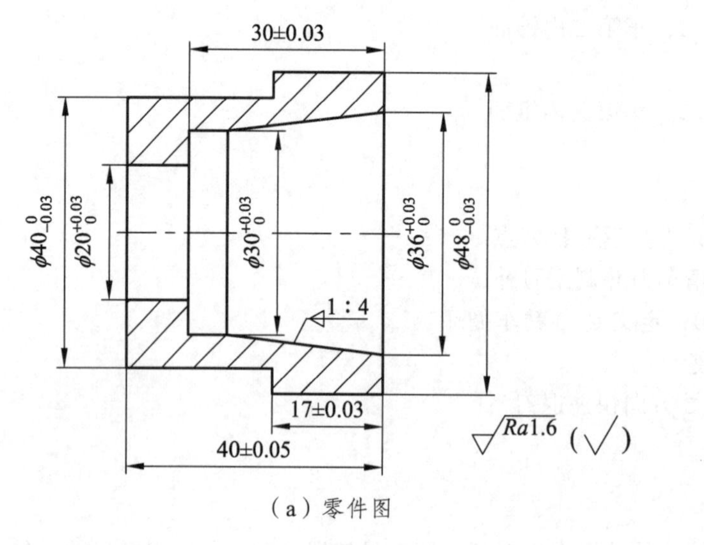

（a）零件图　　（b）实物图

图 3-3-12　零件加工实例

【任务实施】

一、实施过程

（一）制订加工工艺

1. 零件图工艺分析

图 3-3-1 所示零件表面由内外圆柱面、内圆锥面、顺圆弧、逆圆弧及外螺纹等表面组成，其中多个直径尺寸与轴向尺寸有较高的尺寸精度和表面粗糙度要求。零件图尺寸标注完整，符合数控加工尺寸标注要求，轮廓描述清楚、完整。零件材料为 45 钢，切削加工性能较好，无热处理和硬度要求。

通过上述分析，采取以下几点工艺措施：

（1）零件图样上带公差的尺寸，因公差值较小，故编程时不必取其平均值，而取基本尺寸即可。

（2）左右端面均为多个尺寸的设计基准，相应工序加工前，应先将左右端面车出来。

（3）内孔尺寸较小，镗锥度为 1∶20 锥孔、ϕ32 mm 孔及 15°斜面时需掉头装夹。

2. 确定装夹方案

加工内孔时以外圆定位，用三爪自定心卡盘夹紧。加工外轮廓时，为保证一次安装加工出全部外轮廓，需要设一圆锥心轴装置（见图 3-3-13 中双点画线部分），用三爪自定心卡盘夹持心轴左端，心轴右端留有中心孔并用尾座顶尖顶紧，以提高工艺系统的刚性。

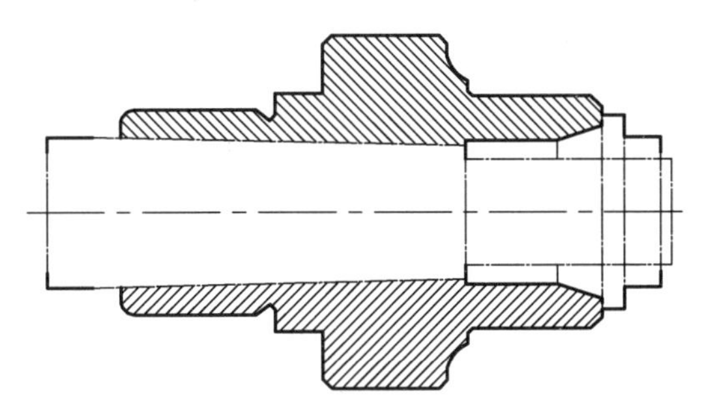

图 3-3-13　外轮廓车削装夹方案

3. 确定加工顺序及走刀路线

加工顺序按由内到外、由粗到精、由近到远的原则确定，在一次装夹中尽可能加工出较多的工件表面。结合本零件的结构特征，可先加工内孔各表面，然后加工外轮廓表面。

由于该零件为单件小批量生产，走刀路线设计不必考虑最短进给路线或最短空行程路线，外轮廓表面车削走刀路线可按零件轮廓顺序进行，如图 3-3-14 所示。在确定换刀点时，要避免刀具与工件、尾座、防护罩等机床部件发生干涉现象。

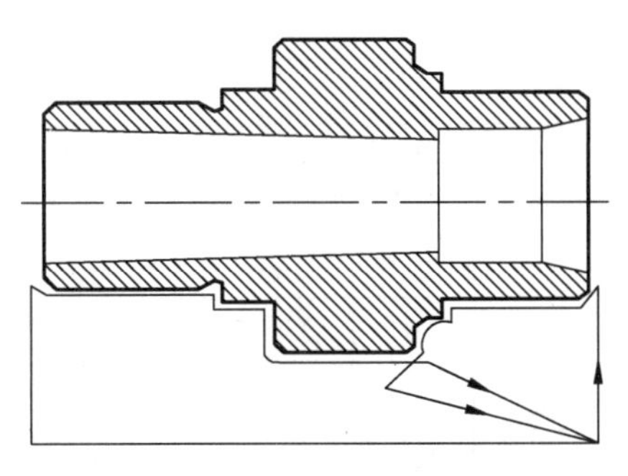

图 3-3-14　外轮廓加工走刀路线

4. 刀具选择

将所选定的刀具参数填入表 3-3-3 中，以便编程和操作管理。

车削外轮廓时，为防止副后刀面与工件表面发生干涉，应选择较大的副偏角，必要时可作图检验。本例中选 k_r'=55°。

表 3-3-3　刀具选择

产品名称或代号		× × × ×	零件名称	轴承套	零件图号	× × × ×
序号	刀具号	刀具名称	数量	加工表面	刀尖半径/mm	刀具规格/mm
1	T01	45°硬质合金端面车刀	1	车端面	0.4	25×25
2	T02	ϕ5 mm 中心钻	1	ϕ5 mm 中心孔	—	—
3	T03	ϕ26 mm 钻头	1	钻底孔	—	
4	T04	镗刀	1	镗内孔各表面	0.4	20×20
5	T05	93°右偏刀	1	从右至左车外表面	0.3	25×25
6	T06	93°左偏刀	1	从左至右车外表面	0.2	25×25
7	T07	60°外螺纹车刀	1	车 M45 螺纹	0.1	25×25
编制 ×××	审核 ×××	批准 ×××		××年×月×日	共×页	第×页

5. 切削用量的选择

根据被加工表面质量、刀具材料和工件材料等要求，参考切削用量手册或有关资料，选取切削速度与每转进给量，然后根据式 $v_c = \frac{\pi dn}{1000}$（m/min）和式 $v_f = nf$（mm/min）计算主轴转速与进给速度（计算过程略），将计算结果填入表 3-3-4 工艺卡片中。

6. 填写加工工艺卡片

将前面分析的各项内容综合成表 3-3-4 所示的数控加工工艺卡片。

表 3-3-4　轴承套数控加工工艺卡片

单位名称	××××	产品名称或代号		零件名称		零件图号	
		××××		轴承套		××	
工序号	程序编号	夹具名称		使用设备		车间	
001	××	三爪卡盘和制心轴		CK6140		数控中心	
工步号	工步内容	刀具号	刀具规格/mm	主轴转速/(r/min)	进给速度/(mm/min)	背吃刀量/mm	备注
1	平端面	T01	25×25	320		1	手动
2	钻 ϕ5 mm 中心孔	T02	ϕ5	950		2.5	手动
3	钻底孔	T03	ϕ26	200		1.3	手动
4	粗镗 ϕ32 mm 内孔、15°斜面及 0.5×45°倒角	T04	20×20	300	40	0.8	自动
5	精镗 32 mm 内孔、15°斜面及 0.5×45°倒角	T04	20×20	400	20	0.2	自动
6	掉头装夹，粗镗 1∶20 锥孔	T04	20×20	300	40	0.8	自动
7	精镗 1∶20 锥孔	T04	20×20	400	20	0.2	自动
8	心轴装夹，从右至左粗车外轮廓	T05	25×25	600	100	1	自动

续表

工步号	工步内容	刀具号	刀具规格/mm	主轴转速/(r/min)	进给速度/(mm/min)	背吃刀量/mm	备注
9	从右至左精车外轮廓	T05	25×25	600	100	1	自动
10	从左至右粗车外轮廓	T06	25×25	800	60	0.5	自动
11	从左至右精车外轮廓	T06	25×25	800	800	0.5	自动
12	卸心轴，改为三爪装夹，粗、精车 M45 螺纹	T07	25×25	600	600		自动
编制 ×××	审核 ×××	批准	×××	××年×月×日	共×页	第×页	

（二）相关计算

1. 左端内锥起点 X 坐标

$$X = 32 + 2\times10\tan15° = 32 + 5.359 = 37.359\ (\text{mm})$$

2. 1∶20 锥体左端 X 坐标

$$X = 32 - \left(\frac{1}{20}\times78\right) = 28.1\ (\text{mm})$$

3. 右端 $R2$ 和 45°锥体的交点坐标

$$X = 45 - 2R\sin45° = 45 - 2.828 = 42.172\ (\text{mm})$$

$$Z = -(30.172 + R\cos45°) = -31.586\ (\text{mm})$$

4. 螺纹大径和小径

螺纹大径：

$$d_{大} = D - 0.13P = 45 - 0.13\times1.5 \approx 44.8\ (\text{mm})$$

螺纹小径：

$$d_{小} = D - 1.08P = 45 - 1.08\times1.5 \approx 43.38\ (\text{mm})$$

（三）编制加工程序

1. 左端内孔加工程序

```
O8001; 程序名
N5 G98 M03 S300; 每分钟进给，主轴正转，转速为 300 r/min
N10 T0404 M08; 切削液开，选 4 号刀，执行 4 号刀补
N20 G00 X24.0 Z5.0; 快速靠近工件
N30 G71 U0.8 R0.5; 设置粗加工循环参数
N40 G71 P50 Q120 U-0.2 W0 F40;
N50 G01 G41 X37.359 D01 F20; 精加工第一句，并建立刀尖半径左补偿
N60 Z0; 锥体起始点
```

```
N70 X32.0 Z-10.0; 精车锥体
N80 Z-29.5; 精车 ø32 mm 内孔
N90 G03 X31.0 Z-30.0 R0.5; 精车 R0.5 mm 圆弧
N100 G01 X30.55; 精车端面
N110 X29.55 Z-30.5; 精车 C0.5 倒角
N120 X24.0;  X 向退刀
N130 G70 P50 Q120 S400; 精车循环，主轴转速为 400 r/min
N140 G00 G40 X20.0 Z50.0; 退至安全点，并取消刀尖半径左补偿
N150 M30; 程序结束
```

利用 G71 指令编制内孔加工程序时，Z 向精加工余量为负值，其他参数与外轮廓加工相同。

2. 右端内孔加工程序

```
O8002; 程序号
N5 G98 M03 S300; 每分钟进给，主轴正转，转速为 300 r/mm
N10 M08 T0404; 切削液开，选 4 号刀，执行 4 号刀补
N20 G00 X24.0 Z5.0; 快速靠近工件
N30 G71 U0.8 R0.5; 设置粗加工循环参数
N40 G71 P50 Q80 U-0.2 W0 F40;
N50 G01 G41 X32.0 D01 F20; 精加工第一句，并建立刀尖半径左补偿
N60 Z0; 锥体起始点
N70 X28.1 Z-78.0; 精车 1∶20 锥体
N80 X24.0;  X 向退刀
N90 G70 P50 Q80 S400; 精车循环
N100 G00 G40 X20.0 Z50.0 退至安全点，并取消刀尖半径左补偿
N110 M30; 程序结束
```

3. 外轮廓加工程序

```
O8003 ; 程序号
N5 G98 M03 S300; 每分钟进给，主轴正转，转速为 300 r/min
N10 T0404 M08; 切削液开，选 4 号刀，执行 4 号刀补
N20 G00 X82.0 Z1.0; 快速靠近工件
N30 G71 U2.0 R0.5; 设置右端粗车循环参数
N40 G71 P50 Q90 U1.0 W0 F100;
N50 G00 X45.0;  X 向进刀
N60 G01 Z-35.0; 车 ø45 mm 外圆
N70 X52.0;  X 向退刀
N80 Z-45.0; 车 ø52 mm 外圆
N90 X82.0;  X 向退刀
N100 G73 U2.0 W0 R2; 固定形状循环
```

N110 G73 P120 Q220 U0.5 W0 F100 ;　X 向余量为 0.5 mm，Z 向为 0 mm
N120 G00 G42 X39.0；精加工第一句，并建立刀尖半径右补偿
N130 G01 X45.0 Z-2.0；倒 C2 角
N140 Z-30.172；精车 ⌀45 mm 外圆
N150 X42.172 Z-31.586；精车 45°锥体
N160 G02 X45.0 Z-35.0 R2.0；精车 R2 mm 圆弧
N170 G01 X48.0；精车端面
N180 X52.0 Z-37.0；倒 C2 角
N190 Z45.0 ；精车 ⌀52 mm 外圆
N200 X74.0；精车端面
N210 X80.0 Z-45.0；倒 C2 角
N220 X82.0；　X 向退刀
N230 G70 P120 Q220 S800 F60；设置精加工循环参数
N240 G00 G40 X150.0 Z2.0；退至安全点，取消刀尖圆弧半径补偿
N250 M03 S600 T0606；换 6 号刀具，执行 6 号刀补
N260 G00 X82.0 Z-109.0；快速靠近工件
N270 G71 U2.0 R0.5；粗车循环
N280 G71 P290 Q360 U0.5 W0 F100 ;　X 向余量为 0.5 mm，Z 向余量为 0 mm
N290 G00 G41 X44.0;　X 向进刀，并建立刀尖圆弧半径左补偿
N300 G01 X50.0 Z-106.0；倒 C2 角
N310 Z-78.0；精车 ⌀50 mm 外圆
N320 X58.0；精车端面
N330 G03 X68.0 Z-73.0 R5.0；精车 R5 mm 圆弧
N340 G01 X74.0；精车端面
N350 X78.0 Z-71.0；倒 C2 角
N360 Z-44.0；精车 ⌀78 mm 外圆
N370 X82.0；　X 向退刀
N380 G70 P290 Q370 S800 F60；设置左端精车循环参数
N390 G00 G40 X150.0 Z2.0；快速退至安全点，取消刀尖圆弧半径左补偿
N400 M30；程序结束

4. 螺纹加工程序

O8004；程序名
N10 G98 M03 S600；主轴正转，转速为 600 r/min
N20 M08 T0707；切削液开，选 7 号刀具，执行 7 号刀补
N30 G00 X46.0 Z3.0；快速靠近工件
N40 G01 X44.8 F100;　X 向进刀
N50 Z-31.0；车削 ⌀45 mm，外圆至 ⌀44.8 mm
N60 X46.0;　X 向退刀

```
N70 Z3.0;  Z向退刀
N80 G92 X44.0 Z-32.0 F1.5；螺纹循环，第一次切入0.8 mm
N90 X43.5；第二次切入0.5 mm
N100 X43.38；第三次切入0.12 mm
N110 G00 X100.0 Z50.0；退至安全点
N120 M30；程序结束
```

（四）工件加工

将编写的程序输入机床数控系统，校验无误后加工出合格的零件。

二、展示评比

各小组派出代表进行展示，组间交叉评比，填写表3-3-5。

表3-3-5 评比过程记录

序号	评比要点	优缺点	评比分值	备注
1	文字表达是否清晰、完整			
2	知识内容是否全面、正确			
3	学习组织是否有序、高效			
4	其他			
综合评分				

【任务小结与评价】

一、任务小结与反思

二、任务评价

表 3-3-6　评价表

班级			学号		
姓名			综合评价等级		
指导教师			日期		
评价项目	序号	评价内容	评价方式		
			自我评价	小组评价	教师评价
团队表现（40 分）	1	任务评比综合评分，配分 20 分			
	2	任务参与态度，配分 8 分			
	3	参与任务的程度，配分 6 分			
	4	在任务中发挥的作用，配分 6 分			
个人学习表现（50 分）	5	学习态度，配分 10 分			
	6	出勤情况，配分 10 分			
	7	课堂表现，配分 10 分			
	8	作业完成情况，配分 20 分			
个人素质（10 分）	9	作风严谨、遵章守纪，配分 5 分			
	10	安全意识，配分 5 分			
合计					
综合评分					

注：各评分项按“A”（0.9 ~ 1.0）、“B”（0.8 ~ 0.89）、“C”（0.7 ~ 0.79）、“D”（0.6 ~ 0.69）、“E”（0.1 ~ 0.59）及“0”分配分；如学习态度项、出勤项、安全项评 0 分，总评为 0 分。

【任务拓展】

1. 加工如图 3-3-15 所示套类零件，毛坯尺寸为 ϕ50 mm×60 mm，材料为 45 钢。

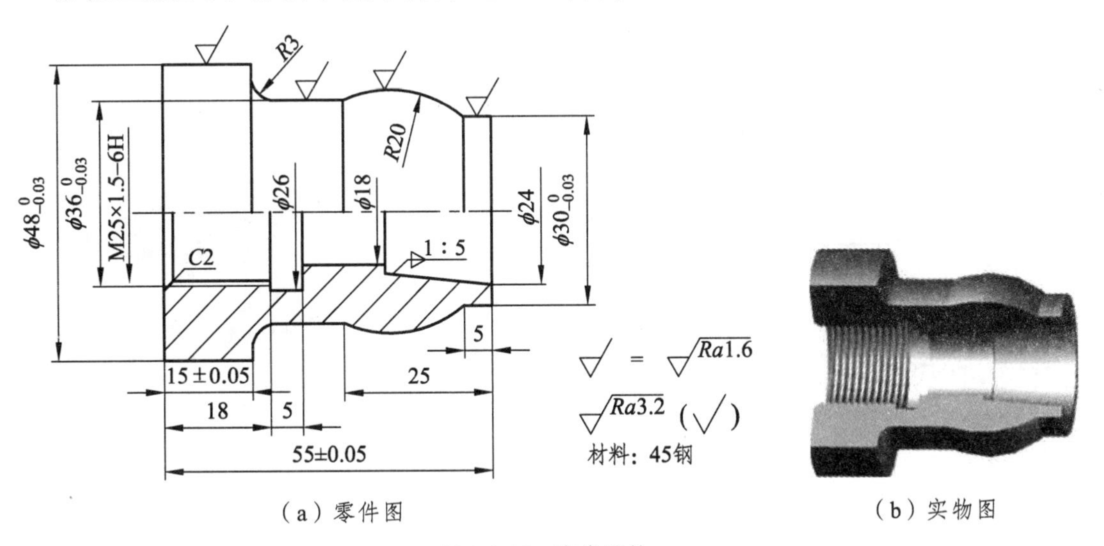

（a）零件图　　（b）实物图

图 3-3-15　套类零件一

2. 加工如图 3-3-16 所示套类零件，毛坯尺寸为 ϕ50 mm×55 mm，材料为 45 钢。

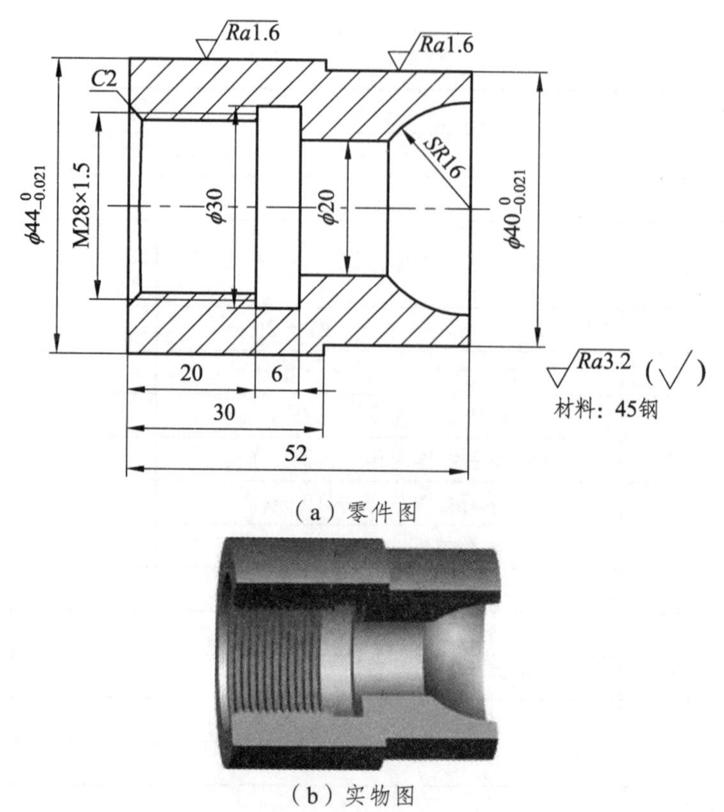

（a）零件图

（b）实物图

图 3-3-16　套类零件二

3. 加工如图 3-3-17 所示套类零件，毛坯尺寸为 ϕ55 mm×15 mm，材料为 45 钢。

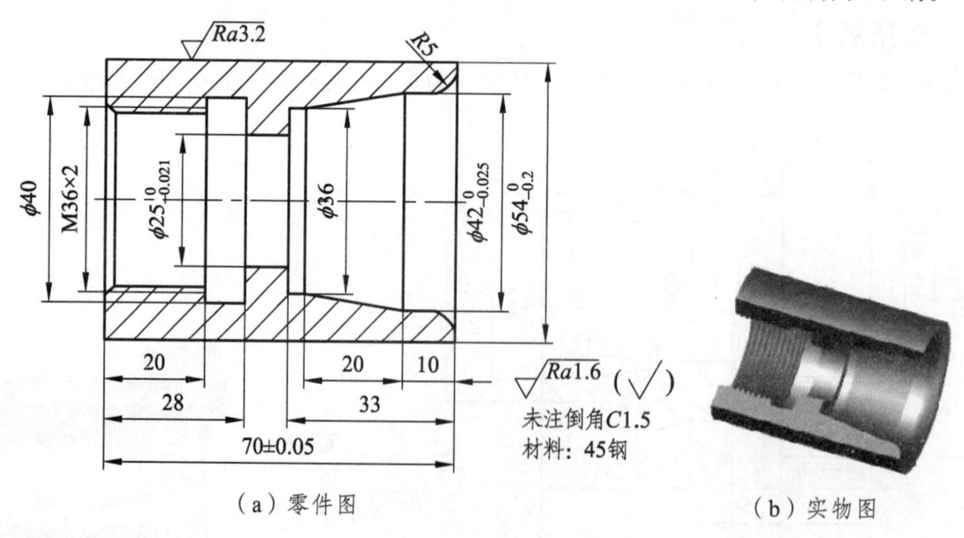

（a）零件图

（b）实物图

图 3-3-17　套类零件三

项目总结和评价

【学习目标】

1. 能够以小组形式对学习过程和项目成果进行汇报总结。
2. 完成对学习过程的综合评价。

【学习课时】

2 课时。

【学习过程】

一、任务总结

以小组为单位，自己选择展示方式向全班展示、汇报学习成果。

表 3-4-1　总结报告

组名：	组长：
组员：	
总结内容	
项目	内容
组织实施过程	
归纳学习内容	
总结学习心得	
反思学习问题	

二、展示评比

各小组派出代表进行展示，组间交叉评比，填写表 3-4-2。

表 3-4-2　评比过程记录

序号	评比要点	优缺点	评比分值	备注
1	文字表达是否清晰、完整			
2	知识内容是否全面、正确			
3	学习组织是否有序、高效			
4	其他			
综合评分				

三、综合评价

表 3-4-3　评价表

<table>
<tr><td rowspan="2">评价项目</td><td rowspan="2">评价内容</td><td rowspan="2">评价标准</td><td colspan="3">评价方式</td></tr>
<tr><td>自我评价</td><td>小组评价</td><td>教师评价</td></tr>
<tr><td rowspan="3">职业素养</td><td>安全意识、责任意识</td><td>A. 作风严谨，自觉遵章守纪，出色完成工作任；
B. 能够遵守规章制度，较好地完成工作任务素养；
C. 遵守规章制度，没完成工作任务或完成工作任务，但忽视规章制度；
D. 不遵守规章制度，没完成工作任务</td><td></td><td></td><td></td></tr>
<tr><td>学习态度</td><td>A. 积极参与教学活动，全勤；
B. 缺勤达本任务总学时的 10%；
C. 缺勤达本任务总学时的 20%；
D. 缺勤达本任务总学时的 30%</td><td></td><td></td><td></td></tr>
<tr><td>团队合作</td><td>A. 与同学协作融洽，团队合作意识强；
B. 与同学能沟通，协同工作能力较强；
C. 与同学能沟通，协同工作能力一般；
D. 与同学沟通困难，协同工作能力较差</td><td></td><td></td><td></td></tr>
<tr><td rowspan="3">学习过程</td><td>学习活动一</td><td>A. 按时、完整地完成工作页，问题回答正确，图纸绘制准确；
B. 按时、完整地完成工作页，问题回答基本正确，图纸绘制基本准确；
C. 未能按时完成工作页，或内容遗漏、错误较多；
D. 未完成工作页</td><td></td><td></td><td></td></tr>
<tr><td>学习活动二</td><td>A. 学习活动评价成绩为 90～100 分；
B. 学习活动评价成绩为 75～89 分；
C. 学习活动评价成绩为 60～74 分；
D. 学习活动评价成绩为 0-59 分</td><td></td><td></td><td></td></tr>
<tr><td>学习活动三</td><td>A. 学习活动评价成绩为 90～100 分；
B. 学习活动评价成绩为 75～89 分；
C. 学习活动评价成绩为 60～74 分；
D. 学习活动评价成绩为 0～59 分</td><td></td><td></td><td></td></tr>
<tr><td colspan="2">创新能力</td><td>学习过程中提出具有创新性、可行性的建议</td><td colspan="3">加分奖励：</td></tr>
<tr><td colspan="2">班级</td><td></td><td>学号</td><td colspan="2"></td></tr>
<tr><td colspan="2">姓名</td><td></td><td>综合评价等级</td><td colspan="2"></td></tr>
<tr><td colspan="2">指导教师</td><td></td><td>日期</td><td colspan="2"></td></tr>
</table>

项目四 数控铣削工艺与编程

【知识目标】

1. 能够明确学习任务要求，进行分工协作。
2. 了解数控铣削的加工范围及铣削三要素。
3. 了解铣床夹具的应用。
4. 了解数控铣床编程特点、数控铣削工艺特点、数控铣加工工艺路线。
5. 熟悉数控铣床坐标系、数控铣床程序格式及数控程序的基本指令。
6. 熟悉 FANUC 0i 数控铣床操作面板、FANUC 0i 数控系统操作及机床的基本操作。
7. 掌握坐标系指令 G92、G54 ~ G59、G54.1 ~ G54.48、G52、G53、尺寸指令 G20/G21、进给速度单位的设定指令 G94/G95 的格式及应用。
8. 掌握基本指令 G00、G01、G90、G91、G28、G29 的格式及应用。
9. 掌握圆弧插补和切削平面选择指令（G02/G03 和 G17/G18/G19）、刀具半径偏置（G40/G41/G42）、刀具长度偏置（G43/G44/G49）的格式及应用。
10. 掌握子程序的格式、子程序的调用。
11. 掌握极坐标指令（G16/G15）、坐标旋转指令（G68/G69）、可编程镜像指令（G50.1/G51.1）、可编程比例缩放指令（G50/G51）的格式及应用。
12. 掌握孔加工方法的选择。
13. 掌握孔加工路线的确定方法。
14. 掌握暂停指令 G04、固定循环指令（G73、G74、G76、G80 ~ G89）、返回初始平面 G98 和返回 R 平面指令 G99 的格式及应用。

【技能目标】

1. 能够正确选用铣床常用的刀具。
2. 能够在数控铣床上正确对刀。
3. 能够正确制订数控铣削工艺规程。
4. 具备安全文明生产常识。
5. 能够正确选用各类指令。
6. 能够正确运用中心钻、麻花钻头和丝锥、镗孔刀加工各类孔。
7. 能够应用各类指令正确编制零件的加工程序。

【学时】

14 课时。

【学习计划】

一、人员分工

表 4-0-1　小组成员及分工

姓名	分工

二、制订学习计划

1. 梳理学习目标

2. 学习准备工作

（1）学习工具及着装准备。

（2）梳理学习问题。

三、评　价

以小组为单位，展示本组制订的学习计划，然后在教师点评基础上对学习计划进行修改完善，并根据表 4-0-2 评分标准进行评分。

表 4-0-2　评分表

评价内容	分值	评分		
		自我评价	小组评价	教师评价
学习议题是否有条理	10			
议题是否全面、完善	10			
人员分工是否合理	10			
学习任务要求是否明确	20			
学习工具及着装准备是否正确、完整	20			
学习问题准备是否正确、完整	20			
团结协作	10			
合计	100			

任务一　数控铣加工工艺

【学时】

4 课时。

【学习目标】

知识目标：

1. 能够明确学习任务要求，进行分工协作。
2. 了解数控铣削的加工范围及铣削三要素。
3. 了解铣床夹具的应用。
4. 了解数控铣床编程特点、数控铣削工艺特点、数控铣加工工艺路线。
5. 熟悉数控铣床坐标系、数控铣床程序格式及数控程序的基本指令。
6. 熟悉 FANUC 0i 数控铣床操作面板、FANUC 0i 数控系统操作及机床的基本操作。

技能目标：

1. 能够正确选用铣床常用的刀具。
2. 能够在数控铣床上正确对刀。
3. 能够正确制订数控铣削工艺规程。
4. 具备安全文明生产常识。

【任务描述】

如图 4-1-1、图 4-1-2 所示零件尺寸为 60 mm×60 mm×20 mm，材料为 45 钢。零件是由两两相互平行的六个面组成的简单正六面体，正六面体长、宽、高三个方向的尺寸公差均为 0.25 mm，尺寸精度要求较高，请合理安排数控铣削加工工艺，制订出合理的提高尺寸精度的工艺方法，以满足零件尺寸精度要求。

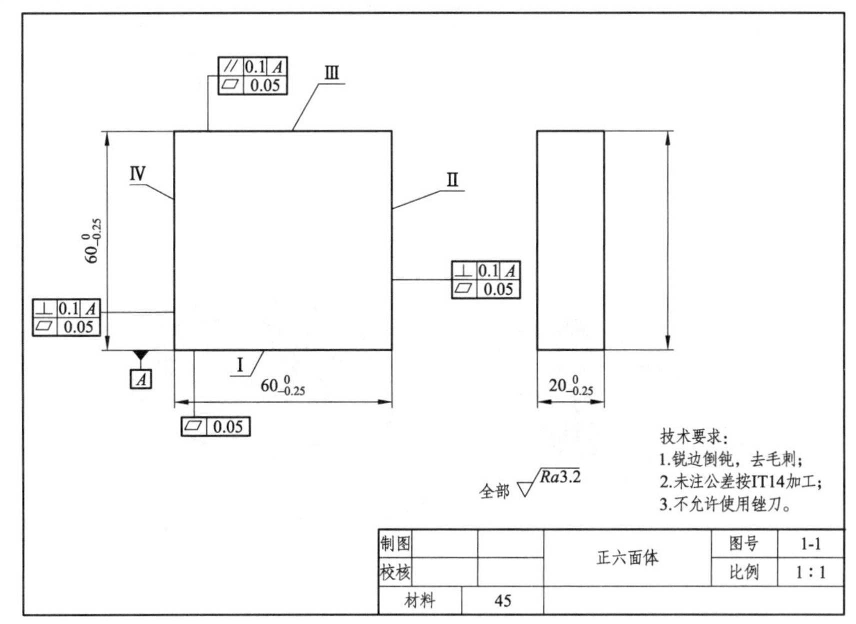

图 4-1-1　正六面体零件图

图 4-1-2　正六面体零件三维图

【知识链接】

一、数控铣削基础

（一）数控铣削加工范围

数控铣削加工范围如图 4-1-3 所示。

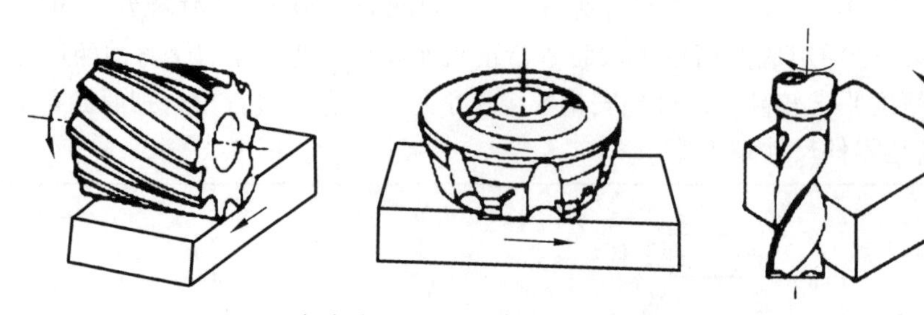

（a）加工平面（台阶面、侧面）

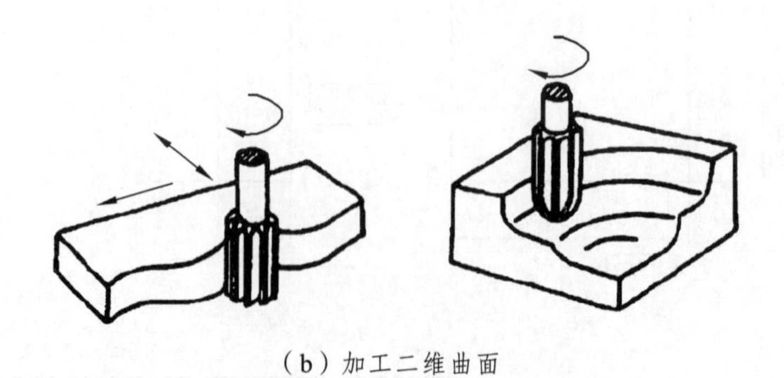

（b）加工二维曲面

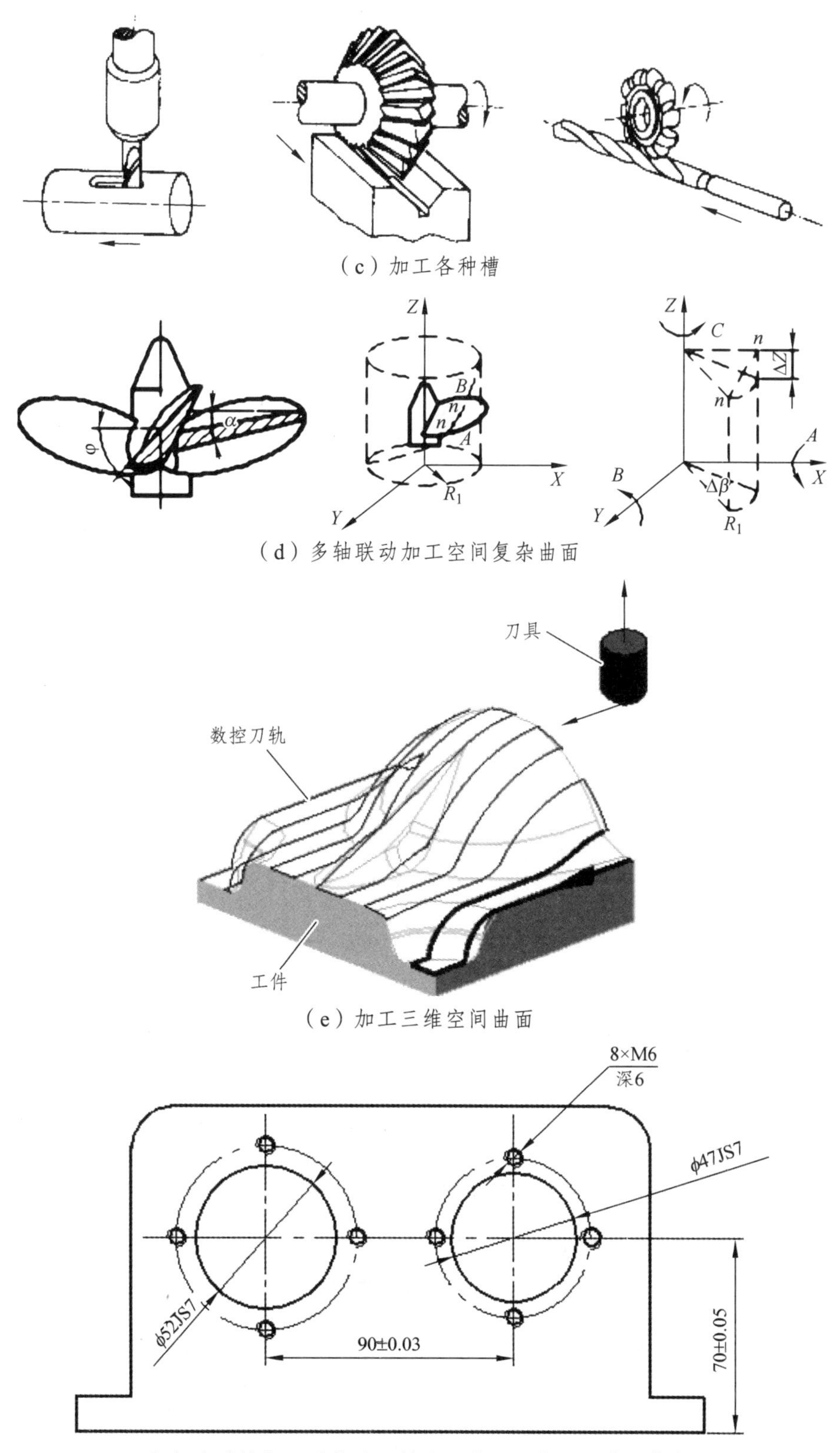

（c）加工各种槽

（d）多轴联动加工空间复杂曲面

（e）加工三维空间曲面

（f）孔系的加工（钻孔、扩孔、镗孔、铰孔、攻丝等）

图 4-1-3　数控铣削加工范围

（二）数控铣削运动

在切削加工中，工件表面的形状、尺寸及相互位置关系是通过刀具相对于工件的运动形成的，其运动可分为切削运动（表面形成运动）和辅助运动两类。切削运动是使工件获得所要求的表面形状和尺寸的运动，是机床最基本的运动，按其在切削加工中所起作用的不同，一般分为主运动和进给运动；辅助运动主要包括刀具、工件、机床部件位置的调整，工件分度、刀架转位、送夹料，启动、变速、停止和自动换刀等运动（见图 4-1-4）。

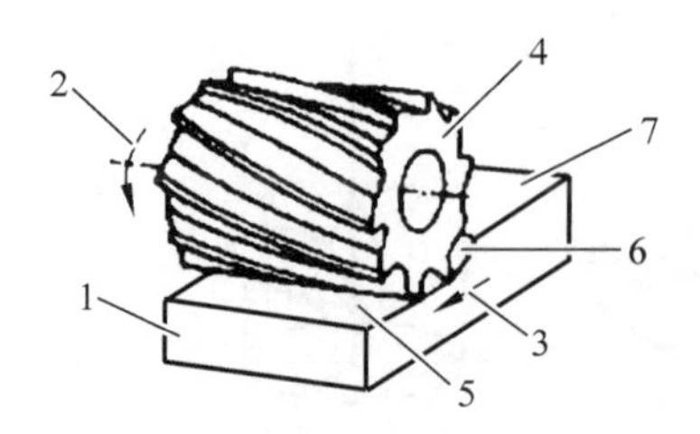

1—工件；2—主运动；3—进给运动；4—铣刀；5—已加工表面；6—过渡表面；7—待加工表面。

图 4-1-4　铣削加工工件表面形成

1. 主运动

主运动是指直接切除工件上的多余材料，以形成需要的工件新表面的基本运动。主运动通常是切削运动中速度最高、消耗功率最多的运动。主运动是衡量一台机床切削材料能力的一个重要指标，它一般用主电机的功率和转速来衡量。铣床上的主运动是指铣刀的旋转运动。

2. 进给运动

进给运动是将切削层间歇地或连续地投入切削，以逐渐完成整个工件表面的运动，在铣削加工中，进给运动一般包括 X、Y、Z 三个坐标轴的运动。进给运动的特点是速度相对较低，耗损的功率也少。

3. 表面成形运动

在实际加工过程中，主运动和进给运动一般总是同时进行的，此时刀具切削刃上选定点与工件间的相对运动是主运动和进给运动的合成运动，即表面成形运动。在表面成形运动过程中，工件处于被加工状态，工件上有三个不断变化着的表面（见图 4-1-5），即

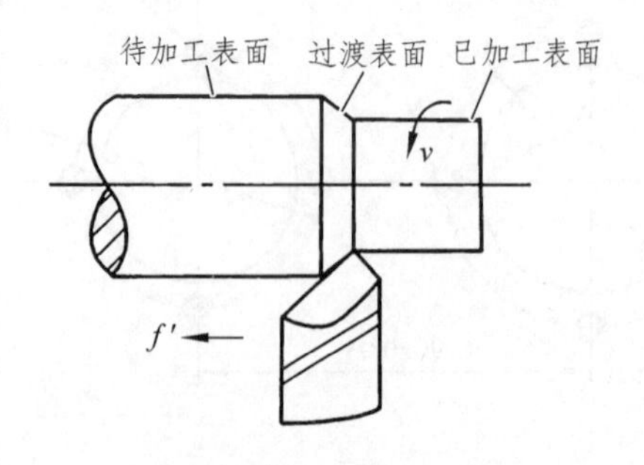

图 4-1-5　表面成形运动

（1）已加工表面：工件上经刀具切除材料后产生的新表面。

（2）过渡表面：切削刃正在切削着的表面。

（3）待加工表面：即将被切除切削层的表面。

4. 铣削三要素

切削用量三要素是指切削速度 v_c、进给量 f 和背吃刀量（切削深度）a_p，如图 4-1-6 所示。

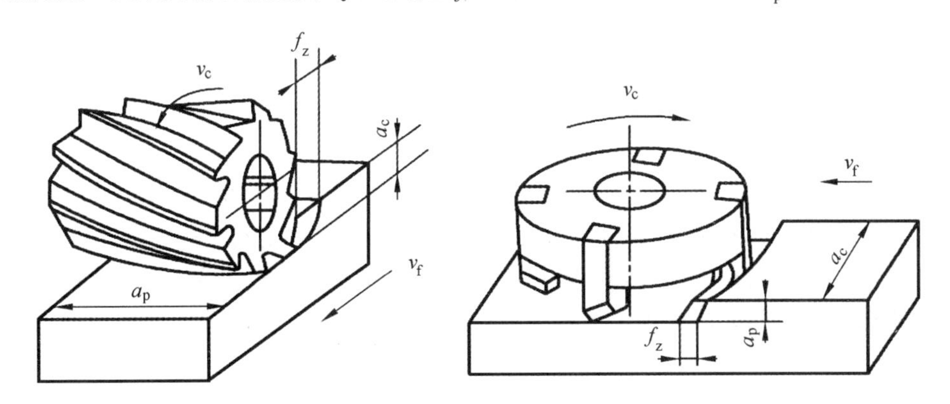

图 4-1-6 圆柱铣削和端铣的铣削用量

1）切削速度 v_c

主运动的线速度称为切削速度。由于铣床的主运动是指铣刀的旋转运动，故铣削的切削速度是指铣刀外圆上刀刃运动的线速度。

$$v_c = \pi dn/1\,000\ (\text{m/min})$$

式中 d——铣刀的直径，mm；

n——铣刀的转速，r/min。

在加工过程中，习惯的做法是将切削速度 v_c 折算成机床的主轴转速 n。在数控铣床中，用“S”后加不同的数字来设定主轴转速。

2）进给量

进给运动速度的大小称为进给量，它一般有三种表示方法，即

（1）每齿进给量 f_z。铣刀每转过一齿，工件沿进给方向所移动的距离（mm/z）。

（2）每转进给量 f。铣刀每转过一转，工件沿进给方向所移动的距离（mm/r）。

（3）每分钟进给量 v_f。铣刀每旋转一分钟，工件沿进给方向所移动的距离（mm/min）。

上述三种进给量的关系如下：

$$v_f = nf = nzf_z$$

式中 z——铣刀齿数。

3）背吃刀量（切削深度）

铣削时铣刀的吃刀量包括背吃刀量 a_p 和侧吃刀量 a_e。背吃刀量 a_p 是指切削过程中沿刀具轴线方向工件被切削的切削层尺寸（mm），侧吃刀量 a_e 是指垂直于刀具轴线方向和进给运动方向所在平面的方向上工件被切削的切削层尺寸（mm）。

（三）铣床夹具

1. 铣床夹具的基本要求

在数控铣削加工中一般不使用很复杂的夹具，只要求简单地定位、夹紧就可以了，其基本要求如下：

（1）为保证工件在本工序中所有需要完成的待加工面充分暴露在外，以方便加工，夹具要尽可能开敞，同时考虑机床主轴与工作台面之间的最小距离和刀具的装夹长度，确保在主轴的行程范围内能使工件的加工内容全部完成，并防止夹具与铣床主轴套筒或刀套、刃具在加工过程中发生干涉。

（2）为保持零件的安装方位与机床坐标系及编程坐标系方向的一致性，夹具应保证在机床上实现定向安装，还要求协调零件定位面与机床之间保持一定的坐标联系。

（3）夹具的刚性与稳定性要好，选择合适的夹点数量及位置。尽量不采用在加工过程中更换夹紧点的设计，当必须在加工过程中更换夹紧点时，要特别注意不能因更换夹紧点而破坏夹具或工件的定位精度。

2. 铣床夹具的种类

数控铣削加工常用的夹具大致有以下几种：

（1）万能组合夹具。适合小批量生产或研制过程中的中小型工件在数控铣床上进行铣削加工。

（2）专用铣削夹具。这是特别为某一项或类似的几项工件设计制造的夹具，一般在年产量较大或研制时非用不可时采用。其结构固定，仅适用于一个具体零件的具体工序，这类夹具设计应力求简化，使制造时间尽量缩短。

（3）多工位夹具。可以同时装夹多个工件，可减少换刀次数，以便一面加工，一面装卸工件，有利于缩短辅助时间，提高生产率，较适合中批量生产。

（4）气动或液压夹具。适合 FMS 或生产批量较大的场合，采用其他夹具又特别费工，费力的工件，能减轻工人劳动强度和提高生产率，但此类夹具结构较复杂，造价往往很高，而且制造周期较长。

（5）通用铣削夹具。有通用可调夹具、虎钳、分度头和三爪卡盘等。

3. 数控铣床夹具的选用原则

在选用夹具时，通常需要考虑产品的生产批量、生产效率、质量保证及经济性，选用时可参考下列原则：

（1）单件生产或新产品研制时，应广泛采用万能组合夹具，只在组合夹具无法解决时才考虑采用其他夹具。

（2）小批量或成批生产时可考虑采用专用夹具，但应尽量简单。

（3）生产批量较大时可考虑采用多工位夹具和气动、液压夹具。

4. 铣床常用夹具

1）机用平口钳

在铣削形状比较规则的零件时常用机用平口钳装夹。机用平口钳是利用螺杆或其他机构使两钳口做相对移动而夹持工件的工具。如图 4-1-7 所示，它由底座、钳身、固定钳口和活动钳口以及使活动钳口移动的传动机构组成。

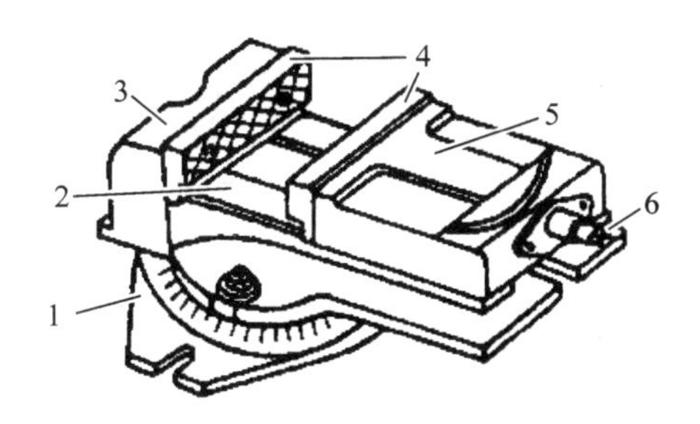

1—底座；2—钳身；3—固定钳口；4—钳口垫；5—活动钳口；6—螺杆。

图 4-1-7　机用平口钳的结构

2）**螺钉压板**

螺钉压板装夹工件是铣削加工的最基本方法，也是最通用的方法，使用时利用 T 形槽螺钉和压板将工件固定在机床工作台上即可（见图 4-1-8）。装夹工件时，需根据工件装夹精度要求，用百分表等找正工件，或使用其他的定位方式定位。

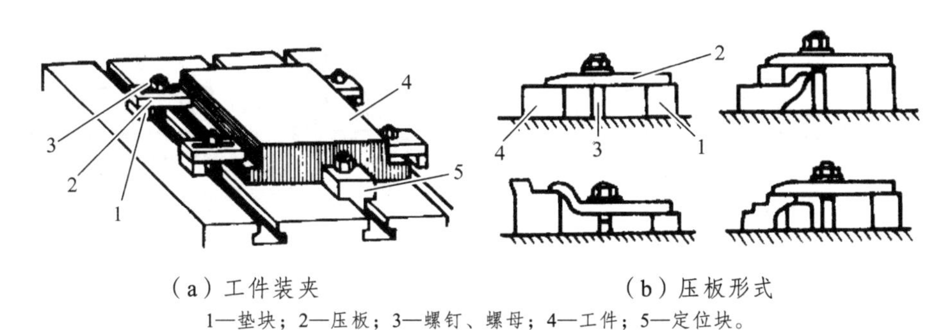

（a）工件装夹　　（b）压板形式

1—垫块；2—压板；3—螺钉、螺母；4—工件；5—定位块。

图 4-1-8　螺钉压板装夹工件

3）**铣床用卡盘**

当需要在数控铣床上加工回转体零件时，可以采用三爪卡盘装夹，对于非回转零件可采用四爪卡盘装夹。铣床用卡盘的使用方法与车床卡盘相似，使用时用 T 形槽螺栓将卡盘固定在机床工作台上即可。铣床用卡盘既可以卧式装夹，用于回转体零件的侧面加工，也可以立式装夹，用于铣削端面，在端面上加工各种孔、槽等。

4）**组合夹具**

组合夹具是机床夹具中一种标准化、系列化和通用化程度较高的工艺装备。它在新产品研制和单件、小批量生产方面有着很大的优越性，在数控铣床上使用组合夹具可以更好地提高生产率和经济效益。组合夹具是在专用夹具的基础上发展起来的一种夹具。按照用途的不同，组合夹具一般由基础件、支承件、定位件、导向件、压紧件、紧固件、其他件、合件八类构件组成（见图 4-1-9）。

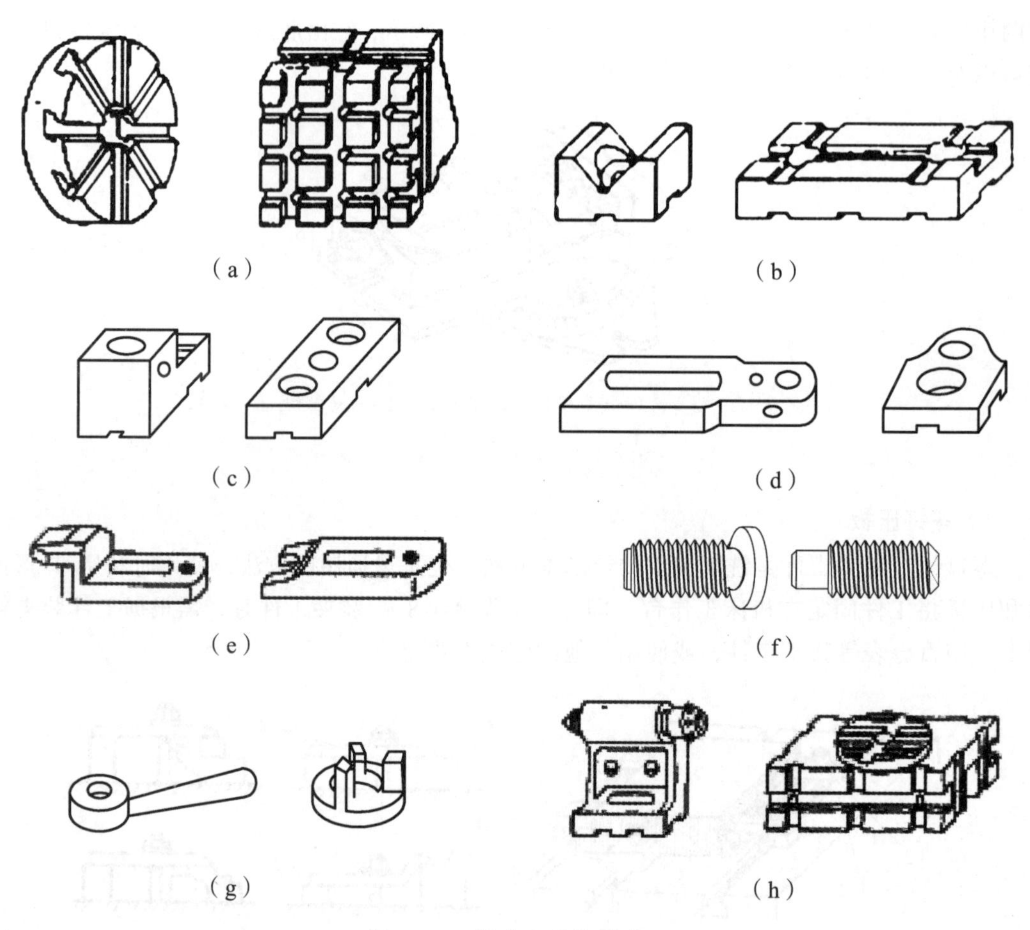

图 4-1-9　组合夹具的组成

(四) 铣床常用刀具

1. 铣刀种类

不管是什么形式的铣刀，从其基本组成上来看都包括两大部分，即参加切削的刀头部分和夹持刀具的刀柄部分。我们这里所说的刀具种类和刀具材料，一般指的是参加切削的刀头部分。

1）铣刀种类

铣刀从结构上可分为整体式和镶嵌式，镶嵌式可以分为焊接式和机夹式。机夹式根据刀体结构不同，可分为可转位和不转位。铣刀从其制造所采用的材料上可分为高速钢刀具、硬质合金刀具、陶瓷刀具、立方氮化硼刀具和金刚石刀具等。

2）常用铣刀

根据加工对象的不同，可选择不同类型的铣刀来完成切削任务。常见的铣刀有圆柱面铣刀、端面铣刀、立铣刀、键槽铣刀、三面刃铣刀、模具铣刀等，见表 4-1-1。

表 4-1-1　常用铣刀

序号	名称	用途	图例
1	圆柱铣刀	圆柱面铣刀主要用于卧式铣床加工平面	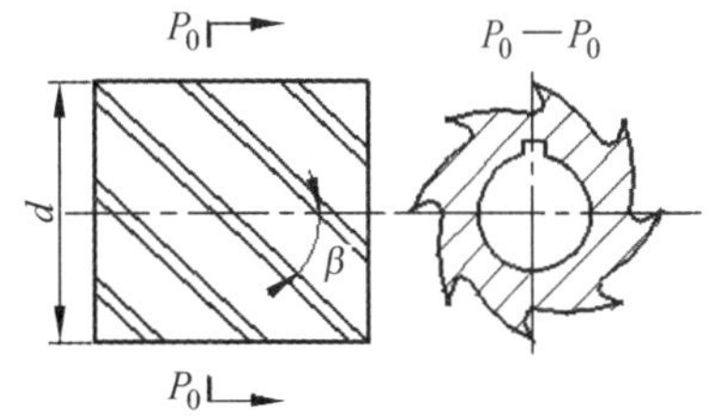
2	端面铣刀	端面铣刀主要用于立式铣床上加工平面、台阶面等	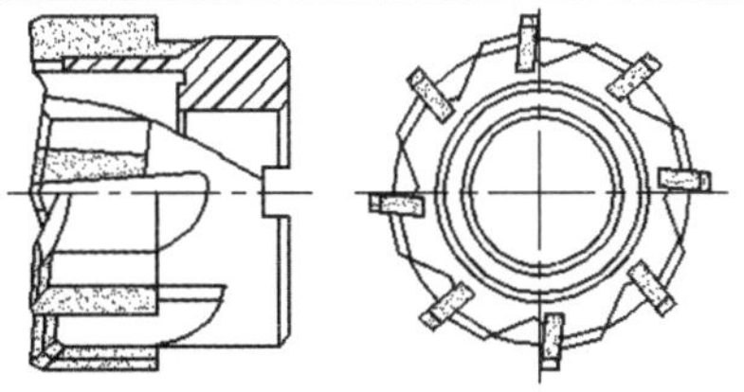
3	立铣刀	立铣刀主要用于立式铣床上加工凹槽、台阶面、成形面等	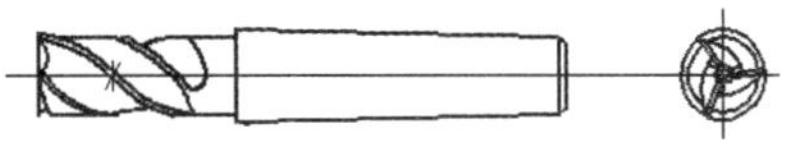
4	键槽铣刀	键槽铣刀主要用于立式铣床上加工（圆头）封闭键槽等	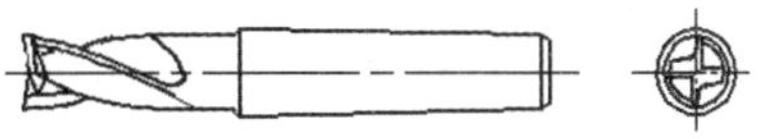
5	三面刃铣刀	三面刃铣刀主要用于卧式铣床上加工槽、台阶面等	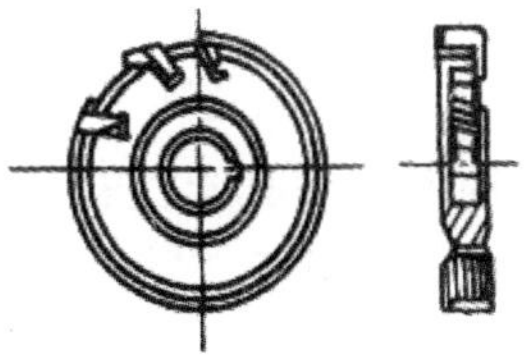
6	模具铣刀	模具铣刀主要用于立式铣床上加工模具型腔、三维成形表面等。模具铣刀按工作部分形状不同，可分为圆柱形球头铣刀、圆锥形球头铣刀和圆锥形立铣刀 3 种形式	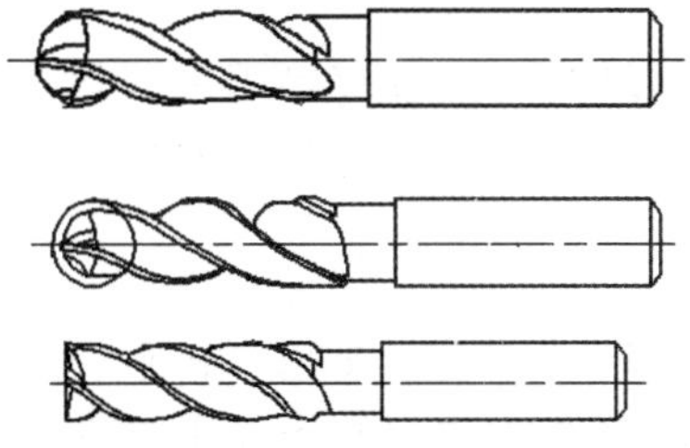

2. 常用铣刀材料

数控铣床用刀具材料可分为高速钢、硬质合金、涂层硬质合金、陶瓷、金刚石等。

（1）高速钢：高速钢是应用范围最广的一种工具钢，它具有很高的强度和韧性，可以承受较大的切削力和冲击，其硬度在 60 ~ 70 HRC。高速钢刀具主要用于加工非金属、铸铁、普通结构钢和低合金钢等。

（2）硬质合金：硬度、耐磨性、耐热性很高，但其韧性差，脆性大，承受冲击和振动能力低。它可以用来加工一般的钢等硬材料。

（3）涂层硬质合金：刀具在使用寿命和加工效率上也都比未使用涂层的硬质合金刀具有很大的提高。涂层刀具较好地解决了材料硬度及耐磨性与强度及韧性的矛盾。

（4）陶瓷刀具材料：其硬度、耐磨性比硬质合金高十几倍，适于加工冷硬铸铁和淬硬钢；

在 1 200 °C 高温下仍能切削，切削速度比硬质合金高 2 ~ 10 倍；陶瓷刀具最大的缺点是脆性大、强度低、导热性差。可对铸铁、淬硬钢等高硬材料进行精加工和半精加工。

（5）金刚石：金刚石具有极高的硬度，比硬质合金及切削用陶瓷高几倍。金刚石具有很高的导热性，刃磨非常锋利，粗糙度值小。金刚石刀具的缺点是强度低、脆性大，对振动敏感，与铁元素有强的亲和力。所以金刚石刀具主要用于加工各种有色金属，也用于加工各种非金属材料。

二、数控铣床编程基础

（一）数控铣床编程特点

1. 尺寸选用灵活

在一个程序中，根据被加工零件的图样标注尺寸，从方便编程的角度出发，可采用绝对尺寸编程、增量尺寸编程，也可以采用绝对、增量尺寸混合编程。

2. 固定循环功能

在编程时通过点定位并结合固定循环指令编程，可以进行钻孔、扩孔、铰孔和镗孔等加工，提高了编程工作效率。为简化编程，数控系统有不同形式的循环功能，可进行多次重复循环切削。

3. 直接按工件轮廓编程

在编程时利用刀具半径补偿指令，只需要按加工零件的实际轮廓进行编程，免除了对刀具中心轨迹的复杂计算。

4. 磨损补偿功能

当刀具磨损、更换新刀或刀具安装有误差时，可以利用刀具半径补偿指令和长度补偿指令，补偿刀具在半径、长度方向上的尺寸变化，不必重新编制加工程序。

5. 子程序调用功能

在加工程序中，如果存在某一固定程序且重复出现的情况，在编程时可以用调用子程序指令进行编程，并且在子程序中还可以嵌套下一级子程序，减少编程工作量。

6. 宏程序功能

在加工一些形状相似的系列零件，或加工非直线、圆弧组成的曲线时，可以采用宏程序进行编程，减少编程工作量。

（二）数控铣床坐标系

1. 机床坐标系

机床坐标系是机床上固有的坐标系，并设有固定的坐标原点，机床原点又称机械原点，如图 4-1-10 所示。对某一具体机床来说，在经过设计、制造和调整后，这个原点便被确定下来，它是机床上固定的点。

2. 机床参考点

为了正确地建立机床坐标系，通常在每个坐标轴的移动范围内设置一个参考点作为测量起点，它是机床坐标系中一个固定不变的极限点，其固定位置由各轴向的机械挡块来确定。一般数控机床开机后，通常要进行手动或自动（用 MDI 方式）回参考点以建立机床坐标系。

机床参考点可以与机床原点重合也可以不重合，通过参数指定机床参考点到机床原点的距离。

机床回到了参考点位置也就知道了该坐标轴的原点位置，找到所有坐标轴的参考点，机床坐标系就建立起来了。

机床参考点在数控机床制造厂产品出厂时，就已经调好并记录在机床使用说明书中供用户编程使用，一般情况下，不允许随意变动。

3. 工件坐标系与工件原点

工件坐标系是编程人员在编程时使用的，编程人员选择工件上的某一已知点为原点（也称工件原点、程序原点，见图 4-1-10），建立一个新的坐标系，称为工件坐标系。工件坐标系一旦建立便一直有效，直到被新的工件坐标系所取代。

工件坐标系的原点是人为设定的，设定的依据是要尽量满足编程简单，尺寸换算少，引起的加工误差小等条件。一般情况下，程序原点应选在设计基准或定位基准上。如对称零件或以同心圆为主的零件，编程原点应选在对称中心线或圆心上；*Z* 轴的工件原点通常选在工件的表面。

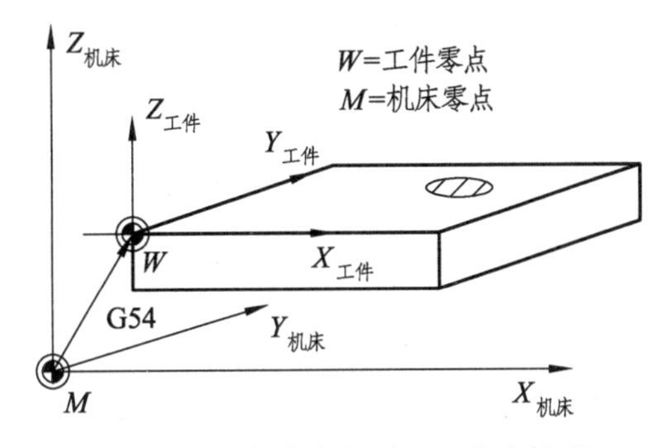

图 4-1-10　机床坐标系、工件坐标系

4. 数控铣床坐标系

如图 4-1-11 所示是典型的单柱立式数控铣床坐标系。刀具沿与地面垂直的方向上下运动，工作台带动工件在与刀具垂直的平面（即水平面）内运动。机床坐标系的 *Z* 坐标是刀具运动方向，并且刀具向上运动为正方向。当面对机床进行操作时，刀具相对工件的左右运动方向为 *X* 坐标，并且刀具相对工件向右运动（即工作台带动工件向左运动）时为 *X* 坐标的正方向。*Y* 坐标的方向可用右手法则确定。若以 *X'*、*Y'*、*Z'*表示工作台相对于刀具的运动坐标，而以 *X*、*Y*、*Z* 表示刀具相对于工件的运动坐标，则显然有 $x'=-x$、$y'=-y$、$z'=-z$。

5. 起刀点和换刀点的确定

起刀点是指在数控机床上加工工件时，刀具相对于工件运动的起始点。起刀点应选择在不妨碍工件装夹、不会与夹具相碰及编程简单的地方。

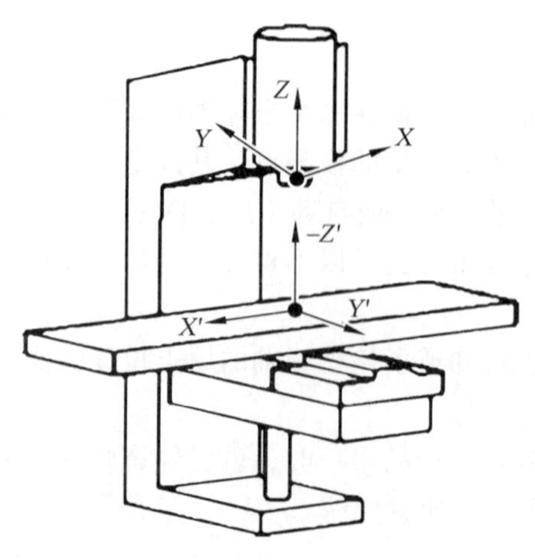

图 4-1-11　单柱立式数控铣床坐标系

换刀点是指在数控机床上加工工件时，更换刀具的点。换刀点应选择在不会与工件、夹具相碰及编程简单的地方。对于数控铣床一般选在靠近 *Z* 轴参考点附近。

（三）数控铣床程序格式

1. 数控程序的组成结构

一个完整的数控加工程序由程序头、程序内容和程序结束语三部分组成。一个零件程序是由遵循一定句法结构和格式规则的若干个程序段组成的，而每个程序段是由若干个指令字所组成，如图 4-1-12 所示。

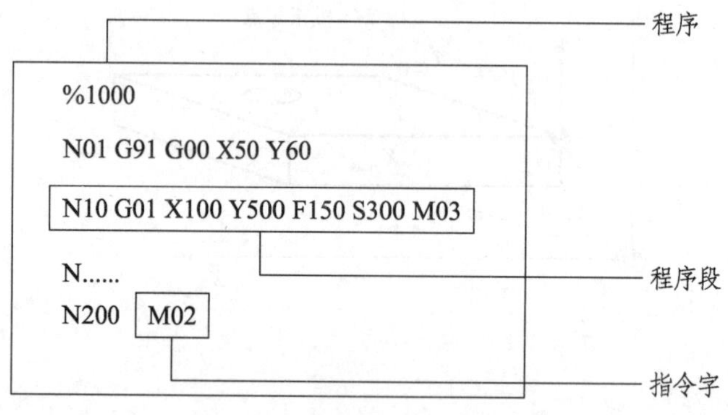

图 4-1-12　数控程序的组成结构

2. 程序字的格式

一个程序字（指令字）是由地址符（地址字）和带符号如定义尺寸的字，或不带符号如准备功能字 G 代码的数字数据组成的，程序段中不同的程序字及其后续数值确定了每个程序字的含义，在数控程序段中包含的主要指令字符见表 4-1-2。

表 4-1-2　指令字中地址符英文字母含义

功能	地址	意义
程序号	O 或%（EIA）	程序序号：O1 ~ 9999
程序段顺序号	N	顺序号：N1 ~ 9999

续表

功能	地址	意义
准备功能	G	动作模式（直线、圆弧等）
尺寸字	X、Y、Z	坐标移动指令
	A、B、C U、V、W	附加轴旋转、移动坐标指令
	R	圆弧半径
	I、J、K	圆弧中心增量坐标
进给功能	F	进给速率
主轴旋转功能	S	主轴转速
刀具功能	T	刀具号
辅助功能	M	机床上辅助的开启关闭指令
补偿号	H、D	长度、半径补偿号
暂停	P、X	暂停时间
子程序号指定	P	子程序序号的指定
子程序重复次数	L	子程序、固定循环重复次数
参数	P、Q、R	固定循环参数

3. 程序段的格式

一个程序段定义一个将由数控装置执行的指令行，程序段的格式定义了每个程序段中功能字的句法，如图 4-1-13 所示。

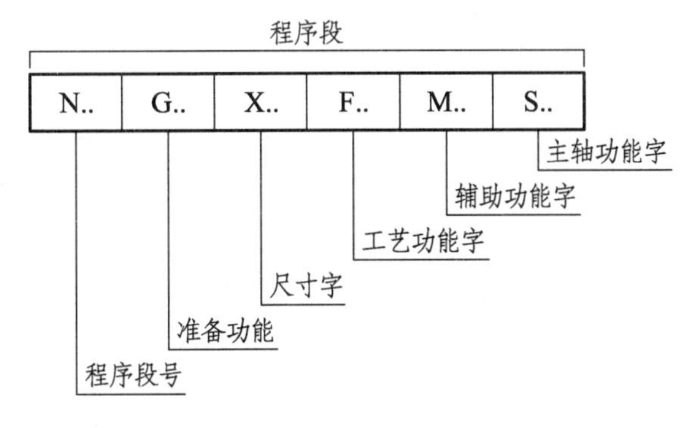

图 4-1-13　程序段的格式

（1）程序段含有：执行程序所需要的全部数据内容。它是由若干个程序字和程序段结束符“;”所组成。每个字是由地址字和数值所组成，见表 4-1-3。

（2）地址字：一般是一个字母，扩展地址符也可以包含多个字母。

（3）数字字：数值是一个数字串，可以带正负号和小数点，正号可以省略。

表 4-1-3　程序段格式符号说明

符号	说明
/	表示在运行中可以被跳跃过去的程序段
N…	程序段号数值为 1～9999 的正整数，一般以 5 或 10 间隔以便以后插入程序段时而无须重新编排程序段号
字 1…	表示程序段指令
；注释…	表示对程序段进行说明，位于程序段最后但需用分号隔开
；	表示程序段结束
	表示中间空格

（4）由于程序段中有很多指令，建议程序段的顺序和格式为

/ N… G… X… Y… Z… T… D… M… S… F…；

（四）数控程序的基本指令

1. 准备功能

准备功能 G 指令是用地址字 G 和后面的数字组合起来，它用来规定刀具和工件的相对运动轨迹、机床坐标系坐标平面、刀具补偿、坐标偏置等多种加工操作（见表 4-1-4)，它的表示格式是 G×××。G 功能有非模态 G 指令和模态 G 指令之分。

（1）非模态 G（非续效代码或当段有效代码）指令是只在所规定的程序段中有效，程序段结束时被注销的指令。

（2）模态 G（续效代码）指令是一组可相互注销的 G 指令，这些指令一旦被执行则一直有效直到被同一组的 G 指令取代或注销为止。

表 4-1-4　FANUC-0i M 系统常用 G 代码及其含义

G 代码	组别	解释	G 代码	组别	解释
*G00	01	定位（快速移动）	*G54-G59	14	选择工件坐标系共 6 个
G01		直线插补	G54.1-G54.48		附加工件坐标系 48 个
G02		顺时针圆弧插补	G65	00	非模态调用宏程序
G03		逆时针圆弧插补	G66	12	模态调用宏程序
G04	00	暂停	*G67		模态宏程序调用取消
G15	17	极坐标指令取消	G68	16	坐标旋转有效
G16		极坐标指令	G69		坐标旋转取消
*G17	02	XY 面选择	G73	09	高速深孔钻循环
G18		XZ 面选择	G74		左螺旋加工循环
G19		YZ 面选择	G76		精镗孔循环
G20	06	英制尺寸（inch）	*G80		取消固定循环
*G21		米制尺寸（mm）	G81		钻孔循环
G28	00	返回参考点	G82		钻台阶孔循环

续表

G 代码	组别	解释	G 代码	组别	解释
G29		从参考点返回	G83		深孔往复钻削循环
G33	01	螺纹切削	G84		右螺旋加工循环
*G40		取消刀具半径补偿	G85		粗镗孔循环
G41	07	刀具半径左补偿	G86		镗孔循环
G42		刀具半径右补偿	G87		反向镗孔循环
G43		刀具长度正补偿	G88		镗孔循环
G44	08	刀具长度负补偿	G89		镗孔循环
*G49		取消刀具长度补偿	*G90	03	绝对坐标指令
*G50	11	比例缩放取消	G91		相对坐标指令
G51		比例缩放有效	G92	00	设置工件坐标系
*G50.1	22	可编程镜像取消	*G94	05	每分进给
G51.1		可编程镜像有效	G95		每转进给
G52	00	局部坐标系设定	*G98		固定循环返回起始点
G53		选择机床坐标系	G99		返回固定循环 R 点

注：带* 者表示是开机时会初始化的代码。

2. 辅助功能

辅助功能由地址字 M 和其后的一或两位数字组成，主要用于控制零件程序的走向以及机床各种辅助功能的开关动作，见表 4-1-5。M 功能有非模态 M 功能和模态 M 功能两种形式。

（1）非模态 M 功能（当段有效代码）只在书写了该代码的程序段中有效。

（2）模态 M 功能（续效代码）是一组可相互注销的 M 功能，这些功能在被同一组的另一个功能注销前一直有效。

表 4-1-5　FANUC-0i M 系统常用 M 代码及其含义

代码	说明
M00	程序停止
M01	程序选择停止
M02	程序结束
*M03	主轴正转（CW）
*M04	主轴反转（CCW）
*M05	主轴停止
M06	换刀
*M07	切削液开
*M08	切削液开
*M09	切削液关

续表

代码	说明
M19	主轴定向停止
M30	程序结束（复位）并回到程序开头
M98	子程序调用
M99	子程序结束

注：带* 者表示是模态 M 功能的代码。

常用辅助功能的功用：

1）程序暂停 M00

当 CNC 执行到 M00 指令时，将暂停执行当前程序，以方便操作者进行刀具更换和工件的尺寸测量、工件调头、手动变速等操作；暂停时机床的进给及冷却液停止而全部现存的模态信息保持不变，欲继续执行后续程序重按操作面板上的循环启动键。M00 为非模态指令。

2）程序结束 M02

M02 编在主程序的最后一个程序段中，当 CNC 执行到 M02 指令时机床的进给、冷却液全部停止加工结束；使用 M02 的程序结束后，若要重新执行该程序就得重新调用该程序。

3）程序结束并返回到零件程序头 M30

M30 和 M02 功能基本相同，只是 M30 指令还兼有控制返回到零件程序头的作用，使用 M30 的程序结束后，若要重新执行该程序只需再次按操作面板上的循环启动键。

4）子程序调用 M98 **及从子程序返回** M99

（1）M98 用来调用子程序。

（2）M99 表示子程序结束执行控制返回到主程序。

（3）子程序的格式。

```
%****
...
M99
```

（4）调用子程序的格式：

```
M98 P×××××××
```

后四位为被调用的子程序号；前三位为重复调用次数。

带参数调用子程序（G65、G66）的格式与 M98 相同。

5）主轴控制指令 M03、M04、M05

M03 启动主轴以程序中编制的主轴速度顺时针旋转（正转），M04 启动主轴以程序中编制的主轴速度逆时针方向旋转（反转），M05 使主轴停止旋转。

6）换刀指令 M06

M06 为换刀指令，它是非模态指令。

7）冷却液打开、停止指令 M07、M08、M09

M07、M08 指令将打开冷却液，M09 指令将关闭冷却液。

3. 其他功能

1）主轴功能 S

主轴功能 S 控制主轴转速，其后的数值表示主轴速度单位为转/每分钟（r/min）或米/每分钟（m/min）。S 是模态指令，S 功能只有在主轴速度可调节时有效。

2）进给速度 F

F 指令表示刀具相对于工件的合成进给速度，F 的单位取决于 G94（每分钟进给量）或 G95（每转进给量），操作面板上的倍率按键（或旋钮）可在一定范围内进行倍率修调，当执行攻丝循环 G74、G84、螺纹切削 G33 时倍率开关失效进给倍率固定在 100%。

3）刀具功能（T 功能）

T 代码用于选刀后的数值，在加工中心上执行 T 指令刀库转动选择所需的刀具，然后等待直到 M06 指令作用时自动完成换刀。

4）刀补功能（D、H 功能）

（1）一个刀具可以匹配从 01 ~ 400 刀补寄存器中的刀补值（刀补长度和刀补半径）刀补值一直有效直到再次换刀调入新的刀补值。

（2）如果没有编写 D、H 指令，刀具补偿值无效。

（3）刀具半径补偿必须与 G41/G42 一起执行；刀具长度补偿必须与 G43/G44 一起执行。

三、FANUC 0i 数控铣床操作面板

FANUC 0i 系统数控铣床面板由 CNC 数控系统面板（CRT/MDI 面板）和铣床操作面板组成；各机床制造厂制造的机床操作面板各不相同，现以南通机床厂制造的数控铣床（数控铣削加工中心）为例介绍如下。

（一）机床操作面板

机床操作面板位于窗口的下侧，如图 4-1-14 所示，主要用于控制机床运行状态，由模式选择按钮、运行控制开关等多个部分组成，每一部分的详细说明见表 4-1-6 所示。

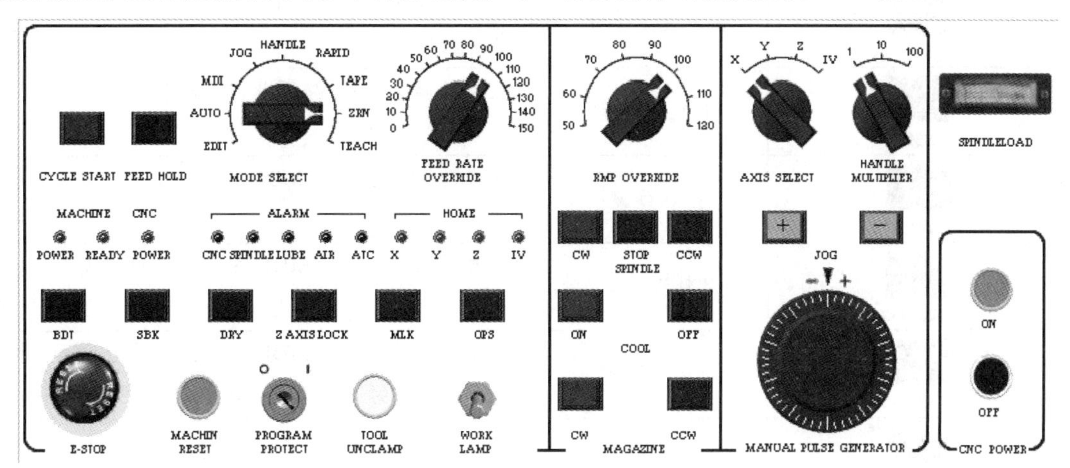

图 4-1-14　FANUC 0i 系统数控铣床操作面板

表 4-1-6　数控铣床操作面板上的旋钮、键的名称和功能

旋钮或键	名称	功能
 CYCLE START	循环启动键	在自动操作方式，选择要执行的程序后，按下此键自动操作开始执行；在 MDI 方式，数据输入后，按下此键开始执行 MDI 指令
 FEED HOLD	循环停止键	机床在执行自动操作期间，按下此键，进给立即停止，但辅助动作仍然在进行
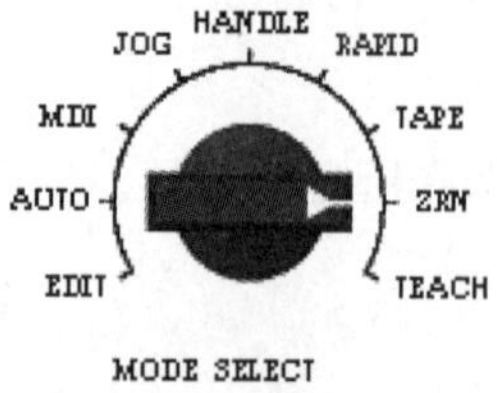 JOG HANDLE RAPID MDI TAPE AUTO ZRN EDIT TEACH MODE SELECT	方式选择旋钮	EDIT（编辑）/AUTO（循环执行）/MDI（手动数据输入）/JOG（手动）/HANDLE（手轮）/RAPID（快速移动）/TAPE（纸带传输）/ZRN（返回参考点）/TEACH（示教）
 0 10 20 30 40 50 60 70 80 90 100 110 120 130 140 150 FEED RATE OVERRIDE	进给率修调旋钮	当机床按 F 指令的进给量进给时，可以用此旋钮进行修调，范围为 0%～150%；当用点动进给时，用此旋钮修调进给的速度
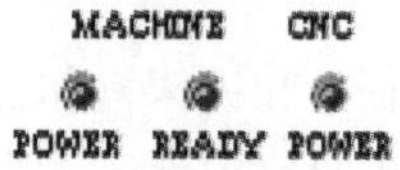 MACHINE CNC POWER READY POWER	CNC 指示灯	机床电源接通/机床准备完成/CNC 电源指示灯
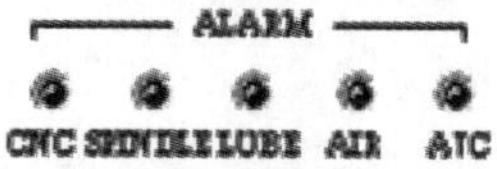 ALARM CNC SPINDLE LUBE AIR ATC	报警指示灯	CNC/主轴/润滑油/气压/刀库报警指示灯
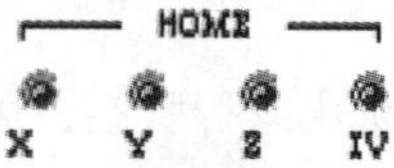 HOME X Y Z IV	参考点指示灯	X/Y/Z/第四轴参考点返回完成指示灯
 BDT	程序段跳步键	在自动操作方式，按下此键将跳过程序中有“/”的程序段
 SBK	单段运行键	在自动操作方式，按下此键，每按下循环启动键，只运行一个程序段
 DRY	空运行键	在自动操作方式或 MDI 方式，按下此键，机床为空运行方式
 Z AXIS LOCK	Z 轴锁定键	在自动操作方式、MDI 方式或点动方式下，按下此键，Z 轴的进给停止
 MLK	机床锁定键	在自动操作方式、MDI 方式或点动方式下，按下此键，机床的进给停止，但辅助动作仍然在进行
 OPS	选择停止键	在自动操作方式下，按下此键，执行程序中 M01 时，暂停执行程序

续表

旋钮或键	名称	功能
E-STOP	急停按钮	当出现紧急情况时，按下此键，机床进给和主轴立即停止
MACHIN RESET	机床复位按钮	当机床刚通电自检完毕释放急停按钮后，需按下此键，进行强电复位；另外，当 X、Y、Z 轴超程时，按住此键，手动操作机床直至退出限位开关（选择 X、Y、Z 轴的负方向）
O I PROGRAM PROTECT	程式保护开关（锁）	需要进行程序编辑等、输入参数时，需用钥匙打开此锁
TOOL UNCLAMP	气动松刀按钮	当需要换刀时，手动操作按下此按钮进行松刀和紧刀
WORK LAMP	工作照明灯开关	工作照明开/关
50 60 70 80 90 100 110 120 RMP OVERRIDE	主轴转速修调旋钮	在自动操作方式和手动操作时，主轴转速用此旋钮进行修调，范围为 0%～120%
CW STOP CCW SPINDLE	主轴正转/停止/反转	在手动操作方式下，主轴正转/停止/反转
ON OFF COOL	冷却液开/关	在手动操作方式下，冷却液开/关
CW CCW MAGAZINE	刀库正转/反转	在手动操作方式下，刀库正转/反转

续表

旋钮或键	名称	功能
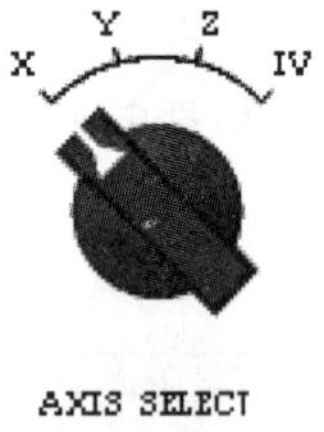 X Y Z IV AXIS SELECT	轴选择旋钮	在手动操作方式下，选择要移动的轴
 1 10 100 HANDLE MULTIPLIER	手轮倍率旋钮	在手脉操作方式下，用于选择手脉的最小脉冲当量（手脉转动一小格，对应轴的移动量分别为 1 μm、10 μm、100 μm）
 + −	正方向移动/负方向移动按钮	在手动操作方式下，所选择移动轴正方向移动/负方向移动按钮
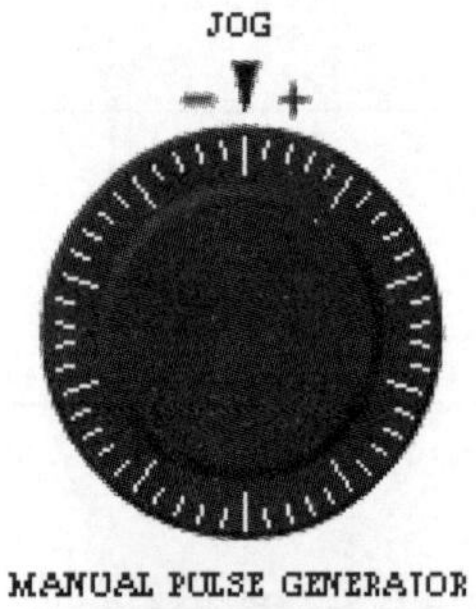 JOG − + MANUAL PULSE GENERATOR	手动脉冲发生器（手脉）	在手脉操作方式下，转动手脉移动轴正方向移动（顺时针）/负方向移动按钮（逆时针）
 SPINDLELOAD	主轴负载表	加工时显示主轴负载
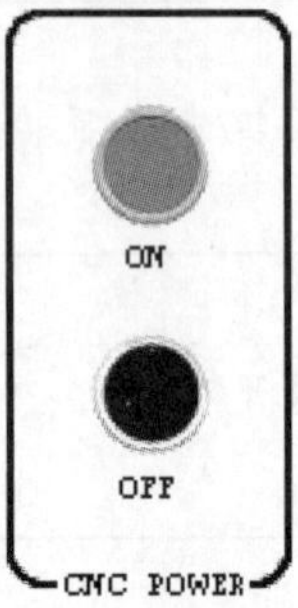 ON OFF CNC POWER	CNC 系统电源开关	CNC 系统电源开/关

（二）CNC 数控系统面板

CNC 系统操作键盘左侧为显示屏，右侧是编程面板，如图 4-1-15 所示，各按键的详细说明见表 4-1-7。

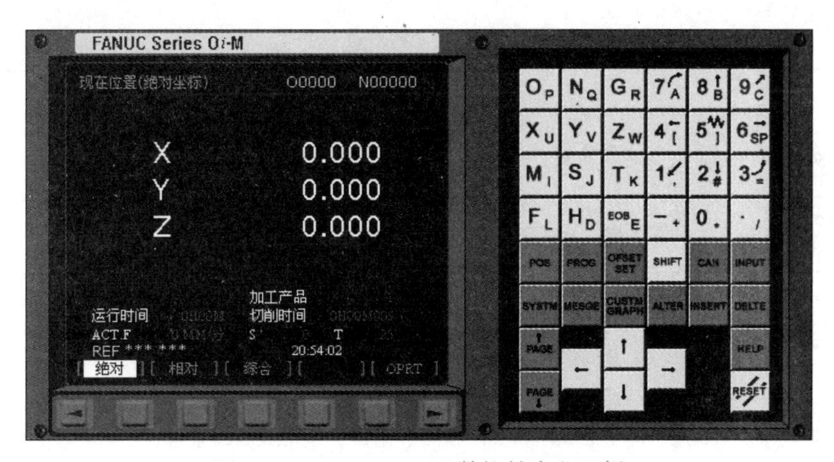

图 4-1-15 FANUC 0i（数控铣床）面板

表 4-1-7 数控铣床 CNC 操作面板上的键的名称和功能

键	名称	功能
O P N Q G R 7 A 8 B 9 C X U Y V Z W 4 [5] 6 SP M I S J T K 1 , 2 # 3 = F L H D EOB E − + 0 . · /	数字/字母键	输入数字、字母、字符；其中 EOB E 是符号“;”键，用于程序段结束符
POS	坐标键	坐标显示有三种方式，用按键选择
PROG	程序键	在编辑方式，显示机床内存中的信息和程序，在 MDI 方式显示输入的信息
OFSET SET	刀具补偿等参数输入键	坐标系设置、刀具补偿等参数页面；进入不同的页面以后，用按钮切换
SHIFT	上挡键	上挡功能
CAN	取消键	消除输入区内的数据
INPUT	输入键	把输入区内的数据输入参数页面
SYSTM	系统参数键	显示系统参数页面
MESGE	信息键	显示信息页面，如“报警”
CUSTM GRAPH	图形显示、参数设置键	图形显示、参数设置页面
ALTER	替换键	用输入的数据替换光标所在的数据
INSERT	插入键	把输入区之中的数据插入到当前光标之后的位置

续表

键	名称	功能
DELTE	删除键	删除光标所在的数据；或者删除一个程序或者删除全部程序
↑PAGE PAGE↓	翻页键（PAGE）	向上翻页、向下翻页
↑ ← → ↓	光标移动（CURSOR）键	向上移动光标、向左移动光标、向下移动光标、向右移动光标
RESET	复位键	按下此键，复位 CNC 系统
HELP	系统帮助键	系统帮助页面

四、FANUC 0i 数控系统操作及机床的基本操作

（一）操作注意事项

（1）每次开机前要检查一下铣床的中央自动润滑系统中的润滑油是否充裕，冷却液是否充足等。

（2）在手动操作时，必须时刻注意，进行 X、Y 轴移动前，一般必须使 Z 轴处于抬刀位置；避免刀具和工件、夹具、机床工作台上的附件等发生碰撞。

（3）铣床报警时，要根据报警信号查找原因，及时解除报警。

（4）更换刀具时注意操作安全。

（5）注意对数控铣床的日常维护。

（二）开机步骤

（1）接通外部总电源，启动空气压缩机。

（2）接通数控铣床强电控制柜后面的总电源空气开关，此时机床下操作面板上“MACHINE POWER”指示灯亮。

（3）按下操作面板上“CNC POWER ON”键，系统将进入自检，操作面板上所有指示灯及带灯键将发亮。

（4）自检结束后，按下操作面板上的“MACHINE RESET”键 2 ~ 3 s，进行机床的强电复位。如果在窗口下方的时间显示项后面出现闪烁的“NO READY”提示，一般情况是“E-STOP”键被按下，操作人员应将“E-STOP”键沿键上提示方向顺时针旋转释放该键，然后再次进行机床的强电复位。

（三）关机步骤

（1）一般把“MODE SELECT”旋钮旋至“EDIT”，把“FEEDRATE OVERRIDE”旋钮旋至“0”。

（2）按下操作面板上的“E-STOP”键。

（3）按下操作面板上的“CNC POWER”的“OFF”键，使系统断电。

（4）关闭数控铣床强电控制柜后面的总电源空气开关。

（5）关闭空气压缩机，关闭外部总电源。

（四）返回机床参考点

开机后，一般必须进行返回参考点操作其目的是建立机床坐标系。操作步骤如下：

（1）把操作面板上的“MODE SELECT”旋钮旋至“ZRM”进入返回参考点操作。

（2）首先“JOG AXIS SEIECT”旋钮中选择的“Z”轴，然后一直按下“+”键，直至 HOME 中的 Z 轴指示灯亮为止；然后用同样的方法分别回 X 轴、Y 轴参考点。

（3）如没有一次完成返回参考点操作，再次进行此操作时，由于工作台离参考点已很近，而轴的启动速度又很快，这样往往会出现超程现象并引起报警。对于超程通常的处理的办法是在手动方式下按下“JOG AXIS SELECT”中超程轴的负方向键，使轴远离参考点，再按正常的返回参考点操作进行。在“ZRM”方式下，返回参考点。

（4）因紧急情况而按下急停键，然后重新按下“MACHINE RESET”键复位后，在进行空运行或机床锁定运行后，都要重新进行机床返回参考点操作，否则机床操作系统会对机床零点失去记忆而造成事故。

（5）数控铣床返回参考点后，应及时退出参考点，以避免长时间压住行程开关而影响其寿命。

（五）手动操作机床

数控铣床的手动操作包括：主轴的正、反转及停止操作；冷却液的开关操作；坐标轴的手摇脉冲移动、快速移动及点动操作等。

1. 主轴的启动及手动操作

（1）把操作面板上的“MODE SEKECT”旋钮旋至“MDI”。

（2）在 CNC 面板上分别按下 M、0、3、S、5、0、0、; 键，然后按“INSERT”键输入；分别然后按“CYCLE START”键执行“M03S500”的指令操作，此时主轴开始正转。

（3）在手动方式时，按操作面板上“SPINDLE ”中的“CW”键可以使主轴正转；按“CCW”键可使主轴反转；按“STOP”键可使主轴停止转动。

2. 冷却液的开关操作

（1）操作面板上的“MODE SELECT”旋钮旋至手动方式下进行冷却液的开关操作。

（2）在操作面板上按“COOL”中的“ON”键开启冷却液；按“OFF”键关闭冷却液。

3. 坐标轴的手动操作

1）坐标轴点动操作

（1）将操作面板上的“MADE SELECT”旋钮旋至“JOG”。

（2）选择“AXIS SELECT”中的“X”“Y”“Z”移动坐标轴，按“JOG”中的“+”“-”键，进行任一轴的正方向或负方向的调速移动，其移动速度由“FEEDRATE OVERRIDE”旋钮调节，其最大移动速度由系统参数设定。

2）利用手摇脉冲发生器进行坐标轴的移动操作

（1）将操作面板上的“MODE SELECT”旋钮旋至“HANDLE”。

（2）在操作面板上的“AXIS SELECT”旋钮中选取要移动的坐标轴“X”“Y”“Z”。

（3）在“HANDLE MULTIPLER”旋钮中选取适当的脉冲倍率，摇动“MANUAL PULSE GENERATOR”作顺时针或逆时针转动进行任一轴的正或负方向移动。

3）坐标轴快速移动操作

（1）将操作面板上的“MADE SELECT”旋钮旋至“RAPID”。

（2）在操作面板上的“AXIS SELECT”旋钮中选取要移动的坐标轴“X”“Y”“Z”。

（3）按“JOG”中的“+”“-”键进行任一轴的正方向或负方向的快速移动；其移动速度由系统参数设定。

（六）刀具半径、长度补偿量的设置

（1）按 OFSET SET 键进入参数设定页面（见图 4-1-16），按“[补正]”。

（2）用 PAGE↓ 和 ↑PAGE 键选择长度补偿、半径补偿。

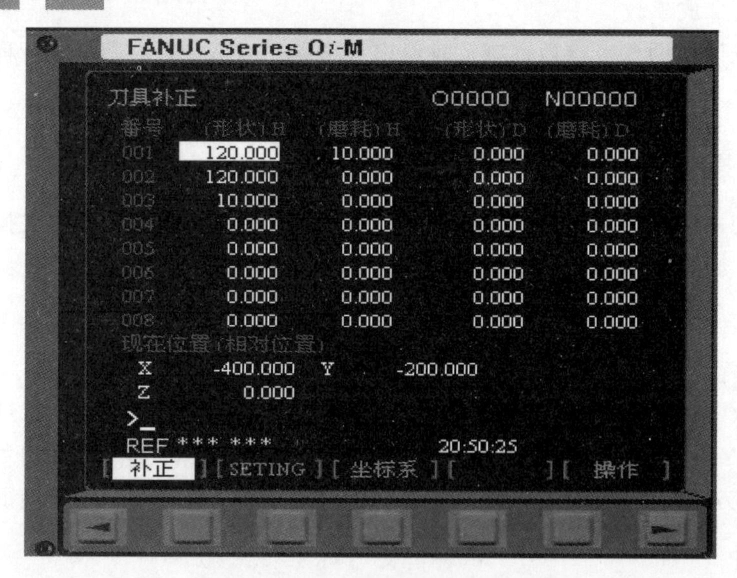

图 4-1-16 FANUC 0i-M 刀具补偿

（3）用 CURSOR：↓ 和 ↑ 键选择补偿参数编号。

（4）输入补偿值到长度补偿 H 或半径补偿 D。

（5）按 INPUT 键，把输入的补偿值输入到所指定的位置。

（七）工件坐标系 G54-G59 G54.1-G54.48 零件原点参数的设置

（1）按 OFSET SET 键进入参数设定页面（见图 4-1-17），按“坐标系”。

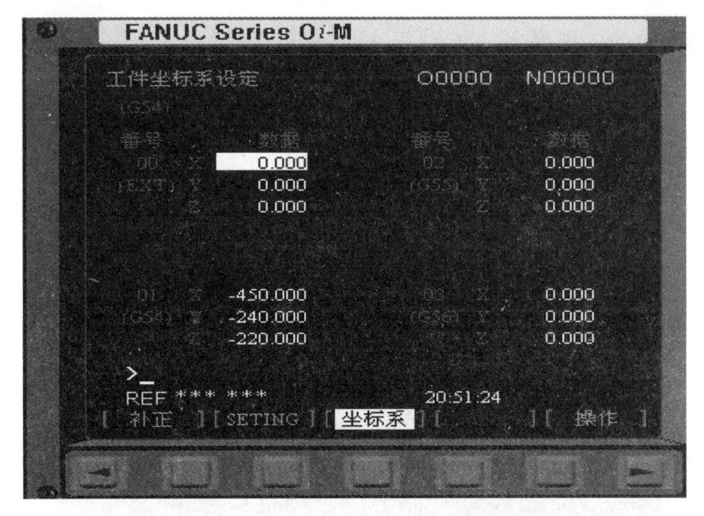

图 4-1-17 FANUC 0i-M 工件坐标系

（2）用 PAGE↓ PAGE↑ 或 ↓ ↑ 选择坐标系。

（3）输入地址字（*X*/*Y*/*Z*）和数值到输入域；按 INPUT 键，把输入域中间的内容输入到所指定的位置。

（八）加工程序的输入和编辑

1. 选择一个程序

（1）选择模式放在“EDIT”。

（2）按 PROG 键输入字母“O”。

（3）按 7A 键输入数字“7”，输入搜索的号码：“07”。

（4）按 CURSOR：↓ 开始搜索；找到后，“07”显示在屏幕右上角程序号位置，“07”NC 程序显示在屏幕上。

2. 搜索一个程序段

（1）选择模式“AUTO”位置。

（2）按 PROG 键入字母“O”。

（3）按 7A 键入数字“7”，键入搜索的号码：“07”。

（4）按 操作 → >07_ MEM *** *** 21:17:47 [BG-EDT][O检索][N检索][ ][REWIND] → [O检索] “07”显示在屏幕上。

（5）可输入程序段号“N30”，按 [N检索] 搜索程序段。

3. 输入编辑加工程序

（1）模式置于“EDIT”。

（2）选择 PROG。

（3）输入被编辑的 NC 程序名如“07”，按INSERT即可编辑。

（4）移动光标：按 PAGE ↑PAGE 或 PAGE↓ 翻页，按 CURSOR ↓ 或 ↑ 移动光标或用搜索一个指定的代码的方法移动光标。

（5）输入数据：按数字/字母键，数据被输入到输入域。CAN 键用于删除输入域内的数据。

（6）自动生成程序段号输入：按OFSET SET→【SETING】（见图 4-1-18），在参数页面顺序号中输入“1”，所编程序自动生成程序段号（如 N10…N20…）。

图 4-1-18 FANUC 0i-M 参数设定

（7）编辑程序。

① 按DELTE键，删除光标所在的代码。

② 按INSERT键，把输入区的内容插入到光标所在代码后面。

③ 按ALTER键，把输入区的内容替代光标所在的代码。

（8）程序输入完毕后，按“RESET”键，使程序复位到起始位置，这样就可以进行自动运行加工了。

（九）删除程序

1. 删除一个程序

（1）选择模式在“EDIT”。

（2）按PROG键输入字母“O”。

（3）按 7A 键输入数字“7”，输入要删除的程序的号码：“07”。

（4）按 DELTE “07” NC 程序被删除。

2. 删除全部程序

（1）选择模式在“EDIT”。

（2）按 PROG 键输入字母“O”

（3）输入“-9999”。

（4）按 DELTE 全部程序被删除。

（十）自动操作

1. 自动运行操作

（1）用查看已有的程序方法，把所加工零件的程序调出。

（2）在工件校正、夹紧、对刀后，输入工件坐标系原点的机床坐标值设置好工件坐标系、输入刀具补偿值、装上加工的刀具等，把“MODE SELECT”旋钮旋至“AUTO”。

（3）把操作面板上的“FEEDRATE OVERRIDE”旋钮旋至“0”，把操作面板上的“SPINDLE SPEED OVERRDIE”旋钮旋至“100%”。

（4）按下“CYCLE START”键，使数控铣床进入自动操作状态。

（5）把“FEEDRATE OVERRIDE”旋钮逐步调大，观察切削下来的切屑情况及数控铣床的振动情况，调到适当的进给倍率进行切削加工。

2. 机床锁定操作

（1）对于已经输入到内存中的程序，其程序格式等是否有问题，可以采用空运行或机床锁定进行程序的运行，如果程序有问题，系统会做出错误报警，根据提示可以对错误的程序进行修改。

（2）调出加工零件的程序。

（3）把“MODE SELECT”旋钮旋至“AUTO”。

（4）按下“MLK”键。

（5）按下“CYCLE START”键，执行机床锁定操作。

（6）在运行中出现报警，则程序有格式问题，根据提示修改程序。

运行完毕，重新执行返回参考点操作。

3. 单段运行操作

（1）对于已经输入到内存中的程序进行调试，可以采用单段运行方式，如果程序在加工时有问题，根据加工工艺可以随时对程序进行修改。

（2）置单段运行按钮按下“ON”位置。

（3）程序运行过程中，每按一次“CYCLE START”键执行一条指令。

4. MDI 操作

（1）有时加工比较简单的零件只需要加工几个程序段，往往不编写程序输入内存中，而采取用在 MDI 方式边输入边加工。

（2）把“MODE SELECT”旋钮旋至“MDI”进入。

（3）输入整个程序段、按下“CYCLE START”键，执行输入的程序段；执行完毕后，继续输入程序段，再按下“CYCLE START”键，执行程序段。

五、数控铣床的对刀

零件加工前进行编程时，必须要确定一个工件坐标系。而在数控铣床加工零件时，必须确定工件坐标系原点的机床坐标值，然后输入到机床坐标系设定页面相应的位置（G54 ~ G59、G54.1 ~ G54.48）之中。要确定工件坐标系原点在机床坐标系之中的坐标值，必须通过对刀才能实现。常用的对刀方法有用铣刀直接对刀的操作、寻边器对刀。寻边器的种类较多，有光电式、偏心式等。

（一）对刀的操作实质

无论是用铣刀直接对刀还是用寻边器对刀，就是在工件已装夹完成并装上刀具或寻边器后，通过手摇脉冲发生器等操作，移动刀具使刀具或与工件的前、后、左、右侧面及工件的上表面或台阶面进行极微量的接触切削，分别记下刀具或寻边器在此时所处的机床坐标系 X、Y、Z 坐标值，对这些坐标值作一定的数值处理后，就可以设定到 G54 ~ G59、G54.1 ~ G54.48 存储地址的任一工件坐标系中。具体步骤如下：

（1）装夹工件，装上刀具组或寻边器。

（2）以手摇脉冲发生器方式分别进行坐标轴 X、Y、Z 轴的移动操作。

在“AXIS SELECT”旋钮中分别选取 X、Y、Z 轴，然后刀具逐渐靠近工件表面，直至接触。

（3）进行必要的数值处理计算。

（4）将工件坐标系原点在机床坐标系的坐标值设定到 G54 ~ G59、G54.1 ~ G54.48 存储地址的任一工件坐标系中。

（5）对刀正确性的验证，如在 MDI 方式下运行“`G54 G01 X0 Y0 Z10 F1000`”。

（二）对刀的具体步骤

下面用寻边器对刀的方法和 Z 轴设定仪对刀的方法说明对刀的具体步骤。

1. 偏心式寻边器对刀的方法及步骤

偏心式寻边器对刀的方法及步骤见表 4-1-8。

表 4-1-8　偏心式寻边器对刀的方法及步骤

步骤	内容	图例
1	将偏心式寻边器用刀柄装到主轴上	
2	用 MDI 方式启动主轴，一般用 300 r/min（可以用“SPINDLE SPEED OVERRDIE”调节	

续表

步骤	内容	图例
3	在手轮方式下启动主轴正转，在 *X* 方向手动控制机床的坐标移动，使偏心式寻边器接近工件被测表面，并缓慢与其接触	
4	进一步仔细调整位置，直到偏心式寻边器上下两部分同轴	
5	计算此时的坐标值[被测表面的 *X*、*Y* 值为当前的主轴坐标值加（或减）圆柱的半径]	
6	计算要设定的工件坐标系原点在机床坐标系的坐标值并输入任一 G54～G59，G54.1～G54.48 存储地址的中。也可以保持当前刀具位置不动，输入刀具在工件坐标系中的坐标值；如输入“X30”，再按面板上的“测量”键，系统会自动计算坐标并弹到所选的 G54～G59，G54.1～G54.48 存储地址的中	Z 20.0 刀具 Y 30.0 程序原点 X 30.0
7	其他被测表面和 *X* 轴的操作相同	
8	对刀正确性的验证。如在 MDI 方式下运行“G54 G01 X0 Y0 Z10 F1000；”	

2. *Z* 轴设定仪的使用方法及步骤

Z 轴设定仪的使用方法及步骤见表 4-1-9。

表 4-1-9　*Z* 轴设定仪的使用方法及步骤

步骤	内容	图例
1	将刀具用刀柄装到主轴上，将 *Z* 轴设定仪附着在已经装夹好的工件或夹具平面上	
2	快速移动刀具和工作台，使刀具端面接近 *Z* 轴设定仪的上表面	
3	在手轮方式下，使刀具端面缓慢接触 *Z* 轴设定仪的上表面，直到 *Z* 轴设定仪发光或指针指示到零位	
4	记录此时的机床坐标系的 *Z* 坐标值，计算要设定的工件坐标系原点的 *Z* 轴在机床坐标系的坐标值	

续表

步骤	内容	图例
5	将工件坐标系原点在机床坐标系的 Z 轴坐标值输入任一 G54～G59，G54.1～G54.48 存储地址的 Z 中。也可以保持当前刀具位置不动，输入刀具在工件坐标系中的坐标值；如输入“Z20”，再按面板上的“测量”键，系统会自动计算坐标并弹到所选的 G54～G59，G54.1～G54.48 存储地址的中	Z 20.0 刀具 Y 30.0 程序原点 X 30.0
6	对刀正确性的验证。如在 MDI 方式下运行“G54 G01 Z10 F1000;”	

六、数控铣床加工工艺基础

（一）数控铣削工艺特点

数控铣床的应用范围非常广，加工内容包括数控铣削，数控钻削、数控镗削和攻丝等。由于数控铣床、铣削刀具等结构的特殊性，决定了数控铣削工艺不同于数控车削工艺，也不同于普通铣削工艺。数控铣削的工艺特点主要有以下几个方面：

（1）数控铣刀是多刀齿刀具，铣削时由多个刀齿同时参与切削，所以粗铣时主轴转速可取较大值，以提高生产率。

（2）加工过程中铣刀的切削面积和切削力变化较大，尤其是在铣刀切入和切出工件时易产生振动，因此铣刀切入和切出工件时的进给量应取小些，待铣刀完全切入工件后再将进给量增大。

（3）通常在粗加工时宜采用逆铣，逆铣时工作台运动比较平稳，不会产生抢刀和拖刀现象，因此逆铣时可采用大切削用量，以提高加工效率。精加工时要视具体情况而定：当铣削薄而长的工件或者以保证零件表面质量为主时宜采用顺铣；当工件表面有硬皮时或切削余量较大时宜采用逆铣。

（4）一般在数控铣床上铣削速度较高、切削量较大，尤其是粗加工，切削力较大，导致加工后的工件变形较大，因此必须合理安排加工顺序，使工件变形在工序间尽量消除，并适当选择切削用量，使变形小。

（5）在数控铣床上除了使用各种铣刀之外，还可使用钻刀、镗刀、铰刀、丝锥、成形刀具等，这些刀具用途不同，如钻刀适合于粗加工，镗刀、铰刀、成形刀具适合于精加工，因此各刀具采用的切削用量不同。

（6）通常数控铣床采用机用虎钳装夹工件，装夹方便、定位准确、夹具成本低。在数控铣床上一次装夹工件可加工多个表面，减少了安装工件的误差及找正定位的时间。

（二）数控铣加工工艺路线

走刀路线是刀具在整个加工工序中相对于工件的运动轨迹，它不但包括了工序的内容，而且也反映出工序的顺序。工序的划分与安排一般可随走刀路线来进行，在确定走刀路线时，主要遵循以下原则：

1. 应能保证零件的加工精度和表面粗糙度要求

（1）如图 4-1-19 所示，当铣削平面零件外轮廓时，一般采用立铣刀侧刃切削。刀具切入工件时，应避免沿零件外廓的法向切入，而应沿外廓曲线延长线的切向切入，以避免在切入处产生刀具的刻痕而影响表面质量，保证零件外廓曲线平滑过渡。同理，在切离工件时，也应避免在工件的轮廓处直接退刀，而应该沿零件轮廓延长线的切向逐渐切离工件。

（2）铣削封闭的内轮廓表面时，若内轮廓曲线允许外延，则应沿切线方向切入切出。若内轮廓曲线不允许外延，如图 4-1-20 所示，刀具只能沿内轮廓曲线的法向切入切出，此时刀具的切入切出点应尽量选在内轮廓曲线两几何元素的交点处。当内部几何元素相切无交点时，为防止刀补取消时在轮廓拐角处留下凹口，刀具切入切出点应远离拐角。

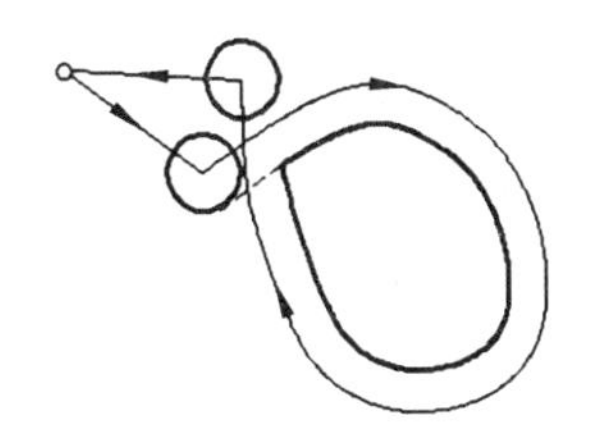
图 4-1-19　铣削外轮廓刀具切入切出

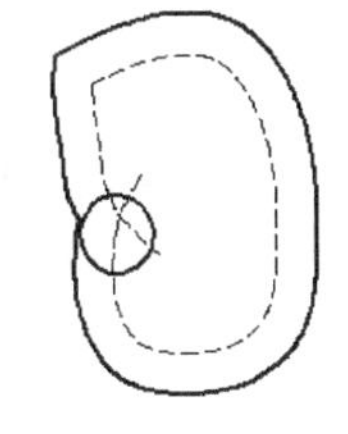
图 4-1-20　铣削内轮廓刀具切入切出

（3）图 4-1-21 所示为圆弧插补方式铣削外整圆时的走刀路线图。当整圆加工完毕时，不要在切点处直接退刀，而应让刀具沿切线方向多运动一段距离，以免取消刀补时，刀具与工件表面相碰，造成工件报废。铣削内圆弧时也要遵循从切向切入的原则，最好安排从圆弧过渡到圆弧的加工路线，如图 4-1-22 所示，这样可以提高内孔表面的加工精度和加工质量。

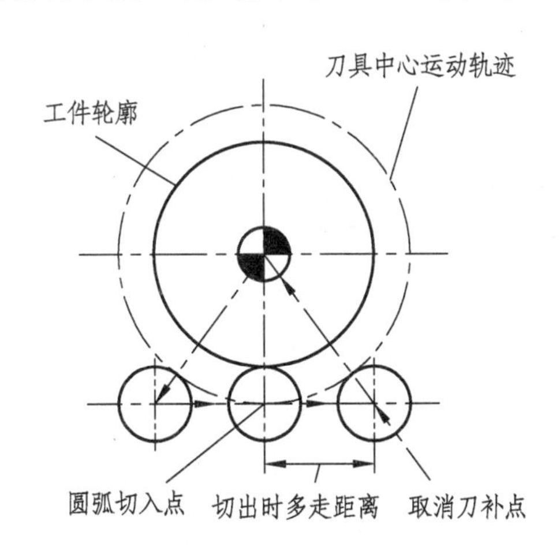

图 4-1-21　铣削外圆走刀路线

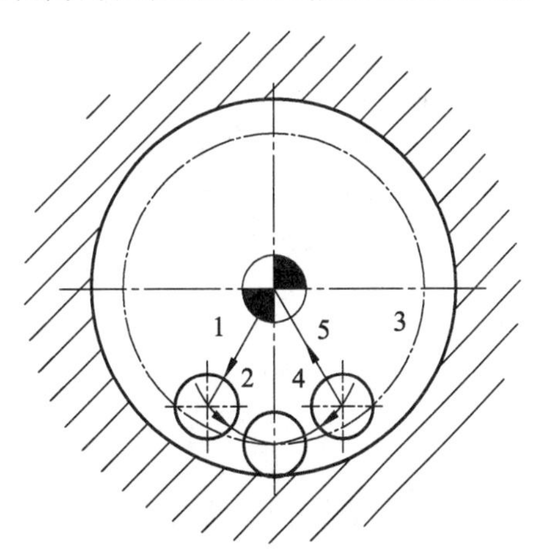

图 4-1-22　铣削外内圆走刀路线

（4）对于孔位置精度要求较高的零件，在精镗孔系时，镗孔路线一定要注意各孔的定位方向一致，即采用单向趋近定位点的方法，以避免传动系统反向间隙误差或测量系统的误差对定位精度的影响。

（5）铣削曲面时，常用球头刀采用行切法进行加工。所谓行切法是指刀具与零件轮廓的切点轨迹是一行一行的，而行间的距离是按零件加工精度的要求确定的。

在图 4-1-23 中，图（a）和图（b）分别为用行切法加工和环切法加工凹槽的走刀路线，而图（b）是先用行切法，最后环切一刀光整轮廓表面。三种方案中，图（a）方案的加工表面质量最差，在周边留有大量的残余；图（b）方案和图（c）方案加工后的能保证精度，但图（b）方案采用环切的方案，走刀路线稍长，而且编程计算工作量大。

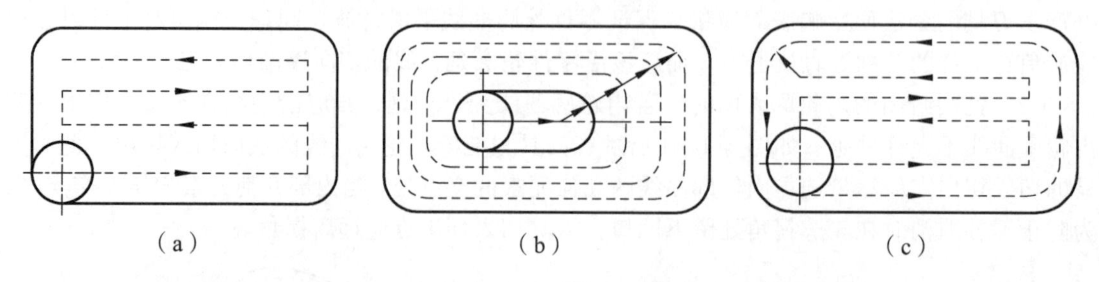

图 4-1-23　行切法和环切法加工凹槽的走刀路线

（6）轮廓加工中应避免进给停顿；因为刀具会在进给停顿处的零件轮廓上留下刻痕。

（7）为提高工件表面的精度和减小粗糙度，可以采用多次走刀的方法，精加工余量一般以 0.2 ~ 0.5 mm 为宜。而且精铣时宜采用顺铣，以减小零件被加工表面粗糙度的值。

2. 应使走刀路线最短，减少刀具空行程时间，提高加工效率

如图 4-1-24 所示是正确选择钻孔加工路线的例子。按照一般习惯，总是先加工均布于同一圆周上的 8 个孔，再加工另一圆周上的孔，如图（a）所示。但是对点位控制的数控机床而言，要求定位精度高，定位过程尽可能快，因此这类机应按空程最短来安排走刀路线，如图（b）所示，以节省时间。

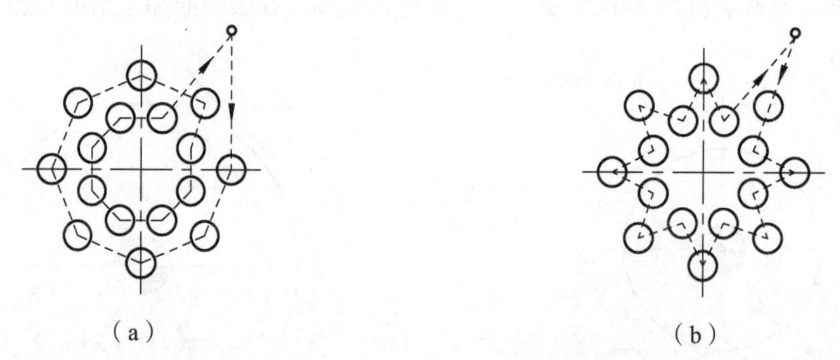

图 4-1-24　走刀路线长度的选择

3. 使数值计算简单，程序段数量少

数控铣削加工应使数值计算简单，程序段数量少。

（三）数控铣削工艺规程的制订

1. 数控加工工艺规程内容

数控加工工艺规程是企业进行生产准备的主要工艺文件，是指导、组织和管理生产的主要技术文件。常用的数控加工工艺规程有数控编程任务书、数控加工工序卡、数控加工走刀路线图、数控刀具卡、数控程序单等。这些卡片通常用表格或图表的形式表述其内容。

2. 数控加工工艺规程制订原则及步骤

（1）数控加工工艺规程的制订原则，是在保证产品质量的前提下，尽量提高生产率和降低成本，在充分利用本企业现有条件的基础上，尽可能采用国内、外先进的工艺和经验，并保证良好的劳动条件。

（2）制订数控加工工艺规程的步骤。

① 根据零件的年产量，确定生产类型，以便选用合适的加工方法和设备。

② 分析零件图样。

③ 确定毛坯的类型、结构形状、制造方法等。

④ 拟订工艺路线。

⑤ 选择各工序的设备、刀具、夹具、量具和辅助工具。

⑥ 确定各工序的加工余量、计算工序尺寸及其公差。

⑦ 确定切削用量及计算工时定额。

⑧ 确定各主要工序的技术要求及检验方法。

⑨ 填写工艺文件。

（四）平面零件数控铣削工艺规程的制订

制订图 4-1-1 所示零件的铣削加工工艺。

1. 识读零件图

通过对零件图样的分析，了解零件的结构、尺寸大小及技术要求.零件的技术要求内容，包括尺寸公差、几何公差、表面粗糙度及热处理等要求。

1）分析零件的结构和尺寸精度

根据零件尺寸精度要求，可安排数控铣削粗、精加工、粗加工数控加工程序内容与精加工数控加工程序内容基本上是相同的，区别在于主轴转速、进给速度不同，使用的刀具相同（有些零件粗、精加工中使用相同的刀具）。当刀具的走刀路线无特殊要求时，粗、精加工走刀路线应该是相同的，即程序中各刀位点的数值均相同，不同的是精加工之前要在数控铣床系统中修改刀具补偿值，以达到改变切削用量的目的，实现精加工。

在分析过程中，还可以同时进行一些尺寸的换算，如增量尺寸与绝对尺寸及尺寸链计算等。

2）分析零件的形状和位置精度

通过分析零件图样可知，正六面体的四个侧面分别有平面度、垂直度、平行度要求，为主要加工表面。要求四个侧面的平面度误差均不能超过 0.05 mm。Ⅰ面为其他三个侧面的定位基准面，要求Ⅲ面相对于Ⅰ面的平行度误差不能超过 0.1 mm，Ⅱ、Ⅳ两面相对于Ⅰ面的垂直度误差不能超过 0.1 mm。本例中数控铣削的重点是保证四个侧面的平面度、垂直度和平行度。

3）分析零件的表面粗糙度

正六面体所有的平面均要求表面粗糙度为 *Ra* 3.2 μm，精度要求不太高，在数控铣床上加工即可达到零件表面粗糙度要求。

4）材料及热处理要求

零件图样上给定的材料与热处理要求是选择刀具、机床型号、确定切削用量等的依据。

从零件图样中可知，零件材料为 45 钢，无热处理和硬度要求。

2. 选择工件定位基准

为了保证零件的加工精度，首先应考虑如何选择精基准，再合理选择粗基准。另外，有时为了使基准统一或定位可靠、操作方便，人为地制造一种基准面，这些表面仅仅在加工中起定位作用，如顶尖孔、工艺凸台等。这类基准称为辅助基准，如图 4-1-25 所示的 *B* 面。

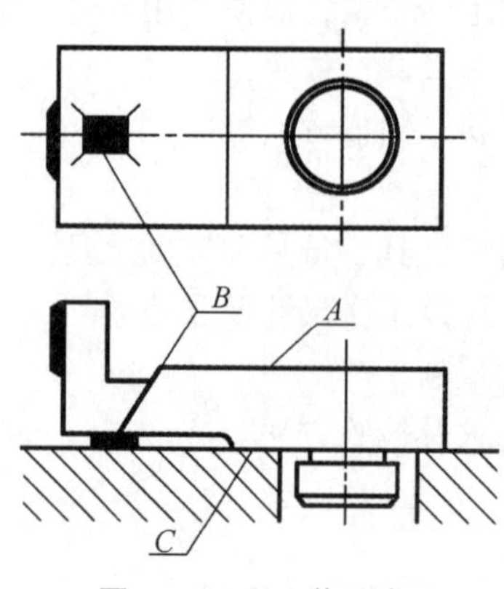

图 4-1-25 工艺凸台

3. 选择夹具，确定工件装夹方法

在数控铣床上常用的夹具有平口钳、分度头、组合夹具和专业夹具等，经济型数控铣床一般选用平口钳装夹工件。平口钳放在数控铣床工作台上要找正、定位后方能固定。选择夹具、确定工件装夹方法的原则：

（1）装夹时应使工件的加工面充分暴露在外，工件定位夹紧的部位应不妨碍各部位的加工、刀具更换及重要部位的测量。

（2）工件放入平口钳时一般要使工件的一个基准面朝下，紧靠垫块，另一个基准面紧靠固定钳口。

（3）尽可能选用标准夹具（平口钳）或组合夹具，在成批生产时才考虑专用夹具，并力求夹具结构简单。

（4）夹具的安装要准确可靠，同时应具备足够的强度和刚度，以减小其变形对加工精度的影响。

（5）装卸工件要方便可靠，以缩短辅助时间和保证安全。

4. 安排工件各表面的加工顺序

安排工件各表面的加工顺序时应遵循先面后孔、先内后外、减少换刀次数和连续加工的原则。此外，还要遵循基面先行、先粗后精和先主后次的原则。

通过上述分析，图 4-1-1 中正六面体各表面的加工顺序如下：粗铣毛坯顶面→粗铣毛坯底面→粗铣毛坯前面（Ⅰ面）→粗铣毛坯后面（Ⅲ面）→粗铣毛坯右面（Ⅱ面）→粗铣毛坯左面（Ⅳ面）→精铣顶面→精铣底面→精铣Ⅰ面→精铣Ⅲ面→精铣Ⅱ面→精铣Ⅳ面。

5. 确定工件加工方法

在确定工件加工方法时，除了考虑生产率要求和经济效益外，还应考虑下列因素：

（1）根据每个加工表面的技术要求，确定加工方法，以及分几次加工。

（2）工件材料的性质。

（3）工件的结构和尺寸。

常用平面加工方法有双向横坐标平行法、单向横坐标平行法、单向纵坐标平行法、双向纵坐标平行法、内向环切法和外向环切法，如图 4-1-26 所示。其中，双向横坐标平行法、双向纵坐标平行法和环切法较实用。

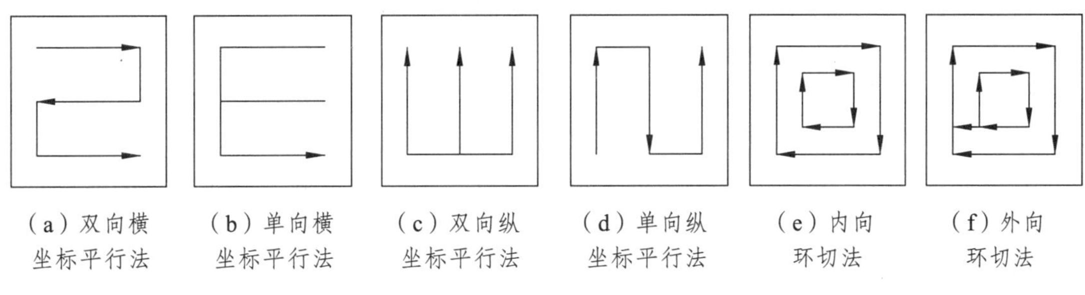

（a）双向横坐标平行法　（b）单向横坐标平行法　（c）双向纵坐标平行法　（d）单向纵坐标平行法　（e）内向环切法　（f）外向环切法

图 4-1-26　平面加工方法

6. 选择刀具、量具和辅助用具

刀具型号及刀具材料的选用主要依据零件材料的切削加工性、工件尺寸及精度要求等；量具根据零件图的技术要求，选用直角尺、游标卡尺、千分尺、百分表及表面粗糙度仪等。

7. 制订数控加工方案

加工工件时，加工方案的合理性直接影响到工件的加工精度。

本任务可采用工序集中的原则在一台立式数控铣床（或加工中心）上完成加工。铣削毛坯顶面时，以毛坯的底面作为粗基准，毛坯的底面安装在平口钳的垫块上，然后再以毛坯的顶面为定位基准，铣削底面。同样，侧面的加工也是两两相对侧面依次加工，先加工Ⅰ面，紧接着加工Ⅲ面，再加工Ⅱ面和Ⅳ面，如图 4-1-27 所示。

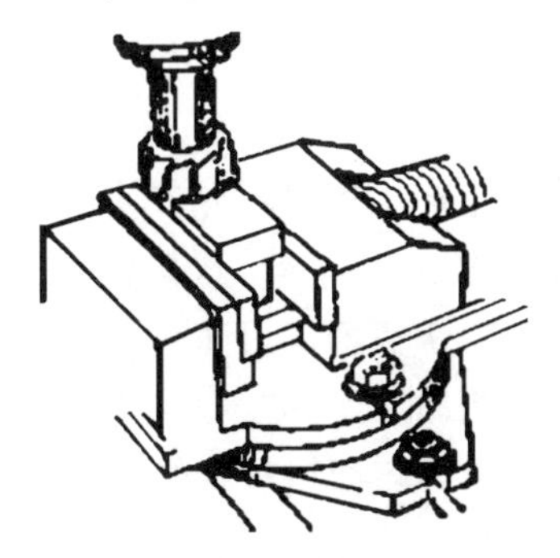

图 4-1-27　铣平面

加工中要注意，加工每个侧面之前，都要使用百分表进行找正，以保证侧面的垂直度和平行度要求。在铣削正六面体顶面、Ⅰ面和Ⅱ面时要给底面、Ⅲ面和Ⅳ面留有足够的加工余量，在铣削底面、Ⅲ面和Ⅳ面时要保证工件的尺寸公差要求。

8. 选择切削用量

数控铣床（加工中心）加工中的切削用量包括切削深度、侧吃刀量、铣削速度和进给量等。选择切削用量时，在保证加工质量和刀具耐用度的前提下，充分发挥机床性能和刀具切削性能，使切削效率最高，加工成本最低。

【训练与提高】

一、填空题

1. 零件定位中的四种情况分别是________、________、________和________重复定位。

2. 数控铣床上所采用的刀具要根据被加工零件的______________表面质量要求、热处理状态、切削性能及加工余量等灵活选择。

3. 我国目前生产的硬质合金主要分为________、________、________三类。

4. 数控切削刀具系统从其结构上可分为________和________两种。

5. 在我国应用最为广泛的 BT40 和 BT50 系列刀柄与主轴孔的配合锥面一般采用_______的锥度。

二、选择题

1. 用三个支承点对工件的平面进行定位，能限制其（　　）自由度。

A. 一个移动一个转动　　B. 两个移动一个转动

C. 一个移动两个转动　　D. 两个移动两个转动

2. 决定某种定位方法属于几点定位，主要根据（　　）。

A. 有几个支承点与工件接触　　B. 工件被消除了几个自由度

C. 工件需要消除几个自由度　　D. 夹具采用了几个定位元件

3. 采用一定结构形式的定位元件限制工件在空间的六个自由度的定位方法为（　　）。

A. 六点定则　　B. 不完全定位　　C. 完全定位　　D. 过定位

4. 在工序图上用来确定车工序所加工表面加工后的尺寸，形状，位置的基准为（　　）。

A. 定位基准　　B. 工序基准　　C. 装配基准　　D. 测量基准

5. 专用夹具适用于（　　）。

A. 单件生产中　　B. 小批生产中

C. 产品固定的批量生产中　　D. 任何生产类铟

6. 下列定位方式中（　　）是生产中绝对不允许使用的。

A. 完全定位　　B. 不完全　　C. 欠定位　　D. 过定位

7. 夹紧元件施力点应尽量（　　）表面，可防止工件在加工过程中产生振动。

A. 远离加工　　B. 靠近非加工　　C. 远离非加工　　D. 靠近加工

8. 用球刀加工比较平缓的曲面时，表面粗糙度的质量不会很高。这是因为（　　）而造成的。

A. 行距不够密

B. 步距太小

C. 球刀刀刃不太锋利

D. 球刀尖部的切削速度几乎为零

9. 加工中心换刀时应考虑（　　）。

A. 回程序零点，取消各种刀补及固定循环

B. 机床机械零点

C. 机床因换刀点，取消各种刀补及固定循环

D. 直接使用 M06 换刀

10. 立铣刀切出工件表面时，必须（　　）。

A. 法向切出　　B. 切向切出　　C. 无须考虑

11. 数控铣床上进行手动换刀时最主要的注意事项是（　　）。

A. 对准键槽　　B. 擦干净连接锥柄

C. 调整好拉钉　　D. 不要拿错刀具

12. 采用数控铣床加工较大平面时，应选择（　　）。

A. 立铣刀　　B. 面铣刀　　C. 锥形立铣刀　　D. 鼓形铣刀

13. 设 H01=6 mm，则 G91 G43 G0l Z-15.0；执行后的实际移动量为（　　）。

A. 9 mm　　B. 21 mm　　C. l5 mm　　D. 18 mm

三、判断题

1. 在使用夹具装夹工件时，不能采用不完全定位和过定位方式。（　）

2. 精基准一般只能使用一次。（　）

3. 对于安装精度较高的铣床夹具，常在夹具体底面设置定位键或定向键。（　）

4. 组合夹具根据组装连接基面的形状，分为槽系和孔系两类；而槽系常用于小工件的加工，孔系常用于大、中工件的加工。（　）

5. 工件以一面二销定位时，两销只能限制一个自由度。（　）

四、简答题

1. 按主轴的位置不同，数控铣床分为哪些类型？

2. 按构造不同，数控铣床分为哪些类型？

3. 与普通铣床相比，数控铣床具有哪些优点？

4. 什么叫六点定位原理？

5. 什么叫完全定位？不完全定位？重复定位？欠定位？

6. 什么叫粗基准？选择原则是什么？什么叫精基准？选择原则是什么？

7. 什么叫对刀点？刀位点？换刀点？对刀点的选择原则有哪些？

8. 铣削加工的切削用量包括哪些？切削用量的选择原则是什么？

9. 数控加工工艺文件主要包括哪些类？其作用是什么？数控加工工序卡主要包括哪些内容？

【任务实施】

一、实施过程

（一）数控铣削工艺规程的制订

制订数控加工工艺规程的步骤：

（1）根据零件的年产量，确定生产类型，以便选用合适的加工方法和设备。

（2）分析零件图样。

（3）确定毛坯的类型、结构形状、制造方法等。
（4）拟订工艺路线。
（5）选择各工序的设备、刀具、夹具、量具和辅助工具。
（6）确定各工序的加工余量、计算工序尺寸及其公差。
（7）确定切削用量及计算工时定额。
（8）确定各主要工序的技术要求及检验方法。
（9）填写工艺文件。

（二）填写数控加工工艺文件（见表 4-1-10 ~ 表 4-1-12）。

表 4-1-10　工艺信息分析卡

分析内容	铣削平面工艺信息分析卡	班级		姓名	
		学号		日期	
正六面体尺寸	60 mm×60 mm×20 mm				
尺寸公差	三个尺寸上偏差均为 0，下偏差均为-0.25 mm				
平面度公差	0.05 mm				
垂直度公差	0.1 mm				
表面粗糙度	3.2 μm				
定位基准	正六面体顶面和 I 面				
生产类型	小批生产				
所选机床、刀具	配置 FANUC 0i-MC 系统的数控铣床，ϕ80 盘铣刀				

表 4-1-11　数控加工工艺方案

工步序号	工步内容	刀具、量具	备注
1	固定平口钳，找正固定钳口。保证钳口与铣床 X 轴的平行度误差不大于 0.01 mm；钳口与铣床主轴轴线的垂直度误差不大于 0.01 mm，找正后锁紧	百分表	校正精密平口钳
2	装夹工件。选择合适的垫片及垫块，保证其夹持量不大于 8 mm	百分表	工件与钳口之间加垫片，工件与平口钳底面之间加垫块
3	粗铣毛坯顶面（精基准面）。保证留有足够的精加工余量。工件坐标系的原点设在工件顶面中心	ϕ80 mm 盘铣刀、直角尺	以毛坯的底面和侧面为粗基准。侧面与平口钳固定钳口之间加圆柱棒，底面与平口钳底面之间加垫块。使工件高出钳口顶面约 5 mm

续表

工步序号	工步内容	刀具、量具	备注
4	粗铣毛坯底面。保证工件尺寸公差要求。工件坐标系的原点设在工件底面中心	ϕ80 mm 盘铣刀、直角尺	以顶面为基准面，安装在平口钳底面，之间加垫块。毛坯侧面与平口钳固定钳口之间加圆柱棒
5	粗铣毛坯前面（Ⅰ面）。保证留有足够的加工余量。工件坐标系的原点设在工件前面中心	ϕ80 mm 盘铣刀、直角尺、游标卡尺、百分表	依次以顶面和Ⅲ面为基准，以固定钳口面和底面为定位面。顶面与固定钳口面之间加垫片，Ⅲ面与平口钳底面之间加垫块。使用百分表测量，保证Ⅰ面和顶面的垂直度
6	粗铣毛坯Ⅲ面。保证留有足够的精加工余量。工件坐标系的原点设在工件Ⅲ面中心	ϕ80 mm 盘铣刀、直角尺、游标卡尺、百分表	依次以顶面和Ⅰ面为基准面，以固定钳口面和底面为定位面。使用百分表测量，保证Ⅲ面和Ⅰ面的平行度要求
7	粗铣毛坯Ⅱ面。保证留有足够的加工余量。工件坐标系的原点设在工件Ⅱ面中心	ϕ80 mm 盘铣刀、直角尺、游标卡尺、百分表	依次以顶面和Ⅳ面为基准，以固定钳口面和底面为定位面。使用百分表测量，保证Ⅱ面与Ⅰ面的垂直度要求
8	粗铣毛坯Ⅳ面。保证留有足够的精加工余量。工件坐标系的原点设在工件面中心	ϕ80 mm 盘铣刀、直角尺、游标卡尺、百分表	依次以顶面和Ⅱ面为精基准面，以固定钳口面和底面为定位面。使用百分表测量，保证Ⅳ面与Ⅱ面的平行度要求，与Ⅰ面的垂直度要求
9	依次精铣工件四个侧面，保证工件及尺寸公差和几何公差要求	ϕ80 mm 盘铣刀、直角尺、游标卡尺、百分表、表面粗糙度仪	工件与固定钳口及平口钳底面之间分别加铜皮、垫片及垫铁，并使用百分表检测

表 4-1-12 刀具、量具和辅助用具准备清单

序号	名称	规格	精度	数量
1	游标卡尺	0 ~ 150 mm	0.02 mm	1
2	千分尺	75 ~ 100 mm	0.01 mm	1
3	盘铣刀	ϕ80		1
4	百分表及表座	0 ~ 10 mm		1
5	垫片若干、垫块、铜皮等			若干
6	精密平口钳	GT1A5		1
7	其他	1. 函数型计算器		
8		2. 其他常用辅具		

二、展示评比

各小组派出代表进行展示，组间交叉评比，填写表 4-1-13。

表 4-1-13　评比过程记录

序号	评比要点	优缺点	评比分值	备注
1	文字表达是否清晰、完整			
2	知识内容是否全面、正确			
3	学习组织是否有序、高效			
4	其他			
综合评分				

【任务小结与评价】

一、任务小结与反思

二、任务评价

表 4-1-14　评价表

班级			学号		
姓名			综合评价等级		
指导教师			日期		
评价项目	序号	评价内容	评价方式		
			自我评价	小组评价	教师评价
团队表现（40 分）	1	任务评比综合评分，系配分 20 分			
	2	任务参与态度，配分 8 分			
	3	参与任务的程度，配分 6 分			
	4	在任务中发挥的作用，配分 6 分			
个人学习表现（50 分）	5	学习态度，配分 10 分			
	6	出勤情况，配分 10 分			
	7	课堂表现，配分 10 分			
	8	作业完成情况，配分 20 分			
个人素质（10 分）	9	作风严谨、遵章守纪，配分 5 分			
	10	安全意识，配分 5 分			
合计					
综合评分					

注：各评分项按“A”（0.9～1.0）、“B”（0.8～0.89）、“C”（0.7～0.79）、“D”（0.6～0.69）、“E”（0.1～0.59）及“0”分配分；如学习态度项、出勤项、安全项评 0 分，总评为 0 分。

任务二　数控铣轮廓加工编程

【学时】

4 课时。

【学习目标】

知识目标：

1. 掌握坐标系指令 G92、G54 ~ 59、G54.1 ~ G54.48、G52、G53、尺寸指令 G20/G21、进给速度单位的设定指令 G94/G95 的格式及应用。

2. 掌握基本指令 G00、G01、G90、G91、G28、G29 的格式及应用。

3. 掌握圆弧插补和切削平面选择指令（G02/G03 和 G17/G18/G19）、刀具半径偏置（G40/G41/G42）、刀具长度偏置（G43/G44/G49）的格式及应用。

4. 掌握子程序的格式、子程序的调用。

5. 掌握极坐标指令（G16/G15）、坐标旋转指令（G68/G69）、可编程镜像指令（G50.1/G51.1）、可编程比例缩放指令（G50/G51）的格式及应用。

技能目标：

1. 能够正确选用各类指令。

2. 能够应用各类指令正确编制零件的加工程序。

【任务描述】

加工如图 4-2-1 所示零件（毛坯尺寸为 80 mm×80 mm×20 mm），试分析其加工步骤并编写其加工中心加工程序。

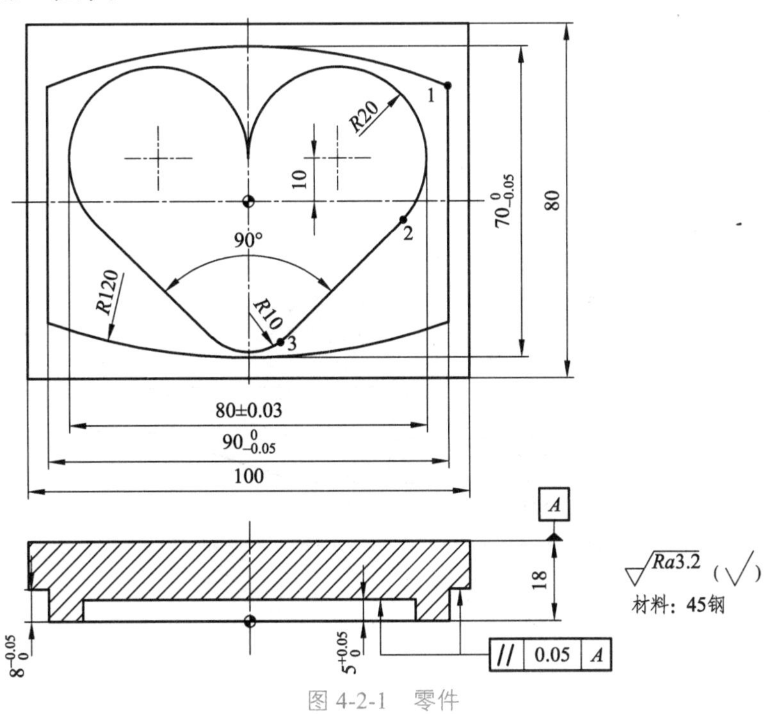

图 4-2-1　零件

【知识链接】

一、坐标系设定及基本指令

（一）工件坐标系设定 G92

（1）格式：G92 X_Y_Z_；

（2）说明："X_Y_Z_" 设定的工件坐标系原点到刀具起点的有向距离；G92 指令通过设定刀具起点与坐标系原点的相对位置建立工件坐标系，工件坐标系一旦建立，绝对值编程时的指令值就是在此坐标系中的坐标值。执行此程序段只建立工件坐标系刀具并不产生运动，G92 指令为非模态指令，一般放在一个零件程序的第一段。

例：使用 G92 指令建立如图 4-2-2 所示的工件坐标系。

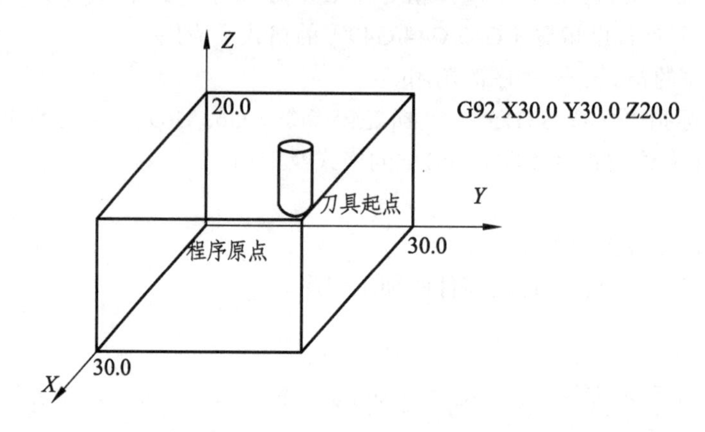

图 4-2-2　工件坐标系设定

（二）工件坐标系选择 G54 ~ G59、G54.1 ~ G54.48

（1）格式：G54 ~ G59 和 G54 Pn（1 ~ 48）。

（2）功能：如图 4-2-3 和图 4-2-4 所示。

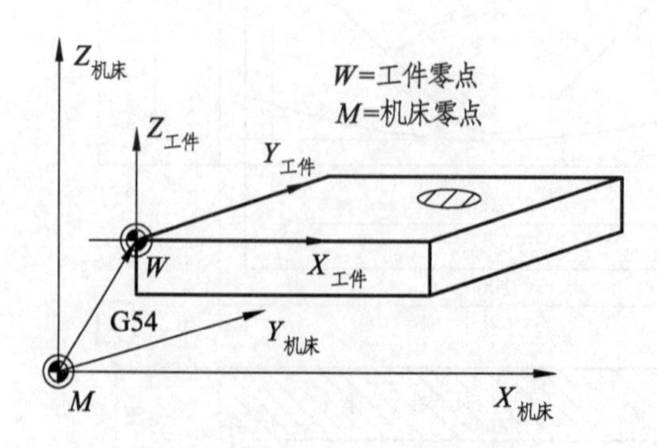

图 4-2-3　单个工件坐标系选择

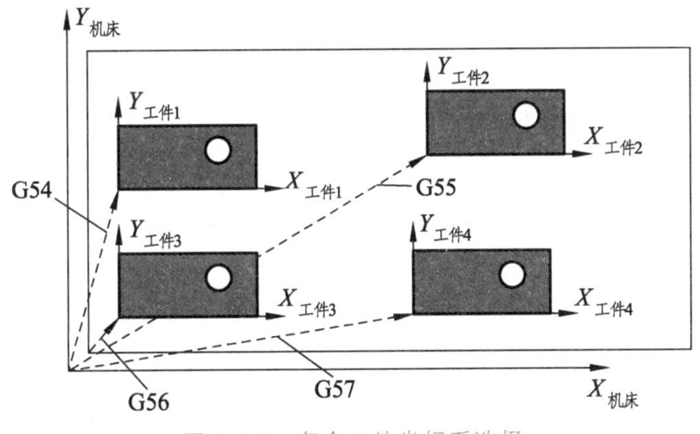

图 4-2-4 多个工件坐标系选择

（3）说明：G54～G59、G54.1～G54.48 是系统预定的 54 个工件坐标系，可根据需要任意选用；这 54 个预定工件坐标系的原点在机床坐标系中的值（工件零点偏置值）可以先输入数控系统，工件坐标系一旦选定后续程序段中绝对值编程时的指令值均为相对此工件坐标系原点的值。G54～G59、G54.1～G54.48 为模态功能可相互注销，G54 为缺省值。

（三）选择机床坐标系 G53

（1）格式：（G90）G53 X_ Y_ Z_；

（2）功能：刀具根据这个命令执行快速移动到机床坐标系里的“X_Y_Z”位置。仅仅在程序段里有 G53 命令的地方起作用。此外，它在绝对指令 G90 里有效，在增量命令里 G91 无效。为了把刀具移动到机床固有的位置，像换刀位置，程序应当用 G53 命令在机床坐标系里编程。

（3）说明：刀具半径补偿、刀具长度补偿应当在 G53 命令调用之前取消。在执行 G53 指令之前，必须返回机床参考点建立机床坐标系。

（四）局部坐标系设定 G52

（1）格式：G52 X_Y_Z_；

（2）说明：“X_Y_Z_”是局部坐标系原点在当前工件坐标系中的坐标值，G52 指令能在所有的工件坐标系（G92、G54～G59）内形成子坐标系即局部坐标系如图 4-2-5 所示。含有 G52 指令的程序段中绝对值编程方式的指令值就是在该局部坐标系中的坐标值。

（五）尺寸单位选择 G20/G21

（1）格式：G20 或 G21。

（2）说明：

① G20 英制尺寸（inch），G21 公制尺寸（mm）。

② G20、G21 为模态功能可相互注销，G21 为缺省值。

（六）进给速度单位的设定 G94/G95

（1）格式：G94[F_]每分钟进给，单位符号据 G20/G21 的设定而为 mm/min、inch/min。

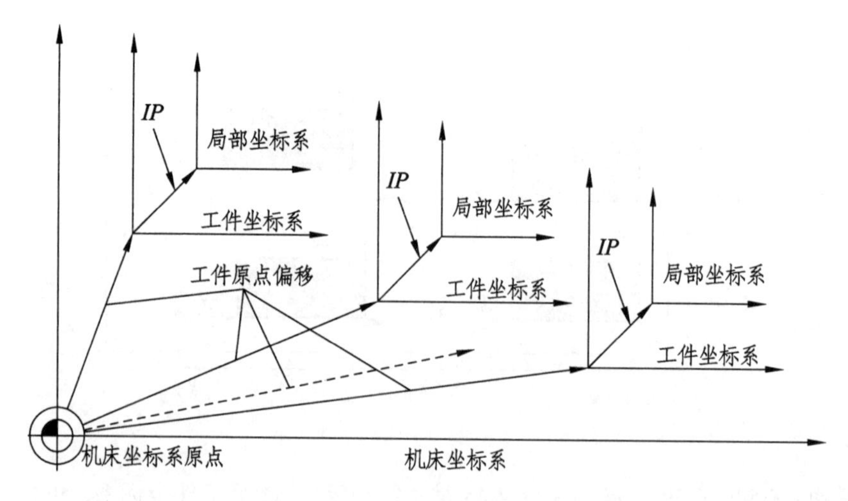

图 4-2-5　局部坐标系设定 G52

G95[F_] 每转进给，单位符号据 G20/G21 的设定而为 mm/r、inch/r。

（2）说明：G94、G95 为模态功能可相互注销，G94 为缺省值；进给量单位的换算：如主轴的转速 S（r/min），G94 设定的 F 指令进给量是 F（mm/min），G95 设定的 F 指令进给量 f（mm/r）。换算公式是：F=f×S

（七）快速定位（G00）

（1）程序段格式：G00 X_ Y_ Z_；

① 程序段中 X_ Y_ Z_是 G00 移动的终点坐标。

② 刀具从当前位置移动到指令指定的位置（在绝对坐标 G90 方式下），或者移动到某个距离处（在增量坐标 G91 方式下）。

（2）快速移动指令 G00 用于快速移动并定位刀具，模态有效（见图 4-2-6）；快速移动的速度由机床数据设定，因此 G00 指令后不需加进给量指令 F；用 G00 指令可以实现单个坐标轴或多个坐标轴的快速移动。

（3）非直线形式的定位，刀具路径不是直线，根据到达的顺序，机床轴依次停止在命令指定的位置，因此刀具路径不是直线而是折线。

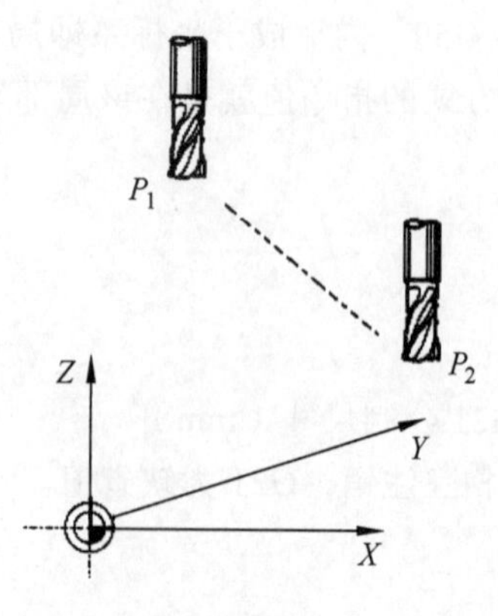

图 4-2-6　快速定位（G00）

（八）直线插补进给指令（G01）

（1）程序段格式：G01 X_ Y_ Z_ F_；

① 程序段中“X_Y_Z_”是 G01 移动的终点坐标。

② 刀具以直线形式，按 F 代码指定的速率，从它的当前位置移动到程序要求终点的位置，F 的速率是程序中指定轴速率的合成速率，模态有效。

（2）用 G01 指令可以实现单个坐标轴直线移动或多个坐标轴的同时直线移动，如图 4-2-7 所示。

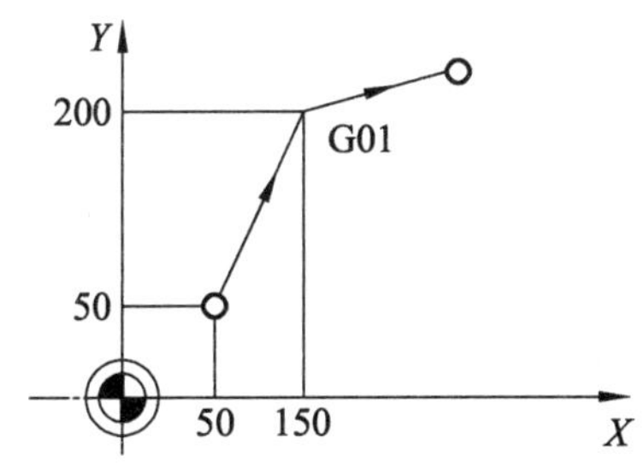

图 4-2-7　直线插补进给指令（G01）

（九）绝对尺寸/增量尺寸指令（G90/G91）

（1）G90/G91 设定的 *X*、*Y* 和 *Z* 坐标是绝对值还是相对值，不论它们原来是绝对命令还是增量命令；含有 G90 命令的程序段和在它以后的程序段都由绝对命令赋值；而带 G91 命令及其后的程序段都用增量命令赋值。选择合适的编程方式可使编程简化，当图纸尺寸有一个固定基准，给定时采用绝对方式编程较为方便；而当图纸尺寸是以轮廓顶点之间的间距给出时采用相对方式编程较为方便。

（2）格式：G90 或 G91。

（3）说明：G90 绝对值编程每个编程坐标轴上的编程值是相对于程序原点的；G91 相对值编程每个编程坐标轴上的编程值是相对于前一位置而言的，该值等于沿轴移动有向距离；G90 和 91 为模态功能可相互注销，G90 为缺省值；G90 和 G91 可用于同一程序段中，要注意其顺序所造成的差异。

图 4-2-8 所示为使用 G90 和 G91 编程要求刀具由原点按顺序移动到 1、2、3 点。

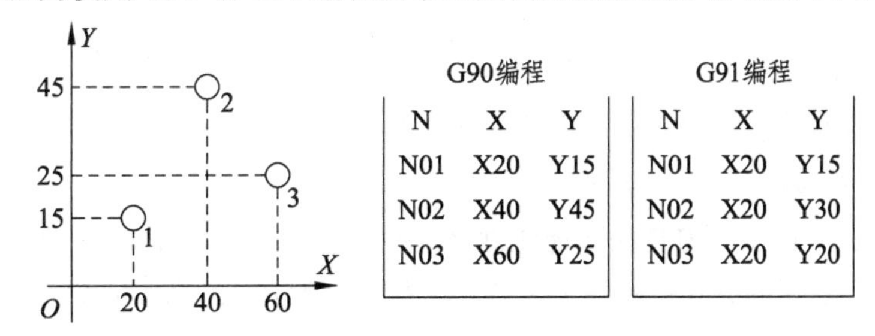

G90编程

N	X	Y
N01	X20	Y15
N02	X40	Y45
N03	X60	Y25

G91编程

N	X	Y
N01	X20	Y15
N02	X20	Y30
N03	X20	Y20

图 4-2-8　G90/G91 编程

（十）编程实例

加工如图 4-2-9 所示工件，毛坯为 100 mm×80 mm×33 mm 的 45 钢，试编写其数控铣加工程序并进行加工。

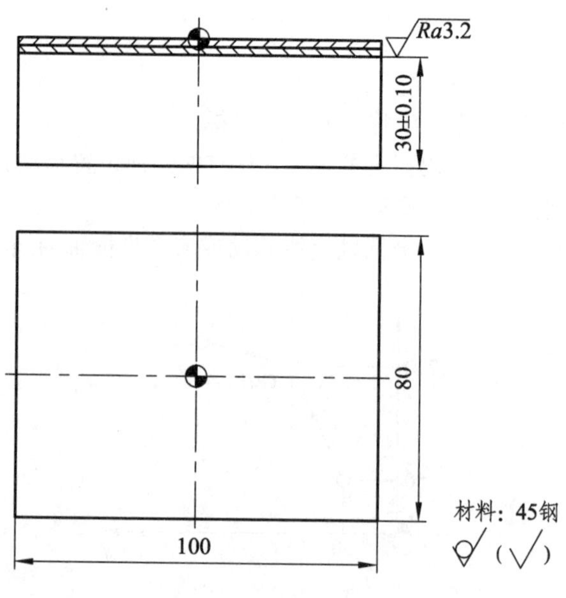

图 4-2-9　工件示意图

1. 加工准备

1）分析零件图样

主要加工内容为大平面的铣削加工，加工后零件的尺寸精度为±0.10 mm，表面粗糙度值为 *Ra*3.2 μm。

2）选择数控机床

TH7650 型 FANUC 0i 系统数控铣床。

3）选择刀具、切削用量及夹具

刀具：ϕ60 mm 面铣刀（刀片材料为硬质合金）。

夹具：平口钳。

切削用量推荐值：切削速度 *n*=600 r/min；进给速度 *f*=100 mm/min；背吃刀量 a_p=1 ~ 3 mm。

2. 编写加工程序

1）选择编程原点

选择工件上表面的对称中心作为工件编程原点。

2）设计加工路线

（1）如图 4-2-10 所示，刀具的运动轨迹 *A*—*B*—*C*—*D*，再 *Z* 向切深，然后 *D*—*C*—*B*—*A*。

（2）采用分层切削的方式进行加工，背吃刀量分别取 3 mm 和 1 mm。

（3）基点坐标：*A*（－90.0，－20.0）、*B*（50.0，－20.0）、*C*（50.0，20.0）、*D*（－90.0，20.0）。

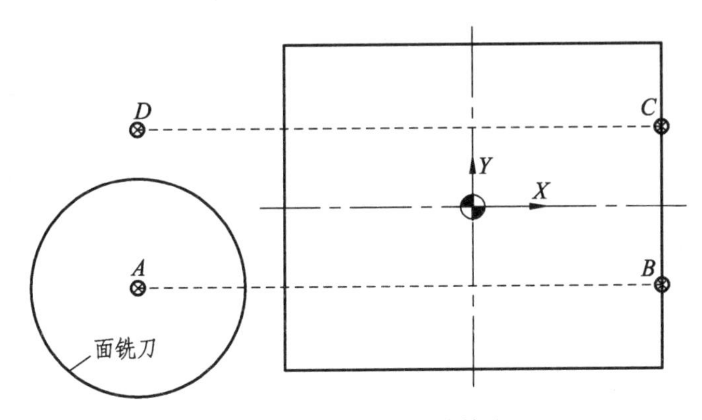

图 4-2-10　刀具的运动轨迹

3）编制数控加工程序

```
O0081；程序号
N10  G90 G94 G21 G40 G17 G54；程序初始化
N20  G91 G28 Z0；                Z 向回参考点
N30  M03 S600；主轴正转，切削液开
N40  G90 G00 X-90.0 Y-20.0；刀具在 XY 平面中快速定位
N50  Z20.0 M08 ；刀具 Z 向快速定位
N60  G01 Z-3.0 F100；一次切削至总深
N70  X50.0；              A→B
N80  Y20.0；              B→C
N90  X-90.0；             C→D
N100  G00 Z100.0 M09；刀具 Z 向快速抬刀
N110  M05；主轴停转
N120  M30；程序结束
```

二、圆弧及整圆加工

（一）圆弧插补和切削平面选择指令（G02/G03 和 G17/G18/G19）

G02 顺时针圆弧插补。

G03 逆时针圆弧插补（见图 4-2-11）。

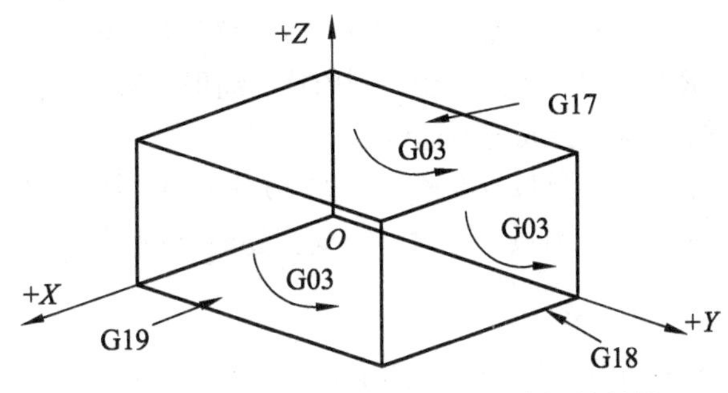

图 4-2-11　切削平面选择和圆弧的顺逆判断

G17 选择 *XY* 平面。

G18 选择 *ZX* 平面。

G19 选择 *YZ* 平面。

1. 格　式

1）圆弧在 *XY* 平面上

```
G17 G02 (G03) G90 (G91) X_ Y_ I_ J_ F_;
或G17 G02 (G03) G90 (G91) X_ Y_ R_ F_;
```

2）圆弧在 *XZ* 平面上

```
G18 G02 (G03) G90 (G91) X_ Z_ I_ K_ F_;
或G18 G02 (G03) G90 (G91) X_ Z_ R_ F_;
```

3）圆弧在 *YZ* 平面上

```
G19 G02 (G03) G90 (G91) Y_ Z_ J_ K_ F_;
或G19 G02 (G03) G90 (G91) Y_ Z_R_ F_;
```

2. 说　明

（1）*X*、*Y*、*Z* 是圆弧终点坐标，在 G90 时为圆弧终点在工件坐标系中的坐标，在 G91 时为圆弧终点相对于圆弧起点的位移量。

（2）*I*、*J*、*K* 是圆心相对于圆弧起点的增量坐标（等于圆心的坐标减去圆弧起点的坐标，见图 4-2-12）。

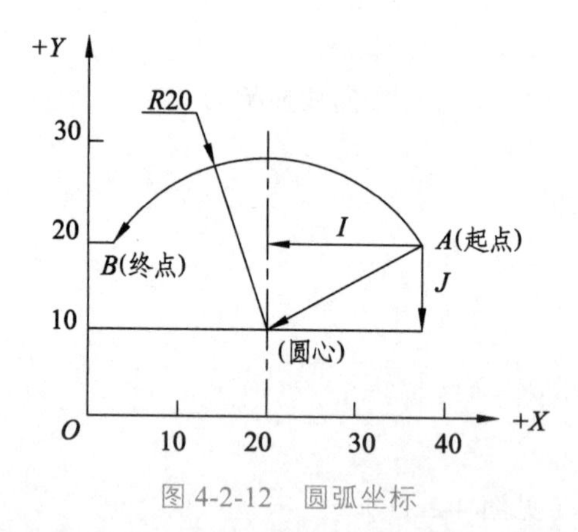

图 4-2-12　圆弧坐标

（3）*R* 是圆弧半径，当圆弧圆心角小于 180°时 *R* 为正值；当圆弧圆心角大于 180°并小于 360°时，*R* 用负值表示；*R* 指令格式不能用于整圆插补的编程，整圆插补需用 *I*、*J*、*K* 方式编程。

（4）F 是被编程的两个轴的合成进给速度。

（5）G02/G03 判断方法：沿圆弧所在平面（如 *XY* 平面）的另一根轴（*Z* 轴）的正方向向负方向看，顺时针方向为顺时针圆弧，逆时针方向为逆时针圆弧。

3. 示　例

例 4-2-1　图 4-2-13 中圆弧编程程序段如下：

G17 G90 G03 X5 Y25 I-20 J-5;

或 G17 G90 G03 X5 Y25 R20.616;

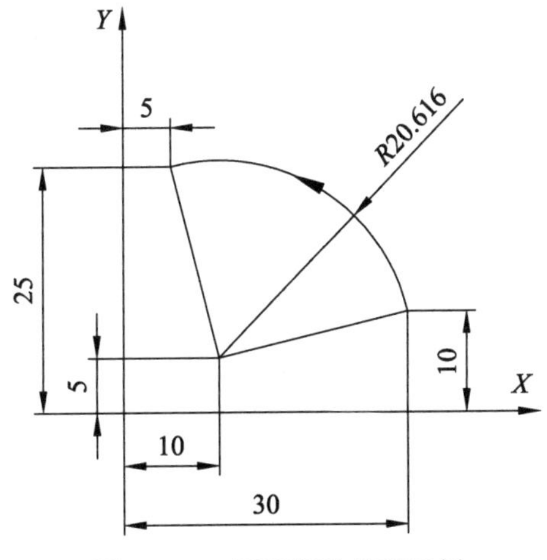

图 4-2-13　圆弧插补编程示例

例 4-2-2　编写加工图 4-2-14 中圆弧 *AB* 的程序段。

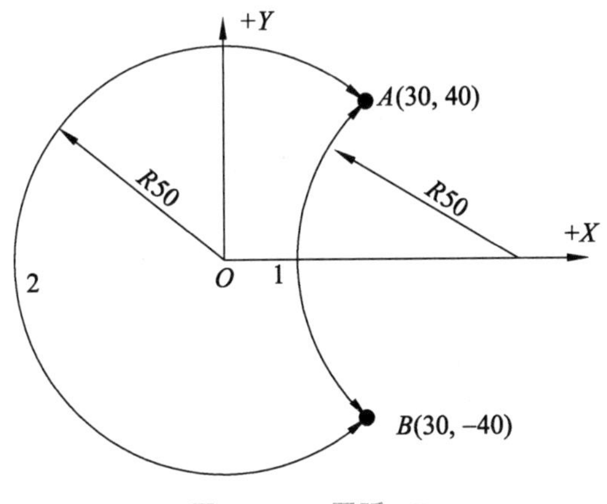

图 4-2-14　圆弧 *AB*

圆弧编程程序段如下：

(AB) 1　G03 X30.0 Y-40.0 R50.0 F100;

(AB) 2　G03 Y-40.0 R-50.0 F100;

例 4-2-3　编写加工图 4-2-15 所示整圆的程序段。

程序段如下：

G03 X50.0 Y0 I-50.0 J0;

或简写成 G03 I-50.0;

（二）返回原点（G28）、自动从原点返回（G29）

1. 格　式

自动返回机床原点 G28 G90 (G91) X_Y_Z_;

自动从机床原点返回 G29 G90 (G91) X_Y_Z_;

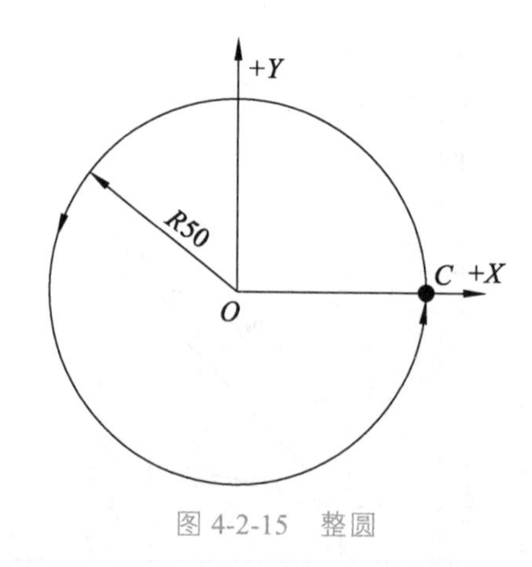

图 4-2-15　整圆

2. 说　明

由 X、Y 和 Z 设定的位置叫作中间点。机床先移动到这个点，而后回归机床原点。省略了中间点的轴不移动；只有在命令里指定了中间点的轴执行其原点返回命令。在执行原点返回命令时，每一个轴是独立执行的，这就像快速移动命令（G00）一样；通常刀具路径不是直线。因此，建议对每一个轴设置中间点，以免在返回机床原点时与工件发生碰撞等意外情况。

3. 示　例

编写图 4-2-16 自动返回原点（G28）程序段如下：

G28　G90 X150 Y200；或者 G28　G91 X100 Y150；

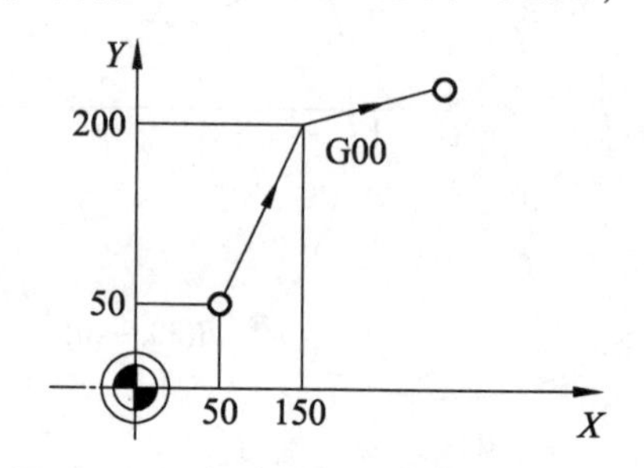

图 4-2-16　自动返回机床原点编程示例

（三）编程实例

编写图 4-2-17 所示零件（毛坯：100 mm×80 mm×30 mm）轮廓铣加工程序。

1. 加工准备

1）分析零件图样

（1）尺寸精度要求不高，均为自由公差。

（2）零件加工后的形位精度要求较高，为了保证形位公差要求，需对零件进行精确的装夹与校正。

（3）零件加工表面的表面粗糙度要求为 Ra3.2 μm。

2）选择数控机床

FANUC 0i 系统数控铣床。

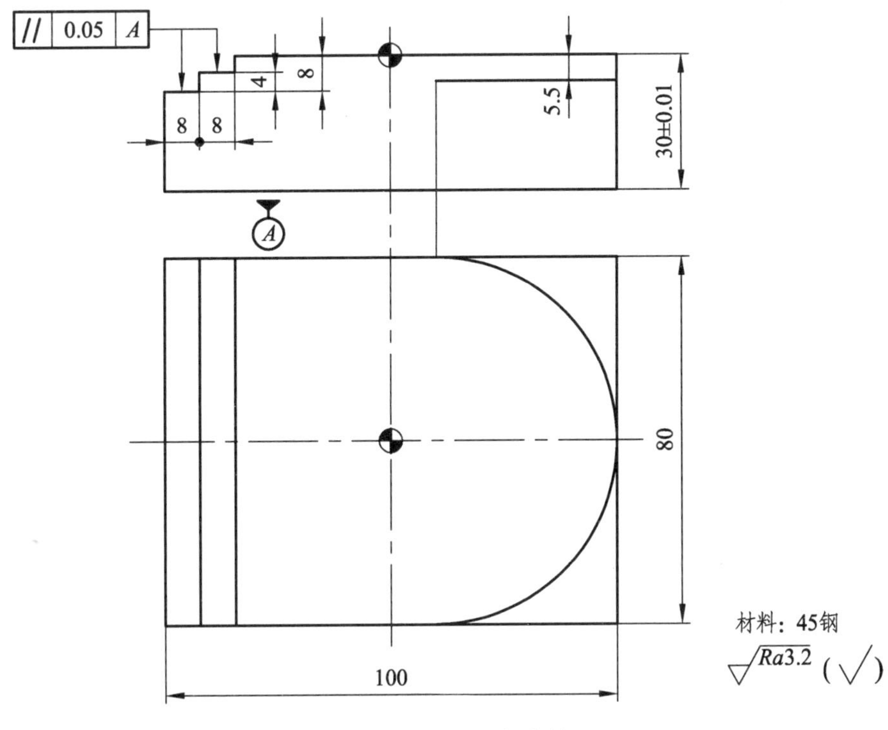

图 4-2-17　零件轮廓铣

3）选择刀具和切削用量

（1）刀具：ϕ20 mm 立铣刀（材料为高速钢）。

（2）切削用量推荐值：切削速度 n=600 r/min；进给速度 f=100 mm/min；背吃刀量 a_p=8 mm。

2. 编写加工程序

1）选择编程原点

选择工件上表面的对称中心作为工件编程原点。

2）设计加工路线

铣削台阶：如图 4-2-18 所示刀具从 A 点→B 点，然后 Z 向抬刀并返回 C 点，再 Z 向落刀至加工高度后，从 C 点→D 点。

加工圆弧面：为防止刀具法向进刀造成加工刀痕，采用圆弧过渡方式切入，采用圆弧过渡方式切出，也可采用法线方式切出。

3. 确定基点坐标

基点坐标见表 4-2-1。

4. 编制数控加工程序

编制数控加工程序见表 4-2-2。

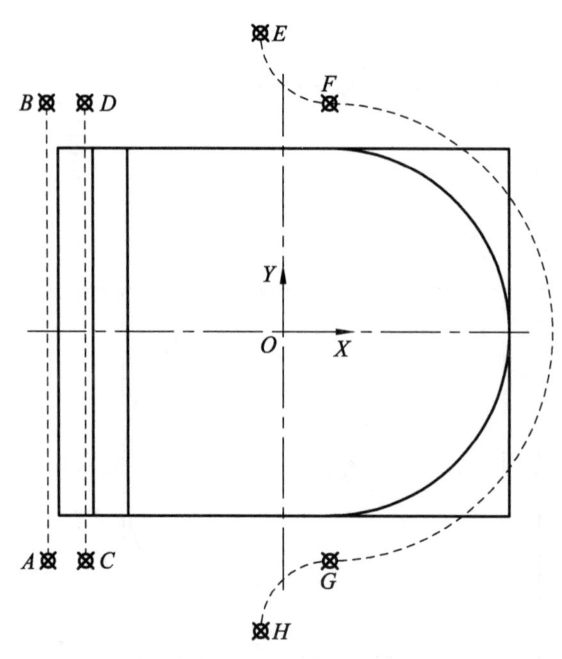

图 4-2-18　加工路线

表 4-2-1　基点坐标

A 点	(-52.0，-52.0)	B 点	(-52.0，52.0)
C 点	(-44.0，-52.0)	D 点	(-44.0，52.0)
E 点	(-5.0.0，65.0)	F 点	(10.0，50.0)
G 点	(10.0，-50.0)	H 点	(-5.0，-65.0)

表 4-2-2　数控加工程序

刀具	ϕ20 mm 立铣刀	
程序段号	加工程序	程序说明
	O0082;	程序号
N10	G90 G94 G21 G40 G17 G54;	程序初始化
N20	G91 G28 Z0;	Z 向回参考点
N30	M03 S600 ;	主轴正转
N40	G90 G00 X－52.0 Y－52.0;	刀具在 XY 平面中快速定位
N50	Z20.0 M08 ;	刀具 Z 向快速定位，切削液开
N60	G01 Z－8.0 F100;	第一个台阶的铣削深度位置
N70	Y52.0;	A—B，延长线上切出
N80	G00 Z3.0;	刀具抬起
N90	X－44.0 Y－52.0;	快速定位至 C 点，延长线上切入
N100	G01 Z－4.0;	第二个台阶的铣削深度位置

续表

N110	Y52.0；	D—C
N120	G00 Z3.0；	刀具抬起
N130	X－5.0 Y65.0；	快速定位至 E 点
N140	G01 Z－5.5；	圆弧台阶的铣削深度位置
N150	G03 X10.0 Y50.0 R15.0；	圆弧切入
N160	G02 Y－50.0 R50.0；	加工圆弧台阶
N170	G03 X－5.0 Y－65.0 R15.0；	圆弧切出
N180	G00 Z100.0 M09；	刀具 Z 向快速抬刀
N190	M05；	主轴停转
N200	M30；	程序结束

三、轮廓粗精加工

（一）刀具半径偏置（G40/G41/G42）

1. 功 能

刀具半径偏置代码功能见表 4-2-3。

表 4-2-3 刀具半径偏置代码功能

代码	功能
G40	取消刀具半径偏置
G41	偏置在刀具行进方向的左侧[见图 4-2-19（a）]
G42	偏置在刀具行进方向的右侧[见图 4-2-19（b）]

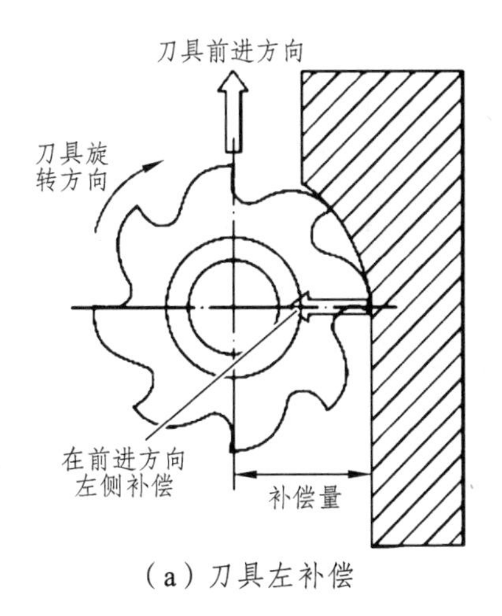

（a）刀具左补偿

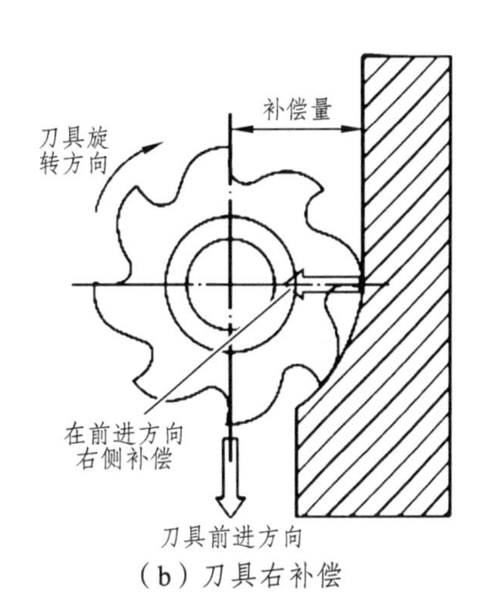

（b）刀具右补偿

图 4-2-19 刀具补偿方向

2. 格　式

```
G00（或 G01）G41 X_ Y_D_（F）;
G00（或 G01）G42 X_ Y_D_（F）;
G00（或 G01）G40 X_ Y_（F）;
```

（1）加工工件时，能够根据工件形状编制加工程序，同时不必考虑刀具半径。因此，在真正切削之前把刀具半径设置为刀具偏置值；能够获得精确的切削结果，就是因为系统本身计算了精确补偿的路径。

（2）在编程时用户只要插入偏置向量的方向和偏置地址（在“D”后面是从 01 ~ 400 的两位数字）。

（3）为了便于计算坐标，采用切线切入方式或法线切入方式来建立或取消刀补。对于不便于沿工件轮廓线方向切向或法向切入、切出时，可根据情况增加一个圆弧辅助程序段。

（4）为了防止在半径补偿建立与取消过程中刀具产生过切现象[图 4-2-20（a）中的 *OM* 和图 4-2-20（b）中的 *AM*]，刀具半径补偿建立与取消程序段的起始位置与终点位置最好与补偿方向在同一侧[图 4-2-20（a）中的 *OA* 和图 4-2-20（b）中的 *AN*]。

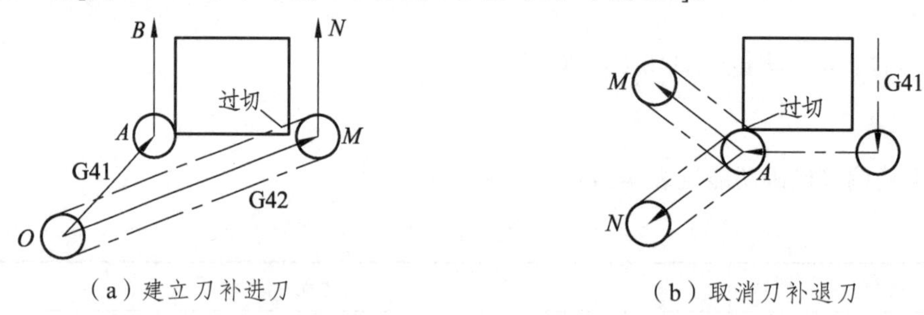

（a）建立刀补进刀　　（b）取消刀补退刀

图 4-2-20　刀补建立与取消时的起始与终点位置

3. 实　例

（1）加工图 4-2-21 所示方形零件轮廓，试编写刀补后的程序。

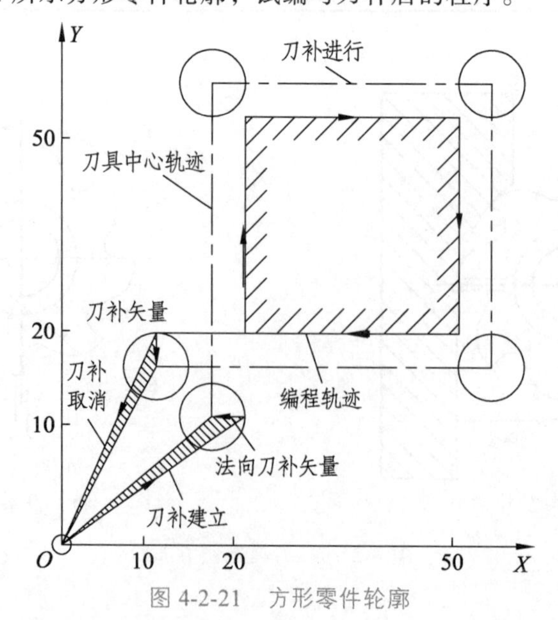

图 4-2-21　方形零件轮廓

```
O2201 程序名
N10 G54 G17 G90；指定刀补平面
N20 G41 G00 X20 Y10 D01；建立刀具半径左补偿，由 D01 指定刀补值
N30 G01 Y50 F100；
N40 X50；
N50 Y20；
N60 X10；
N70 G40 G00 X0 Y0 M05；取消刀具补偿
N80 M30；程序结束
```

（2）选用ϕ16 mm 立铣刀在 80 mm×80 mm×30 mm 的毛坯上加工如图 4-2-22 所示凸台外形轮廓，试编写其加工中心加工程序。

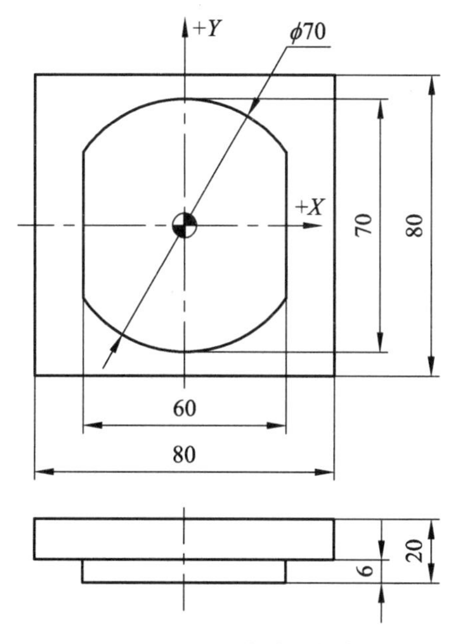

图 4-2-22　凸台外形轮廓

本例工件采用刀具半径补偿编程后，刀具刀位点的轨迹如图 4-2-23 所示。

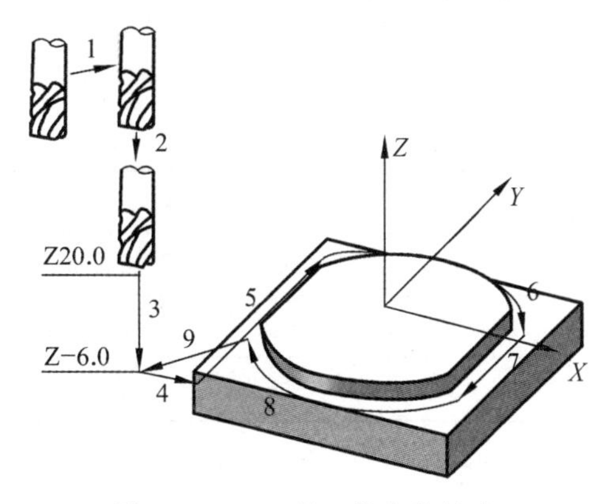

图 4-2-23　刀具刀位点的轨迹

加工程序如下：

```
O0025;（轮廓加工程序）
N10  G90 G94 G21 G40 G17 G54;（程序初始化）
N20  G91 G28 Z0;（刀具退回 Z 向参考点）
N30  M03 S600 ;（主轴正转，600 r/min）
N40  G90 G00 X-50.0 Y-50.0;（刀具定位，轨迹 1）
N50  Z20.0 M08;（轨迹 2，切削液开）
N60  G01 Z-6.0 F100;（刀具 Z 向下刀，轨迹 3）
N70  G41 G01 X-30.0 D01;（轮廓延长线上建立刀补，轨迹 4）
N80  Y18.03;（轨迹 5）
N90  G02 X30.0 R35.0;（轨迹 6）
N100  G01 Y-18.03;（轨迹 7）
N110  G02 X-50.0 R35.0;（轨迹 8）
N120  G40 G01 X-50.0 Y-50.0;（取消刀补，轨迹 9）
N130  G91 G28 Z0 M09;（刀具返回 Z 向参考点）
N140  M05;（主轴停转）
N150  M30;（程序结束）
```

（二）刀具长度偏置（G43/G44/G49）

1. 格　式

```
G00（G01） G43 Z_ H_;
G00（G01） G44 Z_ H_;
G00（G01） G49 Z_;
```

2. 功　能

（1）用一把铣刀作为基准刀，并且利用工件坐标系的 *Z* 轴，把它定位在工件表面上，其位置设置为 *Z*0。请记住，如果程序所用的刀具较短，那么在加工时刀具不可能接触到工件，即便机床移动到位置 *Z*0。反之，如果刀具比基准刀具长，有可能引起与工件碰撞损坏机床。为了防止出现这种情况，把每一把刀具与基准刀具的相对长度差输入到刀具偏置内存，并且在程序里让机床执行刀具长度偏置功能。刀具长度偏置代码的功能见表 4-2-4。

表 4-2-4　刀具长度偏置代码功能

代码	功能
G43	把指定的刀长偏置值加到命令的 *Z* 坐标值上
G44	把指定的刀长偏置值从命令的 *Z* 坐标值上减去
G49	取消刀长偏置值

（2）在设置偏置的长度时，使用正/负号。如果改变了（+/−）符号，G43 和 G44 在执行时会反向操作。因此，该命令有各种不同的表达方式。

（3）如果刀具短于基准刀具时偏置值被设置为负值；如果长于基准刀具则为正值。因此，在编程时可仅用 G43 命令做刀具长度偏置。

（4）G43、G44 或 G49 是模态指令。因此 G43 或 G44 命令在程序里紧跟在刀具更换之后一旦被发出；那么 G49 命令可能在该刀具加工结束，更换刀具调用。

（5）除了能够用 G49 命令来取消刀具长度补偿，还能够用偏置号码 H0 的设置（G43/G44 H0）来取消刀具长度补偿。

3. 编程实例

加工如图 4-2-24 所示零件，试编写其轮廓的数控铣加工程序。

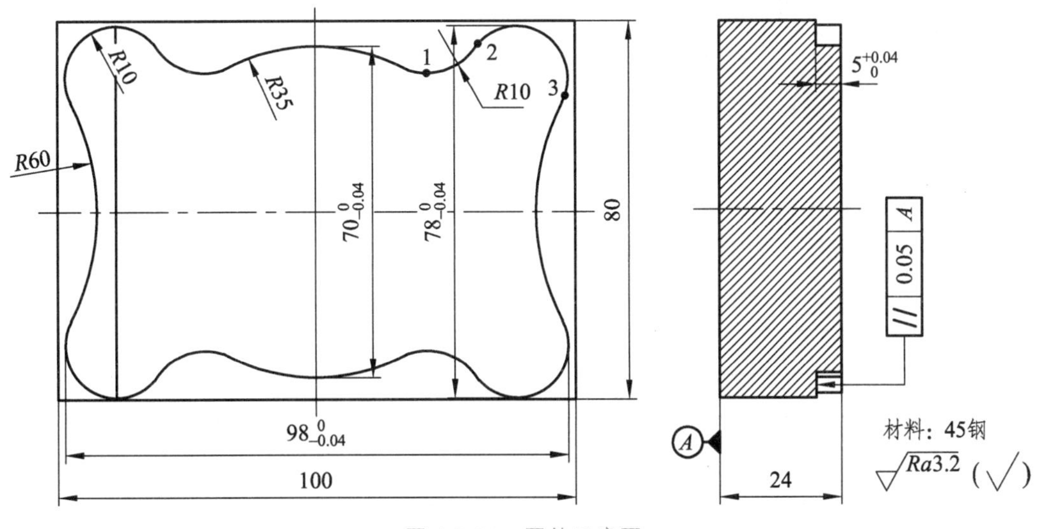

图 4-2-24　零件示意图

1）加工准备

（1）任务分析。

加工本例工件时，由于轮廓较为复杂，如果直接计算刀具刀位点的轨迹进行编程，则计算复杂，容易出错，编程效率低，而采用刀具半径补偿方式进行编程，则较为简便。

（2）选择数控机床。

本任务选用 FANUC 0i 系统数控铣床。

（3）选择刀具及切削用量。

加工本例工件时，选择直径为 ϕ16 mm 的高速钢立铣刀进行加工。切削用量推荐值如下：切削速度 n=500 ~ 700 r/min；进给速度取 f=100 ~ 200 mm/min；背吃刀量的取值等于台阶高度，取 a_p=5 mm。

2）编写加工程序

（1）设计加工路线。

加工本例工件时，采用刀具半径补偿进行编程。编程时采用圆弧延长线切入、相切圆弧切出的方式，其刀具刀位点的轨迹如图 4-2-25 所示，用 CAD 软件分析出特殊基点坐标。

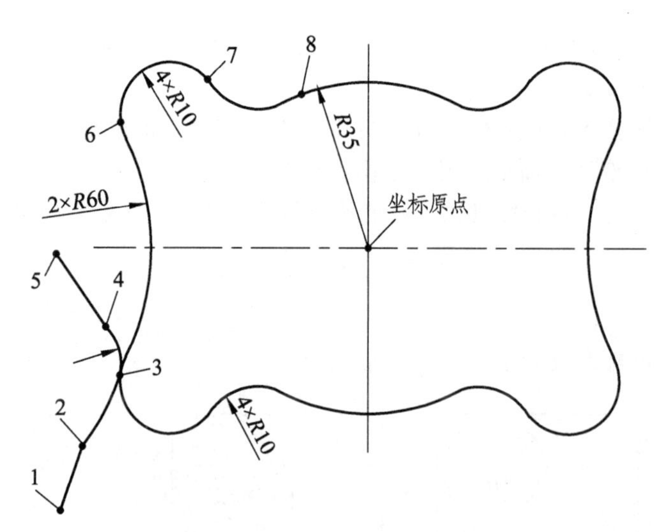

坐标原点X:0.00，Y:0.00，旋转角:0.00		
序号	PX	PY
1	−60.00	−50.00
2	−55.00	−36.38
3	−48.10	−24.86
4	−50.00	−13.78
5	−60.00	−0.00
6	−48.10	24.86
7	−30.44	34.16
8	−17.01	30.59

图 4-2-25　刀具刀位点的轨迹

（2）编制加工程序。

本例工件的数控铣床加工程序见表 4-2-5。

表 4-2-5　外轮廓铣削实例参考程序

刀具	ϕ16 mm 立铣刀	
程序段号	加工程序	程序说明
	O0081;	程序号
N10	G90 G94 G21 G40 G17 G54;	程序初始化
N20	G91 G28 Z0;	Z 向回参考点
N30	M03 S600 ;	主轴正转
N40	G90 G00 X − 60.0 Y − 50.0;	刀具在 XY 平面中快速定位
N50	Z20.0 M08;	刀具 Z 向快速定位，切削液开
N60	G01 Z − 5.0 F100;	Z 向下刀至铣削深度位置
N70	G41 G01 X-55.0 Y-36.38 D01;	R60 轮廓延长线上建立刀补
N80	G03 Y24.86 Y-48.1 R60.0;	加工外形轮廓
N90	G02 X − 30.44 Y34.16 R10.0;	
N100	G03 X − 17.01 Y30.59 R10.0;	
N110	G02 X17.01 R30.0;	
N120	G03 X30.44 Y34.16 R10.0;	
N130	G02 X48.10 Y24.86 R10.0;	
N140	G03 Y − 24.86 R60.0;	
N150	G02 X30.44 Y − 34.16 R10.0;	
N160	G03 X17.01 Y − 30.59 R10.0;	
N170	G02 X − 17.01 R35.0;	
N180	G03 X − 30.44 Y − 34.16 R10.0;	

续表

N190	G02 X－48.10 Y－24.86 R10.0；	
N200	G03 X-50.0 Y-13.78 R10	
N210	G40 G00 X－60.0 Y0；	取消刀补
N220	G00 Z100.0 M09；	程序结束部分
N230	M05；	
N240	M30；	

四、子程序

在加工程序中，如果存在某一固定程序且重复出现的情况，在编程时可以用调用子程序指令进行编程，并且在子程序中还可以嵌套下一级子程序，减少编程工作量。

在 FANUC 系统中，子程序和主程序并无本质区别。子程序和主程序在程序号及程序内容方面基本相同，但结束标记不同。主程序用 M02 或 M30 表示主程序结束，而子程序则用 M99 表示子程序结束，并实现自动返回主程序功能。如下子程序格式所示：

```
O0100;
G91 G01 Z-2.0;
…
G91 G28 Z0;
M99;
```

对于子程序结束指令 M99，不一定要单独书写一行，如上面程序中最后两行写成“G91 G28 Z0 M99；”也是允许的。

（一）子程序的调用

在 FANUC 系统中，子程序的调用可通过辅助功能代码 M98 指令进行，且在调用格式中将子程序的程序号地址改为 P，其常用的子程序调用格式有两种。

格式一：M98 P×××× L××××;

（1）M98 P100 L5;

（2）M98 P100;

格式二：M98 P××××××××;

（3）M98 P50010;

（4）M98 P510;

地址 P 后面的 8 位数字中，前 4 位表示调用次数，后 4 位表示子程序序号，采用此种调用格式时，调用次数前的 0 可以省略不写，但子程序号前的 0 不可省略。如（3）表示调用子程序 O10 五次，而（4）则表示调用子程序 O510 一次。

（二）子程序的应用

（1）同平面内多个相同轮廓形状工件的加工在一次装夹中，若要完成多个相同轮廓形状工件的加工，编程时只编写一个轮廓形状的加工程序，然后用主程序来调用子程序。

例 4-2-4 加工如图 4-2-26 所示 6 个相同外形轮廓，试采用子程序编程方式编写其数控铣加工程序。

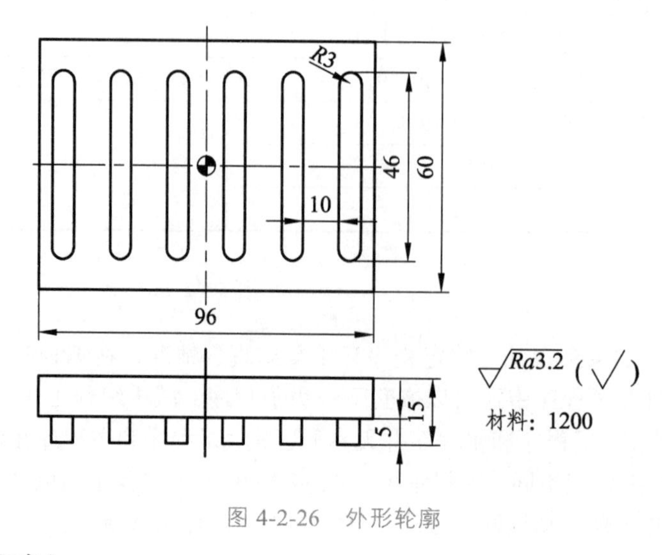

图 4-2-26 外形轮廓

```
O0020;（主程序）
G90 G94 G21 G40 G17 G54;
G91 G28 Z0;
M03 S800 ;
G90 G00 X-48.0 Y-40.0;
Z10.0 M08 ;
G01 Z-5.0 F100;
M98 P201 L6;  （调用子程序 6 次）
G00 Z50.0;
M05 M09;
M30;
O0201;（子程序）
G91 G41 G01 X5.0 D01;    （在子程序中编写刀具半径补偿）
Y60.0;
G02 X6.0 R3.0;
G01 Y-40.0;
G02 X-6.0 R3.0;
G40 G01 X-5.0 Y-20.0;  （刀具半径补偿不能被分支）
G01 X16.0;     （移动到下一个轮廓起点）
M99;
```

（2）实现零件的分层切削。当零件在 Z 方向上的总铣削深度比较大时，需采用分层切削方式进行加工。实际编程时先编写该轮廓加工的刀具轨迹子程序，然后通过子程序调用方式来实现分层切削。

例 4-2-5　加工如图 4-2-27 所示零件凸台外形轮廓，*Z* 向每次切深为 5 mm，试编写其数控铣加工程序。

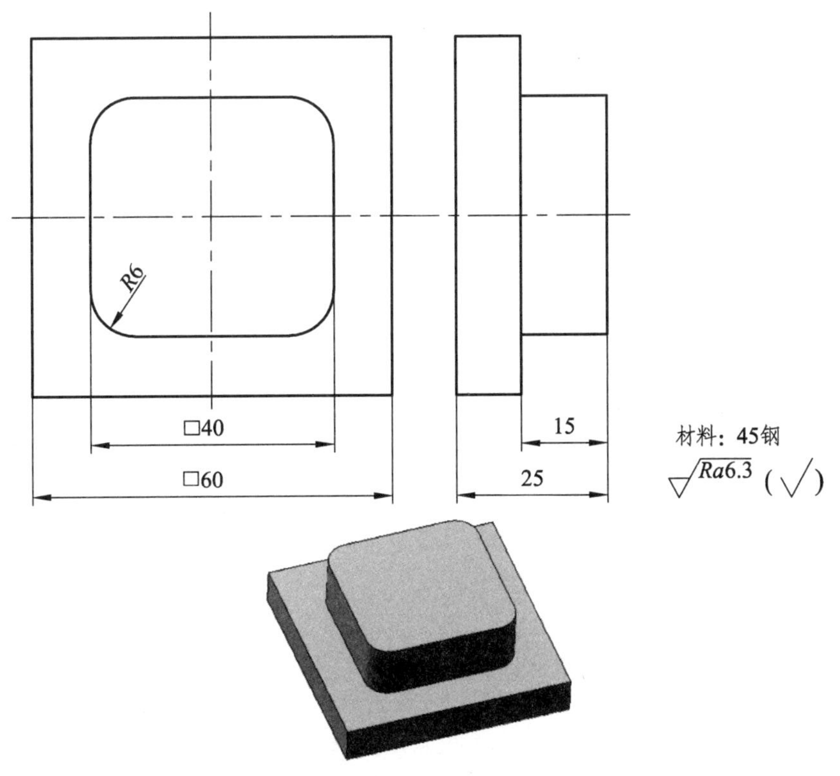

图 4-2-27　凸台外形轮廓

```
O0080;（主程序）
G90 G94 G21 G40 G17 G54;
G91 G28 Z0;
M03 S600 ;
G90 G00 X-40.0 Y-40.0;
Z20.0 M08;
G01 Z0 F100;（刀具 Z 向定位）
M98 P10 L3;（调用子程序三次）
G90 G00 Z50.0 M09;
M30;
O10;（子程序）
G91 G01 Z-5.0;（增量进给 5 mm）
G90 G41G01 X-20.0 D01;（注意模式的转换）
Y14.0;
G02 X-14.0 Y20.0 R6.0;
G01 X14.0;
G02 X20.0 Y14.0 R6.0;
```

```
G01Y-14.0;
G02 X14.0 Y-20.0 R6.0;
G01 X-14.0;
G02 X-20.0 Y-14.0 R6.0;
G40 G01 X-40.0 Y-40.0;
M99;
```

（3）实现程序的优化加工中心的程序往往包含有许多独立的工序，为了优化加工顺序，通常将每一个独立的工序编写成一个子程序，主程序只有换刀和调用子程序的命令，从而实现优化程序的目的。

（三）使用子程序的注意事项

1. 注意主、子程序间模式代码的变换

例 4-2-5 中，子程序的起始行用了 G91 模式，从而避免了重复执行子程序过程中刀具在同一深度进行加工。但需要注意及时进行 G90 与 G91 模式的变换。

```
O1;（主程序）            O2;（子程序）
G90 G54（G90 模式）      G91…;
M98 P2;                    …
…;
G91…（G91 模式）         M99;
…;
G90…（G90 模式）
…;
M30;
```

2. 在半径补偿模式中的程序不能被分支

```
O1;（主程序）            O2;（子程序）
G91…;                    …;
G41…                     M99;
M98 P2;
G40…;
M30;
```

在以上程序中，刀具半径补偿模式在主程序及子程序中被分支执行，在编程过程中应尽量避免编写这种形式的程序。在有些系统中如出现此种刀具半径补偿被分支执行的程序，在程序执行过程中还可能出现系统报警。正确的书写格式如下：

```
O1;（主程序）            O2;（子程序）
G91…;                    G41…;
…;                       …;
M98 P2;                  G40…;
M30;                     M99;
```

五、坐标旋转极坐标加工轮廓

（一）极坐标指令（G16/G15）

1. 功　能

（1）选择极坐标（G16）。

（2）取消极坐标（G15）。

2. 格　式

（1）选择极坐标 G16。

（2）取消极坐标 G15。

3. 说　明

（1）通常情况下一般使用直角坐标系（*X*，*Y*，*Z*），但工件上的点也可以用极坐标定义。如果一个工件或一个部件，当其尺寸以到一个固定点（极点）的半径和角度来设定时，往往就使用极坐标系。

（2）极点定义和平面。

极点定义：极点位置是一般相对于当前工件坐标系的零点位置。

平面：以坐标平面选择的平面作为基准平面。

（3）极坐标半径 *RP*：极坐标半径定义该点到极点的距离（见图 4-2-28），模态有效。

（4）极坐标角度 *AP*：极角是指与所在平面中的横坐标轴之间的夹角（如 *XOY* 平面中的 *X* 轴，见图 4-2-28）。该角度可以逆时针是正角，顺时针是负角；模态有效。

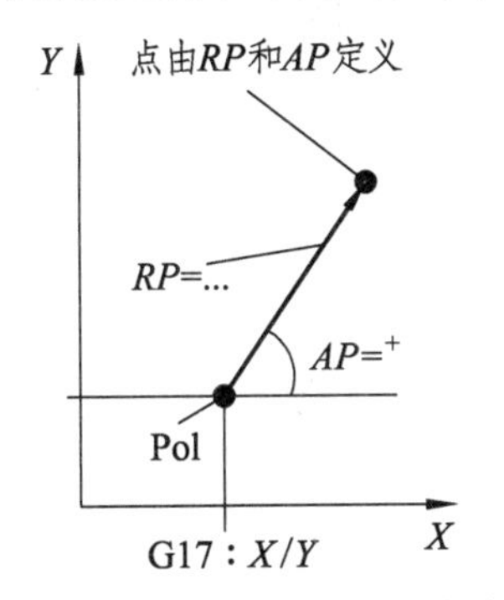

图 4-2-28　极坐标半径和极角

（二）坐标旋转指令（G68/G69）

1. 功　能

（1）G68 建立旋转。

（2）G69 取消旋转。

2. 格　式

（1）G68 建立旋转：

```
G17 G68 X_Y_R_;
```

```
G18 G68 X_Z_R_;
G19 G68 Y_Z_R_;
```

（2）G69 取消旋转：G69

3. 说　明

（1）X、Y、Z 为旋转中心的坐标值。

（2）R 为旋转角度单位是度（°）；逆时针为正，顺时针为负。

（3）在有刀具补偿的情况下先旋转后刀补；G68 G69 为模态指令可相互注销，G69 为缺省值。

4. 示　例

如图 4-2-29 所示，外形轮廓 B 由外形轮廓 A 绕坐标点 M（−25.98，−15.0）旋转 135°所得；外形轮廓 C 由外形轮廓 A 绕坐标点 N（25.98，15.0）旋转 295°所得。编写轮廓 B 和轮廓 C 的加工程序。

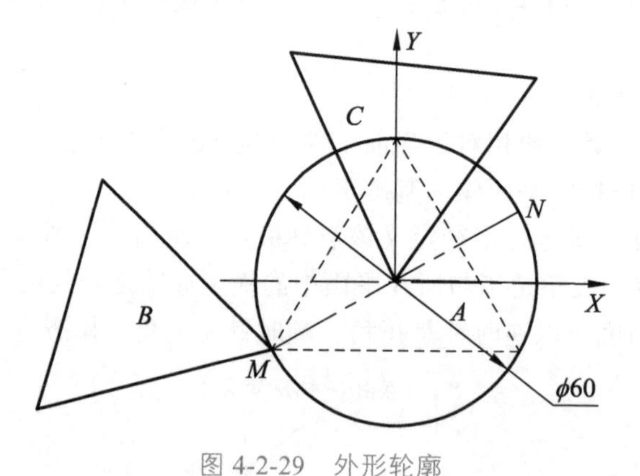

图 4-2-29　外形轮廓

```
O0010;
…
G68 X-25.98 Y-15.0 R135.0;（绕坐标点 M 坐标系旋转 135°）
G41 G01 X-30.0 Y-15.0 D01 F100;（加工轮廓 B）
X25.98;
X0 Y30.0;
X-25.98 Y-15.0;
G40 G01 X-30.0 Y-30.0;（先取消刀补）
G69;（再取消坐标系旋转）
…
G68 X25.98 Y15.0 R295.0;（坐标系绕坐标点 N 旋转 295.0°）
G41 G01 X-30.0 Y-15.0 D01 F100;（加工轮廓 C）
```

（三）编程实例

完成如图 4-2-30 所示零件的加工编程。

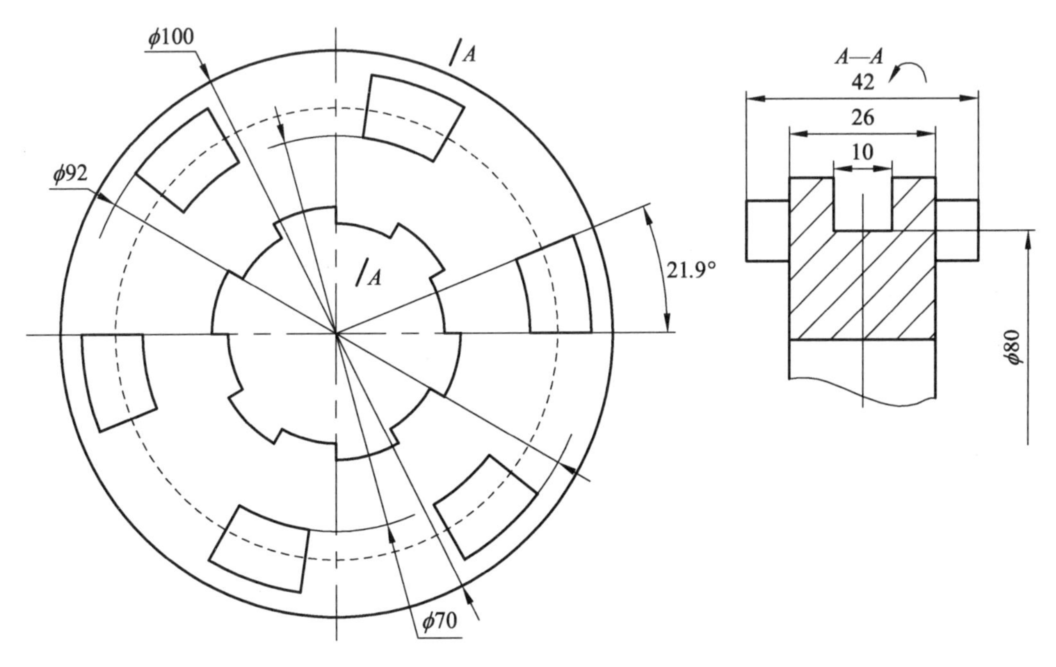

图 4-2-30　零件示意图

参考加工程序见表 4-2-6。

表 4-2-6　加工程序

刀具	T01：ϕ 16 mm 立铣刀	
程序段号	加工程序	程序说明
	O0010;	程序号
N10	G90 G94 G40 G21 G17 G54;	程序初始化
N20	G91 G28 Z0;	主轴 Z 向回参考点
N30	M06 T01;	刀具交换并更换转速
N40	M03 S600 ;	
N50	G90 G00 X0 Y0;	刀具定位
N60	G43 Z20.0 H01 M08;	
N70	G01 Z − 8.0 F200;	
N80	M98 P100;	加工第 1 个凸台
N90	G68 X0 Y0 R60.0;	坐标系旋转 60°
N100	M98 P100;	加工第 2 个凸台
N110	G69;	取消坐标系旋转
N120	G68 X0 Y0 R120.0;	坐标系旋转 120°
N130	M98 P100;	加工第 3 个凸台

续表

N140	G69;	取消坐标系旋转
N150	G68 X0 Y0 R180.0;	坐标系旋转 180°
N160	M98 P100;	加工第 4 个凸台
N170	G69;	坐标系旋转 240
N180	G68 X0 Y0 R240.0;	坐标系旋转 240°
N190	M98 P100;	加工第 5 个凸台
N200	G69;	取消坐标系旋转
N210	G68 X0 Y0 R300.0;	坐标系旋转 300°
N220	M98 P100;	加工第 6 个凸台
N230	G69;	取消坐标系旋转
N240	G91 G28 Z0;	程序结束
N250	M30;	
	O100；单个凸台加工子程序	
N10	G17 G16;	极坐标生效
N20	G41 G01 X35.0 Y－10.0 D01;	加工单个凸台
N30	G03 X35.0 Y21.9 R35.0;	
N40	G01 X46.0;	
N50	G02 X46.0 Y0 R46.0;	
N60	G01 X25.0;	
N70	G40 G01 X25.0 Y60.0;	
N80	G15;	极坐标取消
N90	M99;	返回主程序

六、镜像方法加工轮廓

（一）可编程镜像指令（G50.1/G51.1）

1. 功　能

（1）G51.1 建立可编程镜像指令。

（2）G50.1 取消可编程镜像指令。

2. 格　式

（1）G51.1 建立可编程镜像指令“G51.1 X_Y_Z_;”。

（2）G50.1 取消可编程镜像指令“G50.1”。

3. 说 明

（1）X、Y、Z 为镜像中心的坐标值或镜像轴。

（2）当工件相对于某一轴具有对称形状时，可以利用镜像功能和子程序只对工件的一部分进行编程，而能加工出工件的对称部分。

（3）G50.1 和 G51.1 为模态指令可相互注销，G50.1 为缺省值。

4. 镜像编程的注意事项

（1）指定平面内执行镜像指令时，如果程序中有圆弧指令，则圆弧的旋转方向相反，即 G02 变成 G03，相应地，G03 变成 G02。

（2）在指定平面内执行镜像指令时，如果程序中有刀具半径补偿指令，则刀具半径补偿的偏置方向相反，即 G41 变成 G42，相应地，G42 变成 G41。

（3）在可编程镜像方式中，返回参考点指令（G27、G28、G29、G30 ）和改变坐标系指令（G54 ~ G59、G92）不能指定。如果要指定其中的某一个，则必须在取消可编程镜像后指定。

（4）在使用镜像功能时，由于数控镗铣床的 Z 轴一般安装有刀具，所以，Z 轴一般都不进行镜像加工。

（二）可编程比例缩放指令（G50/G51）

1. 功 能

（1）G51 可编程等比例缩放指令。

（2）G50 取消可编程比例缩放指令。

2. 格 式

（1）G51 可编程等比例缩放指令“G51 X_Y_Z_P ;”。

（2）G51 可编程不等比例缩放指令“G51 X_Y_Z_I J K ;”。

（3）G50 取消可编程比例缩放指令“G50;”。

3. 说 明

（1）X、Y、Z 为缩放中心的坐标值，P 为缩放比例，I、J、K 为 X、Y、Z 轴对应的缩放比例。

（2）G51 可编程比例缩放指令必须在单独一个程序段中；在有刀具补偿的情况下先进行缩放，然后再进行刀具半径补偿刀具长度补偿。

（3）G50 和 G51 为模态指令可相互注销，G50 为缺省值。

（三）编程实例

完成图 4-2-31 所示零件的加工编程。

技术要求：

（1）加工后表面粗糙度：侧面为 Ra1.6 μm，底面为 Ra3.2 μm。

（2）工件表面去毛刺、倒棱。

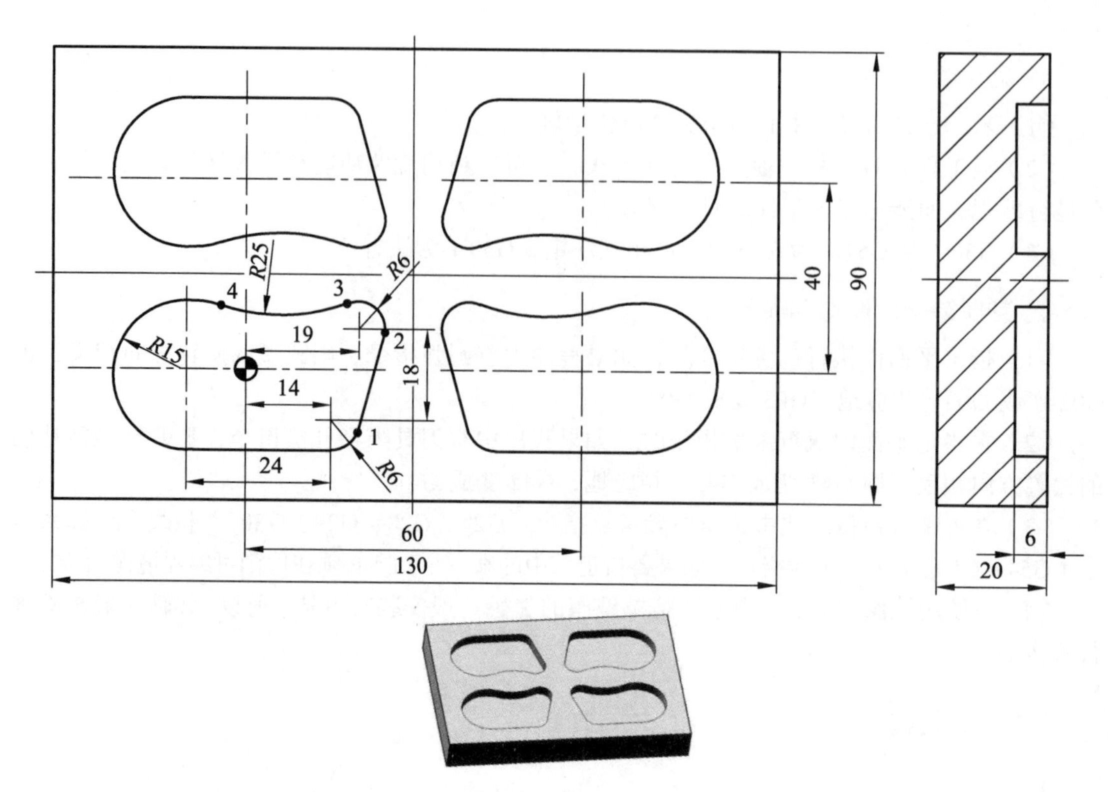

图 4-2-31　零件示意图

1. 计算基点坐标

采用 CAD 绘图分析方法得出的局部基点坐标如图 4-2-32 所示。

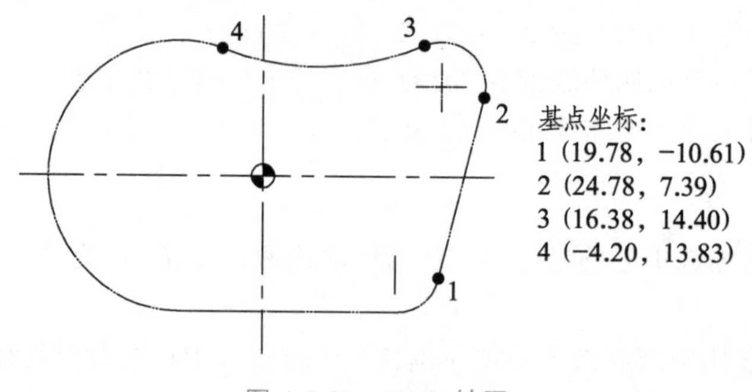

图 4-2-32　CAD 绘图

2. 编制加工程序

加工程序见表 4-2-7。

表 4-2-7　加工程序

刀具	T01：ϕ16 mm 立铣刀	
程序段号	加工程序	程序说明
	O0010；	程序号
N10	G90 G94 G40 G21 G17 G54；	程序初始化

续表

N20	G91 G28 Z0；	主轴 Z 向回参考点
N30	M06 T01；	刀具交换并更换转速
N40	M03 S600；	
N50	G90 G00 X0 Y0；	刀具定位
N60	G43 Z20.0 H01 M08；	
N70	M98 P500；	加工左下方第 1 个内凹轮廓
N80	G51 X30.0 Y0 I-1.0 J1.0；	沿 X=30 且平行 Y 轴的轴线镜像
N90	M98 P500；	加工右下方第 2 个内凹轮廓
N100	G50；	取消坐标镜像
N110	G51 X0 Y20.0 I1.0 J-1.0；	沿 Y=20 且平行 X 轴的轴线镜像
N120	M98 P500；	加工左上方第 3 个内凹轮廓
N130	G50；	取消坐标镜像
N140	G51 X30.0 Y20.0 I-1.0 J-1.0；	沿 X=30，Y=20 的坐标点镜像
N150	M98 P500；	加工右上方第 4 个内凹轮廓
N160	G50；	取消坐标镜像
N170	G91 G28 Z0；	程序结束
N180	M30；	
	O500；	单个内凹轮廓加工子程序
N10	G00 X0 Y0；	刀具定位
N20	G01 Z-6.0 F200；	
N30	G41 G01 X5.0 D01；	加工单个内凹轮廓
N40	G03 X-10.0 Y-15.0 R-15.0；	
N50	G01 X14.0；	
N60	G03 X19.78 Y-10.61 R6.0；	
N70	G01 X24.78 Y7.39；	
N80	G03 X16.38 Y14.40 R6.0；	
N90	G02 X-4.20 Y13.83 R25.0；	
N100	G40 G01 X0 Y0；	
N110	G00 Z5.0；	刀具抬起
N120	M99；	返回主程序

【训练与提高】

一、选择题

1. 在铣削加工过程中，铣刀杆由于受到的作用而产生弯矩，受到（　　）的作用而产生扭矩。

A. 圆周铣削力　　B. 径向铣削力　　C. 圆周与径向两铣削力的合力

2. 数控铣床工作台纵向进给方向定义为（　　）轴，其他坐标及各坐标轴的方向按相关规定确定。

A. *X*　　B. *Y*　　C. *Z*

3. 在数控铣床上，刀具从机床原点快速位移到起刀点上应选择（　　）指令。

A. G00　　B. G01　　C. G02

4. 在数控铣床上的 *XY* 平面内加工工件，应选择（　　）指令。

A. G17　　B. G18　　C. G19

5. 铣削加工前，应进行零件工艺过程的设计和计算，包括加工顺序、铣刀和工件的(　　)、坐标设置和进给速度等。

A. 相对运动轨迹　　B. 相对距离　　C. 位置调整

6. 数控铣床铣削成形面轮廓，确定坐标系后，应计算零件轮廓的起点、终点、圆弧圆心、交点或切点等（　　）。

A. 基本尺寸　　B. 外形尺寸　　C. 轨迹和坐标值

7. 铣削凹模型腔平面封闭内轮廓时，刀具只能沿轮廓曲线的法向切入或切出，但刀具的切入切出点应选在（　　）。

A. 圆弧位置　　B. 直线位置　　C. 两几何元素交点位置

8. 用数控铣床铣削凹模型腔时，粗精铣的余量可用改变铣刀直径设置值的方法来控制，半精铣时，铣刀直径设置值应（　　）铣刀实际直径值。

A. 小于　　B. 等于　　C. 大于

二、简答题

1. 平面铣削的方法有哪些？各有什么特点？

2. 铣削平面零件图样及其结构工艺性分析的主要内容有哪些？

3. 如何确定平面多次铣削的走刀路线？

4. 如何确定平面铣削的切削用量？

5. 简述绝对值编程方式和增量值编程方式的概念和区别？

【任务实施】

一、实施过程

（一）加工准备

1. 选择数控机床

本任务选用的机床为 FANUC 0i 系统加工中心。

2. 选择刀具及切削用量

选择 ϕ16 mm 立铣刀加工内、外轮廓，加工内轮廓时，采用斜直线方式进行 *Z* 向切深。切削用量推荐值如下：切削速度 n =600 ~ 800 r/min；进给速度取 f=100 ~ 200 mm/min；背吃刀量取 a_p=5 mm。

（二）编写加工程序

1. 计算基点坐标

点 1 坐标的计算方法如下：如图 4-2-33 所示，在△ABC 中，AC=120，BC=45，则 $AB=\sqrt{AC^2-BC^2}$ =111.24。则 C 点（即点 1）的坐标 X_C=45.0，Y_C=111.24−80=31.24。

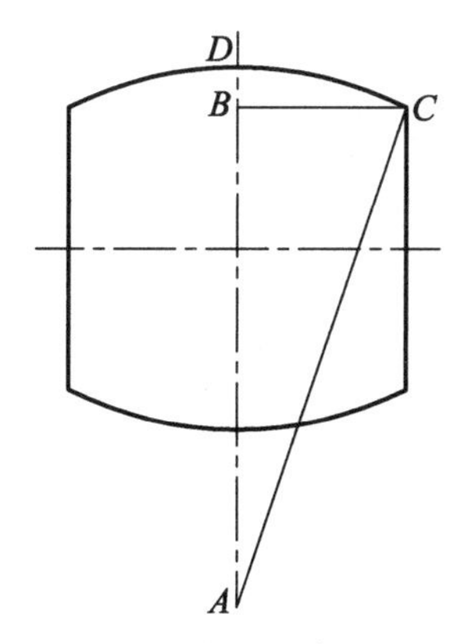

图 4-2-33　基点坐标（一）

点 2 和点 3 的计算方法如下：

如图 4-2-34 所示，在△O_1EF 中，

$O_1F=EF=R_1\times\cos45°$=14.14

则 E 点（即点 2）的坐标：

X_E=20+14.14=34.14，

Y_E=10−14.14=−4.14

在△ADE 中，$AD=DE$=34.14。

在△ABC 中，$AB=BC=R_2\times\cos45°$=7.07。

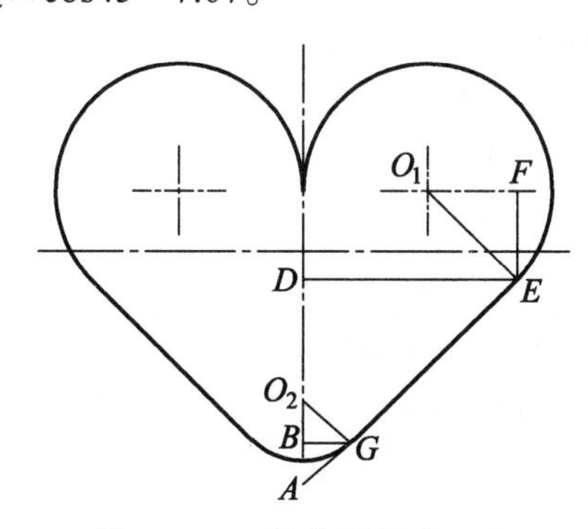

图 4-2-34　基点坐标（二）

则 G 点（即点 3）的坐标

X_G=7.07，

Y_G=−4.14−34.14+7.07=−31.21

2. 编制加工程序

轮廓编程综合实例参考程序见表 4-2-8。

表 4-2-8　轮廓编程综合实例参考程序

刀具	ϕ16 mm 高速钢立铣刀	
程序段号	FANUC 0i 系统程序	程序说明
	O0035；	主程序
N10	G90 G94 G21 G40 G17 G54；	程序初始化
N20	G91 G28 Z0；	刀具退回 Z 向参考点
N30	M03 S800 F100；	主轴正转
N40	G90 G00 X-60.0 Y-60.0；	刀具定位
N50	Z0.0 M08 ；	
N60	M98 P100 L2；	分层切削加工外轮廓
N70	G00 Z5.0；	刀具抬起后重新定位
N80	X10.0 Y0；	
N90	G01 Z0；	
N100	M98 P200；	加工内轮廓
N110	G91 G28 Z0 M09；	刀具返回 Z 向参考点
N120	M05；	主轴停转
N130	M30；	程序结束
	O100；	加工外轮廓子程序
N10	G91 G01 Z-5.0；	每次 Z 向切深 4 mm
N20	G90 G41 G01 X-45.0 D01；	加工外轮廓
N30	Y31.24；	
N40	G02 X45.0 R120.0；	
N50	G01 Y-31.24；	
N60	G02 X-45.0 R120.0；	
N70	G40 G01 X-60.0 Y-60.0；	
N80	M99；	返回主程序
	O200；	加工内轮廓子程序
N10	G01 X-20.0 Y10.0 Z-5.0；	三轴联动斜向进刀
N20	G41 G01 Y-10.0 D01；	加工内轮廓
N30	G03 X-34.14 Y-4.14 R-20.0；	
N40	G01 X-7.07 Y-31.21；	
N50	G03 X7.07 R10.0；	
N60	G01 X34.14 Y-4.14；	
N70	G03 X20.0 Y-10.0 R-20.0；	
N80	G40 G01 X0 Y0；	
N90	M99；	返回主程序

注意：轮廓加工时，粗、精加工采用同一程序，通过修改刀具半径补偿值来保证精加工余量和零件的加工精度。同时注意修改程序中的切削用量参数。

二、展示评比

各小组派出代表进行展示，组间交叉评比，填写表 4-2-9。

表 4-2-9　评比过程记录

序号	评比要点	优缺点	评比分值	备注
1	文字表达是否清晰、完整			
2	知识内容是否全面、正确			
3	学习组织是否有序、高效			
4	其他			
综合评分				

【任务小结与评价】

一、任务小结与反思

二、任务评价

表 4-2-10　评价表

班级			学号		
姓名			综合评价等级		
指导教师			日期		
评价项目	序号	评价内容	评价方式		
			自我评价	小组评价	教师评价
团队表现（40 分）	1	任务评比综合评分，配分 20 分			
	2	任务参与态度，配分 8 分			
	3	参与任务的程度，配分 6 分			
	4	在任务中发挥的作用，配分 6 分			
个人学习表现（50 分）	5	学习态度，配分 10 分			
	6	出勤情况，配分 10 分			
	7	课堂表现，配分 10 分			
	8	作业完成情况，配分 20 分			
个人素质（10 分）	9	作风严谨、遵章守纪，配分 5 分			
	10	安全意识，配分 5 分			
合计					
综合评分					

注：各评分项按“A”（0.9 ~ 1.0）、“B”（0.8 ~ 0.89）、“C”（0.7 ~ 0.79）、“D”（0.6 ~ 0.69）、“E”（0.1 ~ 0.59）及“0”分配分；如学习态度项、出勤项、安全项评 0 分，总评为 0 分。

任务三　孔类零件的数控铣加工编程

【学时】

4 课时。

【学习目标】

知识目标：

1. 掌握孔加工方法的选择。
2. 掌握孔加工路线的确定方法。
3. 掌握暂停指令 G04、固定循环指令（G73、G74、G76、G80 ~ G89）、返回初始平面 G98 和返回 R 平面指令 G99 的格式及应用。

技能目标：

1. 能够正确运用中心钻、麻花钻头和丝攻、镗孔刀加工各类孔。
2. 能够应用各类指令正确编制零件的加工程序。

【任务描述】

如图 4-3-1 所示，已知毛坯尺寸为 ϕ100 mm×30 mm，试编写数控加工程序。

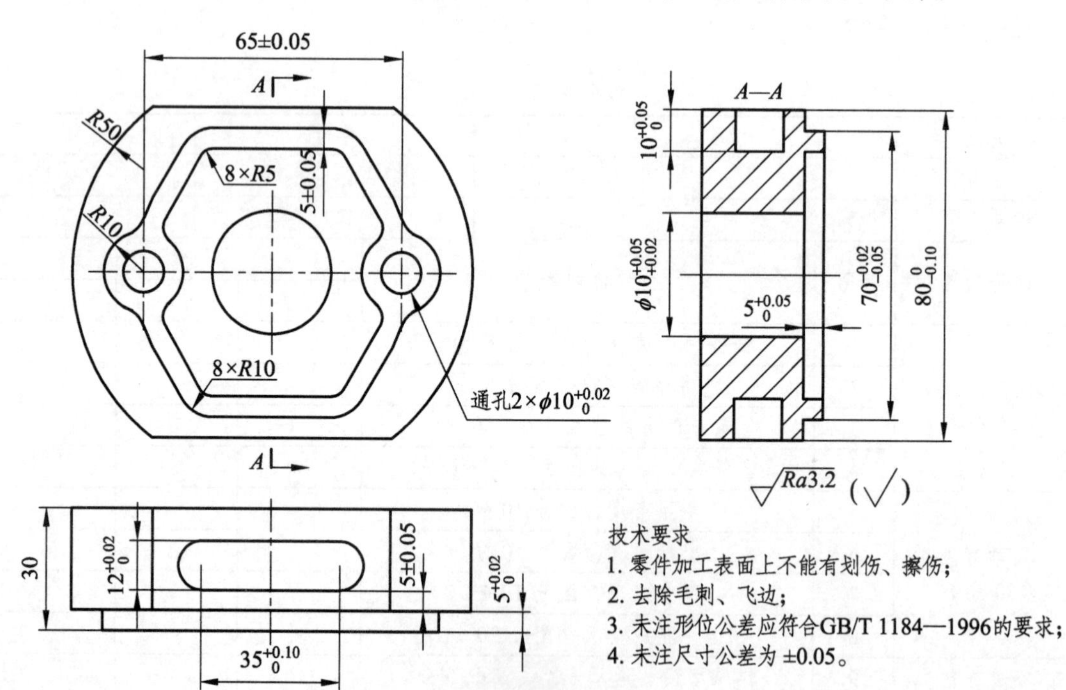

图 4-3-1　毛坯尺寸

【知识链接】

一、孔加工方法的选择

（一）孔加工方法的选用原则

保证加工表面的加工精度和表面粗糙度要求。

（二）孔的加工方法推荐选择

孔的加工方法推荐选择见表 4-3-1。

表 4-3-1　孔加工方法

孔的精度	有无预孔	孔尺寸/mm				
		0～12	12～20	20～30	30～60	60～80
IT9～IT11	无	钻—铰	钻—扩		钻—扩—镗（或铰）	
	有	粗扩—精扩，或粗镗—精镗（余量少可一次性扩孔或镗孔）				
IT8	无	钻—扩—铰	钻—扩—精镗（或铰）		钻—扩—粗镗—精镗	
	有	粗镗—半精镗—精镗（或精铰）				
IT7	无	钻—粗铰—精铰	钻—扩—粗铰—精铰，或钻—扩—粗镗—半精镗—精镗			
	有	粗镗—半精镗—精镗（如仍达不到精度还可进一步采用精细镗）				

（三）孔加工路线的选择

（1）孔加工导入量与超越量见表 4-3-2。

表 4-3-2　孔加工导入量与超越量

孔加工导入量 ΔZ	一般情况下取 2～10 mm
孔加工超越量 $\Delta Z'$	加工不通孔时，超越量大于等于钻尖高度 Z_p=（D/2）cosα≈0.3D
	通孔镗孔时，刀具超越量取 1～3 mm
	通孔铰孔时，刀具超越量取 3～5 mm
	钻加工通孔时，超越量取 Z_p+（1～3）mm

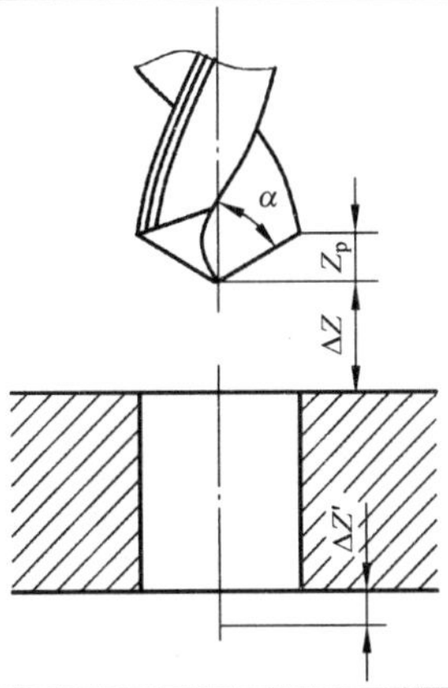

（2）相互位置精度高的孔系的加工路线，避免将坐标轴的反向间隙带入，影响位置精度，如图 4-3-2 所示。

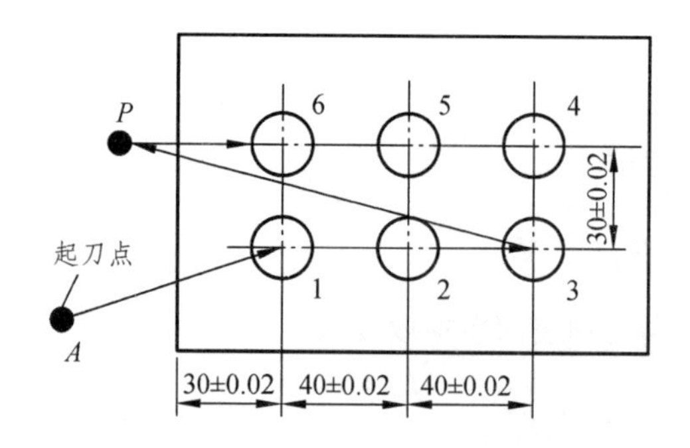

图 4-3-2　孔系加工路线图

二、孔加工相关指令

（一）暂停指令 G04

1. 格　式

G04 X_；X 暂停时间单位为秒

G04 P_；P 暂停时间单位为毫秒

2. 说　明

（1）G04 在前一程序段的进给速度降到零之后才开始暂停动作，在执行含 G04 指令的程序段时先执行暂停功能。

（2）G04 为非模态指令仅在其被规定的程序段中有效。

（3）G04 可使刀具短暂停留以获得圆整而光滑的表面；如对盲孔做深度控制时，在刀具进给到规定深度后，用暂停指令使刀具作非进给光整切削，然后退刀保证孔底平整，如图 4-3-3 所示。

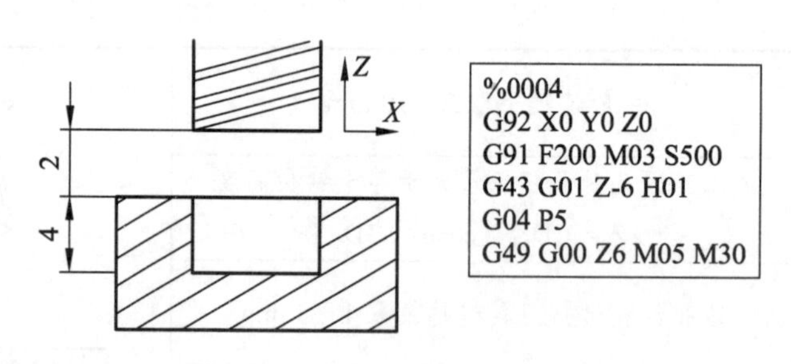

图 4-3-3　暂停指令 G04

（二）孔加工固定循环

数控加工中某些加工动作循环已经典型化，如钻孔、镗孔的动作，是孔位平面定位快速、工作进给、快速退回等这样一系列典型的加工动作，预先编好程序存储在内存中，作为固定循环的一个 G 代码程序段调用从而简化编程工作。常用固定循环方式及功能见表 4-3-3 所示。

表 4-3-3　固定循环方式及功能

<table>
<tr><th>G 代码</th><th>孔加工动作</th><th>在孔底的动作</th><th>退刀操作</th><th>应用</th></tr>
<tr><td>G73</td><td>间歇进给</td><td>—</td><td>快速移动</td><td>断屑式高速深孔钻循环</td></tr>
<tr><td>G74</td><td rowspan="4">切削进给</td><td>暂停→主轴正转</td><td>切削进给</td><td>攻左旋螺纹循环</td></tr>
<tr><td>G76</td><td>主轴准停→刀具移位</td><td rowspan="4">快速移动</td><td>精镗循环</td></tr>
<tr><td>G81</td><td>—</td><td>钻孔循环，点钻循环</td></tr>
<tr><td>G82</td><td>暂停</td><td>钻孔循环，锪镗循环</td></tr>
<tr><td>G83</td><td>间歇进给</td><td>—</td><td>往复排屑式深孔钻循环</td></tr>
<tr><td>G84</td><td rowspan="6">切削进给</td><td>暂停→主轴反转</td><td rowspan="2">切削进给</td><td>攻右旋螺纹循环</td></tr>
<tr><td>G85</td><td>—</td><td>粗镗孔循环</td></tr>
<tr><td>G86</td><td>主轴停止</td><td rowspan="2">快速移动</td><td>半精镗孔循环</td></tr>
<tr><td>G87</td><td>主轴正转</td><td>背镗循环</td></tr>
<tr><td>G88</td><td>暂停→主轴停止</td><td>手动操作</td><td>精镗孔循环</td></tr>
<tr><td>G89</td><td>暂停</td><td>切削进给</td><td>镗台阶孔循环</td></tr>
<tr><td>G80</td><td>—</td><td>—</td><td>—</td><td>取消固定循环</td></tr>
</table>

（1）孔加工固定循环指令有 G73、G74、G76、G81～G89 通常由 6 个动作构成（见图 4-3-4）。

动作 1：快速定位至初始点，*X*、*Y* 表示初始点在初始平面的位置。

动作 2：*Z* 轴快速定位至 *R* 点。

动作 3：孔加工，以切削进给的方式执行孔加工的动作。

动作 4：孔底动作，包括暂停、主轴准停、刀具移位等动作。

动作 5：*Z* 轴返回 *R* 点，继续孔加工时刀具返回到 *R* 点平面。

动作 6：快速返回到初始点，孔加工完成后返回初始点平面。

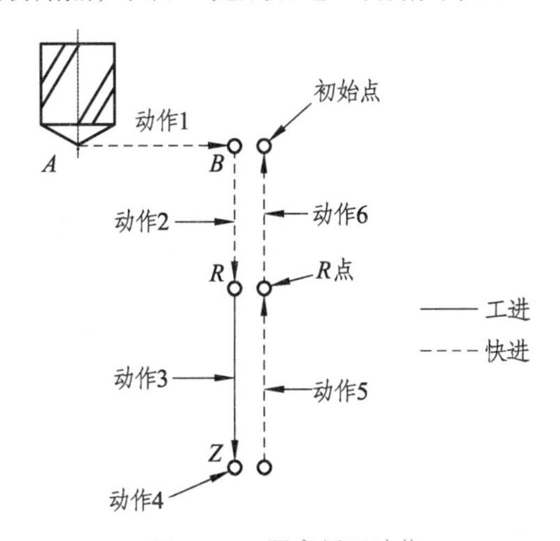

图 4-3-4　固定循环动作

（2）固定循环编程格式。

```
G73～G89 X_ Y_ Z_ R_ Q_ P_ F_ K_;
```

式中　X、Y——孔在 *XY* 平面内的位置；

Z——孔底平面的位置；

R——*R* 点平面所在位置；

Q——G73 和 G83 深孔加工指令中刀具每次加工深度或 G76 和 G87 精镗孔指令中主轴准停后刀具沿准停反方向的让刀量；

P——指定刀具在孔底的暂停时间，ms；

F——孔加工切削进给时的进给速度；

K——孔加工循环的次数，该参数仅在增量编程中使用。

（3）固定循环的平面。

① 初始平面。

初始平面是为安全下降刀具规定的一个平面，如图 4-3-5 所示。初始平面到零件表面的距离可以设定在一个安全的高度上，一般为 50 ~ 100 mm。

② *R* 点平面。

R 平面又称 *R* 参考平面。这个平面是刀具下刀时由快速进给转为切削进给的高度平面，距工件表面的距离主要通过考虑工件表面尺寸的变化来确定，一般可取 2 ~ 5 mm，如图 4-3-5 所示。

③ 孔底平面。

加工盲孔时孔底平面就是孔底的 *Z* 轴高度；加工通孔时刀具一般要伸出工件底平面一段距离，主要是要保证全部孔深都加工到尺寸；钻削加工时还考虑钻头对孔深的影响，如图 4-3-5 所示。

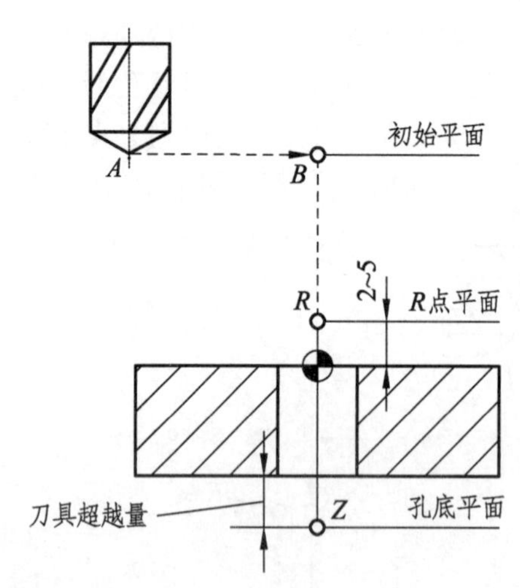

图 4-3-5　固定循环的平面

（4）G98 与 G99 方式。

返回初始平面方式：初始平面是刀具在钻孔循环指令执行时所处的平面。这种方式通常用于多孔系加工中，最后一个孔的返回方式，如图 4-3-6（a）所示。

返回参考平面方式：参考平面一般都选择在接近工件上表面的位置，在相同表面多孔加工时，前一孔的返回方式尽量使用返回参考平面方式，可以降低抬刀高度，节约加工时间，如图 4-3-6（b）所示。

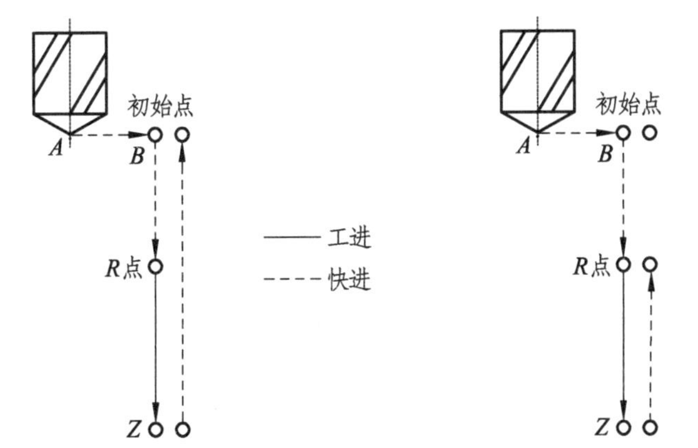

图 4-3-6　G98 与 G99 方式

G98：孔加工完成后返回初始平面，为默认方式。

G99：孔加工完成后返回 R 点平面。

（5）G90 与 G91 方式。

G90 与 G91 加工方式如图 4-3-7 所示。

```
G90 G99 G83 X_ Y_ Z-20.0 R5.0 Q5.0 F_;
G91 G99 G83 X_ Y_ Z-25.0 R-30.0 Q5.0 F_ K_;
```

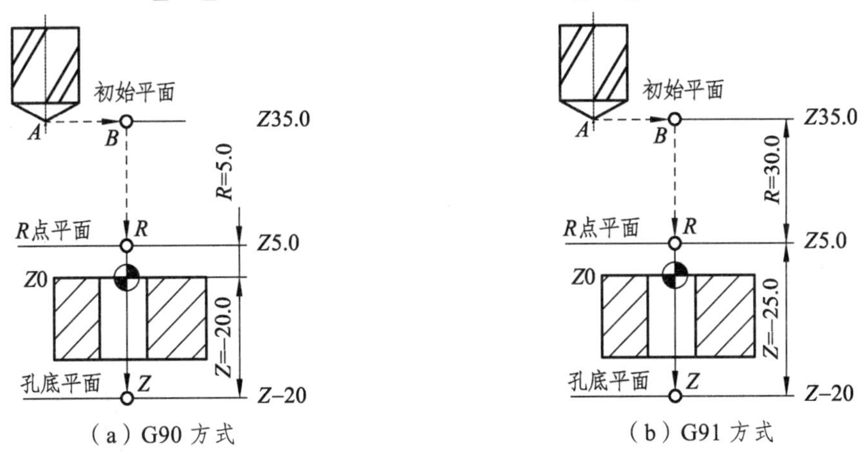

图 4-3-7　G90 与 G91 方式

（6）特别说明：G73、G74、G76 和 G81 ~ G89　Z R P F Q K 是模态，指令 G80、G00、G01 等代码可以取消固定循环。

应用固定循环时应注意以下几点：

① 指定固定循环之前，必须用辅助功能 M03 使主轴正转，当使用了主轴停止转动指令之后，一定要重新使主轴旋转后，再指定固定循环。

② 指定固定循环状态时，必须给出 X、Y、Z、R 中的每一个数据，固定循环才能执行。

③ 操作时，若利用复位或急停按钮使数控装置停止，固定循环加工和加工数据仍然存在，所以再次加工时，应该使固定循环剩余动作进行到结束。

④ G91 方式编程时，“R”点的坐标是相对于初始平面，“Z”点的坐标是相对于“R”点

的坐标，因此均为负值。

⑤ 使用 G98 编程时，刀具在完成一个孔的加工后返回到初始平面；G99 编程时，刀具完成一个孔的加工后返回到 *R* 平面。

⑥ 当连续加工一些间距较小的孔，或者初始平面到 *R* 平面距离较小的孔时，往往刀具已经定位于下一个孔的加工位置，而主轴还没有达到正常的转速。为此，需在各孔的加工动作之间加入暂停指令 G04，以获得时间使主轴达到正常转速。

（三）取消固定循环 G80

1. 格　式

G80

2. 功　能

这个命令取消固定循环，机床回到执行正常操作状态。孔的加工数据，包括 *R* 点、*Z* 点等都被取消；但是移动速率命令会继续有效。

3. 注　意

要取消固定循环方式，除了 G80 命令之外，还可以用 G 代码 01 组（G00、G01、G02、G03 等）中的任意一个命令。

三、钻、扩、锪孔加工固定循环指令

（一）钻孔循环 G81 与锪孔循环 G82

1. 指令格式

G81 X_ Y_ Z_ R_ F_;

G82 X_ Y_ Z_ R_ P_ F_;

2. 指令动作

G81 和 G82 指令动作如图 4-3-8 所示。

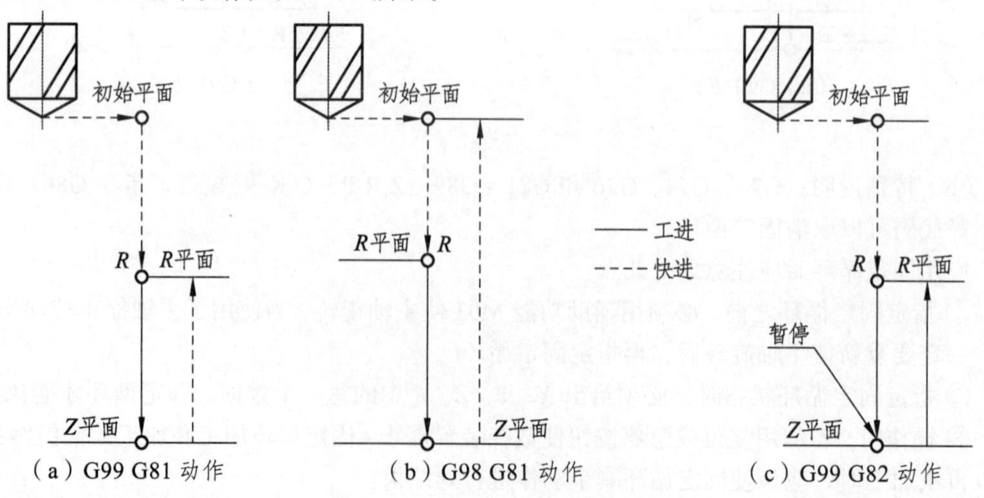

图 4-3-8　G81 与 G82 指令动作

3. 指令说明

（1）G81 指令用于正常钻孔，切削进给执行到孔底，然后刀具从孔底快速移动退回。G81 指令的动作循环为 *X*、*Y* 坐标定位、快速进给、切削进给和快速返回等动作。

（2）G82 与 G81 动作相似，唯一不同之处是 G82 在孔底增加了暂停，因而适用于盲孔、锪孔或镗阶梯孔的加工，以提高孔底表面加工精度，而 G81 只适用于一般孔的加工。

（二）高速深孔钻循环 G73 与深孔钻循环 G83

1. 指令格式

```
G73 X_ Y_ Z_ R_ Q_ F_;
G83 X_ Y_ Z_ R_ Q_ F_;
```

2. 指令动作

G73 和 G83 指令动作如图 4-3-9 所示。

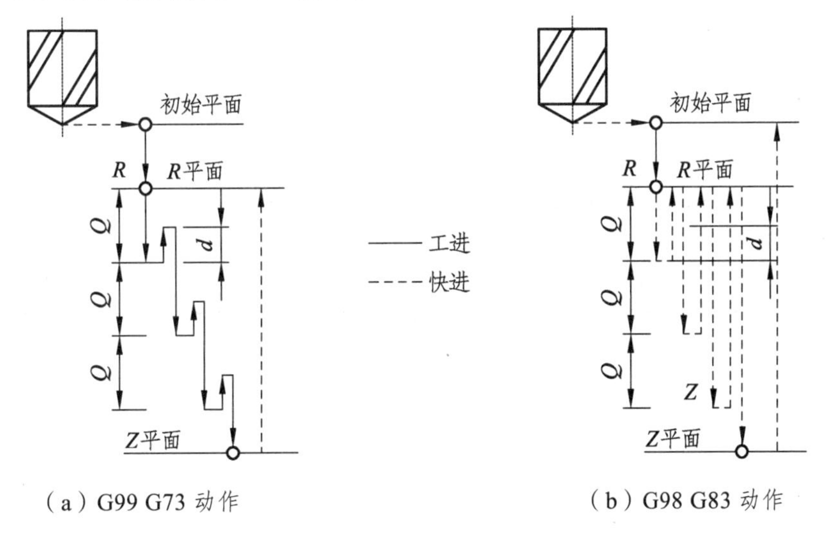

（a）G99 G73 动作　　（b）G98 G83 动作

图 4-3-9　G73 与 G83 动作

3. 指令说明

G73 指令用于深孔加工，孔加工动作如图 4-3-9（a）所示。该固定循环用于 *Z* 轴方向的间歇进给，使深孔加工时可以较容易地实现断屑和排屑，减少退刀量，进行高效率的加工，*Q* 值为每次的进给深度，最后一次进给深度≤*Q*，退刀量为 *d*，直到孔底位置为止，退刀用快速。该钻孔加工方法因为退刀距离短，比 G83 钻孔速度快。

G83 指令同样用于深孔加工，孔加工动作如图 4-3-9（a）所示，与 G73 略有不同的是每次刀具间歇进给后退至 *R* 点平面，此处的“Q”表示每次进给深度，必须用正值并且以增量值设定，负值无效。由系统内部设置参数 *d*，控制退刀量。

（三）加工实例

以图 4-3-10 为例，编写钻孔加工程序。已知毛坯尺寸为 60 mm×50 mm×30 mm。

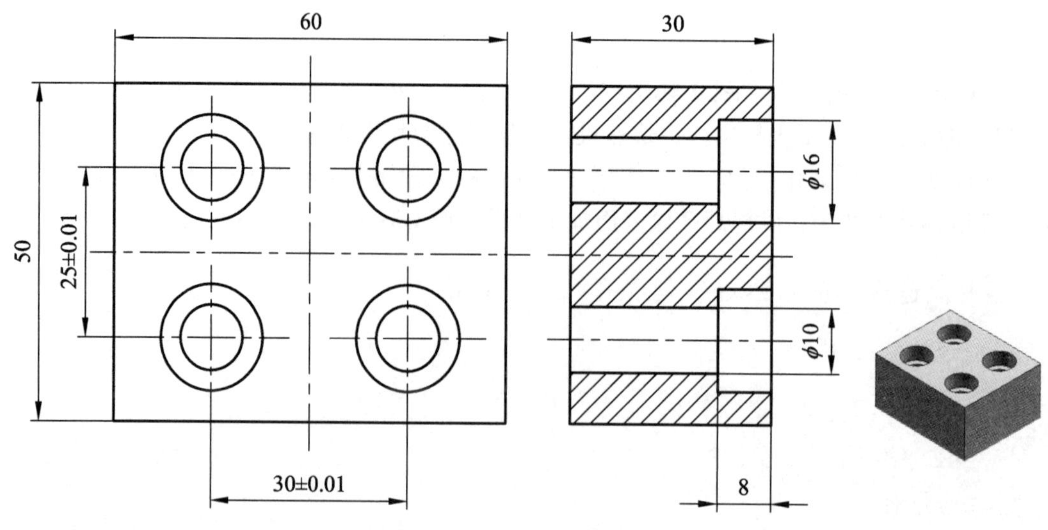

图 4-3-10　毛坯尺寸

1. 工艺分析

图中，加工的部位是 4 个台阶孔，盲孔直径为 16 mm，通孔直径为 10 mm，没有尺寸公差和表面粗糙度要求。4 个台阶孔的位置有一定的公差要求，想要保证位置精度尺寸，必须从工艺上进行控制。本例采用的加工步骤是加工定位孔、钻孔、扩孔。编程时，定位孔采用中心钻加工使用 G81 编程；钻孔采用钻头加工使用 G73 编程；扩孔采用钻头加工使用 G82 编程。加工路线见表 4-3-4。

表 4-3-4　钻孔加工刀具路径及各基点坐标值

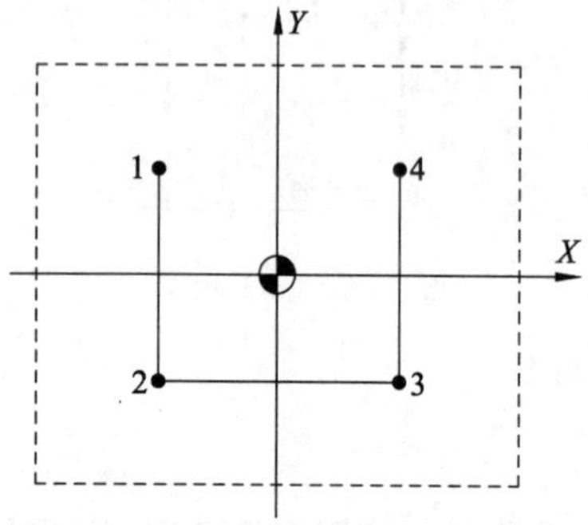

基点	X	Y
1	−15	12.5
2	−15	−12.5
3	15	−12.5
4	15	12.5

2. 确定切削用量

已知刀具加工材料为碳钢，刀具材料为高速钢，刀具齿数为 2，具体见表 4-3-5。

表 4-3-5　刀具准备表

刀具名称	规格/mm	主轴转速/（r/min）	进给速度/（mm/min）	备注
中心钻	ϕ3	1 100	55	
钻头	ϕ10	320	32	
钻头	ϕ16	200	20	

3. 装 夹

采用平口钳配合平行垫铁装夹工件，垫铁应注意摆放位置，避免钻孔时钻头钻入垫铁。

4. 填写数控加工工艺卡（见表 4-3-6）

表 4-3-6 加工工艺卡

单位名称	×××	产品名称或代号	零件名称	零件图号		
		×××	钻孔加工	图 6-9		
工序号	程序编号	夹具名称	使用设备	车间		
×××	×××	平口钳	XK5052	数控中心		
工步号	工步内容	刀具号	刀具规格/mm	主轴转速/（r/min）	进给速度/（mm/min）	背吃刀量/mm
1	定位孔	T01	ϕ3	1 100	55	1.5
2	钻孔	T02	ϕ10	320	32	5
3	扩孔	T03	ϕ16	200	20	3

编制	×××	审核	×××	批准	×××	××年×月×日	共×页	第×页

5. 程序编制（见表 4-3-7）

表 4-3-7 程序卡

数控铣床程序卡	编程原点	工件上表面的中心			编程系统	FANUC
	零件名称	钻孔加工	零件图号	图 4-3-10	材料	45#
	机床型号	XK5052	夹具名称	平口钳	实训车间	数控中心

工序 1 选用 ϕ3 中心钻加工定位孔		
程序段号	程序内容	注释
	O0001；	程序名
N010	G00 G17 G21 G40 G49 G80 G90；	程序初始化
N020	G54 X0 Y0；	建立工件坐标系
N030	G91 G28 Z0；	回参考点
N040	T01 M06；	ϕ3 mm 中心钻
N050	G90 G43 Z20.0 H01；	建立刀具长度补偿
N060	M08；	切削液开
N070	M03 S1100；	主轴正转 1 100 r/min
N080	X-15.0 Y12.5；	快速定位至 X-15，Y12.5 进刀位置
N090	G99 G81 X-15.0 Y12.5 Z-5.0 R5.0 F55；	固定循环指令，加工第 1 个孔
N100	Y-12.5；	加工第 2 个孔
N110	X15.0；	加工第 3 个孔
N120	G98 Y12.5；	加工第 4 个孔，并返回到初始平面

续表

N130	G80；	取消固定循环指令
N140	G91 G49 G28 Z0；	取消刀具长度补偿并返回参考点
N150	M09；	切削液关
N160	M05；	主轴停止
N170	M30；	程序结束
工序 2 选用 ϕ10 mm 钻头加工孔		
	O0200；	程序名
N010	G00 G17 G21 G40 G49 G80 G90；	程序初始化
N020	G54 X0 Y0；	建立工件坐标系
N030	G91 G28 Z0；	回参考点
N040	T02 M06；	ϕ10 mm 钻头
N050	G90 G43 Z20.0 H02；	建立刀具长度补偿
N060	M08；	切削液开
N070	M03 S320；	主轴正转 320 r/min
N080	X-15.0 Y12.5；	快速定位至 X-15，Y12.5 进刀位置
N090	G99 G73 X-15.0 Y12.5 Z-35.0 R5.0 Q5.0 F32；	固定循环指令，加工第 1 个孔
N100	Y-12.5；	加工第 2 个孔
N110	X15.0；	加工第 3 个孔
N120	G98 Y12.5；	加工第 4 个孔，并返回到初始平面
N130	G80；	取消固定循环指令
N140	G91 G49 G28 Z0；	取消刀具长度补偿并返回参考点
N150	M09；	切削液关
N160	M05；	主轴停止
N170	M30；	程序结束
工序 3 选用 ϕ16 mm 钻头加工台阶孔		
	O0300；	程序名
N010	G00 G17 G21 G40 G49 G80 G90；	程序初始化
N020	G54 X0 Y0；	建立工件坐标系
N030	G91 G28 Z0；	回参考点
N040	T03 M06；	ϕ16 mm 钻头
N050	G90 G43 Z20.0 H03；	建立刀具长度补偿
N060	M08；	切削液开

续表

N070	M03 S200；	主轴正转 200 r/min
N080	X-15.0 Y12.5；	快速定位至 *X*-15，*Y*12.5 进刀位置
N090	G99 G82 X-15.0 Y12.5 Z-8.0 R5.0 P1.0 F20；	固定循环指令，加工第 1 个孔
N100	Y-12.5；	加工第 2 个孔
N110	X15.0；	加工第 3 个孔
N120	G98 Y12.5；	加工第 4 个孔，并返回到初始平面
N130	G80；	取消固定循环指令
N140	G91 G49 G28 Z0；	取消刀具长度补偿并返回参考点
N150	M09；	切削液关
N160	M05；	主轴停止
N170	M30；	程序结束

四、镗孔加工固定循环指令

镗削是一种用刀具扩大孔或其他圆形轮廓的内径铣削工艺，其应用范围一般从半粗加工到精加工，所用刀具通常为镗刀。

（一）镗孔加工的技术要求

镗孔是一种加工精度较高的孔加工方法，一般被安排在最后一道工序。镗孔的尺寸公差等级可以达到 IT6 ~ IT9；孔径公差等级可以达到 IT8 级；孔的加工表面粗糙度一般为 *Ra*0.16 ~ 3.2 μm。

（二）镗孔刀具

镗刀由刀柄和刀具组成，具有一个或两个切削部分，专门用于对已有的孔进行粗加工、半精加工或精加工，如图 4-3-11 所示。镗刀可在镗床、车床或铣床上使用。因装夹方式的不同，镗刀柄部有方柄、莫氏锥柄和 7∶24 锥柄等多种形式。在数控铣床上一般采用 7∶24 锥柄镗刀。

（a）微调镗刀

（b）双刃镗刀

图 4-3-11　镗刀

微调镗刀可以在机床上精确地调节镗孔尺寸，它有一个具有精密游标刻线的指示盘，指示盘和装有镗刀头的心杆组成一对精密丝杆螺母副机构。当转动螺母时，装有刀头的心杆即可沿定向键做直线移动，借助游标刻度读数精度可达 0.001 mm，如图 4-3-11（a）所示。

双刃镗刀由分布在中心两侧同时切削的刀齿所组成，由于切削时产生的径向力互相平衡，镗削振动小，从而在加工过程中可加大切削用量，提高生产效率，如图 4-3-11（b）所示。

（三）镗孔切削用量

对精度和表面粗糙度要求很高的精密镗削，一般用金刚镗床，并采用硬质合金、金刚石和立方氮化硼等超硬材料的刀具，选用很小的进给量（0.02 ~ 0.08 mm/r）、切削深度（0.05 ~ 0.1 mm）和高于普通镗削的切削速度。精密镗削的加工精度能达到 IT7 ~ IT6，表面粗糙度为 Ra0.63 ~ 0.08 μm。在精密镗孔之前，预制孔要经过粗镗、半精镗和精镗工序，为精密镗孔留下很薄而均匀的加工余量。

（1）当采用高精度镗头镗孔时，由于余量较小，直径余量不大于 0.2 mm，切削速度可提高，铸铁件为 100 ~ 150 mm/min；铝合金为 200 ~ 400 mm/min，巴氏合金为 250 ~ 500 mm/min。

（2）每转进给量可在 0.03 ~ 0.1 mm。

（四）铰孔循环 G85

1. 指令格式

```
G85 X_ Y_ Z_ R_ F_;
```

2. 指令动作

G85 镗孔循环在孔底时主轴不停转，然后快速退刀，如图 4-3-12 所示。

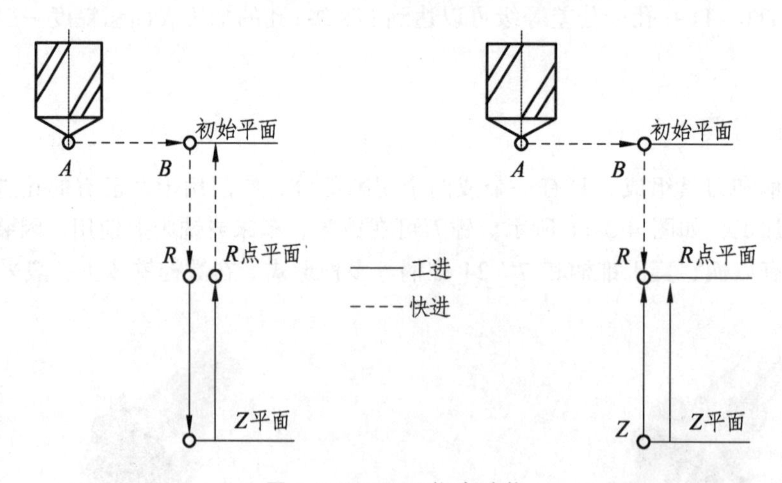

图 4-3-12　G85 指令动作

3. 编程示例（G85）

G85 编程示例如图 4-3-13 所示。

```
...
G90 G00 X0 Y0;
        Z20.0 M08;
...
G85 X19.0 Y0 Z—15.0 R5.0 F60;
    X—19.0;

G80 M09;
...
```

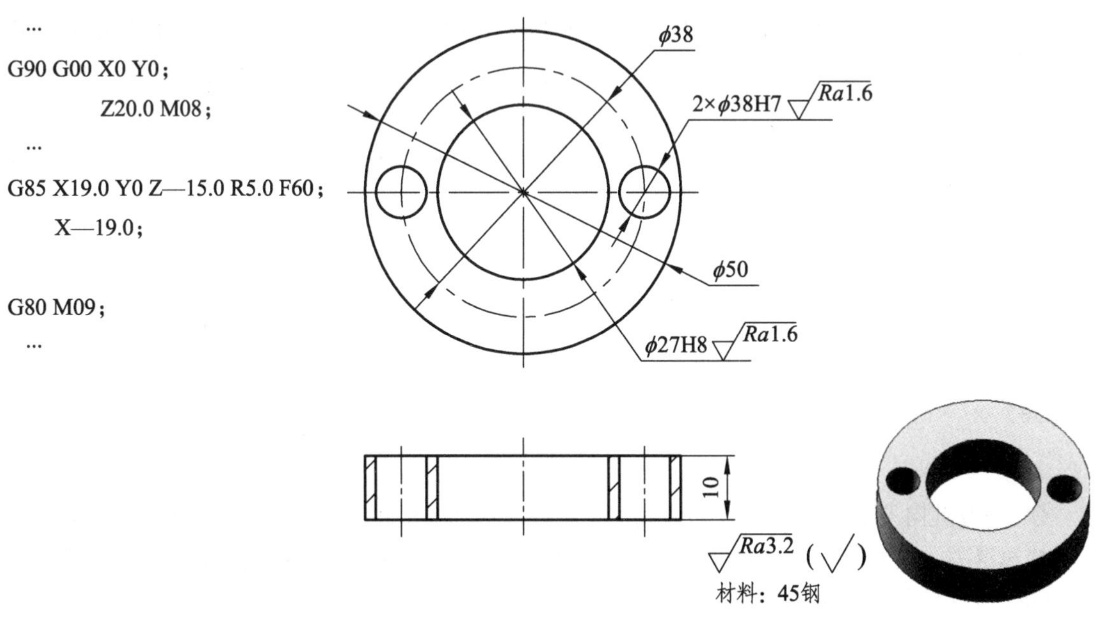

图 4-3-13　铰孔编程示例

（五）粗镗孔循环 G86、G88 和 G89

1. 指令格式

```
G86 X_ Y_ Z_ R_  P_ F_;
G88 X_ Y_ Z_ R_ P_ F_;
G89 X_ Y_ Z_ R_ P_ F_;
```

2. 指令动作

（1）G86 镗孔循环在孔底时主轴停止，然后快速退刀，如图 4-3-14（a）所示。

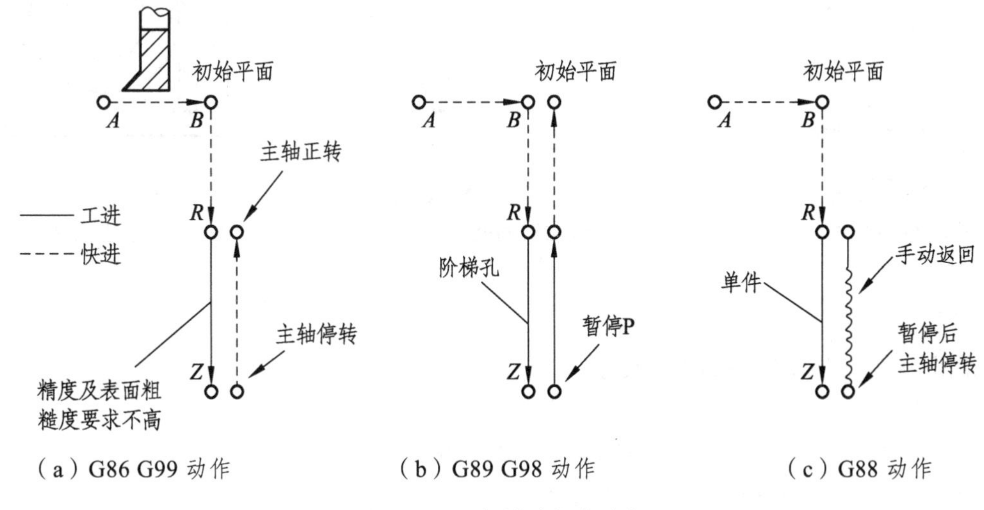

（a）G86 G99 动作　（b）G89 G98 动作　（c）G88 动作

图 4-3-14　粗镗孔指令动作

（2）执行 G88 循环，刀具以切削进给方式加工到孔底，刀具在孔底暂停后主轴停转，这时可以通过手动方式从孔中安全退出刀具，再开始自动加工，Z 轴快速返回 R 平面或初始平面，主轴恢复正转，如图 4-3-14（c）所示。这种方式虽然相应提高了孔的加工精度，但加工效率较低。

（3）G89 动作与 G85 动作基本类似，不同的是 G89 动作在孔底增加了暂停，如图 4-3-14（b）所示。因此，该指令常用于阶梯孔的加工。

（六）精镗孔循环 G76 与反镗孔循环 G87

1. 指令格式

```
G76 X_ Y_ Z_ R_ Q_ P_ F_;
G87 X_ Y_ Z_ R_ Q_ F_;
```

2. 指令动作

Q——刀具向刀尖相反方向移动距离。精镗时，主轴在孔底定向停止后，向刀尖反向移动，然后快速退刀。这种带有让刀的退刀不会划伤已加工表面，保证了镗孔的精度和表面质量。

G87 指令动作如图 4-3-15（b）所示，X 轴和 Y 轴定位后，主轴停止，刀具以与刀尖相反方向按指令 Q 设定的偏移量位移，并快速定位到孔底。在该位置刀具按原偏移量返回，然后主轴正转，沿 Z 轴正向加工到 Z 点。在此位置主轴再次停止后，刀具再次按原偏移量反向位移，然后主轴向上快速移动到达初始平面（只能用 G98），并按原偏移量返回后主轴正转，继续执行下一个程序段。

如果 Z 的移动量为零，该指令不执行。

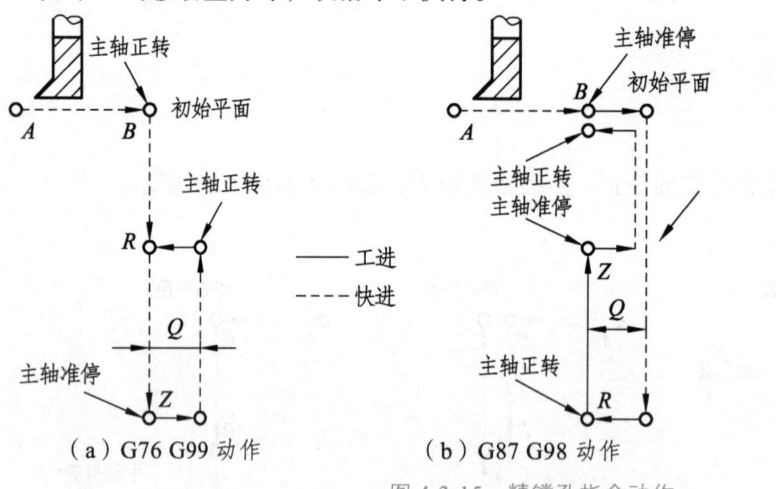

（a）G76 G99 动作　　（b）G87 G98 动作

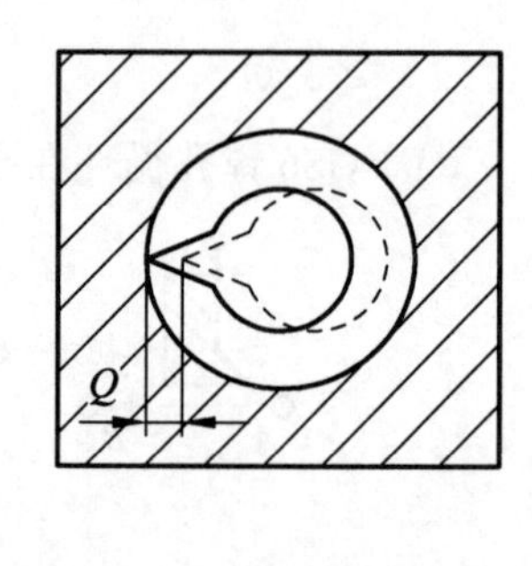

（c）主轴准停

图 4-3-15　精镗孔指令动作

3. 编程示例

编制图 4-3-16 所示零件的加工程序。

```
…
G87 X-45.0 Y0 Z5.0 R-45.0 Q1000 F60 M08;
G76 X45.0 Y0 Z-45.0 R5.0 Q1000 F60;
G80 M09;
…
```

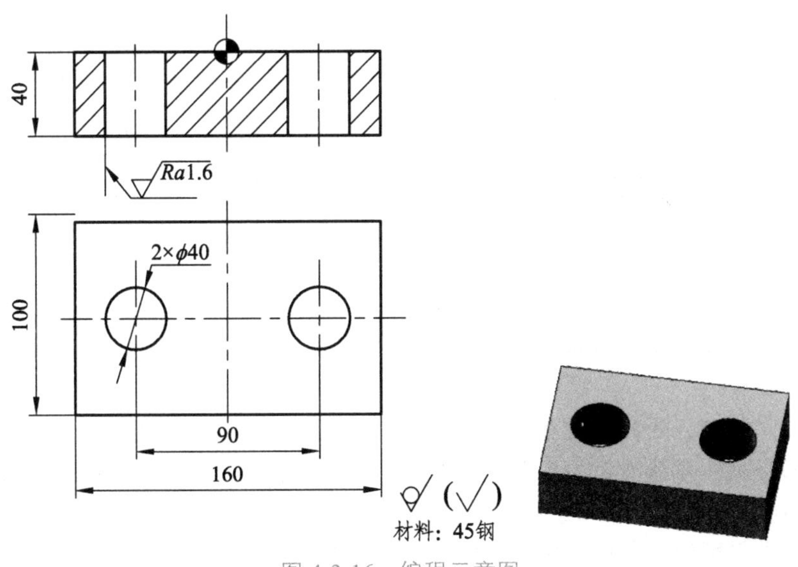

图 4-3-16　编程示意图

（七）镗孔加工实例

以图 4-3-17 所示为例，编写镗孔加工程序。已知毛坯尺寸为 100 mm×80 mm×30 mm。

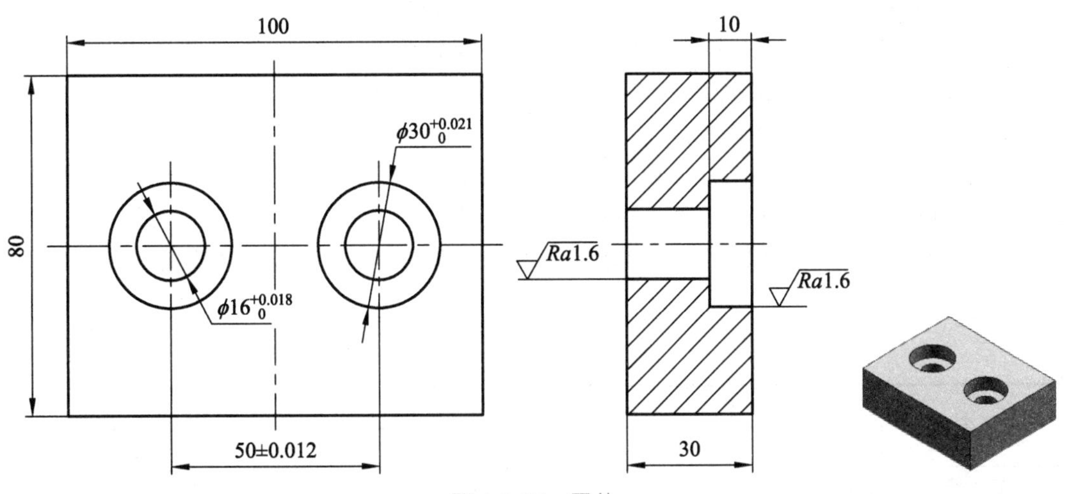

图 4-3-17　零件

1. 工艺分析

如图 4-3-17 所示，孔距公差、孔径公差和表面粗糙度要求较高。为了保证孔的质量，加工 φ16 mm 孔时，采用钻定位孔→钻孔→扩孔→铰孔的加工工艺；加工 φ30 mm 孔时，由于孔径较大，采用钻孔→铣孔→镗孔的加工工艺。

2. 选择切削用量

已知加工材料为碳钢，刀具材料为高速钢，刀具选择见表 4-3-8。

3. 装　夹

采用平口钳配合平行垫铁装夹工件，垫铁应注意摆放位置，避免钻孔时钻头钻入垫铁。

表 4-3-8 刀具准备

刀具名称	规格	主轴转速/（r/min）	进给速度/（mm/min）	备注
中心钻	ϕ3 mm	1 100	55	
钻头	ϕ10 mm	320	32	
钻头	ϕ15.8 mm	200	20	
铰刀	ϕ16 mm、齿数 4	200	40	
铣刀	ϕ16 mm、齿数 2	400	40	
镗刀	ϕ30 mm	800	45	

刀具装夹要点：

（1）刀具安装时，要特别注意清洁。镗孔刀具无论是粗加工还是精加工，在安装和装配的各个环节都必须注意清洁。刀柄与机床的装配、刀片的更换等都要擦拭干净，然后再安装或装配，切不可马虎。

（2）刀具进行预调，其尺寸精度、完好状态必须符合要求。可转位镗刀除单刃镗刀外，一般不采用人工试切的方法，所以加工前的预调就显得非常重要。预调的尺寸必须精确，要调在公差的中下限，并考虑温度等因素，进行修正、补偿。刀具预调可在专用预调仪、机上对刀器或其他量仪上进行。

（3）刀具安装后进行动态跳动检查。动态跳动检查是一个综合指标，它反映机床主轴精度、刀具精度以及刀具与机床的连接精度。这个精度如果超过被加工孔要求的精度的 1/2 或 2/3 就不能进行加工，需找出原因并消除后才能进行。这一点操作者必须牢记，并严格执行，否则加工出来的孔不能符合要求。

（4）应通过统计或检测的方法确定刀具各部分的寿命，以保证加工精度的可靠性。对于单刃镗刀来讲，这个要求可低一些，但对多刃镗刀来讲，这一点特别重要。可转位镗刀的加工特点是：预先调刀，一次加工达到要求，必须保证刀具不损坏，否则会造成不必要的事故。

4. 填写数控加工工艺卡（见表 4-3-9）

表 4-3-9 加工工艺卡

<table>
<tr><td rowspan="2">单位名称</td><td rowspan="2">×××</td><td>产品名称或代号</td><td>零件名称</td><td colspan="3">零件图号</td></tr>
<tr><td>×××</td><td>镗孔加工</td><td colspan="3">图 4-3-17</td></tr>
<tr><td>工序号</td><td>程序编号</td><td>夹具名称</td><td>使用设备</td><td colspan="3">车间</td></tr>
<tr><td>×××</td><td>×××</td><td>平口钳</td><td>XK5052</td><td colspan="3">数控中心</td></tr>
<tr><td>工步号</td><td>工步内容</td><td>刀具号</td><td>刀具规格/mm</td><td>主轴转速/（r/min）</td><td>进给速度/（mm/min）</td><td>背吃刀量/mm</td></tr>
<tr><td>1</td><td>定位孔</td><td>T01</td><td>ϕ3</td><td>1 100</td><td>55</td><td>1.5</td></tr>
<tr><td>2</td><td>钻孔</td><td>T02</td><td>ϕ10</td><td>320</td><td>32</td><td>5</td></tr>
<tr><td>3</td><td>扩孔</td><td>T03</td><td>ϕ15.8</td><td>200</td><td>20</td><td>2.9</td></tr>
<tr><td>4</td><td>铰孔</td><td>T04</td><td>ϕ16</td><td>200</td><td>40</td><td>0.1</td></tr>
<tr><td>5</td><td>铣孔</td><td>T05</td><td>ϕ16</td><td>400</td><td>40</td><td>10</td></tr>
<tr><td>6</td><td>镗孔</td><td>T06</td><td>ϕ30</td><td>800</td><td>20</td><td>0.1</td></tr>
</table>

编制	×××	审核	×××	批准	×××	××年×月×日	共×页	第×页

5. 程序编制

编程加工要点：

（1）在使用 G86 固定循环指令时，当连续加工一些孔间距比较小，或者初始平面到 R 平面的距离比较短的孔时，会出现在进入孔开始切削动作前主轴还没有达到正常转速的情况，遇到这种情况时，应在各孔的加工动作之间插入 G04 指令，以获得时间。

（2）G76/G87 程序段中“Q”代表刀具在轴反向位移增量。

（3）G87 指令编程时，注意刀具进给切削方向是从工件的下方到工件的上方。

（4）为了提高加工效率，在指令固定循环前，应先使主轴旋转。

（5）由于固定循环是模态指令，因此，在固定循环有效期间，如果 X、Y、Z 中的任意一个被改变，就要进行一次孔加工。

（6）在固定循环方式中，刀具半径补偿功能无效。

加工程序见表 4-3-10。

表 4-3-10 程序卡

<table>
<tr><td rowspan="3">数控铣床程序卡</td><td>编程原点</td><td colspan="3">工件上表面的中心</td><td>编程系统</td><td>FANUC</td></tr>
<tr><td>零件名称</td><td>镗孔加工</td><td>零件图号</td><td>图 4-3-17</td><td>材料</td><td>45#</td></tr>
<tr><td>机床型号</td><td>XK5052</td><td>夹具名称</td><td>平口钳</td><td>实训车间</td><td>数控中心</td></tr>
<tr><td colspan="7">工序 1 选用中心钻加工定位孔</td></tr>
<tr><td rowspan="2">程序段号</td><td colspan="3">程序内容</td><td colspan="3">注释</td></tr>
<tr><td colspan="3">O0100;</td><td colspan="3">程序名</td></tr>
<tr><td>N010</td><td colspan="3">G00 G17 G21 G40 G49 G80 G90;</td><td colspan="3">程序初始化</td></tr>
<tr><td>N020</td><td colspan="3">G54 X0 Y0;</td><td colspan="3">建立工件坐标系</td></tr>
<tr><td>N030</td><td colspan="3">G91 G28 Z0;</td><td colspan="3">回参考点</td></tr>
<tr><td>N040</td><td colspan="3">T01 M06;</td><td colspan="3">ϕ3 mm 中心钻</td></tr>
<tr><td>N050</td><td colspan="3">G90 G43 Z20.0 H01;</td><td colspan="3">建立刀具长度补偿</td></tr>
<tr><td>N060</td><td colspan="3">M08;</td><td colspan="3">切削液开</td></tr>
<tr><td>N070</td><td colspan="3">M03 S1100;</td><td colspan="3">主轴正转 1 100 r/min</td></tr>
<tr><td>N080</td><td colspan="3">X-25.0 Y0;</td><td colspan="3">快速定位至 X-25，Y0 进刀位置</td></tr>
<tr><td>N090</td><td colspan="3">G99 G81 X-25.0 Y0 Z-5.0 R5.0 F55;</td><td colspan="3">固定循环指令，加工第 1 个孔</td></tr>
<tr><td>N100</td><td colspan="3">G98 X25.0;</td><td colspan="3">加工第 2 个孔，并返回到初始平面</td></tr>
<tr><td>N110</td><td colspan="3">G80;</td><td colspan="3">取消固定循环指令</td></tr>
<tr><td>N120</td><td colspan="3">G91 G49 G28 Z0;</td><td colspan="3">取消刀具长度补偿并返回参考点</td></tr>
<tr><td>N130</td><td colspan="3">M09;</td><td colspan="3">切削液关</td></tr>
<tr><td>N140</td><td colspan="3">M05;</td><td colspan="3">主轴停止</td></tr>
<tr><td>N150</td><td colspan="3">M30;</td><td colspan="3">程序结束</td></tr>
</table>

续表

工序2 选用ϕ10 mm钻头加工孔		
	O0200;	程序名
N010	G00 G17 G21 G40 G49 G80 G90;	程序初始化
N020	G54 X-25.0 Y0;	建立工件坐标系
N030	G91 G28 Z0;	回参考点
N040	T02 M06;	ϕ10 mm钻头
N050	G90 G43 Z20.0 H02;	建立刀具长度补偿
N060	M08;	切削液开
N070	M03 S320;	主轴正转320 r/min
N080	G99 G73 X-25.0 Y0 Z-35.0 R5.0 Q5.0 F32;	固定循环指令，加工第1个孔
N090	G98 X25.0;	加工第2个孔，并返回到初始平面
N100	G80;	取消固定循环指令
N110	G91 G49 G28 Z0;	取消刀具长度补偿并返回参考点
N120	M09;	切削液关
N130	M05;	主轴停止
N140	M30;	程序结束
工序3 选用ϕ15.8 mm钻头扩孔		
	O0300;	程序名
N010	G00 G17 G21 G40 G49 G80 G90;	程序初始化
N020	G54 X0 Y0;	建立工件坐标系
N030	G91 G28 Z0;	回参考点
N040	T03 M06;	ϕ15.8 mm钻头
N050	G90 G43 Z20.0 H03;	建立刀具长度补偿
N060	M08;	切削液开
N070	M03 S200;	主轴正转200 r/min
N080	X-25.0 Y0;	快速定位至X-25，Y0进刀位置
N090	G99 G81 X-25.0 Y0 Z-35.0 R5.0 F20;	固定循环指令，加工第1个孔
N100	G98 X25.0;	加工第2个孔，并返回到初始平面
N110	G80;	取消固定循环指令
N120	G91 G49 G28 Z0;	取消刀具长度补偿并返回参考点
N130	M09;	切削液关
N140	M05;	主轴停止
N150	M30;	程序结束

续表

工序 4 选用 ϕ16 mm 铰刀铰孔		
	O0400；	程序名
N010	G00 G17 G21 G40 G49 G80 G90；	程序初始化
N020	G54 X0 Y0；	建立工件坐标系
N030	G91 G28 Z0；	回参考点
N040	T04 M06；	ϕ16 mm 铰刀
N050	G43 Z20.0 H04；	建立刀具长度补偿
N060	M08；	切削液开
N070	M03 S200；	主轴正转 200 r/min
N080	X-25.0 Y0；	快速定位至 X-25，Y0 进刀位置
N090	G99 G85 X-25.0 Y0 Z-35.0 R5.0 F80；	固定循环指令，加工第 1 个孔
N100	G98 X25.0；	加工第 2 个孔，并返回到初始平面
N110	G80；	取消固定循环指令
N120	G91 G49 G28 Z0；	取消刀具长度补偿并返回参考点
N130	M09；	切削液关
N140	M05；	主轴停止
N150	M30；	程序结束
工序 5 选用 ϕ16 mm 铣刀铣孔		
	O0500；	程序名
N010	G00 G17 G21 G40 G49 G80 G90；	程序初始化
N020	G54 X0 Y0；	建立工件坐标系
N030	G91 G28 Z0；	回参考点
N040	T05 M06；	ϕ16 mm 平底铣刀
N050	G43 Z20.0 H05；	建立刀具长度补偿
N060	M03 S400；	主轴正转 400 r/min
N070	M08；	切削液开
N080	Z2.0；	下降到进给下刀位置
N090	G90 X-25.0 Y0；	移动到左孔的中心
N100	G91 G01 Z-10.0 F40；	下刀至深度
N110	G41 X5.0 Y-10.0 D01；	建立刀补
N120	G03 X10.0 Y10.0 R10.0；	圆弧切入
N130	I-15.0；	圆弧加工
N140	X-10.0 Y10.0 R10.0；	圆弧切出
N150	G40 G01 X-5.0 Y-10.0；	取消刀具半径补偿
N160	G00 Z2.0；	抬刀至工件上平面 2 mm 处

续表

N170	G90 X25.0 Y0;	移动到右孔的中心
N180	G91 G01 Z-10.0 F40;	下刀至深度
N190	G41 X5.0 Y-10.0 D01;	建立刀补
N200	G03 X10.0 Y10.0 R10.0;	圆弧切入
N210	I-15.0;	圆弧加工
N220	X-10.0 Y10.0 R10.0;	圆弧切出
N230	G40 G01 X-5.0 Y-10.0;	取消刀具半径补偿
N240	G00 Z20.0;	抬刀至安全高度
N250	G91 G49 G28 Z0;	取消刀具长度补偿并返回参考点
N260	M09;	切削液关
N270	M05;	主轴停
N280	M30;	程序结束
工序 6 选用 ϕ30 mm 镗刀镗孔		
	O0600;	程序名
N010	G00 G17 G21 G40 G49 G80 G90;	程序初始化
N020	G54 X0 Y0;	建立工件坐标系
N030	G91 G28 Z0;	回参考点
N040	T06 M06;	ϕ30 mm 镗刀
N050	G43 Z20.0 H06;	建立刀具长度补偿
N060	M08;	切削液开
N070	M03 S800;	主轴正转 800 r/min
N080	X-25.0 Y0;	快速定位至 X-25，Y0 进刀位置
N090	G99 G76 X-25.0 Y0 Z-35.0 R5.0 Q2.0 F20;	固定循环指令，加工第 1 个孔
N100	G98 X25.0;	加工第 2 个孔，并返回到初始平面
N110	G80;	取消固定循环指令
N120	G91 G49 G28 Z0;	取消刀具长度补偿并返回参考点
N130	M09;	切削液关
N140	M05;	主轴停止
N150	M30;	程序结束

五、攻螺纹编程

（一）基础工艺知识

1. 工具选择

在加工内螺纹时，通常采用机用丝锥，如图 4-3-18 所示。

图 4-3-18　机用丝锥

2. 加工方法

数控机床上加工螺纹，主轴的转速和进给速度是根据螺距配合使用的。即主轴每旋转一周，进给需要进上一个螺距的距离。编程时进给一般采用每转进给量（G95）。采用螺纹指令来加工螺纹主要包括主轴正转（反转）→加工→反转（正转）→退刀等动作。

3. 切削用量

攻螺纹的切削速度一般为 5 ~ 10 m/min。

4. 底孔尺寸

1）底孔直径

攻螺纹前要先钻孔，攻螺纹过程中，丝锥牙齿对材料既有切削作用，还有一定的挤压作用，所以一般钻孔直径 D 略大于螺纹的内径，可查表或根据下列经验公式计算：

加工钢料及塑性金属时：

$$D = d - P$$

加工铸铁及脆性金属时：

$$D = d - 1.1P$$

式中　d——螺纹外径，mm；

　　P——螺距，mm。

2）底孔深度

攻螺纹前底孔的钻孔深度 H 通常在螺纹深度 h 基础上加上 0.7 倍的螺纹直径，其大小按下式计算：

$$H = h + 0.7d$$

（二）攻左旋螺纹 G74

1. 指令格式

```
G74 X_ Y_ Z_ R_ P_ F_;
```

2. 指令动作

G74 循环用于加工左旋螺纹，如图 4-3-19 所示。执行该循环指令时，刀具快速在 XY 平面定位后，主轴反转，然后快速移动到 R 点，采用进给方式执行螺纹加工，到达孔底后，主轴

正转退回到 R 点，最后主轴恢复反转，完成反攻螺纹加工。

如果 Z 的移动量为零，该指令不执行。

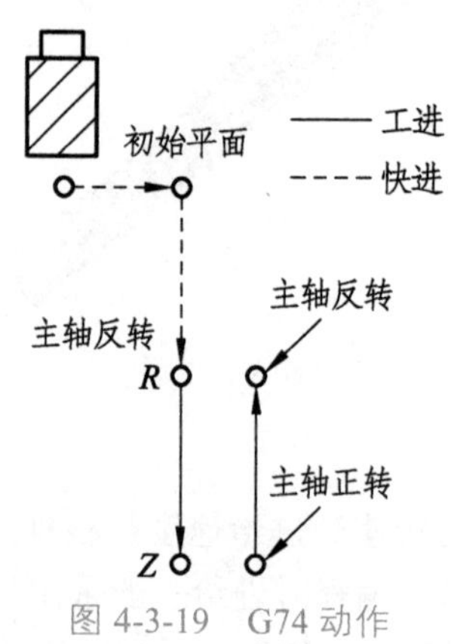

图 4-3-19　G74 动作

（三）攻右旋螺纹（G84）

1. 指令格式

```
G84 X_ Y_ Z_ R_ P_ F_;
```

2. 指令动作

G84 循环用于加工右旋螺纹，如图 4-3-20 所示。执行该循环指令时，刀具快速在 XY 平面定位后，主轴正转，然后快速移动到 R 点，采用进给方式执行螺纹加工，到达孔底后，主轴反转退回到 R 点，最后主轴恢复正转，完成攻螺纹加工。

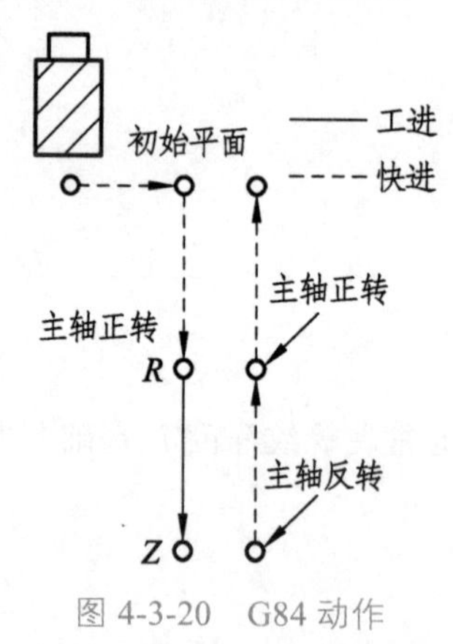

图 4-3-20　G84 动作

（四）攻螺纹实例

编写图 4-3-21 所示攻螺纹加工程序。已知毛坯尺寸为 60 mm×50 mm×20 mm。

1. 工艺分析

（1）此零件属于螺纹孔加工零件，4 个螺纹孔均为 M10，右旋。由于螺纹孔较小，可以采用丝锥方式进行加工。

（2）加工步骤为钻定位孔→钻孔→攻螺纹。

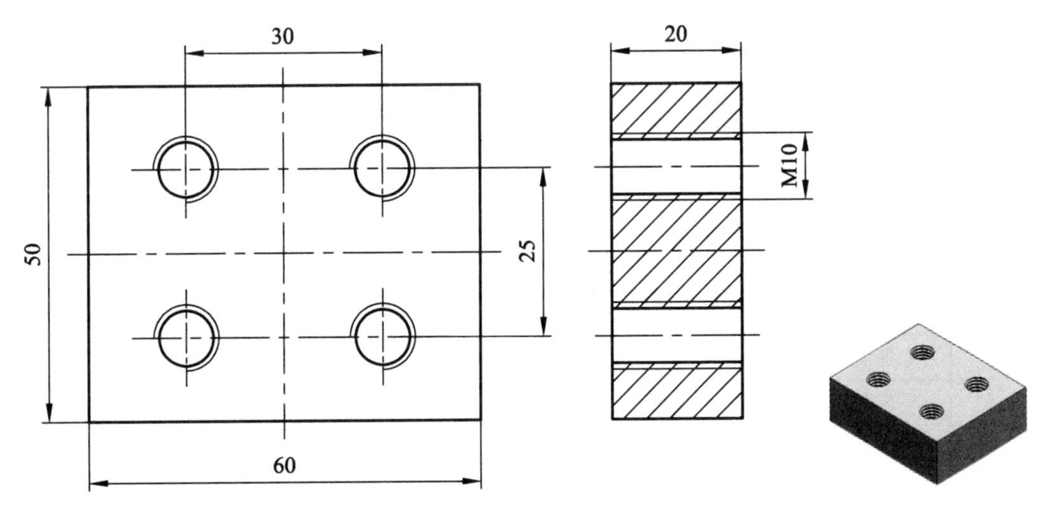

图 4-3-21　毛坯示意

2. 选择切削用量

已知刀具加工材料为碳钢，刀具材料为高速钢，刀具选择见表 4-3-11。

表 4-3-11　刀具准备表

刀具名称	规格	主轴转速/（r/min）	进给速度	备注
中心钻	ϕ3 mm	1 100	55 mm/min	
钻头	ϕ8.5 mm	370	40 mm/min	
丝锥	M10	150	1.5 mm/r	

3. 装　夹

采用平口钳配合平行垫铁装夹工件，垫铁应注意摆放位置，避免钻孔时钻头钻入垫铁。

4. 填写数控加工工艺卡（见表 4-3-12）

表 4-3-12　加工工艺卡

单位名称	×××	产品名称或代号		零件名称		零件图号		
		×××		攻螺纹		图 4-3-21		
工序号	程序编号	夹具名称		使用设备		车间		
×××	×××	平口钳		XK5052		数控中心		
工步号	工步内容		刀具号	刀具规格/mm	主轴转速/（r/min）	进给速度	背吃刀量/mm	
1	定位孔		T01	ϕ3	1 100	55 mm/min	1.5	
2	钻孔		T02	ϕ8.5	370	40 mm/min	4.25	
3	攻螺纹		T03	M10	150	1.5 mm/r		
编制	×××	审核	×××	批准	×××	××年×月×日	共×页	第×页

5. 编制加工程序

（1）编程时注意刀具旋转的高度应高出工件上表面 5 mm，从而使主轴获得正常的转速后再攻入工件。

（2）编程时注意进给速度的转换，即 G94 方式和 G95 方式。

程序卡见表 4-3-13。

表 4-3-13　程序卡

<table>
<tr><td rowspan="3">数控铣床程序卡</td><td>编程原点</td><td colspan="3">工件上表面的中心</td><td>编程系统</td><td>FANUC</td></tr>
<tr><td>零件名称</td><td>攻螺纹加工</td><td>零件图号</td><td>图 4-3-21</td><td>材料</td><td>45#</td></tr>
<tr><td>机床型号</td><td>XK5052</td><td>夹具名称</td><td>平口钳</td><td>实训车间</td><td>数控中心</td></tr>
<tr><td colspan="7">工序 1 选用 φ3 mm 中心钻钻定位孔</td></tr>
<tr><td rowspan="2">程序段号</td><td colspan="3">程序内容</td><td colspan="3">注释</td></tr>
<tr><td colspan="3">O0100;</td><td colspan="3">程序名</td></tr>
<tr><td>N010</td><td colspan="3">G00 G17 G21 G40 G49 G80 G90;</td><td colspan="3">程序初始化</td></tr>
<tr><td>N020</td><td colspan="3">G54 X0 Y0;</td><td colspan="3">建立工件坐标系</td></tr>
<tr><td>N030</td><td colspan="3">G91 G28 Z0;</td><td colspan="3">回参考点</td></tr>
<tr><td>N040</td><td colspan="3">T01 M06</td><td colspan="3">φ3 mm 中心钻</td></tr>
<tr><td>N050</td><td colspan="3">G90 G43 Z20.0 H01;</td><td colspan="3">建立刀具长度补偿</td></tr>
<tr><td>N060</td><td colspan="3">M08;</td><td colspan="3">切削液开</td></tr>
<tr><td>N070</td><td colspan="3">M03 S1100;</td><td colspan="3">主轴正转 1 100 r/min</td></tr>
<tr><td>N080</td><td colspan="3">X-15.0 Y12.5;</td><td colspan="3">快速定位至 X-15，Y12.5 进刀位置</td></tr>
<tr><td>N090</td><td colspan="3">G99 G81 X-15.0 Y12.5 Z-5.0 R5.0 F55;</td><td colspan="3">固定循环指令，加工第 1 个孔</td></tr>
<tr><td>N100</td><td colspan="3">Y-12.5;</td><td colspan="3">加工第 2 个孔</td></tr>
<tr><td>N110</td><td colspan="3">X15.0;</td><td colspan="3">加工第 3 个孔</td></tr>
<tr><td>N120</td><td colspan="3">G98 Y12.5;</td><td colspan="3">加工第 4 个孔，并返回到初始平面</td></tr>
<tr><td>N130</td><td colspan="3">G80;</td><td colspan="3">取消固定循环指令</td></tr>
<tr><td>N140</td><td colspan="3">G91 G49 G28 Z0;</td><td colspan="3">取消刀具长度补偿并返回参考点</td></tr>
<tr><td>N150</td><td colspan="3">M09;</td><td colspan="3">切削液关</td></tr>
<tr><td>N160</td><td colspan="3">M05;</td><td colspan="3">主轴停止</td></tr>
<tr><td>N170</td><td colspan="3">M30;</td><td colspan="3">程序结束</td></tr>
<tr><td colspan="7">工序 2 选用 φ8.5 mm 钻头加工孔</td></tr>
<tr><td></td><td colspan="3">O0200;</td><td colspan="3">程序名</td></tr>
<tr><td>N010</td><td colspan="3">G00 G17 G21 G40 G49 G80 G90;</td><td colspan="3">程序初始化</td></tr>
<tr><td>N020</td><td colspan="3">G54 X0 Y0;</td><td colspan="3">建立工件坐标系</td></tr>
<tr><td>N030</td><td colspan="3">G91 G28 Z0;</td><td colspan="3">回参考点</td></tr>
<tr><td>N040</td><td colspan="3">T02 M06</td><td colspan="3">φ8.5 mm 钻头</td></tr>
<tr><td>N050</td><td colspan="3">G90 G43 Z20.0 H02;</td><td colspan="3">建立刀具长度补偿</td></tr>
</table>

续表

N060	M08;	切削液开
N070	M03 S370;	主轴正转 370 r/min
N080	X-15.0 Y12.5;	快速定位至 *X*-15，*Y*12.5 进刀位置
N090	G99 G73 X-15.0 Y12.5 Z-25.0 R5.0 Q-5.0 K1.0 F40;	固定循环指令，加工第 1 个孔
N100	Y-12.5;	加工第 2 个孔
N110	X15.0;	加工第 3 个孔
N120	G98 Y12.5;	加工第 4 个孔，并返回到初始平面
N130	G80;	取消固定循环指令
N140	G91 G49 G28 Z0;	取消刀具长度补偿并返回参考点
N150	M09;	切削液关
N160	M05;	主轴停止
N170	M30;	程序结束
工序 3 选用 M10 丝锥攻螺纹		
	O0300;	程序名
N010	G00 G17 G21 G40 G49 G80 G90 G94;	程序初始化
N020	G54 X0 Y0;	建立工件坐标系
N030	G91 G28 Z0;	回参考点
N040	T03 M06;	M10 丝锥
N050	G90 G43 Z20.0 H03;	建立刀具长度补偿
N060	M08;	切削液开
N070	M03 S150;	主轴正转 150 r/min
N080	X-15.0 Y12.5;	快速定位至 *X*-15，*Y*12.5 进刀位置
N090	Z10;	下降到进给下刀位置
N100	G95;	每转进给量
N110	G99 G84 X-15.0 Y12.5 Z-25.0 R5.0 P1.0 F1.5;	加工第 1 个螺纹孔，螺距 1.5 mm
N120	Y-12.5;	加工第 2 个螺纹孔
N130	X15.0;	加工第 3 个螺纹孔
N140	G98 Y12.5;	加工第 4 个螺纹孔，并返回到初始平面
N150	G80;	取消固定循环指令
N160	G94;	每分钟进给量
N170	G91 G49 G28 Z0;	取消刀具长度补偿并返回参考点
N180	M09;	切削液关
N190	M05;	主轴停止
N200	M30;	程序结束

【训练与提高】

一、填空题

1. ________________指令用来调用子程序，________________指令表示子程序结束，返回到______________。在返回动作中，用 G98 指定刀具返回______________，用 G99 指定刀具返回____________。

2. 在指定固定循环之前，必须用辅助功能__________使主轴____________。

3. 一般孔加工有____个动作，分别是_____________________。

4. 取消钻孔循环指令为_____________________。

5. CNC 铣床加工程序中呼叫子程序的指令是______________。

二、判断题

1. 一个主程序中只能有一个子程序。 (　　)

2. 子程序的编写方式必须是增量方式。 (　　)

3. 主程序可以调用子程序，子程序亦可以再调用子程序。 (　　)

4. FANUC 系统主程序和子程序的程序名格式完全相同。 (　　)

三、选择题

1. 从子程序返回刀主程序用（　　）。

A. M98　　B. M99　　C. G98　　D. G99

2. 在主程序中调用子程序 01000，其正确的指令是（　　）。

A. M98 01000　　B. M99 01000　　C. M98 P1000　　D. M99 P1000

3. 数控铣床的默认加工平面是（　　）。

A. *XY* 平面　　B. *YZ* 面　　C. *XZ* 平面　　D. *Z* 轴

4. 右旋螺纹加工时应采用（　　）。

A. G83　　B. G74　　C. G73　　D. G84

5. 左旋螺纹加工时应采用（　　）。

A. G83　　B. G74　　C. G73　　D. G84

【任务实施】

一、实施过程

（一）工艺分析

毛坯外形尺寸为 ϕ100 mm×30 mm，表面为已加工表面，不需要加工。根据图 4-3-1 所示，零件的主要加工内容包括平面加工、轮廓加工、型腔加工、槽加工和孔加工等。为了加工出满足图样要求的零件，根据工件图样确定加工工步如下。

（1）在 ϕ100 mm 的圆柱表面上有两个平行的平面，并且在每个平面上各有一个宽度为 12 mm、长为 35 mm 的键槽。平面与键槽有一定的尺寸和形位公差要求。加工时，首先加工第一个平面和平面上的键槽，然后翻转工件加工对面的平面和键槽。选择刀具时为了减少换刀次数，根据键槽宽度选择 ϕ10 mm 的平底铣刀。

（2）外轮廓是一个近似的正六边形，尺寸公差要求比较严。编程时，可采用刀补的方式进行编程。加工时，通过设置不同的刀补值实现轮廓的粗精加工。外轮廓中存在 4 个 R10 mm 的凹圆弧，选择刀具时，刀具半径不能大于 10 mm，本例选择 ϕ16 mm 的平底铣刀。

（3）内轮廓也是一个近似的正六边形，加工时，考虑到残料较多，因此，在设计刀具路径时，安排粗、精加工刀具路径。选择刀具时，粗加工选择 ϕ16 mm 平底铣刀，精加工选择 ϕ8 mm 平底铣刀。

（4）工件的中心是一个 ϕ30 mm 孔，公差要求比较严，加工时，首先选择 ϕ16 mm 的平底铣刀进行粗加工，留 0.15 mm 的加工余量，然后选择 ϕ30 mm 镗孔刀具进行精加工。

（5）两个 ϕ10 mm 的通孔放在最后进行加工，孔有一定的尺寸和形位公差要求。加工时，首先利用中心钻加工出两个定位孔，然后选择 ϕ9.8 mm 的钻头进行钻孔，最后选择 ϕ10 mm 的铰刀来控制尺寸。

（二）确定加工路径

1. 确定平面加工刀具路径

平面加工刀具路径及编程原点见表 4-3-14。刀具从 1 点下刀，到达 2 点后以 8 mm 的刀间距移动到 3 点，然后依次到达 4 点→5 点→6 点→7 点，最后到达 8 点抬刀。

表 4-3-14　平面加工刀具路径及各基点坐标值

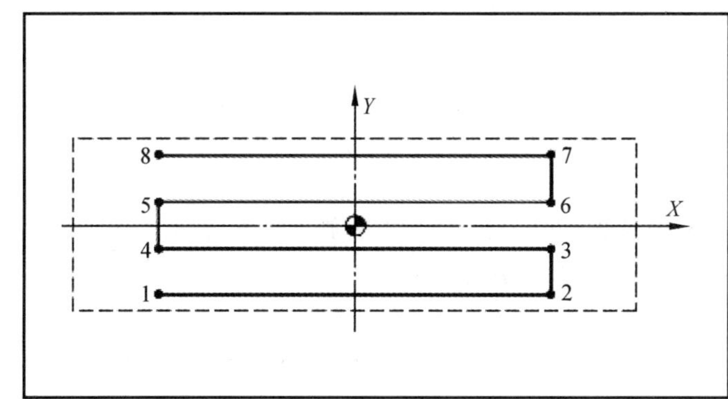

基点	X	Y
1	−35	−12
2	35	−12
3	35	−4
4	−35	−4
5	−35	4
6	35	4
7	35	12
8	−35	12

2. 确定键槽加工刀具路径

键槽加工刀具路径及编程原点见表 4-3-15。刀具从 1 点下刀，由 1 点到 2 点建立刀具半径左补偿，以圆弧半径 5.5 mm 切入到 3 点，然后依次到达 4 点→5 点→6 点→3 点，从 3 点到 7 点圆弧切出，最后由 7 点到 1 点取消刀补抬刀。

表 4-3-15　键槽加工刀具路径及各基点坐标值

基点	X	Y
1	−17.5	1
2	−23	0.5
3	−17.5	−5
4	17.5	−5
5	17.5	7
6	−17.5	7
7	−12	0.5

3. 确定外轮廓加工刀具路径

键槽加工刀具路径及编程原点见表 4-3-16。刀具从 1 点下刀，由 1 点到 2 点建立刀具半径左补偿，以圆弧半径 10 mm 切入到 3 点，然后依次到达 4 点→5 点→6 点→……→3 点，从 3 点到 7 点圆弧切出，最后由 7 点到 1 点取消刀补抬刀。

表 4-3-16　外轮廓加工刀具路径及部分基点坐标值

基点	X	Y
1	−14.434	−50
2	−4.434	−45
3	−14.434	−35
4	−23.094	−30
5	−33.052	−12.752
6	−37.106	−8.876
7	−24.434	−45

4. 确定内轮廓加工刀具路径

1）内轮廓粗加工刀具路径

内轮廓粗加工刀具路径及编程原点见表 4-3-17。刀具从 1 点螺旋下刀至深度，然后依次到达 2 点→3 点→4 点→1 点→5 点→6 点→……→5 点抬刀。

表 4-3-17　型腔粗加工刀具路径及部分基点坐标值

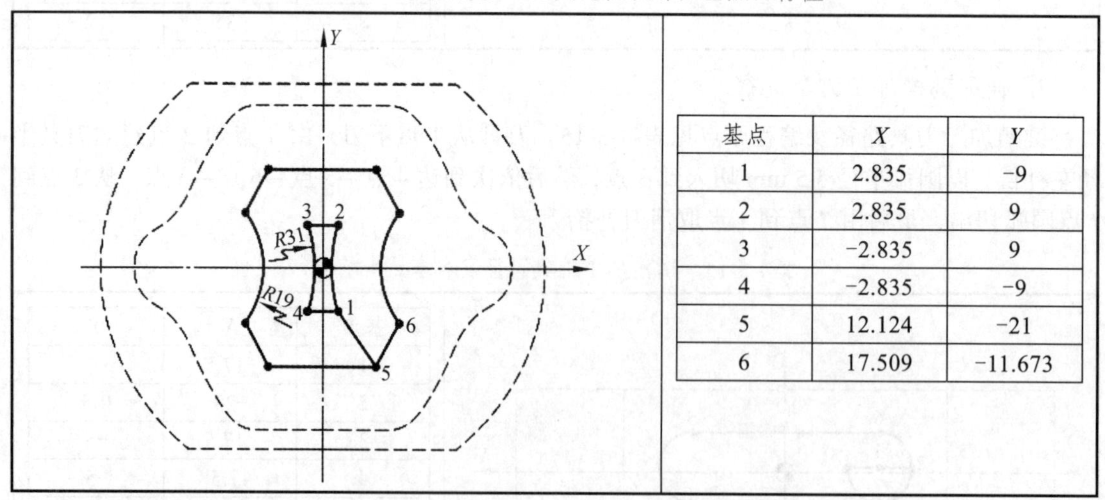

基点	X	Y
1	2.835	-9
2	2.835	9
3	-2.835	9
4	-2.835	-9
5	12.124	-21
6	17.509	-11.673

2）内轮廓精加工刀具路径

内轮廓精加工刀具路径及编程原点见表 4-3-18。刀具从 1 点下刀至深度，由 1 点到 2 点建立刀具半径左补偿，以圆弧半径 5 mm 切入到 3 点，然后依次到达 4 点→5 点→6 点→7 点→……→3 点，从 3 点到 8 点圆弧切出，最后由 8 点到 1 点取消刀补抬刀。

表 4-3-18 型腔精加工刀具路径及部分基点坐标值

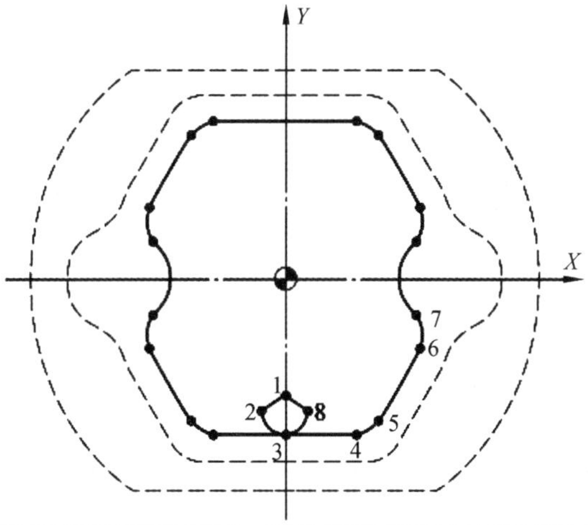

基点	X	Y
1	0	−22
2	−5	−25
3	0	−30
4	14.434	−30
5	18.764	−27.5
6	26.773	−13.629
7	25.795	−7.419
8	5	−25

5. 确定镗孔粗加工刀具路径

中心孔粗加工刀具路径及编程原点见表 4-3-19。刀具从 1 点下刀至深度，由 1 点到 2 点建立刀具半径左补偿，以圆弧半径 10 mm 切入到 3 点，然后执行圆弧加工到达 3 点后，从 3 点到 4 点圆弧切出，最后由 4 点到 1 点取消刀补抬刀。

表 4-3-19 中心孔粗加工刀具路径及各基点坐标值

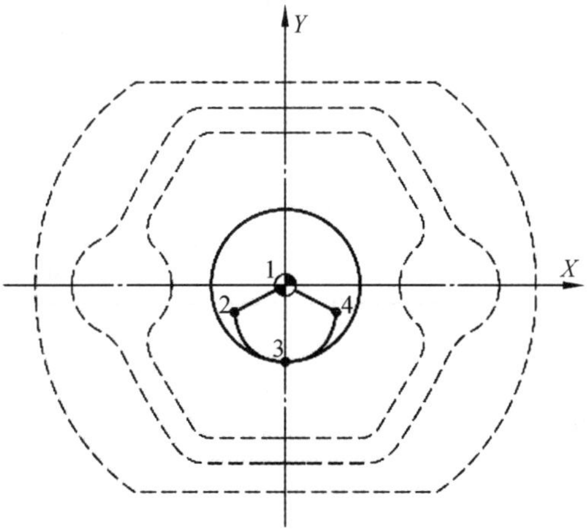

基点	X	Y
1	0	0
2	−10	−5
3	0	−15
4	10	−5

6. 确定铰孔加工刀具路径

铰孔加工刀具路径及编程原点见表 4-3-20。

表 4-3-20　铰孔加工刀具路径及各基点坐标值

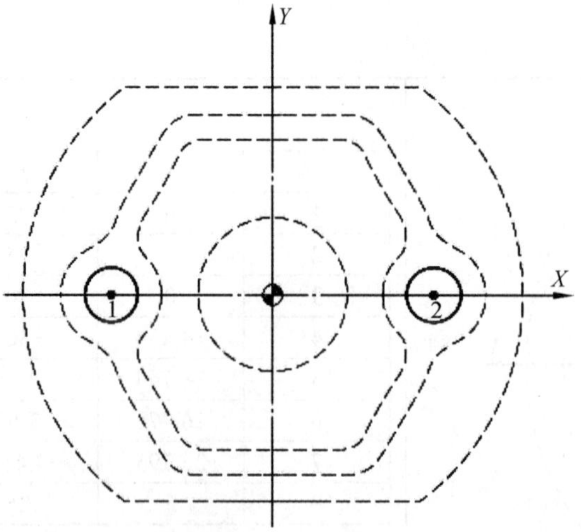

基点	X	Y
1	−37.5	
2	37.5	0

（三）选择切削用量

切削用量见表 4-3-21。

表 4-3-21　切削用量

序号	名称	规格/mm	切削速度/（m/min）	主轴转速/（r/min）	进给速度/(mm/min）
1	平底铣刀	ϕ10	20	640	64
2	平底铣刀	ϕ16	20	400	40
3	平底铣刀	ϕ8	20	800	80
4	镗刀	ϕ30	20	215	8
5	中心钻	ϕ3	20	1 100	55
6	钻头	ϕ9.8	20	650	32.5
7	铰刀	ϕ10	20	637	80

（四）装　夹

根据零件的形状采用平口钳和垫铁进行装夹。

（五）填写数控加工工艺卡

数控加工工艺卡见表 4-3-22。

（六）程序编制

加工程序见表 4-3-23。

表 4-3-22　加工工艺卡

单位名称		×××	产品名称或代号	零件名称	零件图号		
			×××	鉴定实例 2	图 4-3-1		
工序号		程序编号	夹具名称	使用设备	车间		
×××		×××	平口钳	XK5052	数控中心		
工步号	工步内容		刀具号	刀具规格 /mm	主轴转速 /（r/min）	进给速度 /（mm/min）	背吃刀量 /mm
1（3）	平面加工		T01	ϕ 10	640	64	5
2（4）	键槽加工		T01	ϕ 10	640	64	5
5	外轮廓粗加工		T02	ϕ 16	400	40	5
	外轮廓精加工		T02	ϕ 16	400	40	5
6	内轮廓粗加工		T02	ϕ 16	400	40	5
	内轮廓精加工		T03	ϕ 8	800	80	5
7	中心孔粗加工		T02	ϕ 16	400	40	5
	中心孔精加工		T04	ϕ 30（镗刀）	215	8	0.15
8	孔加工		T05	ϕ 3（中心钻）	1 100	55	1.5
			T06	ϕ 9.8（钻头）	650	32.5	4.9
			T07	ϕ 10（铰刀）	637	80	0.1

编制	×××	审核	×××	批准	×××	××年×月×日	共×页	第×页

表 4-3-23　程序卡

数控铣床程序卡	编程原点	工件上表面的中心			编程系统	FANUC
	零件名称	鉴定实例 2	零件图号	图 4-3-1	材料	45#
	机床型号	XK5052	夹具名称	平口钳	实训车间	数控中心
工序 1（3）平面加工参考程序						
程序段号	程序内容			注释		
	O0100;			程序名		
N010	G00 G17 G21 G40 G49 G80 G90 G54;			程序初始化		
N020	G91 G28 Z0;			返回机床参考点		
N030	T01 M06;			ϕ 10 mm 平底铣刀		
N040	G90 G43 Z20.0 H01;			建立刀具长度补偿		
N050	M08;			切削液开		
N060	X-35.0 Y-12.0;			快速定位到下刀位置		
N070	M03 S640;			主轴正转 640 r/min		
N080	Z5.0;			快速下降到 $Z5$		
N090	G01 Z0 F20;			下降到 $Z0$		
N100	M98 P0101 L2;			调用子程序 0101		

续表

N110	G90 G00 Z20.0；	抬刀至安全高度
N120	M09；	切削液关
N130	M05；	主轴停止
N140	G91 G49 G28 Z0；	取消刀具长度补偿并返回参考点
N150	M30；	程序结束
子程序		
N010	O0101；	子程序名
N020	G91 G01 Z-5.0 F64；	下降到深度
N030	G90 X35.0；	到 2 点
N040	Y-4.0；	到 3 点
N050	X-35.0；	到 4 点
N060	Y4.0；	到 5 点
N070	X35.0；	到 6 点
N080	Y12.0；	到 7 点
N090	X-35.0；	到 8 点
N100	G00 Y12.0；	回到进给下刀位置
N110	M99；	子程序结束
工序 2（4）键槽加工参考程序		
	O0200；	程序名
N010	G00 G17 G21 G40 G49 G80 G90 G54；	程序初始化
N020	G91 G28 Z0；	返回机床参考点
N030	T01 M06；	ϕ10 mm 平底铣刀
N040	G90 G43 Z20.0 H01；	建立刀具长度补偿
N050	M08；	切削液开
N060	M03 S640；	主轴正转 640 r/min
N070	X-17.5 Y1.0；	快速定位至 X-17.5，Y1 进刀位置
N080	Z5.0；	快速下降到 Z5
N090	G01 Z0 F20；	下降到 Z0
N100	M98 P0201 L2；	调用子程序 0201
N110	G90 G00 Z20.0；	抬刀至安全高度
N120	M09；	切削液关
N130	M05；	主轴停止
N140	G91 G49 G28 Z0；	取消刀具长度补偿并返回参考点
N150	M30；	程序结束

续表

子程序		
	O0201	子程序名
N010	G91 G01 Z-5.0 F20；	下降到深度
N020	G90 G41 X-23.0 Y0.5 D01 F64；	建立刀具半径左补偿（粗刀补值 5.1 mm，精刀补值 4.99 mm）
N030	G03 X-17.5 Y-5.0 R5.5；	到 3 点
N040	G01 X17.5；	到 4 点
N050	G03　X17.5 Y7.0 R-6.0；	到 5 点
N060	G01 X-17.5；	到 6 点
N070	G03 X-17.5 Y-5.0 R-6.0；	到 3 点
N080	G03 X-12.0 Y0.5 R5.5；	到 7 点
N090	G40 G01 X-17.5 Y1.0；	取消刀具半径补偿
N100	M99；	子程序结束
工序 5 外轮廓粗精加工参考程序		
	O0300；	程序名
N010	G00 G17 G21 G40 G49 G80 G90 G54；	程序初始化
N020	G91 G28 Z0；	返回机床参考点
N030	T02 M06；	ϕ 16 mm 平底铣刀
N040	G90 G43 Z20.0 H02；	建立刀具长度补偿
N050	M08；	切削液开
N060	M03 S400；	主轴正转 400 r/min
N070	X-14.434 Y-50.0；	快速定位至 *X*-14.434，*Y*-50 进刀位置
N080	Z5.0；	快速下降到 *Z*5
N090	G01 Z-5.0 F40；	下降到深度
N100	G41 X-4.434 Y-45.0 D02；	建立刀具半径左补偿（粗刀补值 8.1 mm，精刀补值 7.98 mm）
N110	G03 X-14.434 Y-35.0 R10.0；	到 3 点
N120	G02 X-23.094 Y-30.0 R10.0；	到 4 点
N130	G01 X-33.052 Y-12.752；	到 5 点
N140	G03 X-37.106 Y-8.876 R10.0；	到 6 点
N150	G02 X-37.106 Y8.876 R10.0；	轮廓加工
N160	G03 X-33.052 Y12.752 R10.0；	轮廓加工
N170	G01 X-23.094 Y30.0；	轮廓加工
N180	G02 X-14.434 Y35.0 R10.0；	轮廓加工
N190	G01 X14.434；	轮廓加工
N200	G02 X23.094 Y30.0 R10.0；	轮廓加工
N210	G01 X33.052 Y12.752；	轮廓加工

续表

N220	G03 X37.106 Y8.876 R10.0;	轮廓加工
N230	G02 X37.106 Y-8.876 R10.0;	轮廓加工
N240	G03 X33.052 Y-12.752 R10.0;	轮廓加工
N250	G01 X23.094 Y-30.0;	轮廓加工
N260	G02 X14.434 Y-35.0 R10.0;	轮廓加工
N270	G01 X-14.434;	轮廓加工
N280	G03 X-24.434 Y-45.0 R10.0;	轮廓加工
N290	G40 G01 X-14.434 Y-50.0;	取消刀具半径补偿
N300	G00 Z20;	抬刀至安全高度
N310	G91 G49 G28 Z0;	取消刀具长度补偿并返回参考点
N320	M09;	切削液关
N330	M05;	主轴停止
N340	M30;	程序结束
工序 6.1 内轮廓粗加工参考程序		
	O0400;	程序名
N010	G00 G17 G21 G40 G49 G80 G90 G54;	程序初始化
N020	G91 G28 Z0;	返回机床参考点
N030	T02 M06;	ϕ16 mm 平底铣刀
N040	G90 G43 Z20.0 H02;	建立刀具长度补偿
N050	M08;	切削液开
N060	M03 S400;	主轴正转 400 r/min
N070	X2.835 Y-9.0;	快速定位至 *X*2.835，*Y*-9 进刀位置
N080	Z5.0;	快速下降到 *Z*5
N090	G01 Z-5.0 F40;	下降到深度
N100	G02 X2.835 Y9.0 R31.0;	到 2 点
N110	G01 X-2.835;	到 3 点
N120	G02 X-2.835 Y-9.0 R31.0;	到 4 点
N130	G01 X2.835;	到 1 点
N140	G01 X12.124 Y-21.0;	到 5 点
N150	G01 X17.509 Y-11.673;	到 6 点
N160	G02 X17.509 Y11.673 R19.0;	轮廓加工
N170	G01 X12.124 Y21.0;	轮廓加工
N180	G01 X-12.124;	轮廓加工
N190	G01 X-17.509 Y11.673;	轮廓加工
N200	G02 X-17.509 Y-11.673 R19.0;	轮廓加工
N210	G01 X-12.124 Y-21.0;	轮廓加工

续表

N220	G01 X12.124;	轮廓加工
N230	G00 Z20.0;	抬刀至安全高度
N240	M09;	切削液关
N250	M05;	主轴停止
N260	G91 G49 G28 Z0;	取消刀具长度补偿并返回参考点
N270	M30;	程序结束
工序 6.2 内轮廓精加工参考程序		
	O0500;	程序名
N010	G00 G17 G21 G40 G49 G80 G90 G54;	程序初始化
N020	G91 G28 Z0;	返回机床参考点
N030	T03 M06;	ϕ8 mm 平底铣刀
N040	G90 G43 Z20.0 H03;	建立刀具长度补偿
N050	M08;	切削液开
N060	M03 S800;	主轴正转 800 r/min
N070	X0 Y-22.0;	快速定位至 *X*0，*Y*-22 进刀位置
N080	Z5.0;	快速下降到 *Z*5
N090	G01 Z-5.0 F20;	下降到深度
N100	G41 G01 X-5.0 Y-25.0 D03 F80;	建立刀具左补偿
N110	G03 X0 Y-30.0 R5.0;	到 3 点
N120	G01 X14.434;	到 4 点
N130	G03 X18.764 Y-27.5 R5.0;	到 5 点
N140	G01 X26.773 Y-13.629;	到 6 点
N150	G03 X25.795 Y-7.419 R5.0;	到 7 点
N160	G02 X25.795 Y7.419 R10.0;	轮廓加工
N170	G03 X26.773 Y13.629 R5.0;	轮廓加工
N180	G01 X18.764 Y27.5;	轮廓加工
N190	G03 X14.434 Y30.0 R5.0;	轮廓加工
N200	G01 X-14.434;	轮廓加工
N210	G03 X-18.764 Y27.5 R5.0;	轮廓加工
N220	G01 X-26.773 Y13.629;	轮廓加工
N230	G03 X-25.795 Y7.419 R5.0;	轮廓加工
N240	G02 X-25.795 Y-7.419 R10.0;	轮廓加工
N250	G03 X-26.773 Y-13.629 R5.0;	轮廓加工
N260	G01 X-18.764 Y-27.5;	轮廓加工
N270	G03 X-14.434 Y-30.0 R5.0;	轮廓加工
N280	G01 X0;	轮廓加工

续表

N290	G03 X5.0 Y-25.0 R5.0;	圆弧切出
N300	G40 G01 X0 Y-22.0;	取消刀具半径补偿
N310	G00 Z20.0;	抬刀至安全高度
N320	M09;	切削液关
N330	M05;	主轴停止
N340	G91 G49 G28 Z0;	取消刀具长度补偿并返回参考点
N350	M30;	程序结束
工序 7.1 中心孔粗加工参考程序		
	O0600;	程序名
N010	G00 G17 G21 G40 G49 G80 G90 G54;	程序初始化
N020	G91 G28 Z0;	返回机床参考点
N030	T02 M06	ϕ16 mm 平底铣刀
N040	G90 G43 Z20.0 H02;	建立刀具长度补偿
N050	M08;	切削液开
N060	M03 S400;	主轴正转 400 r/min
N070	X0 Y0;	快速定位至 *X*0，*Y*0 进刀位置
N080	Z5.0;	快速下降到 *Z*5
N090	G01 Z-5.0 F40;	下降到 *Z*-5
N100	M98 P0601 L5;	调用子程序 0601
N110	G90 G00 Z20.0;	抬刀至安全高度
N120	M09;	切削液关
N130	M05;	主轴停止
N140	G91 G49 G28 Z0;	取消刀具长度补偿并返回参考点
N150	M30;	程序结束
子程序		
	O0601;	子程序名
N010	G91 G01 Z-5.0 F40;	下降到深度
N020	G90 G41 G01 X-10.0 Y-5.0 D02;	建立刀具半径左补偿
N030	G03 X0 Y-15.0 R10.0;	到 3 点
N040	G03 J15.0;	轮廓加工
N050	G03 X10.0 Y-5.0 R10.0;	圆弧切出
N060	G40 G01 X0 Y0;	取消刀具半径补偿
N070	M99;	子程序结束
工序 7.2 中心孔精加工参考程序		
	O0700;	程序名
N010	G00 G17 G21 G40 G49 G80 G90 G54;	程序初始化
N020	G91 G28 Z0;	返回机床参考点

续表

N030	T04 M06；	ϕ30 mm 镗刀
N040	G90 G43 Z20.0 H04；	建立刀具长度补偿
N050	M08；	切削液开
N060	M03 S215；	主轴正转 215 r/min
N070	X0 Y0；	快速定位至 *X*0，*Y*0 进刀位置
N080	G76 X0 Y0 Z-35.0 R5.0 Q2.0 F8；	精镗孔
N090	G80；	取消循环指令
N100	G90 G00 Z20.0；	抬刀至安全高度
N110	M09；	切削液关
N120	M05；	主轴停止
N130	G91 G49 G28 Z0；	取消刀具长度补偿并返回参考点
N140	M30；	程序结束
工序 8.1 钻孔（定位孔）加工参考程序		
	O0800；	程序名
N010	G00 G17 G21 G40 G49 G80 G90 G54；	程序初始化
N020	G91 G28 Z0；	返回机床参考点
N030	T05 M06；	ϕ3 mm 中心钻
N040	G90 G43 Z20.0 H05；	建立刀具长度补偿
N050	M08；	切削液开
N060	M03 S1100；	主轴正转 1 100 r/min
N070	X-37.5 Y0；	快速定位至 *X*-37.5，*Y*0 进刀位置
N080	G81 X-37.5 Y0 Z-5.0 F55；	钻第 1 个孔
N090	X37.5；	钻第 2 个孔
N100	G80；	取消循环指令
N110	G90 G00 Z20.0；	抬刀至安全高度
N120	M09；	切削液关
N130	M05；	主轴停止
N140	G91 G49 G28 Z0；	取消刀具长度补偿并返回参考点
N150	M30；	程序结束
工序 8.2 钻孔（钻孔）加工参考程序		
	O0900；	程序名
N010	G00 G17 G21 G40 G49 G80 G90 G54；	程序初始化
N020	G91 G28 Z0；	返回机床参考点
N030	T06 M06；	ϕ9.8 mm 钻头
N040	G90 G43 Z20.0 H06；	建立刀具长度补偿
N050	M08；	切削液开
N060	M03 S650；	主轴正转 650 r/min

续表

N070	X-37.5 Y0；	快速定位至 X-37.5，Y0 进刀位置
N080	G73 X-37.5 Y0 Z-35.0 Q5.0 F32.5；	钻第 1 个孔
N090	X37.5；	钻第 2 个孔
N100	G80；	取消循环指令
N110	G90 G00 Z20.0；	抬刀至安全高度
N120	M09；	切削液关
N130	M05；	主轴停止
N140	G91 G49 G28 Z0；	取消刀具长度补偿并返回参考点
N150	M30；	程序结束
工序 8.3 钻孔（铰孔）加工参考程序		
	O1000；	程序名
N010	G00 G17 G21 G40 G49 G80 G90 G54；	程序初始化
N020	G91 G28 Z0；	返回机床参考点
N030	T07 M06；	ϕ10 mm 铰刀
N040	G90 G43 Z20.0 H07；	建立刀具长度补偿
N050	M08；	切削液开
N060	M03 S637；	主轴正转 637 r/min
N070	X-37.5 Y0；	快速定位至 X-37.5，Y0 进刀位置
N080	G81 X-37.5 Y0 Z-35.0 F80；	铰第 1 个孔
N090	X37.5；	铰第 2 个孔
N100	G80；	取消循环指令
N110	G90 G00 Z20.0；	抬刀至安全高度
N120	M09；	切削液关
N130	M05；	主轴停止
N140	G91 G49 G28 Z0；	取消刀具长度补偿并返回参考点
N150	M30；	程序结束

二、展示评比

各小组派出代表进行展示，组间交叉评比，填写表 4-3-24。

表 4-3-24　评比过程记录

序号	评比要点	优缺点	评比分值	备注
1	文字表达是否清晰、完整			
2	知识内容是否全面、正确			
3	学习组织是否有序、高效			
4	其他			
综合评分				

【任务小结与评价】

一、任务小结与反思

二、任务评价

表 4-3-25　评价表

班级			学号		
姓名			综合评价等级		
指导教师			日期		
评价项目	序号	评价内容	评价方式		
			自我评价	小组评价	教师评价
团队表现（40分）	1	任务评比综合评分，配分20分			
	2	任务参与态度，配分8分			
	3	参与任务的程度，配分6分			
	4	在任务中发挥的作用，配分6分			
个人学习表现（50分）	5	学习态度，配分10分			
	6	出勤情况，配分10分			
	7	课堂表现，配分10分			
	8	作业完成情况，配分20分			
个人素质（10分）	9	作风严谨、遵章守纪，配分5分			
	10	安全意识，配分5分			
合计					
综合评分					

注：各评分项按“A”（0.9～1.0）、“B”（0.8～0.89）、“C”（0.7～0.79）、“D”（0.6～0.69）、“E”（0.1～0.59）及“0”分配分；如学习态度项、出勤项、安全项评0分，总评为0分。

项目总结和评价

【学习目标】

1. 能够以小组形式对学习过程和项目成果进行汇报总结。
2. 完成对学习过程的综合评价。

【学习课时】

2 课时。

【学习过程】

一、任务总结

以小组为单位，自己选择展示方式向全班展示、汇报学习成果。

表 4-4-1 总结报告

组名：	组长：
组员：	
总结内容	
项目	内容
组织实施过程	
归纳学习内容	
总结学习心得	
反思学习问题	

二、展示评比

各小组派出代表进行展示，组间交叉评比，填写表 4-4-2。

表 4-4-2　评比过程记录

序号	评比要点	优缺点	评比分值	备注
1	文字表达是否清晰、完整			
2	知识内容是否全面、正确			
3	学习组织是否有序、高效			
4	其他			
综合评分				

三、综合评价

表 4-4-3　评价表

评价项目	评价内容	评价标准	评价方式		
			自我评价	小组评价	教师评价
职业素养	安全意识、责任意识	A. 作风严谨，自觉遵章守纪，出色完成工作任； B. 能够遵守规章制度，较好地完成工作任务素养； C. 遵守规章制度，没完成工作任务或完成工作任务，但忽视规章制度； D. 不遵守规章制度，没完成工作任务			
	学习态度	A. 积极参与教学活动，全勤； B. 缺勤达本任务总学时的 10%； C. 缺勤达本任务总学时的 20%； D. 缺勤达本任务总学时的 30%			
	团队合作	A. 与同学协作融洽，团队合作意识强； B. 与同学能沟通，协同工作能力较强； C. 与同学能沟通，协同工作能力一般； D. 与同学沟通困难，协同工作能力较差			
学习过程	学习活动一	A. 按时、完整地完成工作页，问题回答正确，图纸绘制准确； B. 按时、完整地完成工作页，问题回答基本正确，图纸绘制基本准确； C. 未能按时完成工作页，或内容遗漏、错误较多； D. 未完成工作页			
	学习活动二	A. 学习活动评价成绩为 90～100 分； B. 学习活动评价成绩为 75～89 分； C. 学习活动评价成绩为 60～74 分； D. 学习活动评价成绩为 0～59 分			
	学习活动三	A. 学习活动评价成绩为 90～100 分； B. 学习活动评价成绩为 75～89 分； C. 学习活动评价成绩为 60～74 分； D. 学习活动评价成绩为 0～59 分			
创新能力		学习过程中提出具有创新性、可行性的建议	加分奖励：		
班级			学号		
姓名			综合评价等级		
指导教师			日期		

项目五 自动编程简介

本项目学习自动编程及相关知识，以 CAXA 数控车软件介绍数控车床的刀具路径，通过实例学习自动编程的步骤和方法。

【学时】

14 课时。

【学习计划】

一、人员分工

表 5.0.1 小组成员及分工

姓名	分工

二、制订学习计划

1. 梳理学习目标

2. 学习准备工作

（1）学习准备。

（2）梳理学习问题。

三、评　价

以小组为单位，展示本组制定的学习计划，然后在教师点评基础上对学习计划进行修改完善，并根据表 5-0-2 中的评分标准进行评分。

表 5-0-2　评分表

评价内容	分值	评分		
		自我评价	小组评价	教师评价
学习议题是否有条理	10			
议题是否全面、完善	10			
人员分工是否合理	10			
学习任务要求是否明确	20			
学习工具及着装准备是否正确、完整	20			
学习问题准备是否正确、完整	20			
团结协作	10			
合计	100			

任务一　自动编程及其应用

【学时】

12 课时。

【学习目标】

知识目标：

1. 了解自动编程的基本原理及主要特点。
2. 了解 CAXA 数控车编程的功能及用户界面。
3. 掌握 CAXA 数控车绘图功能、CAXA 数控车编程功能。

技能目标：

1. 能够正确设置 CAXA 数控车软件中的刀具路径。
2. 能够按照正确的加工工艺利用软件进行自动编程。

【任务描述】

现有一轴类零件（见图 5-1-1）要单件小批量生产，材料为硬铝，毛坯为 ϕ50 mm×118 mm

的棒料。为了确保加工精度和质量，需要对其编制加工工艺和程序。请对零件进行分析，编制加工工艺，借助数控编程软件编制加工程序。

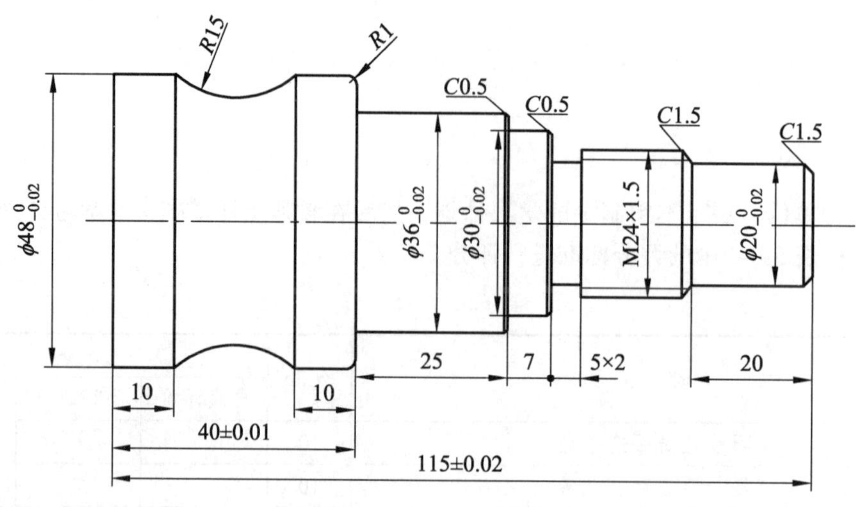

图 5-1-1　轴类零件

【知识链接】

一、自动编程概述

（一）自动编程的基本原理

自动编程（Automatic Programing），即计算机辅助编程（Computer Aided Programing）。使用计算机进行数控机床程序编制工作，即由计算机自动地进行数值计算，编写零件加工程序单，自动地打印输出加工程序单，并将程序记录到穿孔纸带上或其他的数控介质上。自动编程是通过数控自动程序编制系统实现的，由硬件及软件两部分组成。硬件主要由计算机、绘图机、打印机、穿孔机及其他一些外围设备组成；软件即计算机编程系统，又称编译软件。

1. 准备原始数据

自动编程系统不会自动地编制出完美的数控程序。首先，人们必须给计算机输入必要的原始数据。这些原始数据描述了被加工零件的所有信息，包括零件的几何形状、尺寸和几何要素之间的相互关系，刀具运动轨迹和工艺参数等。编程质量取决于操作者的数控加工知识，还需要操作者掌握相当的数控加工技能知识。而计算机辅助编程将提高人工智能化程度。随着自动编程技术的发展，原始数据的表现形式已越来越多样化，它可以是用数控语言编写的零件源程序，也可以是零件的图形信息等。这些原始数据是由人工准备的，对于一些复杂零件来说，它比直接编制数控程序要简单、方便得多。

2. 编译原始数据

原始数据以某种方式输入计算机后，计算机并不能立即识别和处理，必须通过一套预先存放在计算机中的编程系统软件，将它翻译成计算机能够识别和处理的形式。由于它具有翻译功能，故又称编译软件。计算机编程系统品种繁多，原始数据的输入方式不同，编程系统就不一样，即使是同一种输入方式，也有很多种不同的编程系统。

3. 模拟仿真

这部分主要是根据已翻译的原始数据计算出刀具相对于工件的运动轨迹。通常，要对刀具轨迹进行模拟，以验证其正确性。此外，还要给出生产计划所需的数据，如刀具设置单、机床夹具设置单、零件加工时间等，以供生产人员参考。编译和计算合称为前置处理（前处理）。

4. 后置处理（后处理）

后置处理就是编程系统将前置处理的结果处理成具体的数控机床所需要的数控信息，即生成零件加工的数控程序。后置处理器是一个计算机软件，它将刀位数据文件转换为一个机床控制器能够正确识别的格式。通常有两类后置处理程序：

（1）专用后置处理程序。这是一种专门为某种类型的 CNC 控制器制作的软件，它能非常准确地输出一个特定 CNC 机床代码，使用者不需要对 NC 程序做任何修改就能使用。

（2）通用后置处理程序。这实际上是一套通用的规则，它需要使用者对其客户化，使之能满足特定 CNC 机床所需要的某种格式。

5. 数据传送

进行了后置处理后，NC 程序就可以将处理结果通过离线或在线方式传送到 CNC 机床。离线传送方式是指利用纸带、磁盘、磁带等数据载体把 NC 程序传送到机床。在线传送方式通常是指在 NC 操作方式下通过串行口、并行口或网络接口来传输 NC 程序。

（二）自动编程的主要特点

与手工编程相比，自动编程速度快、质量好，这是因为自动编程主要具有以下特点。

1. 数学处理能力强

对于轮廓不是由简单的直线、圆弧组成的复杂零件，特别是空间曲面零件，以及几何要素虽不复杂，但程序量很大的零件，计算是相当烦琐的，采用手工程序编制几乎难以完成。而自动编程借助系统软件强大的数学处理能力，人们只需给计算机输入该二次曲线的描述语句，计算机就能自动计算出加工该曲线的刀具轨迹，快速而又准确。

2. 能快速、自动生成数控程序

对非圆曲线的轮廓加工，手工编程即使解决了节点坐标的计算，也往往因为节点数过多、程序段很大而使编程工作既慢又容易出错。自动编程的优点之一就是在完成计算刀具的运动轨迹之后，后置处理程序能在极短的时间内自动生成数控程序，且该数控程序不会出现语法错误。当然自动生成程序的速度还取决于计算机硬件的档次，档次越高，速度越快。

3. 后置处理程序灵活多变

同一个零件在不同的数控机床上加工，由于数控系统的指令形式不尽相同，机床的辅助功能也不一样，伺服系统的特性也有差别，因此数控程序也应该是不一样的。但在前置处理过程中，大量的数学处理、轨迹计算却是一致的。也就是说，前置处理可以通用化，只要稍微改变一下后置处理程序，就能自动生成适用于不同数控机床的数控程序。后置处理与前置

处理相比，工作量要小得多，程序简单得多，因而它可以灵活多变。对于不同的数控机床来说，取用不同的后置处理程序，等于完成了一个新的自动编程系统，极大地扩展了自动编程系统的使用范围。

4. 程序自检、纠错能力强

复杂零件的加工程序往往很长，要一次编程成功，不出一点差错是不现实的。手工编程时，书写时可能出现笔误，可能算式有问题，也可能程序格式出错，靠人工一个个地检查错误是困难的，费时又费力。采用自动编程时，程序有错主要是因为原始数据不正确而导致刀具运动轨迹有误，或刀具与工件干涉，或刀具与机床相撞等；但自动编程系统能够借助计算机在屏幕上对数控程序进行动态模拟，连续、逼真地显示刀具加工轨迹和零件加工轮廓，发现问题可以及时修改，快速又方便。目前，往往在前置处理阶段计算出刀具运动轨迹以后，立即进行动态模拟检查，确定无误以后再进入后置处理，编写出正确的数控程序来。

5. 便于实现与数控系统的通信

一般将自动编程生成的数控程序制成穿孔纸带或软盘输入数控系统，控制数控机床进行加工。如果数控程序很长，而数控系统的容量有限，不足以一次容纳整个数控程序，必须对数控程序进行分段处理，分批输入，比较麻烦。但自动编程系统可以利用计算机和数控系统的通信接口，实现编程系统和数控系统的通信。编程系统可以把自动生成的数控程序经通信接口直接输入数控系统。控制数控机床的加工，无须再制备穿孔纸带等控制介质，而且可以做到边输入、边加工，不必担心数控系统内存不够大，免除了数控程序的分段处理。自动编程的通信功能进一步提高了编程效率，缩短了生产周期。

自动编程技术优于手工编程，这是不容置疑的。但是，并不等于说凡是编程都必选自动编程。编程方法的选择必须考虑被加工零件形状的复杂程度、数值计算的难度和工作量的大小、现有设备条件（计算机、编程系统等）以及时间和费用等诸多因素。一般来说，加工形状简单的零件，如点位加工或直线切削零件，用手工编程所需的时间和费用与计算机自动编程所需的时间和费用相差不大，这时采用手工编程比较合适。

（三）自动编程方法的两种模式

自动编程有两种：APT 语言自动编程和 CAD/CAM 集成系统自动编程。

1. APT 语言自动编程

APT 是自动编程工具（Automatically Programmed Tool），是以编程语言为基础的自动编程方法，是把工件、刀具的几何形状及刀具相对于工件运动等定义为接近于英语的符号语言。把用 APT 语言书写的零件加工程序输入计算机，经计算机的 APT 语言编译系统编译产生刀位文件，然后进行数控后置处理，生成数控系统能执行的程序代码。因学习 APT 语言有一定难度，现已逐步淘汰。

2. CAD/CAM 集成系统自动编程

这是以计算机绘图为基础的交互式自动编程方法，是以待加工零件的 CAD 模型为基础的一种，集加工工艺规划及数控编程为一体的自动编程方法。其主要特点是首先对零件图样进行工艺分析，确定构图方案。采用 CAD/CAM 集成系统的 CAD 功能在图形交互方式下进行定义、显示和修改，得到零件的几何模型，然后利用软件 CAM 功能生成数控加工程序。CAD/CAM（计算机辅助设计及制造）与 PDM（产品数据管理）构成了一个现代制造型企业计算机应用的主干，采用 CAD/CAM 的技术已成为整个制造行业当前和将来技术发展的重点。

（四）常用 CAD/CAM 软件简介

CAD/CAM 是以计算机技术而发展的软件技术，硬件平台经历了大型机、小型机、工程工作站，发展到如今以 Windows 平台为基础的高档 PC 及 NC 工作站平台，CAD 软件也由 2D 及 3D 线框、曲面、实体造型，发展到如今的复合造型及将来的完全造型系统（Total Modelling）等几个主要的技术发展阶段。

就实际应用而言，不同的应用领域对 CAD/CAM 系统的复杂程度的要求也不同。如冲模行业，主要还是以 2D 的 CAD 软件产品为主，数控加工也主要以线切割等加工方法解决；塑料、汽车覆盖件模具等行业，必须采用大型复杂的三维 CAD/CAM 系统。所以，市场根据实际生产的要求，目前的 CAD/CAM 产品，多种类型并存、相互竞争、相互促进、百花齐放的局面。

每个行业都有其特定的行业要求、行业标准与行业规范。从技术上讲，目前流行的 CAD/CAM 只能算通用的平台而已，提供通用功能，需要操作者丰富的专业背景知识，利用通用功能解决专业问题，这是当今 CAD/CAM 技术发展的实际状况。更好地满足各用户专业行业的特殊需求是每一个软件产品的发展目标，为此，CAD/CAM 系统专业化将是每个软件提供商需要着重解决的问题。现在数控加工行业中普遍使用的 CAD/CAM 软件有：MASTERCAM、CIMATRON、Pro-E、UG、CATIA、AutoCAD 等，见表 5-1-1。

表 5-1-1 常用的 CAD/CAM 软件

软件名称	基本情况
Unigra Phics（UG）	UG 是美国 Unigraphics Solution 公司开发的一套集 CAD、CAM、CAE 功能于一体的三维参数化软件，是计算机辅助设计、分析和制造的高端软件，用于航空、航天、汽车、轮船、通用机械和电子等工业领域。UG 软件在 CAM 领域处于领先的地位，产生于美国麦道飞机公司，是飞机零件数控加工首选编程工具。UG 自进入中国市场以来，发展迅速，已经成为汽车、机械、计算机及家用电器、模具设计等领域的首选软件
Pro/Engineer	是美国 PTC 公司出品的 CAD/CAM/CAE 一体化的大型软件，功能强大，支持 3 轴到 5 轴的加工，同样由于相关模块比较多，学习掌握，需要较多的时间
CATIA	法国达索（Dassault）公司出品的 CAD/CAM/CAE 一体化的大型软件，功能强大，支持 3 轴到 5 轴的加工，支持高速加工，由于相关模块比较多，学习掌握的时间也较长
VERICUT	美国 CGTECH 公司出品的一种先进的专用数控加工仿真软件。VERICUT 采用了先进的三维显示及虚拟现实技术，对数控加工过程的模拟达到了极其逼真的程度
Cimatron	是以色列的 CIMATRON 公司出品的 CAD / CAM 集成软件，相对于前面的大型软件来说，是一个中端的专业加工软件，支持三轴到五轴的加工，支持高速加工，在模具行业应用广泛。欲了解更多情况请访问其网站

续表

软件名称	基本情况
PowerMILL	是英国的 Delcam Plc 出品的专业 CAM 软件，是目前唯一一个与 CAD 系统相分离的 CAM 软件，其功能强大，加工策略非常丰富的数控加工编程软件，目前，支持 3 轴到 5 轴的铣削加工，支持高速加工
MasterCAM	是美国 CNC Software，INC 开发的 CAD/CAM 系统，是最早在微机上开发应用的 CAD/CAM 软件，它具有方便直观的几何造型功能，性能优越，成为国内民用行业数控编程软件的首选
EdgeCAM	是英国 Pathtrace 公司开发的一个中端的 CAD/CAM 系统
CAXA	北京数码大方科技股份有限公司（CAXA）出品的 CAD/CAM 软件，为国产软件在国内 CAD/CAM 市场中占据了一席之地。作为我国制造业信息化领域自主知识产权软件优秀代表和知名品牌，CAXA 已经成为我国 CAD/CAM/PLM 业界的领导者和主要供应商

二、CAXA 数控车编程简介

CAXA 数控车是在全新的数控加工平台上开发的数控车床加工编程和二维图形设计软件。CAXA 数控车具有 CAD 软件的强大绘图功能和完善的外部数据接口，可以绘制任意复杂的图形，可通过 DXF、IGES 等数据接口与其他系统交换数据。CAXA 数控车具有轨迹生成及通用后置处理功能。该软件提供了功能强大、使用简洁的轨迹生成手段，可按加工要求生成各种复杂图形的加工轨迹。通用的后置处理模块使 CAXA 数控车可以满足各种机床的代码格式，可输出 G 代码，并对生成的代码进行校验及加工仿真。

（一）功能介绍

1. 图形编辑功能

CAXA 数控车中优秀的图形编辑功能，其操作速度是手工编程无可比拟的。曲线分成点、直线、圆弧、样条、组合曲线等类型。提供拉伸、删除、裁剪、曲线过渡、曲线打断、曲线组合等操作。提供多种变换方式：平移、旋转、镜像、阵列、缩放等功能。工作坐标系可任意定义，并在多坐标系间随意切换。图层、颜色、拾取过滤工具应有尽有。

2. 通用后置

开放的后置设置功能，用户可根据企业的机床自定义后置，允许根据特种机床自定义代码，自动生成符合特种机床的代码文件，用于加工。支持小内存机床系统加工大程序，自动将大程序分段输出。根据数控系统要求是否输出行号，行号是否自动填满。编程方式可以选择增量或绝对方式编程。坐标输出格式可以定义到小数及整数位数。

3. 基本加工功能

轮廓粗车：用于实现对工件外轮廓表面、内轮廓表面和端面的粗车加工，用来快速清除毛坯的多余部分。

轮廓精车：实现对工件外轮廓表面、内轮廓表面和端面的精车加工。

切槽：该功能用于工件外轮廓表面、内轮廓表面和端面切槽。

钻中心孔：该功能用于工件的旋转中心钻中心孔。

4. 高级加工功能

内外轮廓及端面的粗、精车前；样条曲线的车前；自定义公式曲线车前；加工轨迹自动干涉排除功能，避免人为因素的判断失误，支持不具有循环指令的老机床编程，解决这类机床手工编程的烦琐工作。具备车铣复合加工编程功能。

5. 车螺纹

该功能为非固定循环方式时对螺纹的加工，可对螺纹加工中的各种工艺条件、加工方式进行灵活控制：螺纹的起始点坐标和终止点坐标通过用户的拾取自动计入加工参数中，不需要重新输入，减少出错环节，螺纹节距可以选择恒定节距或者变节距，螺纹加工方式可以选择粗加工、粗+精一起加工两种方式。

（二）用户界面

用户界面（简称界面）是交互式绘图软件与用户进行信息交流的中介。系统通过界面反映当前信息状态或将要执行的操作，用户按照界面提供的信息做出判断，并经由输入设备进行下一步的操作。因此，用户界面被认为是人机对话的桥梁。

1. CAXA 数控车 2015 软件的界面

启动 CAXA 数控车软件后，将出现软件界面，如图 5-1-2 所示。

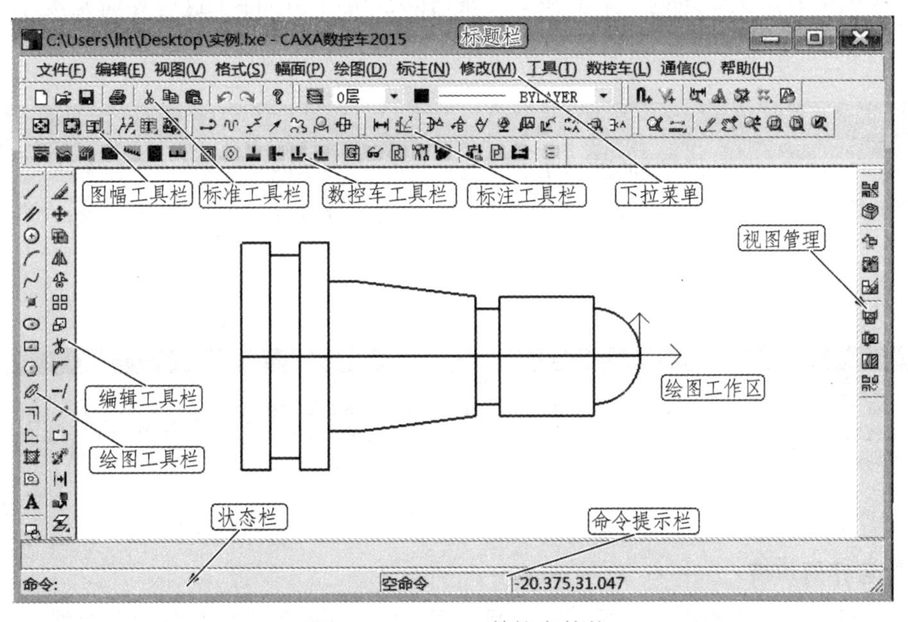

图 5-1-2　CAXA 数控车软件

1）绘图区

绘图区是用户进行绘图设计的工作区域，如图 5-1-2 所示的空白区域。它位于屏幕的中心，并占据了屏幕的大部分面积。

2）菜单系统

CAXA 数控车的菜单系统包括主菜单、立即菜单和工具菜单三个部分。

（1）主菜单如图 5-1-2 所示。主菜单位于屏幕的顶部，它由一行菜单条及其子菜单组成，菜单条包括文件、编辑、视图、格式、幅面、绘图、标注、修改、工具、数控车和帮助等。每个部分都含有若干个下拉菜单。

（2）立即菜单。立即菜单描述了该项命令执行的各种情况和使用条件。用户根据当前的作图要求，正确地选择某一选项，即可得到准确的响应。

（3）工具菜单。工具菜单包括工具点菜单、拾取元素菜单.

3）状态栏

CAXA 数控车提供了多种显示当前状态的功能，它包括屏幕状态显示，操作信息提示，当前工具点设置及拾取状态显示等。

4）工具栏

在工具栏中，可以通过鼠标左键单击相应的功能图标进行操作，系统默认工具栏包括“标准”“属性”“常用”“绘图工具”“绘图工具Ⅱ”“标注工具”“图幅操作”“设置工具”“编辑工具”。工具栏也可以根据用户自己的习惯和需求进行定义。

2. CAXA 数控车 2020 的用户界面

CAXA 数控车 2020 的用户界面包括两种风格：最新的 Fluent 风格界面（见图 5-1-3）和经典界面（见图 5-1-4）。新风格界面主要使用功能区、快速启动工具栏和菜单按钮访问常用命令。经典风格界面主要通过主菜单和工具条访问常用命令。除了这些界面元素外，还包括状态栏、立即菜单、绘图区、工具选项板、命令行等。

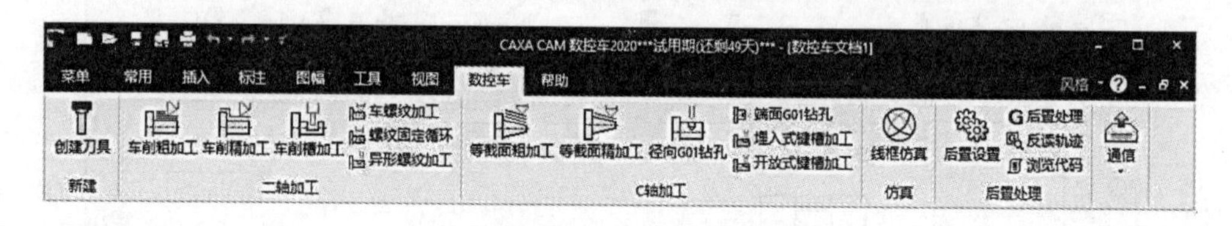

图 5-1-3　Fluent 风格界面

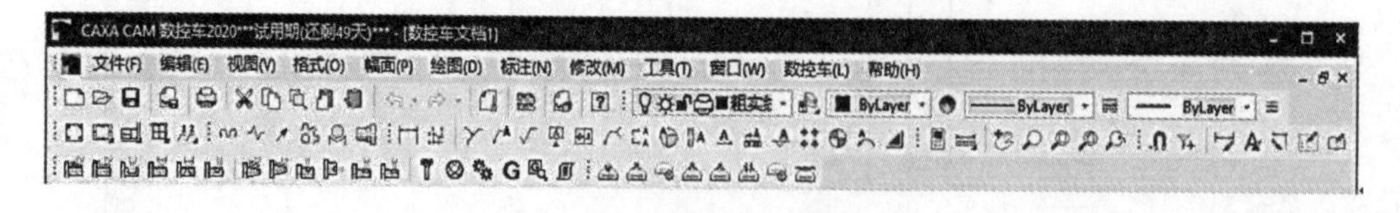

5-1-4　经典界面

1）新老界面切换

全新的 Fluent 风格界面拥有很高的交互效率，但为了照顾老用户的使用习惯，CAXA 数控车 2020 也提供了经典界面风格。在 Fluent 风格界面下的功能区中单击“视图选项卡”→“界面操作面板”→“切换界面风格”或在主菜单中单击“工具”→“界面操作”→“切换”，就可以在新界面和经典界面中进行切换。该功能的快捷键为 F9。

2）管理树

管理树是 CAXA CAM 数控车 2020 新增的一项功能，它以树形图的形式，直观地展示了当前文档的刀具、轨迹、代码等信息，并提供了很多树上的操作功能，便于用户执行各项与数控车相关的命令。善用管理树，将大大提高数控车软件的使用效率。

管理树框体默认位于绘图区的左侧，用户可以自由拖动它到喜欢的位置，也可以将其隐藏起来。管理树有一个“加工”总节点，总节点下有“刀库”“轨迹”“代码”三个子节点，分别用于显示和管理刀具信息、轨迹信息和 G 代码信息。在管理树空白位置或者“加工”节点上点击鼠标右键，可以弹出如图 5-1-5 所示的右键菜单，菜单中包含了主菜单中数控车子菜单下的所有命令。用户可以通过这种方法来快捷地使用这些命令。

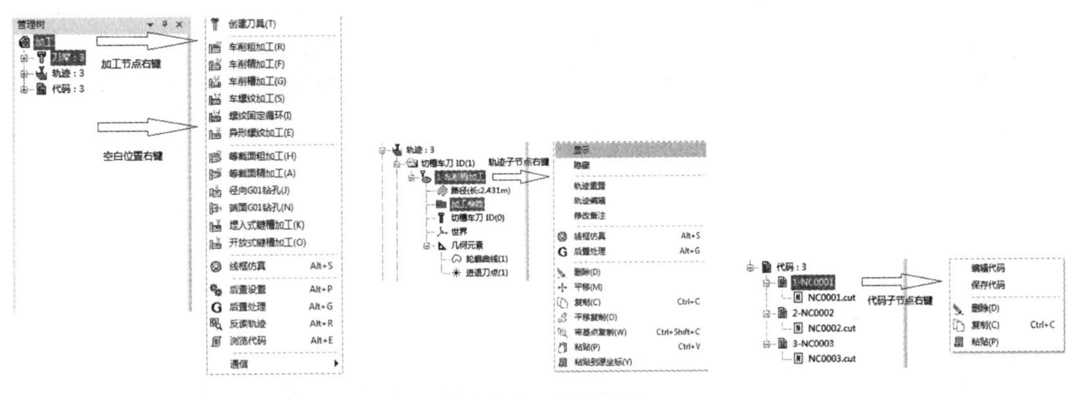

图 5-1-5　右键菜单

三、CAXA 数控车绘图功能

（一）CAXA 数控车绘图概述

CAXA 数控车的曲线绘制与编辑功能，即 CAXA 数控车的 CAD 功能。图形绘制是 CAD 绘图非常重要的一部分，CAXA 数控车为用户提供了功能齐全的作图方式。图形绘制主要包括基本曲线、高级曲线、块、图片等几个部分，可以绘制各种各样复杂的工程图纸。

CAXA 数控车图形绘制功能的主要命令包括：直线、圆弧、圆、样条曲线、点、公式曲线、等距曲线等曲线命令；曲线裁剪、曲线过渡、曲线拉伸等曲线编辑命令；平移、平面旋转、旋转、平面镜像、镜像、阵列和缩放等几何变换命令，如图 5-1-6 所示。

图 5-1-6　绘图常用工具条

（二）常用绘图工具

1. 直　线

直线是构成图形的基本要素，正确、快捷地绘制直线的关键在于点的选择。在电子图板中拾取点时，可充分利用工具点菜单、智能点、导航点、栅格点等工具。输入点的坐标时，一般以绝对坐标输入。也可以根据实际情况，输入点的相对坐标和极坐标，具体见表 5-1-2。

表 5-1-2　绘制直线

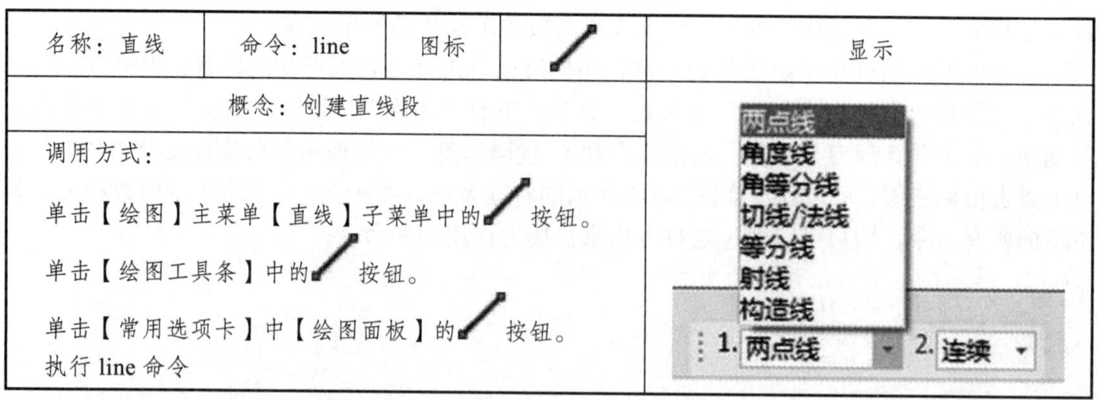

名称：直线	命令：line	图标		显示
概念：创建直线段				两点线 角度线 角等分线 切线/法线 等分线 射线 构造线 1. 两点线　2. 连续
调用方式： 单击【绘图】主菜单【直线】子菜单中的 按钮。 单击【绘图工具条】中的 按钮。 单击【常用选项卡】中【绘图面板】的 按钮。 执行 line 命令				

为了适应各种情况下直线的绘制，CAXA 数控车提供了两点线、角度线、角等分线、切线/法线、等分线、射线和构造线等 7 种方式，通过立即菜单进行选择直线生成方式及参数即可。另外，每种直线生成方式都可以单独执行，以便提高绘图效率。

1）**两点线**（**见表 5-1-3**）

表 5-1-3　绘制两点线

名称：两点线	命令：lpp	图标：	1. 两点线　2. 连续
概念：按给定两点画一条直线段或按给定的连续条件画连续的直线段。每条线段都可以单独进行编辑			
操作要点			
单击立即菜单“连续”选项，则该项内容由“连续”变为“单根”，其中“连续”表示每个直线段相互连接，前一个直线段的终点为下一个直线段的起点，而“单根”是指每次绘制的直线段相互独立，互不相关。 按立即菜单的条件和提示要求，用光标输入两点，则一条直线被绘制出来。为了准确地绘出直线，可以使用键盘输入两个点的坐标或距离，也可以通过动态输入即时输入坐标和角度。此命令可以重复进行，单击鼠标右键或者按键盘 ESC 即可退出此命令			
举例			图例
例 1　绘制右图所示的直角三角形。 画直角三角形时，先指定 1 点位置，移动鼠标系统会出现线段预览，切换为正交模式，通过输入坐标值或直接输入距离来确定 2、3 点位置			1 2　3

续表

举例	图例
例 2　绘制右图（a）所示圆的公切线。 充分利用工具点菜单，可以绘制出多种特殊的直线，这里以利用工具点中的切点绘制出圆和圆弧的切线为例，介绍点工具菜单的使用。首先，执行两点线命令，当系统提示“第一点”时，按空格键弹出工具点菜单，单击“切点”项，然后按提示拾取第一个圆中“1”所指的位置，在输入第二点时，用同样方法拾取第二个圆中“2”所指的位置。作图结果如图（b）所示。 注：如果此时点的捕捉模式为智能状态，在拾取第二个点可以直接按捕捉提示选择点即可，不需要使用点工具菜单。另外，在拾取圆时，拾取位置不同，则切线绘制的位置也不同	1　2 （a）操作前 （b）操作后
例 3　如右图所示，用相对坐标和极坐标绘制边长为 20 的五角星。 执行两点线命令，然后输入第一点（0，0），输入第二点“@20，0”，这是相对于 1 点的坐标，输入第 3 点“@20<-144”，这是相对于 2 点的极坐标，这里极坐标的角度是指从 *X* 正半轴开始，逆时针旋转为正，顺时针旋转为负，以同样方法输入第 4 点“@20<72”、第 5 点“@20<-72”，最后输入（0，0），回到 1 点，右击结束画线操作，整个五角星绘制完成	4 1　2 3　5

2）角度线（见表 5-1-4）

表 5-1-4　绘制角度线

名称：角度线	命令：la	图标：
概念：按给定角度、给定长度绘制一条直线段。给定角度是指目标直线与已知直线、*X* 轴或 *Y* 轴所成的夹角		
1. 角度线　2. X轴夹角　3. 到点　4.度= 45　5.分= 0　6.秒= 0 立即菜单		
操作要点 1. 单击立即菜单中“X 轴夹角”选项，弹出如上图所示的立即菜单，用户可选择夹角类型。如果选择“直线夹角”，则表示画一条与已知直线段指定夹角的直线段，此时操作提示变为“拾取直线”，待拾取一条已知直线段后，再输入第一点和第二点即可。 2. 单击立即菜单“到点”选项，则内容由“到点”转变为“到线上”，即指定终点位置是在选定直线上。 3. 单击立即菜单中“度”“分”“秒”各项可从其对应右侧小键盘直接输入夹角数值。编辑框中的数值为当前立即菜单所选角度的默认值。 4. 按提示要求输入第一点，则屏幕画面上显示该点标记。此时，操作提示变为“第二点或长度”。如果由键盘输入一个长度数值并回车，则一条按用户刚设定条件确定的直线段被绘制出来。另外如果是移动鼠标，则一条绿色的角度线随之出现。待鼠标光标位置确定后，单击左键则立即画出一条给定长度和倾角的直线段		

续表

例　右图为按立即菜单条件及操作提示要求所绘制的一条与 *X* 轴成 45°、长度为 50 的一条直线段	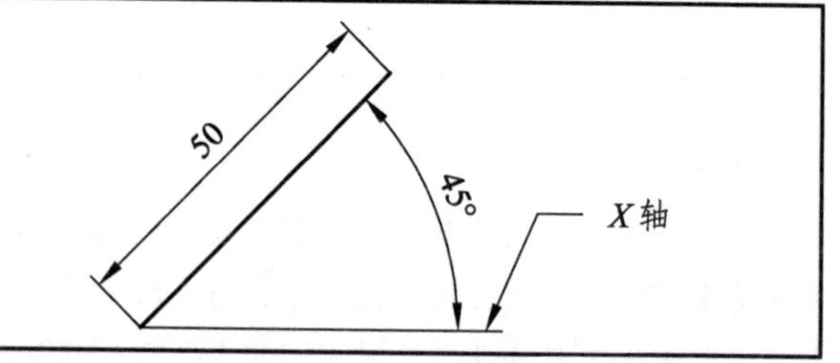

3）**角等分线（见表 5-1-5）**

表 5-1-5　绘制角等分线

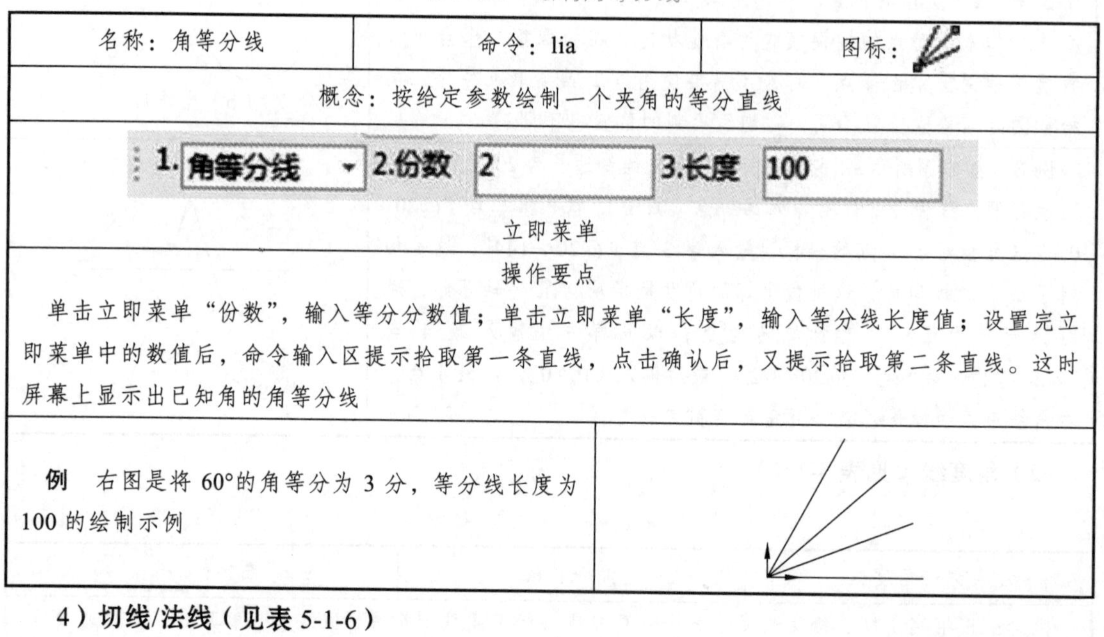

名称：角等分线	命令：lia	图标：
概念：按给定参数绘制一个夹角的等分直线		
1. 角等分线　2.份数 2　3.长度 100 立即菜单		
操作要点 单击立即菜单“份数”，输入等分分数值；单击立即菜单“长度”，输入等分线长度值；设置完立即菜单中的数值后，命令输入区提示拾取第一条直线，点击确认后，又提示拾取第二条直线。这时屏幕上显示出已知角的角等分线		
例　右图是将 60°的角等分为 3 分，等分线长度为 100 的绘制示例		

4）**切线/法线（见表 5-1-6）**

表 5-1-6　绘制切线/法线

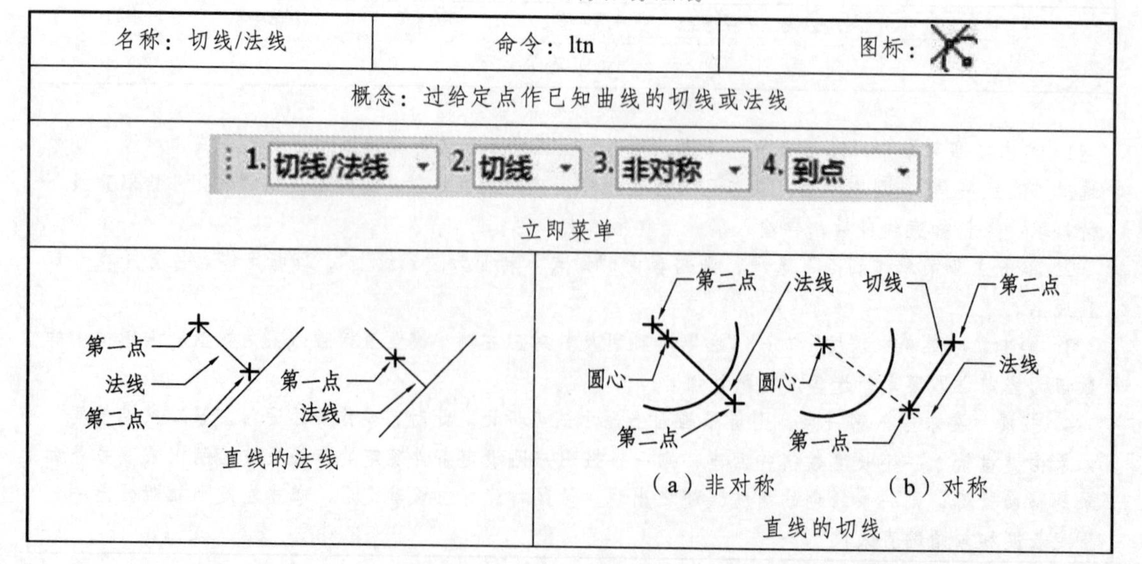

名称：切线/法线	命令：ltn	图标：
概念：过给定点作已知曲线的切线或法线		
1. 切线/法线　2. 切线　3. 非对称　4. 到点 立即菜单		
第一点 法线 第二点 第一点 法线 直线的法线	第二点 法线 圆心 第二点 （a）非对称 切线 第二点 圆心 法线 第一点 （b）对称 直线的切线	

续表

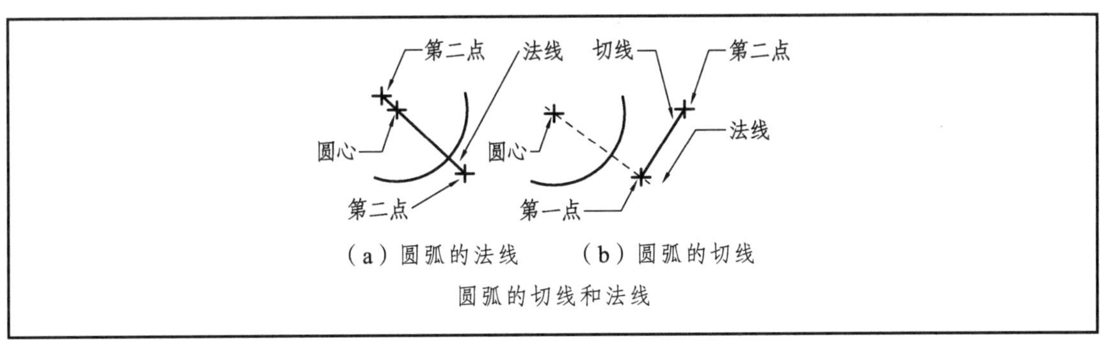

（a）圆弧的法线　　（b）圆弧的切线
圆弧的切线和法线

5）**等分线（见表 5-1-7）**

表 5-1-7　绘制等分线

名称：等分线	命令：bisector	图标：
概念：按两条线段之间的距离 *n* 等分绘制直线		
1. 等分线　2.等分量：2 立即菜单		
操作要点 1. 生成等分线要求所选两条直线段符合以下条件：两条直线段平行；不平行、不相交，并且其中任意一条线的任意方向的延长线不与另一条线本身相交，可等分；不平行，一条线的某个端点与另一条线的端点重合，并且两直线夹角不等于 180°，也可等分。 2. 执行等分线命令后，拾取符合条件的两条直线段，即可在两条线间生成一系列的线，这些线将两条线之间的部分被等分成 *n* 份。 注：等分线和角等分线在对具有夹角的直线进行等分时概念是不同的，角等分是按角度等分，而等分线是按照端点连线的距离等分		
例　如图（a）所示先后拾取两条平行的直线，等分量设为 5，则最后结果如图（b）所示	（a）等分前	（b）等分后

2. 平行线（见表 5-1-8）

表 5-1-8　绘制平等线

名称：平行线	命令：LL 或 Parallel	图标：
概念：绘制与已知直线平行的直线		
1. 偏移方式　2. 单向 立即菜单		

续表

操作要点
1. 单击立即菜单“偏移方式”，可以切换“两点方式”。 2. 选择偏移方式后，单击立即菜单“单向”，其内容由“单向”变为“双向”，在双向条件下可以画出与已知线段平行、长度相等的双向平行线段。当在单向模式下，用键盘输入距离时，系统首先根据十字光标在所选线段的哪一侧来判断绘制线段的位置。 3. 选择两点方式后，可以单击立即菜单“点方式”，其内容由“点方式”变为“距离方式”，根据系统提示即可绘制相应的线段。 4. 按照以上描述，选择“偏移方式”用鼠标拾取一条已知线段。拾取后，该提示改为“输入距离或点（切点）”。在移动鼠标时，一条与已知线段平行并且长度相等的线段被鼠标拖动着。待位置确定后，单击鼠标左键，一条平行线段被画出。也可用键盘输入一个距离数值，两种方法的效果相同。 5. 此命令可以重复进行，单击鼠标右键或者按键盘ESC即可退出此命令。
例 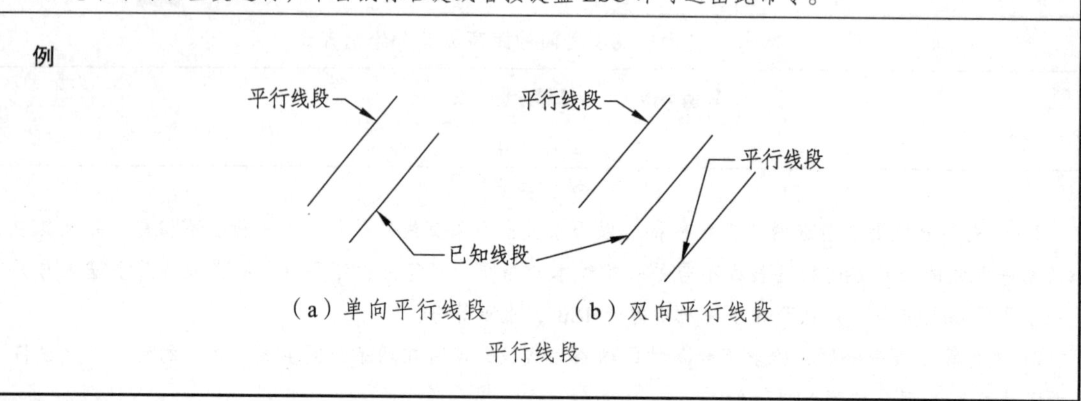 （a）单向平行线段　　（b）双向平行线段 平行线段

3. 圆（见表 5-1-9）

表 5-1-9　绘制圆

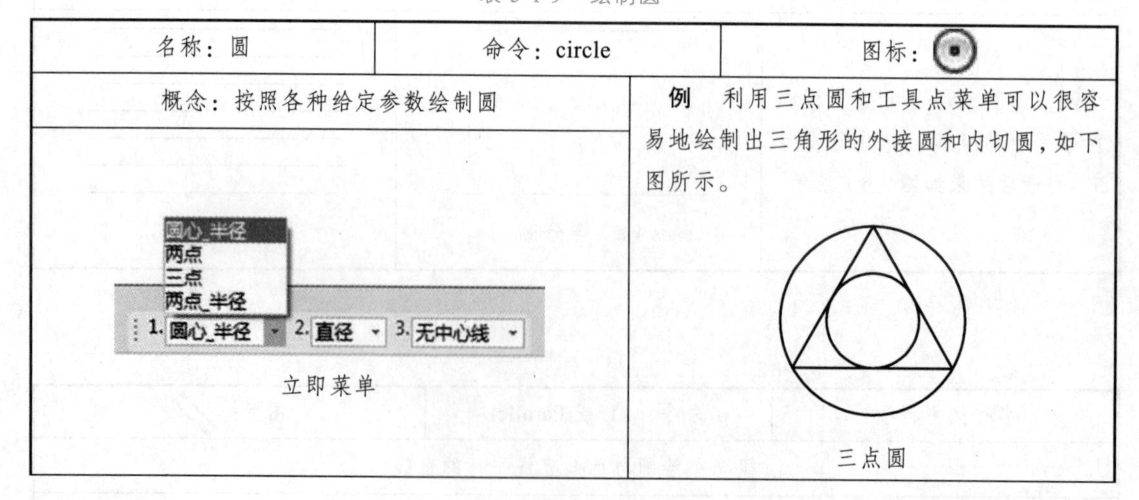

名称：圆	命令：circle	图标：
概念：按照各种给定参数绘制圆 立即菜单		**例**　利用三点圆和工具点菜单可以很容易地绘制出三角形的外接圆和内切圆，如下图所示。 三点圆

续表

操作要点
要创建圆，可以指定圆心、半径、直径、圆周上的点和其他对象上的点的不同组合。根据不同的绘图要求，还可在绘图过程中通过立即菜单选取圆上是否带有中心线，系统默认为无中心线。此命令在圆的绘制中皆可选择。 为了适应各种情况下圆的绘制，CAXA 提供了圆心半径画圆、两点圆、三点圆和两点半径画圆等几种方式，通过立即菜单进行选择圆生成方式及参数即可。另外，每种圆生成方式都可以单独执行，以便提高绘图效率

4. 圆弧（见表 5-1-10）

表 5-1-10　绘制圆弧

名称：圆弧	命令：arc	图标：	三点圆弧 圆心_起点_圆心角 两点_半径 圆心_半径_起终角 起点_终点_圆心角 起点_半径_起终角 1. 三点圆弧 立即菜单
概念：按照各种给定参数绘制圆弧			
操作要点 可以指定圆心、端点、起点、半径、角度等各种组合形式创建圆弧。 为了适应各种情况下圆弧的绘制，电子图板提供了多种方式包括三点圆弧、圆心起点圆心角、两点半径、圆心半径起终角、起点终点圆心角、起点半径起终角等，通过立即菜单进行选择圆生成方式及参数即可。另外，每种圆弧生成方式都可以单独执行，以便提高绘图效率			
例 1　如右图所示，作与直线相切的圆弧。 首先选择画“三点”圆弧方式，当系统提示第一点时，按空格键弹出工具点菜单，单击“切点”，然后按提示拾取直线，再指定圆弧的第二点、第三点后，圆弧绘制完成			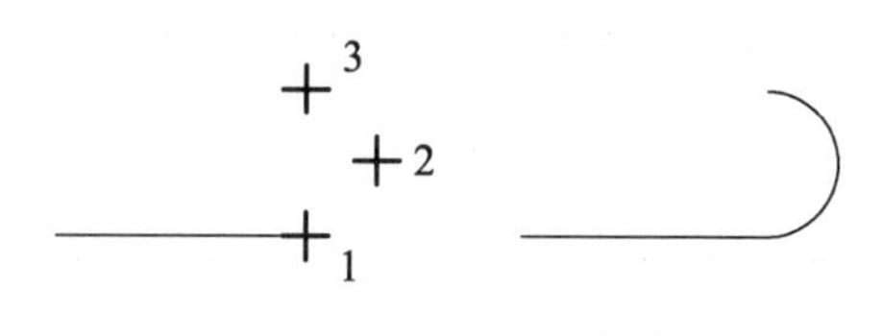 （a）选点　（b）完成 与直线相切的弧
例 2　如右图所示，作与圆弧相切的圆弧。 首先选择画“三点”圆弧方式，当系统提示第一点时，按空格键弹出工具点菜单，单击“切点”，然后按提示拾取第一段圆弧，再输入圆弧的第二点，当提示输入第三点时，拾取第二段圆弧的切点，圆弧绘制完成			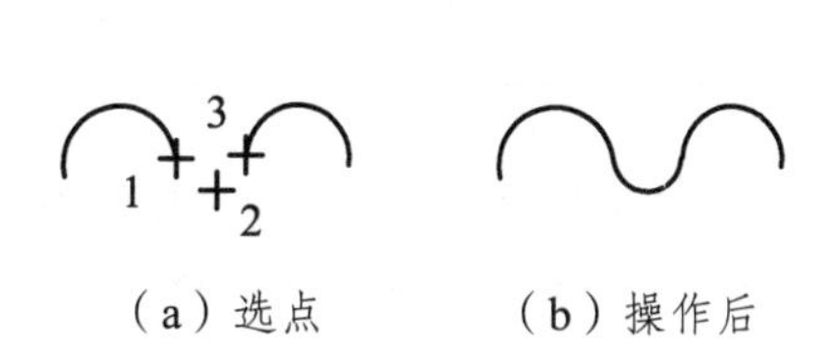 （a）选点　（b）操作后 与圆弧相切的弧

5. 样条曲线（见表 5-1-11）

表 5-1-11　绘制样条曲线

<table>
<tr><td>名称：样条曲线</td><td>命令：spline</td><td>图标：</td></tr>
<tr><td colspan="3">概念：通过或接近一系列给定点的平滑曲线</td></tr>
<tr><td colspan="3">1. 直接作图　2. 缺省切矢　3. 开曲线　4.拟合公差　0
立即菜单</td></tr>
<tr><td colspan="3">操作要点
1. 绘制样条时，点的输入可以由鼠标输入或由键盘输入，也可以从外部样条数据文件中直接读取样条。
2. 若在立即菜单“1.”中选取“直接作图”，则按提示用鼠标或键盘输入一系列控制点，一条光滑的样条曲线自动画出。
3. 若在立即菜单“1.”中选取“从文件读入”，则屏幕弹出“打开样条数据文件对话框”，从中可选择数据文件，单击“确认”后，系统可根据文件中的数据绘制出样条。
4. 绘制样条曲线时，可通过“3：开曲线”选项进行开曲线和闭合曲线间的切换。</td></tr>
<tr><td colspan="3">例
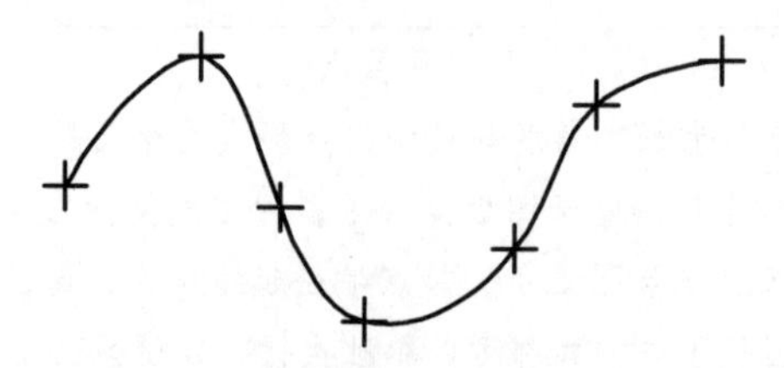
上图所示为通过一系列样条插值点绘制的一条样条曲线</td></tr>
</table>

6. 点（见表 5-1-12）

表 5-1-12　绘制点

<table>
<tr><td>名称：点</td><td>命令：point</td><td>图标：</td></tr>
<tr><td colspan="3">概念：在屏幕上绘制点；可以是孤立点，也可以是曲线上的等分点</td></tr>
<tr><td colspan="3">1. 孤立点　1. 等距点　2. 指定弧长　3.弧长　10　4.等分数　3
立即菜单</td></tr>
<tr><td colspan="3">操作要点
单击立即菜单“1:”，可使用“孤立点”“等分点”或“等距点”等 3 种方式：
1. 若选“孤立点”，则可用鼠标拾取或用键盘直接输入点，利用工具点菜单，则可画出端点、中点、圆心点等特征点。
2. 若选“等分点”，输入等分数，然后拾取要等分的曲线，则可绘制出曲线的等分点。
注意：这里只是作出等分点，而不会将曲线打断，若想对某段曲线进行几等分，则除了本操作外，还应使用下一章“曲线编辑”中所介绍的“打断”功能。</td></tr>
</table>

续表

3. 若选“等距点”，则将圆弧按指定的弧长划分。如果菜单为“2：指定弧长”方式，则在“弧长”中指定每段弧的长度，在其“等分数”中输入等分分数，然后拾取要等分的曲线，接着拾取起始点，选取等分的方向，则可绘制出曲线的等弧长点；如果菜单切换为“2：两点确定弧长”，则在“等分数”中输入等分数，然后拾取要等分的曲线，拾取起始点，在圆弧上选取等弧长点（弧长），则可绘制出曲线的等弧长点
 **例**　将上图所示的一条直线三等分。首先按照前面介绍的方法，绘制出直线的三等分点 1 和 2，调用“打断”功能，然后按提示拾取直线，再拾取 1 点，这时如果再拾取直线，则可以看到原来的直线已在 1 点处被打断成两条线段。用同样的方法可以将剩余的直线在 2 点处打断，此时，原来的直线已被等分为三条互不相关的线段。用同样的方法，也可以将其他曲线（如圆、圆弧）等分

7. 椭圆（见表 5-1-13）

表 5-1-13　绘制椭圆

名称：椭圆	命令：ellipse	图标：
概念：绘制椭圆或椭圆弧		
1. 给定长短轴　2.长半轴 100　3.短半轴 50　4.旋转角 0　5.起始角= 0　6.终止角= 360 立即菜单		
操作要点 绘制椭圆或椭圆弧的方法，包括如下 3 种生成方式：给定长短轴、轴上两点、中心点起点。 1. 单击立即菜单中的“2：长半轴”或“3：短半轴”，可重新定义待画椭圆的长、短轴的半径值。 2. 单击立即菜单中的“4：旋转角”，可输入旋转角度，以确定椭圆的方向。 3. 单击立即菜单中的“5：起始角”和“6：终止角”，可输入椭圆的起始角和终止角，当起始角为 0°、终止角为 360°时，所画的为整个椭圆，当改变起、终角时，所画的为一段从起始角开始，到终止角结束的椭圆弧。 4. 在立即菜单“1:”中选择“轴上两点”，则系统提示输入一个轴的两端点，然后输入另一个轴的长度，也可用鼠标拖动来决定椭圆的形状。 5. 在立即菜单“1:”中选择“中心点_起点”方式，则应输入椭圆的中心点和一个轴的端点（即起点），然后输入另一个轴的长度，也可用鼠标拖动来决定椭圆的形状		
例　右图为按上述步骤所绘制的椭圆和椭圆弧。图（a）是旋转角为 60°的整个椭圆，图（b）是起始角 60°，终止角 220°的一段椭圆弧	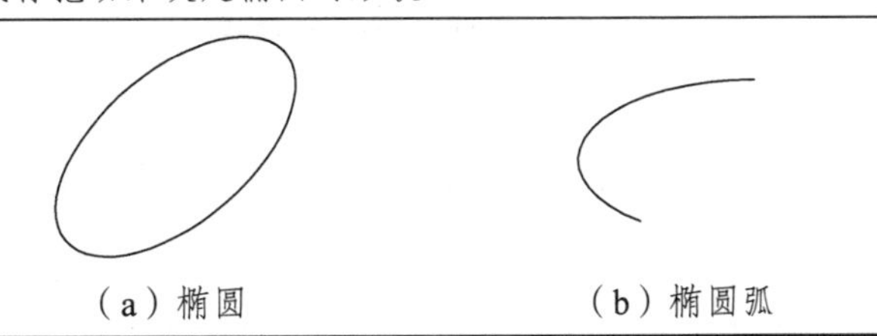 （a）椭圆　　（b）椭圆弧	

8. 矩形（见表 5-1-14）

表 5-1-14　绘制矩形

名称：矩形	命令：rect	图标：
概念：绘制矩形形状的闭合多义线		
1. 两角点　2. 无中心线 1. 长度和宽度　2. 中心定位　3.角度 0　4.长度 200　5.宽度 100　6. 无中心线 立即菜单		
操作要点 可以按照“两角点”“长度和宽度”两种方式生成矩形。 1.“两角点”方式 在立即菜单选择“两角点”选项。按提示要求用鼠标指定第一角点，在指定另一角点的过程中，出现一个跟随光标移动的矩形，待选定好位置，单击左键，这时矩形被绘制出来。也可直接从键盘输入两角点的绝对坐标或相对坐标。比如第一角点坐标为（20，15），矩形的长为 36，宽为 18，则第二角点绝对坐标为（56，33），相对坐标“@36，18”。不难看出，在已知矩形的长和宽，且使用“两角点”方式时，用相对坐标要简单一些。 2.“长度和宽度”方式 （1）单击立即菜单中的“2.中心定位”，在弹出的下拉菜单中可以选择“顶边中点”或“左上角点定位”。顶点定位即以矩形顶边的中点为定位点绘制矩形，左上角点定位是以左上角角点为定位点绘制矩形。 （2）单击立即菜单中的“3：角度”“4：长度”“5：宽度”，按顺序分别输入倾斜角度，长度和宽度的参数值，以确定待画新矩形的条件。还可绘出带有中心线的矩形		
例　立即菜单表明用长度和宽度为条件绘制一个以中心定位，倾角为零度，长度为 200，宽度为 100 并且带有中心线的矩形。按提示要求指定一个定位点，屏幕上显示矩形跟随光标的移动而移动，一旦定位点指定，即以该点为中心，绘制出长度为 200，宽度为 100 的矩形		

9. 正多边形（见表 5-1-15）

表 5-1-15　绘制正多边形

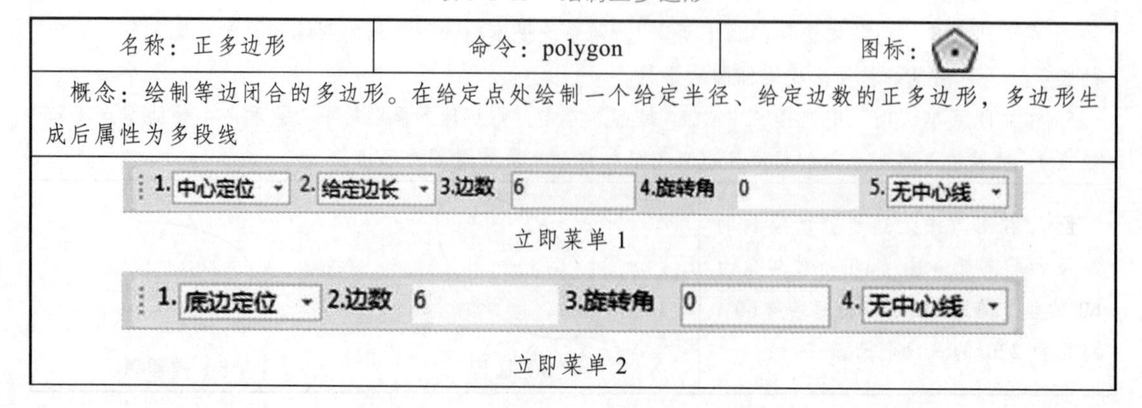

名称：正多边形	命令：polygon	图标：
概念：绘制等边闭合的多边形。在给定点处绘制一个给定半径、给定边数的正多边形，多边形生成后属性为多段线		
1. 中心定位　2. 给定边长　3.边数 6　4.旋转角 0　5. 无中心线 立即菜单 1 1. 底边定位　2.边数 6　3.旋转角 0　4. 无中心线 立即菜单 2		

续表

操作要点

单击立即菜单“1”选择中心定位方式：

（1）如果单击立即菜单“2:”，可选择“给定半径”方式或“给定边长”方式。若选“给定半径”方式，则用户可根据提示输入正多边形的内切（或外接）圆半径；若选“给定边长”方式，则输入每一边的长度。

（2）当使用“给定半径”方式时，单击立即菜单“3:”，则可选择“内接”或“外切”方式。表示所画的正多边形为某个圆的内接或外切正多边形。

（3）当使用“给定边长”方式时，单击立即菜单中的“3：边数”，则可按照操作提示重新输入待画正多边形的边数。

（4）单击立即菜单“4：旋转角”，用户可以根据提示输入一个新的角度值，以决定正多边形的旋转角度。

（5）立即菜单项中的内容全部设定完以后，用户可按提示要求输入一个中心点，则提示变为“圆上一点或边长”。如果输入一个半径值或输入圆上一个点，则由立即菜单所决定的内接正多边形被绘制出来。点与半径的输入既可用鼠标也可用键盘来完成。

如果单击立即菜单“1:”中选择“底边定位”，则立即菜单和操作提示立即菜单 2

此菜单的含义为画一个以底边为定位基准的正多边形，其边长和旋转角都可以用上面介绍的方法进行操作。按提示要求输入第一点，则提示会要求输入“第二点或边长”。根据这个要求如果输入了第二点或边长，就决定了正多边形的大小。当输入完第二点或边长后，就会立即画出一个以第一点和第二点为边长的正六边形，且旋转角为用户设定的角度

例　如图（a）、（b）分别为按上述操作方法绘制的中心定位和底边定位的正六边形

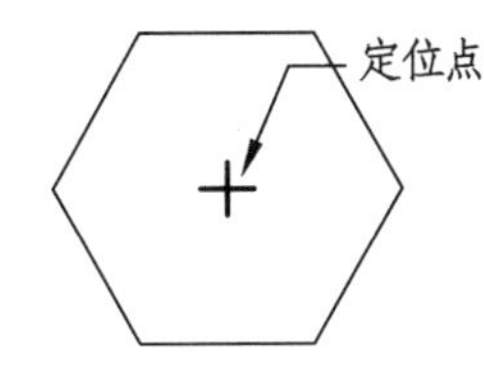

（a）中心定位

（b）底边定位

10. 等距线（见表 5-1-16）

表 5-1-16　绘制等距线

名称：等距线	命令：offset	图标：
概念：绘制给定曲线的等距线。可以生成等距线的对象有：直线、圆弧、圆、椭圆、多段线、样条曲线		
1. 单个拾取　2. 指定距离　3. 单向　4. 空心　5.距离 5　6.份数 1　7. 保留源对象 立即菜单		

续表

操作要点
等距线方式具有链拾取功能，它能把首尾相连的图形元素作为一个整体进行等距，从而提高操作效率。 1. 在立即菜单“1:”中选择“单个拾取”或“链拾取”，若是单个拾取，则只拾取一个元素；若是链拾取，则拾取首尾相连的元素。 2. 在立即菜单“2:”中可选择“指定距离”或者“过点方式”。指定距离方式是指选择箭头方向确定等距方向，按给定距离的数值来确定等距线的位置。过点方式是指过已知点绘制等距线。等距功能默认为指定距离方式。 3. 在立即菜单“3:”中可选取“单向”或“双向”。“单向”是指只在一侧绘制等距线；而“双向”是指在直线两侧均绘制等距线。 4. 在立即菜单“4:”中可选择“空心”或“实心”。“实心”是指原曲线与等距线之间进行填充，而“空心”方式只画等距线，不进行填充。 5. 单击立即菜单“5：距离”，可输入等距线与原直线的距离，编辑框中的数值为系统默认值。 6. 单击立即菜单“6：份数”，则可输入所需等距线的份数

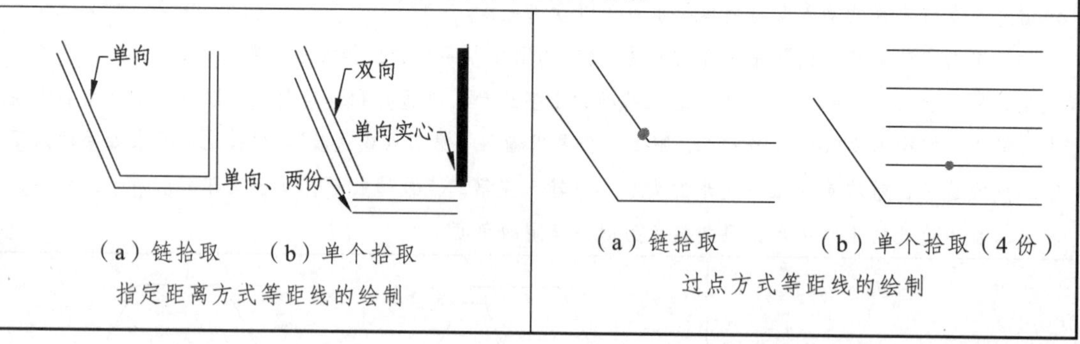

（a）链拾取　（b）单个拾取

指定距离方式等距线的绘制

（a）链拾取　（b）单个拾取（4份）

过点方式等距线的绘制

11. 公式曲线（见表 5-1-17）

表 5-1-17　绘制公式曲线

名称：公式曲线	命令：fomul	图标：
概念：根据数学公式或参数表达式快速绘制出相应的数学曲线		

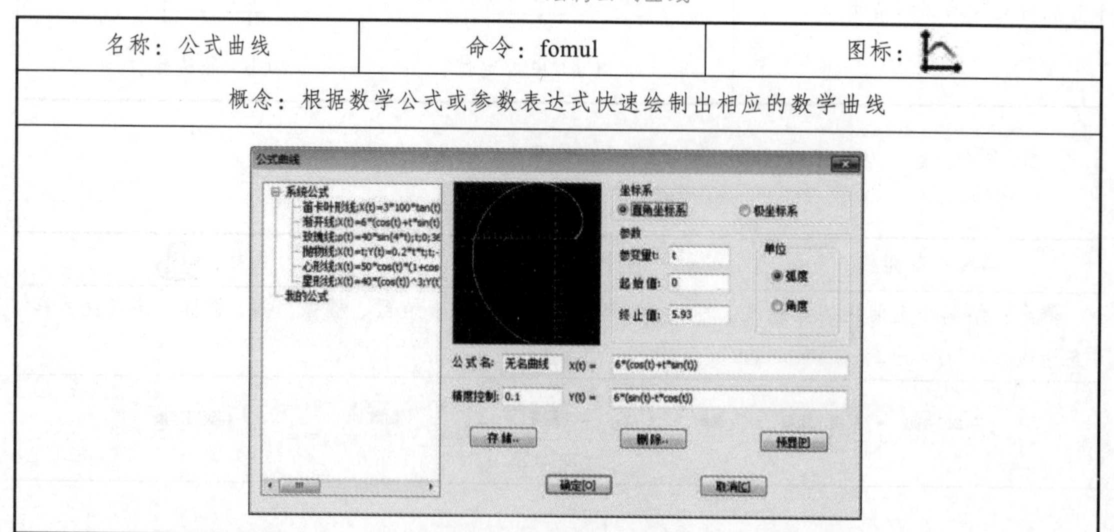

续表

操作要点
1. 调用“公式曲线”功能后将弹出如上图所示对话框。用户可以在对话框中首先选择是在直角坐标系下还是在极坐标下输入公式。 2. 填写需要给定的参数：变量名、起终值（指变量的起终值，既给定变量范围），并选择变量的单位。 3. 在编辑框中输入公式名、公式及精度。单击“预显按钮”，在左侧的预览框中可以看到设定的曲线。 4. 对话框中还有储存、删除这 2 个按钮，储存一项是针对当前曲线而言，保存当前曲线；删除是对已存在的曲线进行删除操作，系统默认公式不能被删除。 设定完曲线后，单击“确定”，按照系统提示输入定位点以后，一条公式曲线就绘制出来了

（三）图形编辑

数控车的编辑修改功能包括曲线编辑和图形编辑两个方面，并分别安排在主菜单及绘制工具栏中。曲线编辑主要讲述有关曲线的常用编辑命令及操作方法，图形编辑则介绍对图形编辑实施的各种操作。

1. 裁剪（见表 5-1-18）

表 5-1-18　裁剪操作

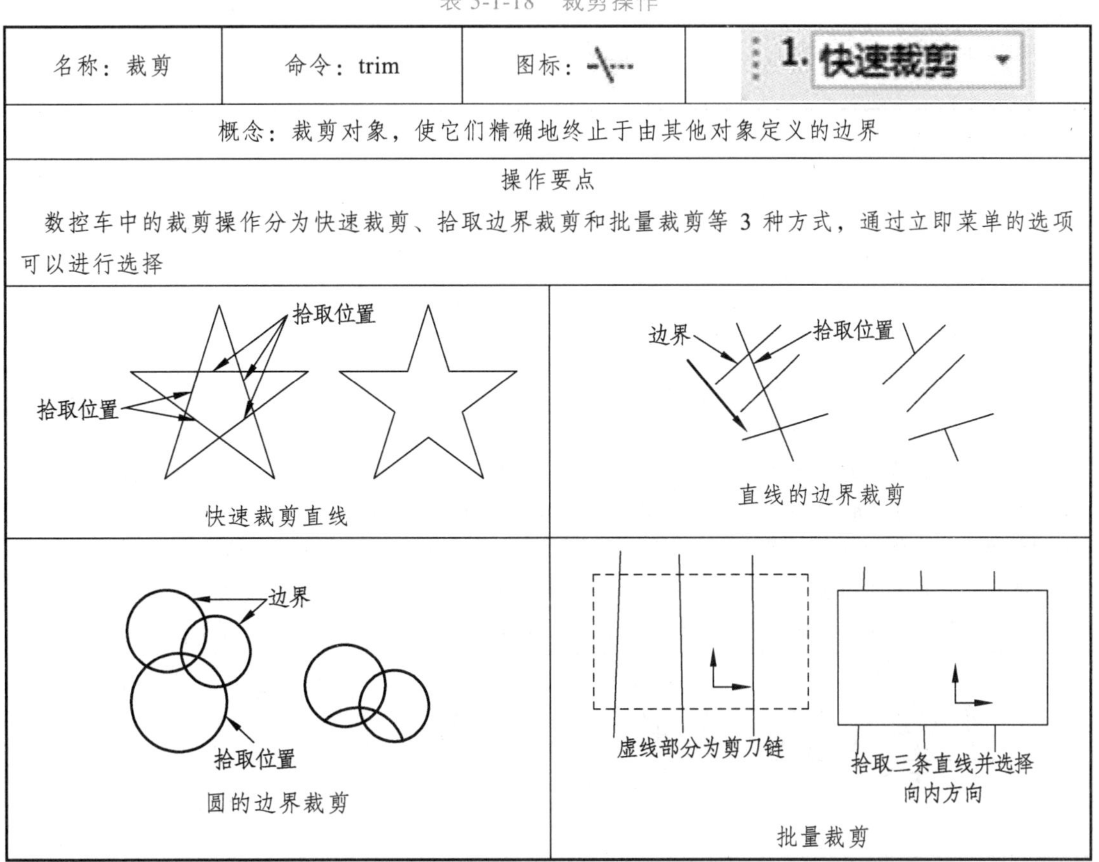

名称：裁剪	命令：trim	图标：	1. 快速裁剪
概念：裁剪对象，使它们精确地终止于由其他对象定义的边界			
操作要点 数控车中的裁剪操作分为快速裁剪、拾取边界裁剪和批量裁剪等 3 种方式，通过立即菜单的选项可以进行选择			
快速裁剪直线		直线的边界裁剪	
圆的边界裁剪		批量裁剪	

2. 过渡（见表 5-1-19）

表 5-1-19　过渡操作

名称：过渡	命令：corner	图标：	1.圆角 2.裁剪 3.半径 10 圆角 多圆角 倒角 外倒角 内倒角 多倒角 尖角
概念：修改对象，使其以圆角、倒角等方式连接			
操作要点 过渡操作分为圆角、多圆角、倒角、外倒角和内倒角、多倒角和尖角等多种方式。可通过立即菜单进行选择			
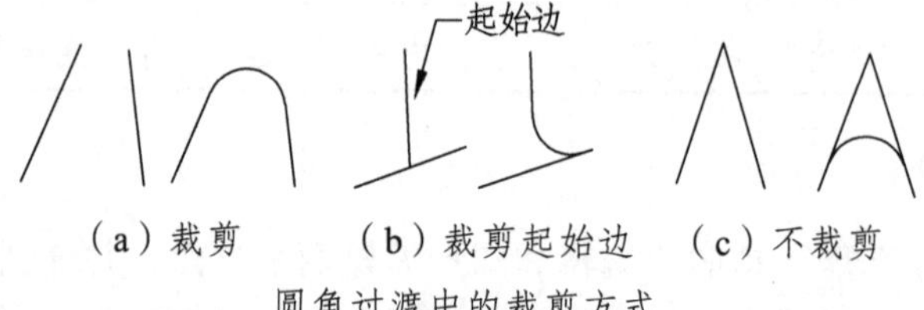 （a）裁剪　（b）裁剪起始边　（c）不裁剪 圆角过渡中的裁剪方式			
直线拾取的顺序与倒角的关系 **例**　轴向长度均为 3，角度均为 60°的倒角，由于拾取直线的顺序不同，倒角的结果也不同		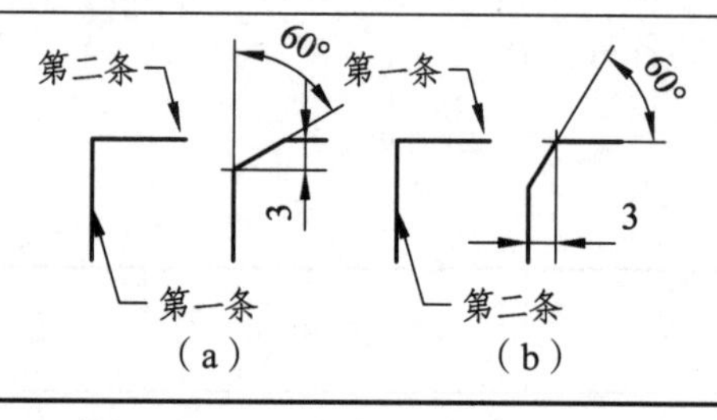	

3. 延伸（见表 5-1-20）

表 5-1-20　延伸操作

名称：延伸	命令：edge 或 extend	图标：
概念：以一条曲线为边界对一系列曲线进行裁剪或延伸		
操作要点 执行命令后按操作提示拾取剪刀线作为边界，则提示改为“拾取要编辑的曲线”。根据作图需要可以拾取一系列曲线进行编辑修改。 如果拾取的曲线与边界曲线有交点，则系统按“裁剪”功能进行操作，系统将裁剪所拾取的曲线至边界为止，如图（a）所示。如果被延伸的曲线与边界曲线没有交点，那么，系统将把曲线按其本身的趋势（如直线的方向、圆弧的圆心和半径均不发生改变）延伸至边界，如图（b）所示。 注意：圆或圆弧可能会有例外，这是因为它们无法向无穷远处延伸，它们的延伸范围是以半径为限的，而且圆弧只能从拾取的一端开始延伸，不能两端同时延伸[见图（c）和（d）]		
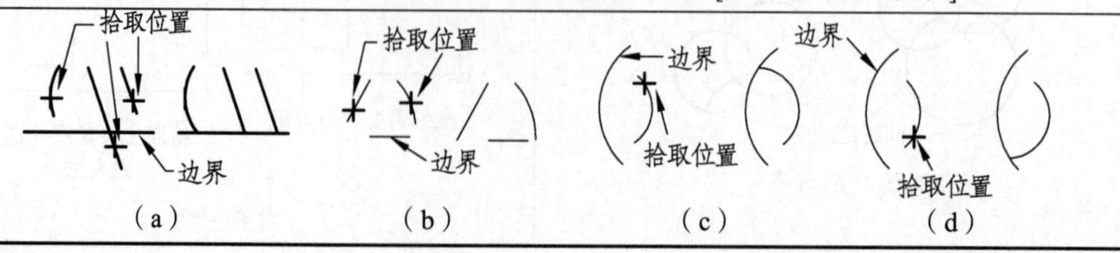 （a）　（b）　（c）　（d）		

4. 打断（见表 5-1-21）

表 5-1-21　打断操作

名称：打断	命令：break	图标	
概念：将一条指定曲线在指定点处打断成两条曲线，以便于其他操作			
1. 一点打断　1. 两点打断　2. 伴随拾取点			
操作要点 打断有一点打断和两点打断两种形式。 1. 一点打断 执行打断命令后将立即菜单第一项切换为“一点打断”，按提示用鼠标拾取一条待打断的曲线。拾取后，该曲线变成虚线显示。这时，命令行提示变为“选取打断点”。根据当前作图需要，移动鼠标在曲线上选取打断点，选中后单击鼠标左键，曲线即被打断。打断点也可由键盘输入。曲线被打断后，在屏幕上的显示与打断前没有区别。但实际上，原来的一条曲线已经变成了两条互不相干的独立的曲线。 注意：打断点最好选在需打断的曲线上，为作图准确，可充分利用智能点、栅格点、导航点以及工具点菜单。 为了方便用户更灵活地使用此功能，电子图板也允许用户把点设在曲线外，使用规则如下： （1）若欲打断线为直线，则系统自动从用户选定点向直线作垂线，设定垂足为打断点。 （2）若欲打断线为圆弧或圆，则从圆心向用户设定点作直线，该直线与圆弧交点被设定为打断点。 2. 两点打断 执行打断命令后将立即菜单第一项切换为“两点打断”，即使用两点打断模式。“两点打断”有“伴随拾取点”和“单独拾取点”两种打断点拾取模式： （1）如果选择“伴随拾取点”则执行“两点打断”时，首先拾取需打断的曲线，在拾取完毕后，直接将拾取点作为第一打断点，并提示选择第二打断点。 （2）如果选择“单独拾取点”则执行“两点打断”时，同样首先拾取需打断的曲线，在拾取完毕后，命令输入区会提示分别拾取两个打断点。 注：无论使用哪种打断点拾取模式，拾取两个打断点后，被打断曲线会从两个打断点处被打断，同时两点间的曲线会被删除。如果被打断的曲线是封闭曲线，则被删除的曲线部分是从第一点以逆时针方向指向第二点的那部分			

5. 拉伸（见表 5-1-22）

表 5-1-22　拉伸操作

名称：拉伸	命令：stretch	图标：
概念：在保持曲线原有趋势不变的前提下，对曲线或曲线组进行拉伸或缩短处理		
1. 单个拾取　1. 窗口拾取　2. 给定两点		

续表

操作要点
拉伸分为对单条曲线拉伸和对曲线组拉伸。如果选择范围包含了图形的尺寸，则尺寸可随之关联

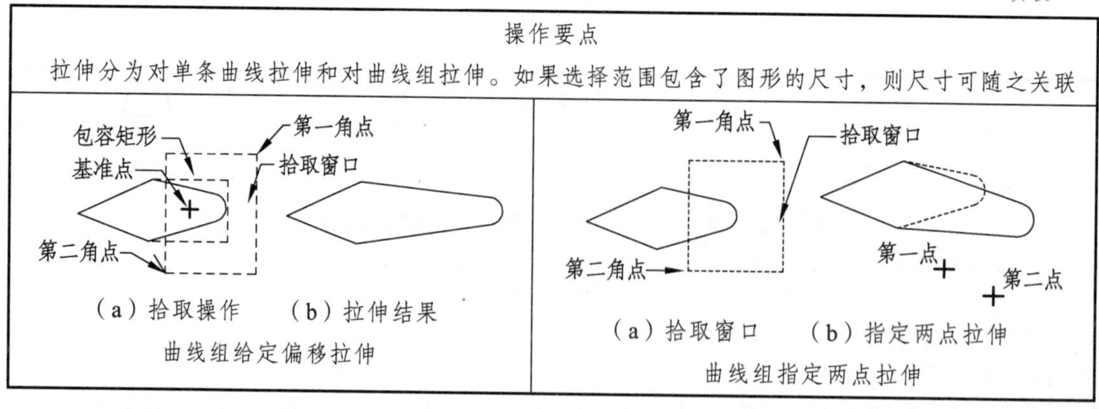

（a）拾取操作　（b）拉伸结果
曲线组给定偏移拉伸

（a）拾取窗口　（b）指定两点拉伸
曲线组指定两点拉伸

6. 平移（见表 5-1-23）

表 5-1-23　平移操作

名称：平移	命令：move	图标：
概念：以指定的角度和方向进行移动拾取到的图形对象		
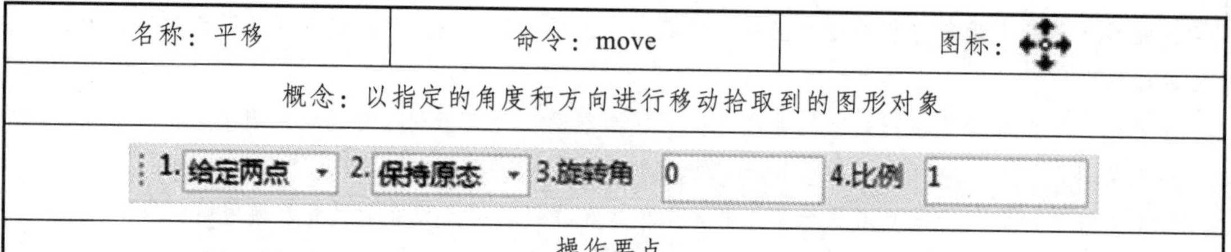		
操作要点 调用“平移”功能后，拾取要平移的图形对象、设置立即菜单的参数并确认，即可完成对图形对象的平移。 菜单参数说明如下： 1. 偏移方式：给定两点或给定偏移。给定两点是指通过两点的定位方式完成图形移动；给定偏移是用给定偏移量的方式进行平移。 2. 图形状态：将图素移动到一个指定位置上，可根据需要在立即菜单“2:”中选择保持原态和平移为块。 3. 旋转角：图形在进行平移时，允许指定图形的旋转角度。 4. 比例：进行平移操作之前，允许用户指定被平移图形的缩放系数。 立即菜单中，给定两点与给定偏移的交互方式有所不同，其区别在于： 1. 通过给定两点方式：拾取图形后，通过键盘输入或鼠标点击确定第一点和第二点位置，完成平移操作。 2. 通过给定偏移方式：拾取图形后，系统自动给出一个基准点（一般来说，直线的基准点定在中点处，圆、圆弧、矩形的基准点定在中心处。其他如样条曲线的基准点也定在中心处），此时输入“X 和 Y 方向偏移量或位置点”即按平移量可以完成平移操作。 使用坐标、栅格捕捉、对象捕捉、或动态输入等工具可以精确移动对象，并且可以切换为正交、极轴等操作状态。“平移”功能支持先拾取后操作，即先拾取对象再执行此命令		

7. 旋转（见表 5-1-24）

表 5-1-24　旋转操作

名称：旋转	命令：rotate	图标：	1. 给定角度 2. 旋转
概念：对拾取到的图形进行旋转或旋转复制			
操作要点 1. 按系统提示拾取要旋转的图形，可单个拾取，也可用窗口拾取，拾取到的图形虚线显示，拾取完成后右击加以确认。 2. 操作提示变为“基点”，用鼠标指定一个旋转基点。操作提示变为“旋转角”。此时，可以由键盘输入旋转角度，也可以用鼠标移动来确定旋转角。由鼠标确定旋转角时，拾取的图形随光标的移动而旋转。当确定了旋转位置之后，单击左键，旋转操作结束。还可以通过动态输入旋转角度。 3. 切换“给定角度”为“起始终止点”，首先按立即菜单提示选择旋转基点，然后通过鼠标移动来确定起始点和终止点，完成图形的旋转操作。 4. 如果用鼠标选择立即菜单中的“2：旋转”，则该项内容变为“2：拷贝”。用户按这个菜单内容能够进行复制操作。复制操作的方法与操作过程与旋转操作完全相同。只是复制后原图不消失			
例 1　右图是一个只旋转不复制的例子，它要求将有键槽的轴的断面图旋转 90°放置	（a）原图　（b）旋转后		
例 2　右图是一个旋转复制的例子	旋转定位点　60° （a）旋转操作　（b）旋转结果　（c）圆角过渡		

8. 阵列（见表 5-1-25）

表 5-1-25　阵列操作

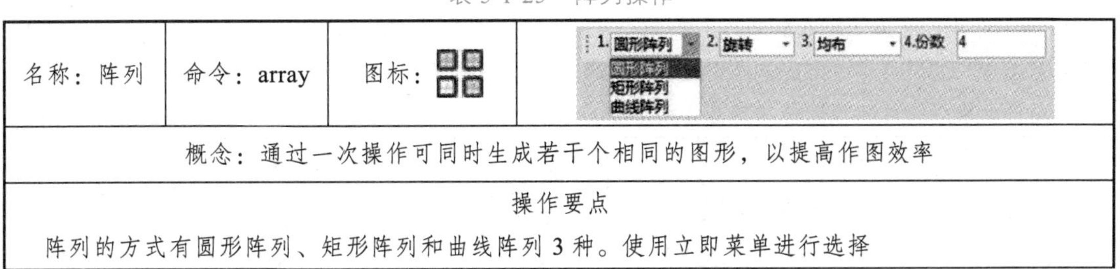

名称：阵列	命令：array	图标：	1. 圆形阵列 2. 旋转 3. 均布 4.份数 4 圆形阵列 矩形阵列 曲线阵列
概念：通过一次操作可同时生成若干个相同的图形，以提高作图效率			
操作要点 阵列的方式有圆形阵列、矩形阵列和曲线阵列 3 种。使用立即菜单进行选择			

续表

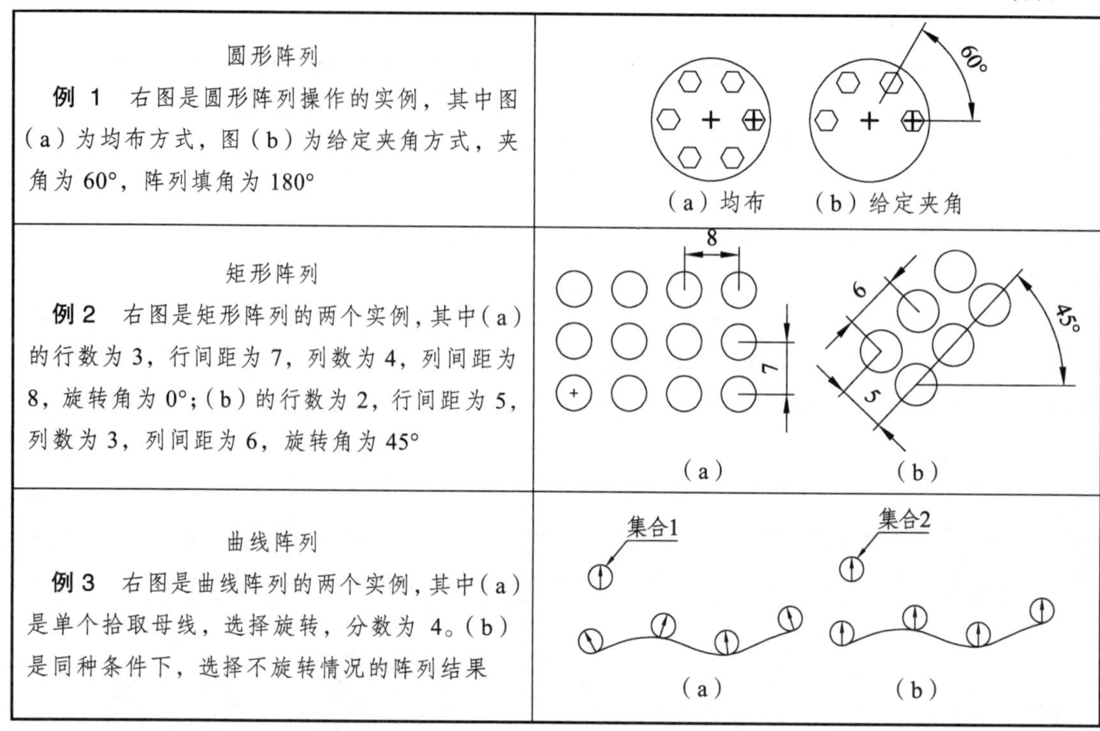

圆形阵列 **例 1** 右图是圆形阵列操作的实例，其中图（a）为均布方式，图（b）为给定夹角方式，夹角为 60°，阵列填角为 180°	60° （a）均布 （b）给定夹角
矩形阵列 **例 2** 右图是矩形阵列的两个实例，其中（a）的行数为 3，行间距为 7，列数为 4，列间距为 8，旋转角为 0°；（b）的行数为 2，行间距为 5，列数为 3，列间距为 6，旋转角为 45°	8 7 6 5 45° （a） （b）
曲线阵列 **例 3** 右图是曲线阵列的两个实例，其中（a）是单个拾取母线，选择旋转，分数为 4。（b）是同种条件下，选择不旋转情况的阵列结果	集合1 集合2 （a） （b）

9. 镜像（见表 5-1-26）

表 5-1-26 镜像操作

名称：镜像	命令：mirror	图标：	1. 选择轴线 2. 拷贝
概念：将拾取到的图素以某一条直线为对称轴，进行对称镜像或对称复制			
操作要点 1. 按系统提示拾取要镜像的图素，可单个拾取，也可用窗口拾取，拾取到的图素虚线显示，拾取完成后右击确认。 2. 这时操作提示变为“选择轴线”，用鼠标拾取一条作为镜像操作的对称轴线，一个以该轴线为对称轴的新图形显示出来，同时原来的实体即刻消失。 3. 如果用鼠标单击立即菜单“选择轴线”，则该项内容变为“给定两点”。其含义为允许用户指定两点，两点连线作为镜像的对称轴线，其他操作与前面相同。 4. 如果用鼠标选择立即菜单中的“镜像”，则该项内容变为“复制”，用户按这个菜单内容能够进行复制操作。复制操作的方法与操作过程与镜像操作完全相同，只是复制后原图不消失。 说明：如果用户在平移过程中需要将图形正交移动，可按 F7 键或点击状态栏正交按钮进行切换			

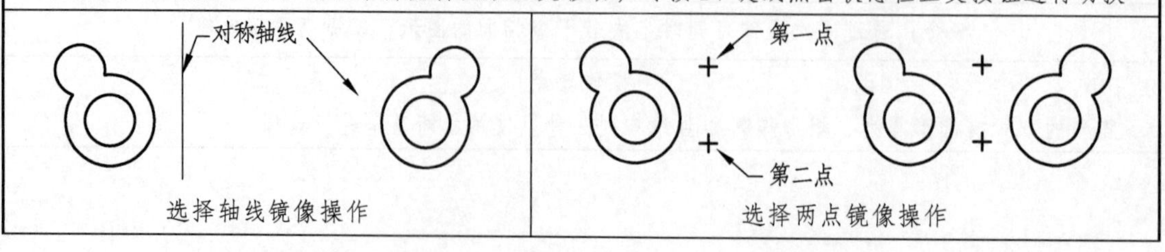

选择轴线镜像操作　　选择两点镜像操作

续表

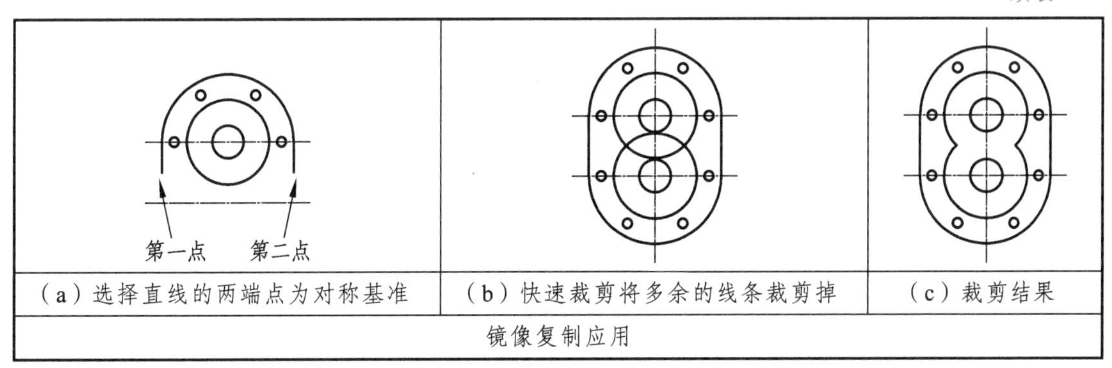

（a）选择直线的两端点为对称基准	（b）快速裁剪将多余的线条裁剪掉	（c）裁剪结果
镜像复制应用		

10. 夹点编辑

夹点编辑是指拖动夹点对图形对象进行移动、拉伸、旋转、缩放等编辑操作。不同图形对象的不同夹点都具有不同的含义。

1）方形夹点

方形夹点可用于移动对象和拉伸封闭曲线的特征尺寸。选中对象后，对象被加亮显示，同时当前对象可使用的夹点也会显示出来。

以部分基本曲线为例。选中后，左键单击直线的中点夹点/圆的圆心夹点/圆弧的圆心夹点/椭圆的圆心夹点。被选中的夹点会变为红色。其后拾取新位置即可将当前对象置于新位置上，单击左键即确认操作，所选直线将被移动到预显位置。选中后，左键单击圆的象限夹点/椭圆的象限夹点并拾取新位置，即可改变圆的半径/椭圆的轴长。此外，方形夹点还被用于编辑文字、图片、OLE 对象等对象的显示范围。

几种基本曲线的方形夹点应用如图 5-1-7 所示。

2）三角形夹点

三角形夹点可用于沿现有对象轨迹延伸非封闭的曲线，其效果与“单个拾取”模式下的拉伸功能类似。三角形夹点同样是在对象被选中后显示出来。

仍以部分基本曲线为例。选中后，左键单击直线或圆弧的端点三角形夹点。其后拖动选择拉伸点即可。线段将沿直线方向延伸，圆弧将随当前的圆心和半径加长圆弧的长度。

几种基本曲线的三角形夹点拉伸如图 5-1-8 所示。

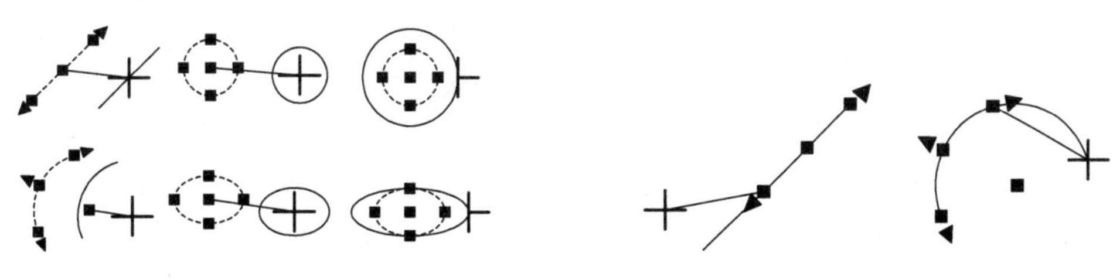

图 5-1-7　使用方形夹编辑曲线　　　图 5-1-8　使用三角形夹点编辑曲线

11. 左键拖动和右键拖动

在电子图板中拾取对象后，可以按住鼠标左键或右键对其进行拖动。松开按键即可完成拖动。

如果使用左键拖动，则完成拖动后实体直接被放置于拖动后的新位置。

如果使用右键拖动，则完成拖动后弹出右键拖动菜单，如图 5-1-9 所示。

移动到此处
复制到此处
粘贴为块
取消

图 5-1-9　右键拖动菜单

以下为各个选项含义：

“移动到此处”：将被拖动对象移动到当前拖动位置，效果同左键拖动。

“复制到此处”：将被拖动对象复制到当前拖动位置，即原对象仍保留。

“粘贴为块”：原对象仍保持不变，拖动对象以块的形式放置在当前拖动位置。生成的块效果同粘贴为块，为自动命名，不能被“插入块”功能调用。

“取消”：撤销右键拖动。

（四）图　层

CAXA CAD 电子图板绘图系统同其他 CAD/CAM 绘图系统一样，为用户提供了分层功能。

层，也称为图层，它是开展结构化设计不可缺少的软件环境。众所周知，一幅机械工程图纸，包含有各种各样的信息，有确定对象形状的几何信息，也有表示线型、颜色等属性的非几何信息，当然也还有各种尺寸和符号。这么多的内容集中在一张图纸上，必然给设计绘图工作带来很大负担。如果能够把相关的信息集中在一起，或把某个零件，某个组件集中在一起单独进行绘制或编辑，当需要时又能够组合或单独提取，那么将使绘图设计工作变得简单而又方便。本章介绍的图层就具备了这种功能，可以采用分层的设计方式完成上述要求。

可以把图层想象为一张没有厚度的透明薄片，对象及其信息就存放在这张透明薄片上。CAXA CAD 电子图板中的每一个图层必须有唯一的层名；不同的层上可以设置不同的线型和不同的颜色，也可以设置其他信息。层与层之间由一个坐标系（即世界坐标系）统一定位。所以，一个图形文件的所有图层都可以重叠在一起而不会发生坐标关系的混乱。图层概念如图 5-1-10 所示。

各图层之间不但坐标系是统一的，而且其缩放系数也是一致的。因此，层与层之间可以完全对齐。某一个图层上的一个标记点会自动精确地对应在其他各个图层的同一位置点上。

图层是具有属性的，其属性可以被改变。图层的属性包括层名、层描述、线型、颜色、打开与关闭以及是否为当前层等。每一个图层对应一套由系统设定的颜色和线型、线宽等属性。电子图板默认模板的初始层为“粗实线层”，它为当前层，线型为实线、线宽。可以通过功能区“常用选项卡”的“特性面板”修改图层、颜色、线型、线宽等属性信息。

图层可以新建，也可以被删除。图层可以被打开，也可以被关闭。打开的图层上的对象在屏幕中可见，关闭的图层上的对象在屏幕中不可见。为了便于用户使用，系统预先定义了 8 个图层。这 8 个图层的层名分别为“0 层”“中心线层”“虚线层”“粗实线层”“细实线层”“尺寸线层”“剖面线层”和“隐藏层”，每个图层都按其名称设置了相应的线型和颜色。图层是电子图板对象的基本属性之一。

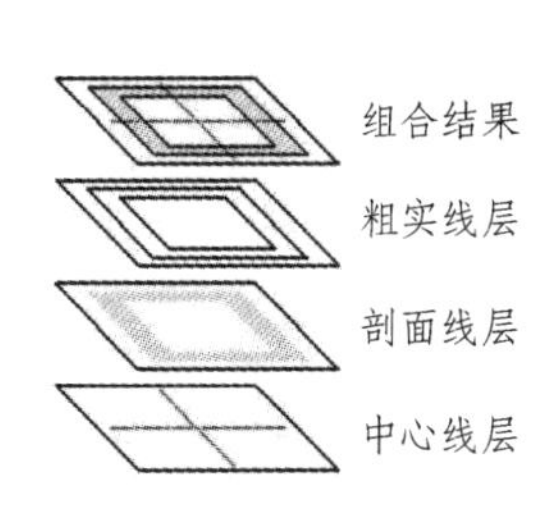

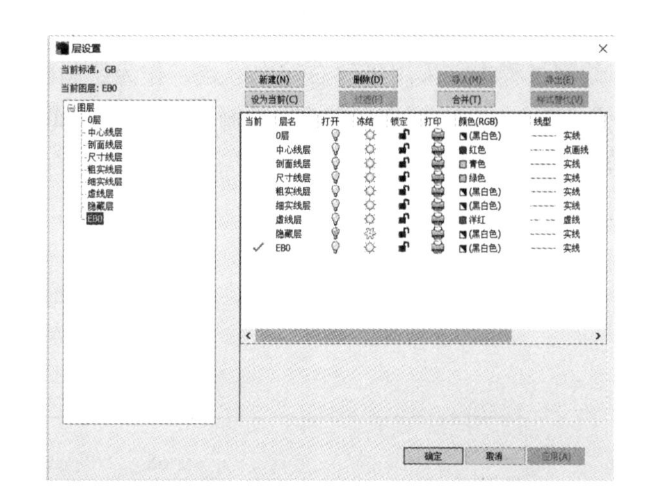

图 5-1-10　图层的概念示意

（五）综合绘图练习

绘制如图 5-1-11 所示的零件图。

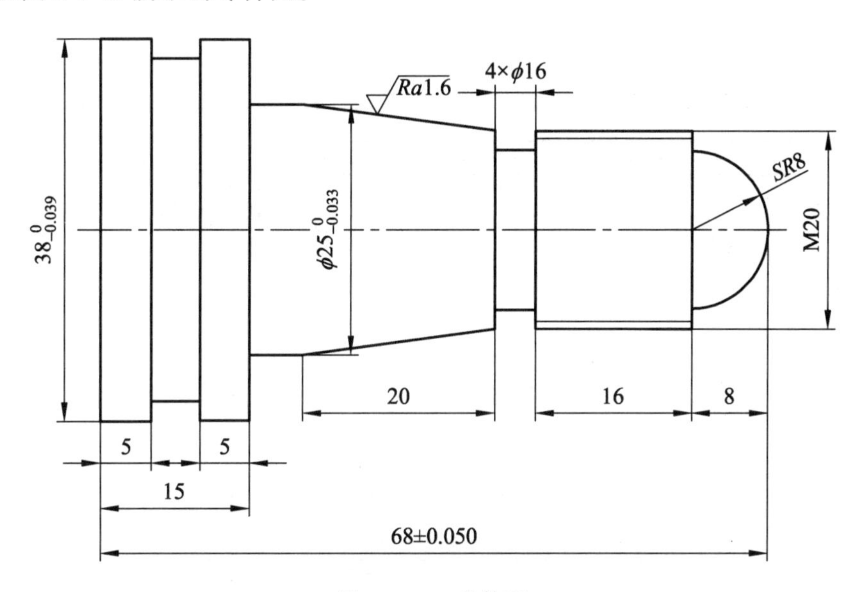

图 5-1-11　零件图

1. 图形分析

图 5-1-11 的零件图外形比较简单，只含有直线、圆弧两类基本特征，绘制过程中，可以采用直线中“两点线”的方式，逐个绘制每一条直线，再用绘制圆弧的方式绘制一半图形，采用镜像的方式，完成整个图形轮廓的绘制。除此之外，还可以采用“直线”“等距线”“圆弧”“镜像”等几种命令来完成零件外轮廓图的绘制。本图的绘制我们采用了第二种方式来绘制图形。

2. 绘制“水平+铅垂”的辅助线

绘制过程中，采用零件右端中心点，作为绘制的起始点。单击“直线”图标，选择“两点线”“单个”“正交”“点方式”绘制“长度=19”的铅垂直线和“长度=68”的水平直线作为辅助线，如图 5-1-12 所示。

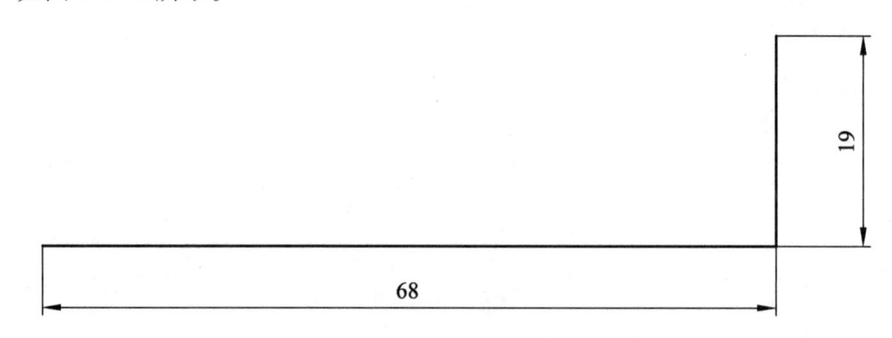

图 5-1-12　绘制“水平+铅垂”的辅助线

3. 等距水平线

单击“等距线”图标，选择“单个拾取”“指定距离”“单向”“空心”“距离 19”“份数=1”拾取要等距的水平线，选择等距方向，即可得到一条等距线。按照同样的方法，分别得到如图 5-1-13 所示距离的等距水平线。

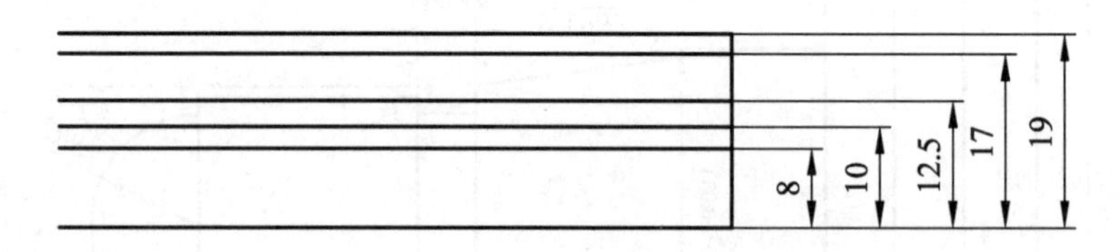

图 5-1-13　等距水平线

4. 等距铅垂线

按照“步骤 2”的绘制方式，分别如图 5-1-14 所示距离的等距铅垂线。

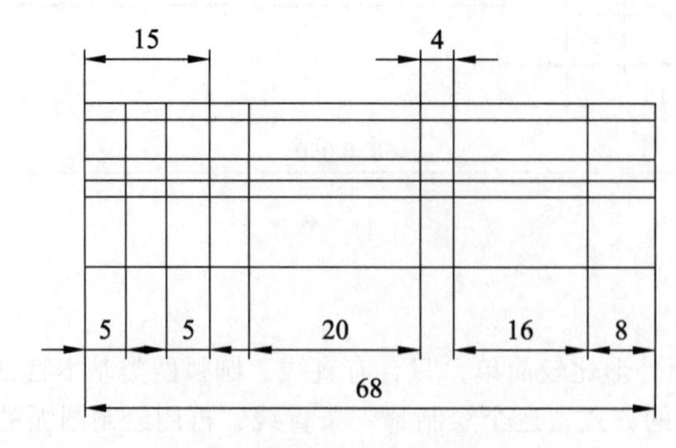

图 5-1-14　等距铅垂线

5. 曲线编辑

单击“曲线裁剪”图标，按照图 5-1-11 所示的尺寸对图 5-1-14 进行裁剪，删除多余线段。编辑结果如图 5-1-15 所示。

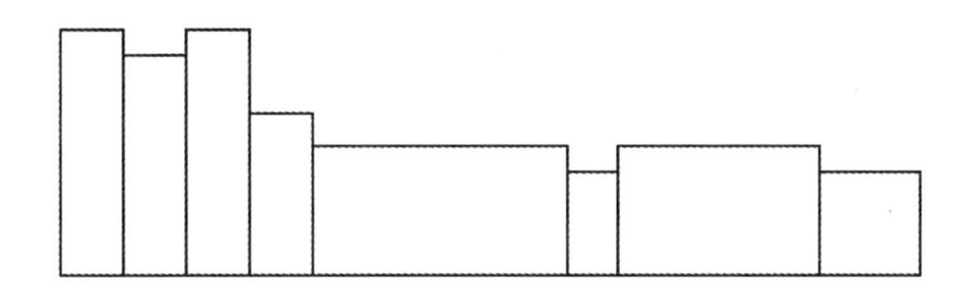

图 5-1-15　曲线编辑

6. 绘制圆弧和直线

单击“圆弧”图标，选择“圆心_起点圆心角”方式，拾取圆弧的中心，拾取坐标原点，拾取圆弧终点，绘制圆弧；利用“两点线”绘制一条斜直线，利用“等距线”绘制螺纹底径轮廓线；并编辑曲线，裁剪删除多余线段；修改线型（轴线为细点划线、螺纹底径轮廓为细实线），完成半边轮廓的绘制。结果如图 5-1-16 所示。

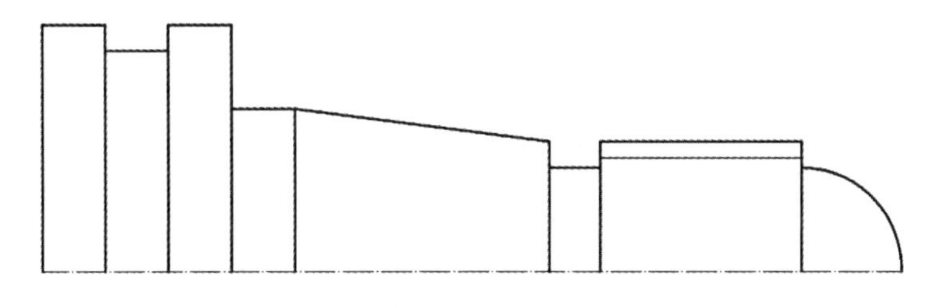

图 5-1-16　绘制半边轮廓

7. 镜　像

单击“镜像”图标，选择所有要镜像的元素，拾取镜像轴线，得到镜像的结果如图 5-1-17 所示。

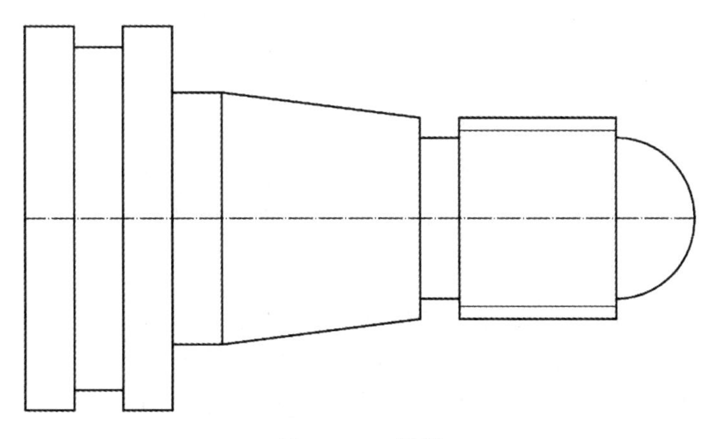

图 5-1-17　镜像

8. 尺寸标注

单击“尺寸标注”图标，选择轮廓线或点，进行尺寸标注。完成零件图绘制的结果如图 5-1-11 所示。

四、CAXA 数控车编程功能

（一）基本概念

CAXA 数控车编程加工一般包括以下几个内容：

（1）对图纸进行分析，确定需要数控加工的部分。

（2）利用图形软件需要数控加工的部分造型。

（3）根据加工条件，选合适加工参数生成加工轨迹（包括粗加工、半精加工、精加工轨迹）。

（4）轨迹的仿真检验。

（5）配置好机床，生成 G 代码传给机床加工。

（二）重要术语

1. 两轴加工

在 CAXA 数控车中，机床坐标系的 Z 轴即是绝对坐标系的 X 轴，平面图形均指投影到绝对坐标系的 XOY 面的图形。

2. 轮　廓

轮廓是一系列首尾相接曲线的集合，如图 5-1-18 所示。

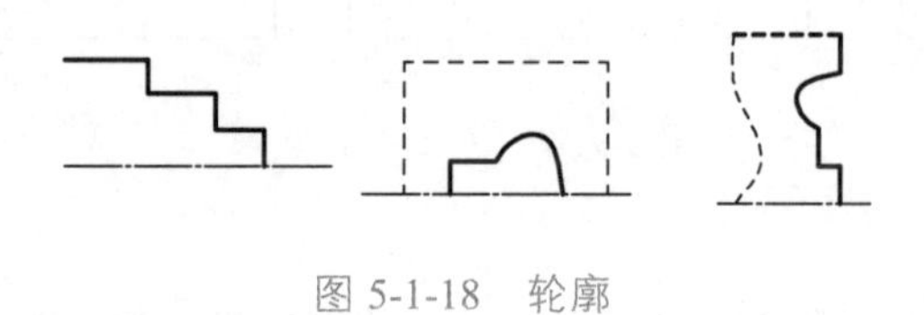

图 5-1-18　轮廓

3. 毛坯轮廓

针对粗车，需要制定被加工体的毛坯。毛坯轮廓是一系列首尾相接曲线的集合，如图 5-1-19 所示。

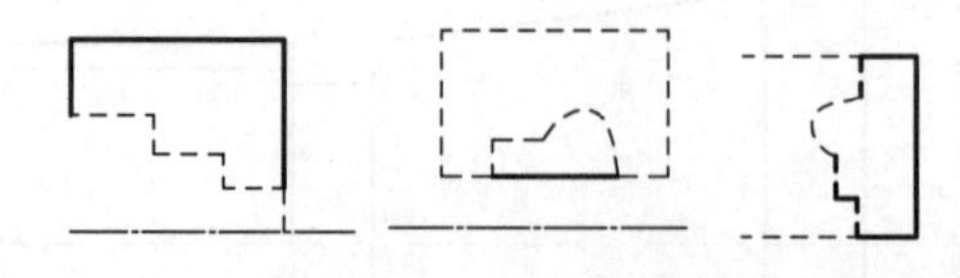

图 5-1-19　毛坯轮廓

在进行数控编程，交互指定待加工图形时，常常需要用户指定毛坯的轮廓，用来界定被加工的表面或被加工的毛坯本身。如果毛坯轮廓是用来界定被加工表面的，则要求指定的轮廓是闭合的；如果加工的是毛坯轮廓本身，则毛坯轮廓也可以不闭合。

4. 机床参数

数控车床的一些速度参数，包括主轴转速、接近速度、进给速度和退刀速度，如图 5-1-20 所示。

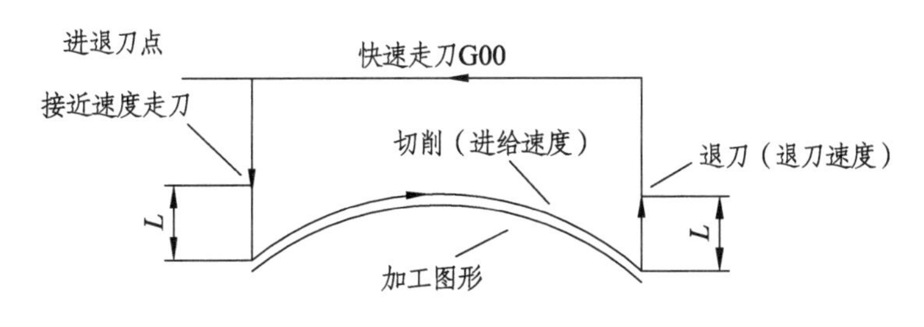

图 5-1-20 机床参数

（1）主轴转速是切削时机床主轴转动的角速度。

（2）进给速度是正常切削时刀具行进的线速度（r/mm）。

（3）接近速度为从进刀点到切入工件前刀具行进的线速度，又称进刀速度。

（4）退刀速度为刀具离开工件回到退刀位置时刀具行进的线速度。

这些速度参数的给定一般依赖于用户的经验，原则上讲，它们与机床本身、工件的材料、刀具材料、工件的加工精度和表面光洁度要求等相关。

速度参数与加工的效率密切相关。

5. 刀具轨迹和刀位点

刀具轨迹是系统按给定工艺要求生成的对给定加工图形进行切削时刀具行进的路线，如图 5-1-21 所示。生成轨迹是使用数控车软件进行编程加工的关键步骤。系统以图形方式显示。刀具轨迹由一系列有序的刀位点和连接这些刀位点的直线（直线插补）或圆弧（圆弧插补）组成。本系统的刀具轨迹是按刀尖位置来显示的。

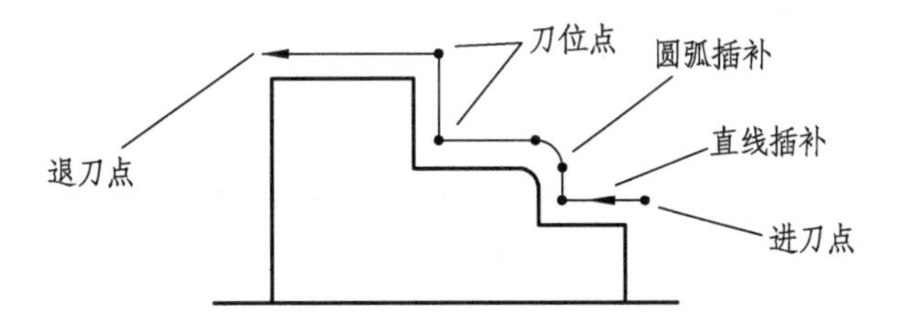

图 5-1-21 刀具轨迹和刀位点

6. 加工余量

车加工是一个去余量的过程，即从毛坯开始逐步除去多余的材料，以得到需要的零件。这种过程往往由粗加工和精加工构成，必要时还需要进行半精加工，即需经过多道工序的加工。在前一道工序中，往往需给下一道工序留下一定的余量。

实际的加工模型是指定的加工模型按给定的加工余量进行等距的结果，如图 5-1-22 所示。

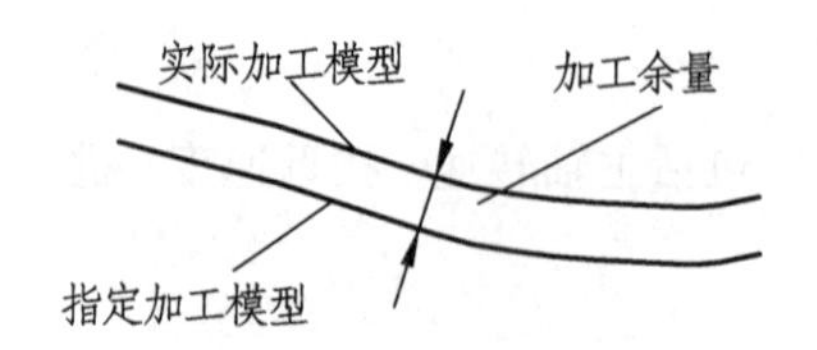

图 5-1-22　等距结果

7. 加工误差

刀具轨迹和实际加工模型的偏差即加工误差。用户可通过控制加工误差来控制加工精度。

用户给出的加工误差是刀具轨迹同加工模型之间的最大允许偏差，系统保证刀具轨迹与实际加工模型之间的偏离不大于加工误差。

用户应根据实际工艺要求给定加工误差，如在进行粗加工时，加工误差可以较大，否则加工效率会受到不必要的影响；而进行精加工时，需根据表面要求等给定加工误差。

在两轴加工中，对于直线和圆弧的加工不存在加工误差，加工误差指对样条线进行加工时用折线段逼近样条时的误差，如图 5-1-23 所示。

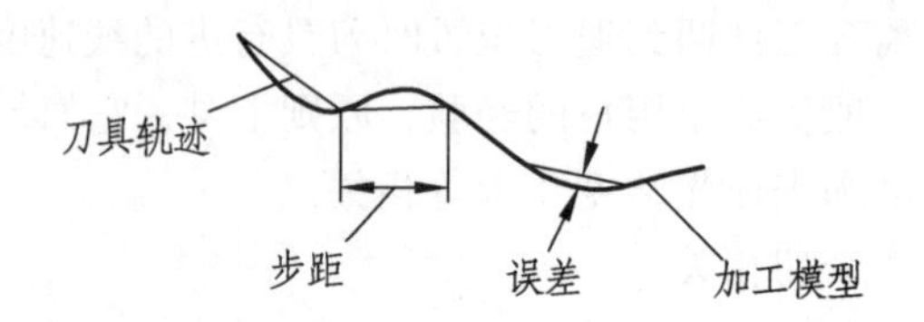

图 5-1-23　加工误差

8. 加工干涉

切削被加工表面时，如刀具切到了不应该切的部分，则称为出现干涉现象，或者叫作过切。在 CAXA 数控车系统中，干涉分为以下两种情况：被加工表面中存在刀具切削不到的部分时存在的过切现象；切削时，刀具与未加工表面存在的过切现象。

（三）数控车设置

在使用数控车软件进行加工前，需要对刀具、数控系统和机床进行设置，它们将直接影响到加工轨迹和生成的 G 代码。

1. 刀　库

该功能定义、确定刀具的有关数据，以便用户从刀具库中获取刀具信息和对刀具库进行维护。刀具库管理功能包括轮廓车刀、切槽刀具、螺纹车刀、钻孔刀具四种刀具类型的管理。

操作方法：

（1）在菜单区中“数控车”子菜单区选取“创建刀具”菜单项，系统弹出创建刀具对话框，用户可按自己的需要添加新的刀具。新创建的刀具列表会显示在绘图区左侧的管理树刀库节点下。

（2）双击刀库节点下的刀具节点，可以弹出编辑刀具对话框，来改变刀具参数。

（3）在刀库节点右键点击后弹出的菜单中选取“导出刀具”菜单项，可以将所有刀具的信息保存到一个文件中。

（4）在刀库节点右键点击后弹出的菜单中选取“导入刀具”菜单项，可以将保存到文件中的刀具信息全部读入到文档中，并添加到刀库节点下。

需要指出的是，刀具库中的各种刀具只是同一类刀具的抽象描述，并非符合国标或其他标准的详细刀具库。所以只列出了对轨迹生成有影响的部分参数，其他与具体加工工艺相关的刀具参数并未列出。例如，将各种外轮廓、内轮廓、端面粗精车刀均归为轮廓车刀，对轨迹生成没有影响。

部分车削刀具设置参数对话框见表 5-1-27。

表 5-1-27　车削刀具设置

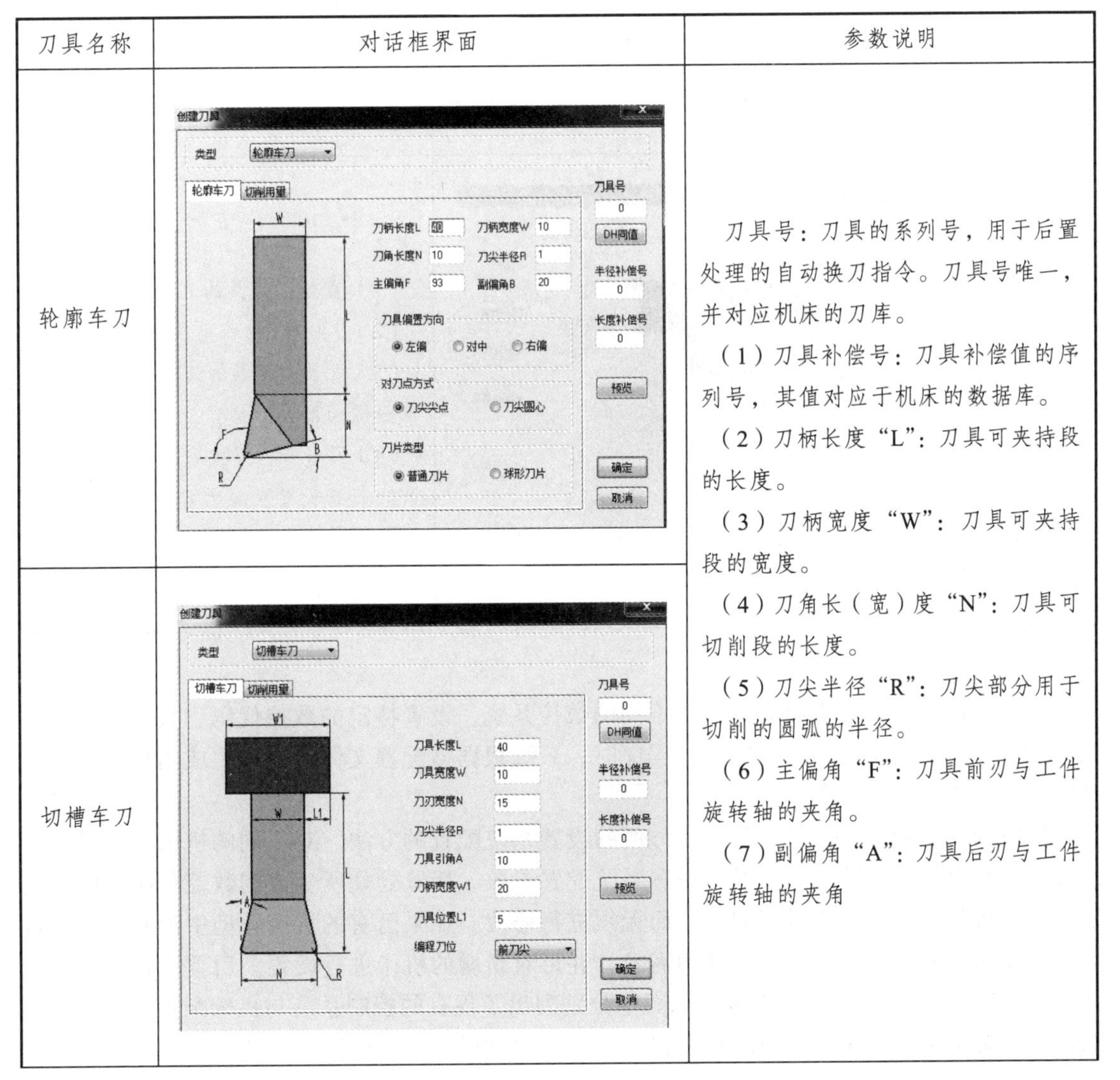

刀具名称	对话框界面	参数说明
轮廓车刀		刀具号：刀具的系列号，用于后置处理的自动换刀指令。刀具号唯一，并对应机床的刀库。 （1）刀具补偿号：刀具补偿值的序列号，其值对应于机床的数据库。 （2）刀柄长度“L”：刀具可夹持段的长度。 （3）刀柄宽度“W”：刀具可夹持段的宽度。 （4）刀角长（宽）度“N”：刀具可切削段的长度。 （5）刀尖半径“R”：刀尖部分用于切削的圆弧的半径。 （6）主偏角“F”：刀具前刃与工件旋转轴的夹角。 （7）副偏角“A”：刀具后刃与工件旋转轴的夹角
切槽车刀		

续表

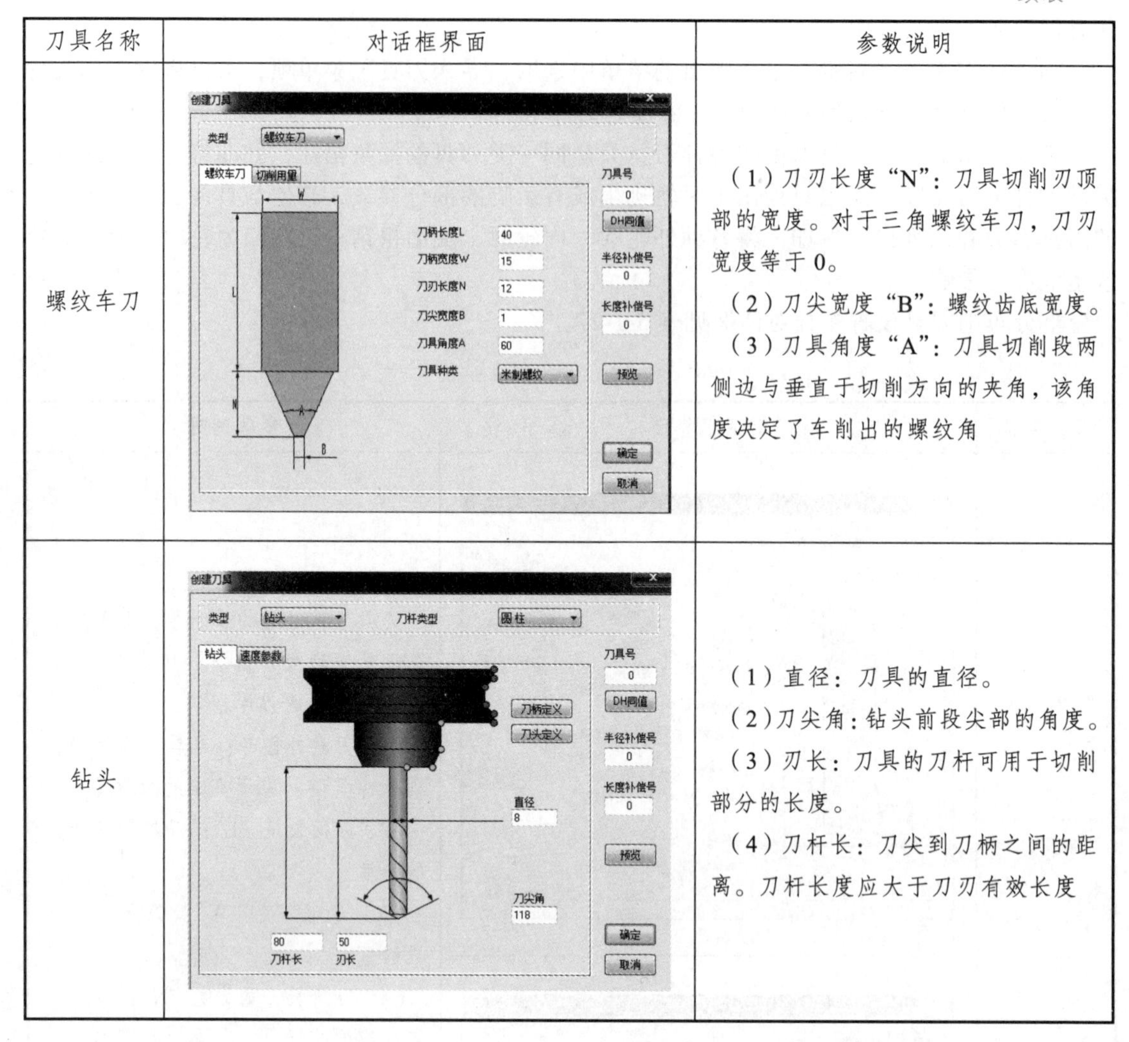

刀具名称	对话框界面	参数说明
螺纹车刀		（1）刀刃长度“N”：刀具切削刃顶部的宽度。对于三角螺纹车刀，刀刃宽度等于0。 （2）刀尖宽度“B”：螺纹齿底宽度。 （3）刀具角度“A”：刀具切削段两侧边与垂直于切削方向的夹角，该角度决定了车削出的螺纹角
钻头		（1）直径：刀具的直径。 （2）刀尖角：钻头前段尖部的角度。 （3）刃长：刀具的刀杆可用于切削部分的长度。 （4）刀杆长：刀尖到刀柄之间的距离。刀杆长度应大于刀刃有效长度

2. 后置设置

后置设置就是针对不同的机床，不同的数控系统，设置特定的数控代码、数控程序格式及参数，并生成配置文件。生成数控程序时，系统根据该配置文件的定义生成用户所需要的特定代码格式的加工指令。

后置设置给用户提供了一种灵活方便的设置系统配置的方法。对不同的机床进行适当的配置，具有重要的实际意义。通过设置系统配置参数，后置处理所生成的数控程序可以直接输入数控机床或加工中心进行加工，而无须进行修改。如果已有的机床类型中没有所需的机床，可增加新的机床类型以满足使用需求，并可对新增的机床进行设置。后置设置的对话框如图 5-1-24 所示，左侧的上下两个列表中分别列出了现有的控制系统与机床配置文件，在中间的各个标签页中对相关参数进行设置，右侧的测试栏中，可以选中轨迹，并点击生成代码按钮，可以在代码标签页中看到当前的后置设置下选中轨迹所生成的 G 代码，便于用户对照后置设置的效果。

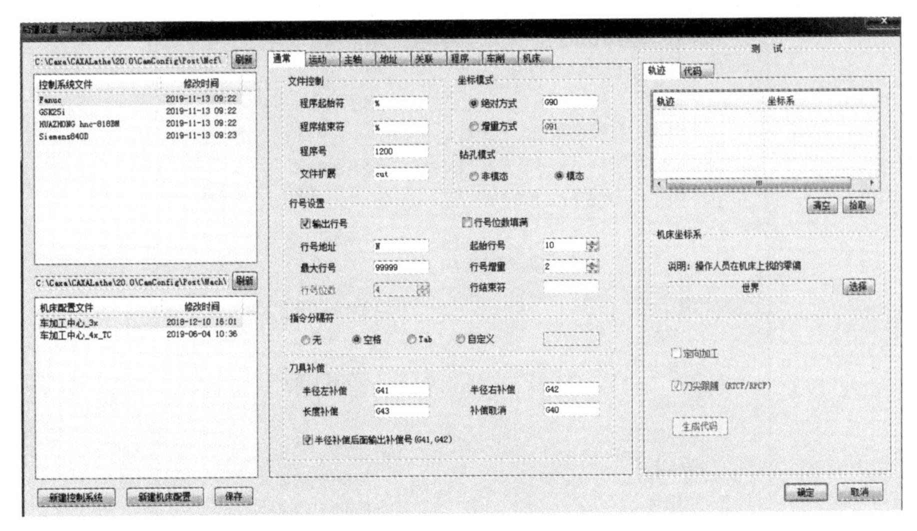

图 5-1-24　后置设置界面

操作说明：

在“数控车”子菜单区中选取“后置设置”功能项，系统弹出后置设置对话框，用户可按自己的需求增加新的或更改已有的控制系统和机床配置。按“确定”按钮可将用户的更改保存，“取消”则放弃已做的更改。

（四）车削粗加工

1. 功　能

车削粗加工用于实现对工件外轮廓表面、内轮廓表面和端面的粗车加工，用来快速清除毛坯的多余部分。

做轮廓粗车时要确定被加工轮廓和毛坯轮廓，被加工轮廓就是加工结束后的工件表面轮廓，毛坯轮廓就是加工前毛坯的表面轮廓。被加工轮廓和毛坯轮廓两端点相连，两轮廓共同构成一个封闭的加工区域，在此区域的材料将被加工去除。被加工轮廓和毛坯轮廓不能单独闭合或自相交。

2. 操作步骤

（1）在菜单区中的“数控车”子菜单区中选取“车削粗加工”菜单项，系统弹出加工参数表，如图 5-1-25 所示。在参数表中首先要确定被加工的是外轮廓表面，还是内轮廓表面或端面，接着按加工要求确定其他各加工参数。

（2）确定参数后拾取被加工的轮廓和毛坯轮廓。此时可使用系统提供的轮廓拾取工具，对于多段曲线组成的轮廓使用“限制链拾取”将极大地方便拾取；采用“链拾取”和“限制链拾取”时的拾取箭头方向与实际的加工方向无关。

（3）确定进退刀点，指定一点为刀具加工前和加工后所在的位置（按鼠标右键可忽略该点的输入）。

完成上述步骤后即可生成加工轨迹。

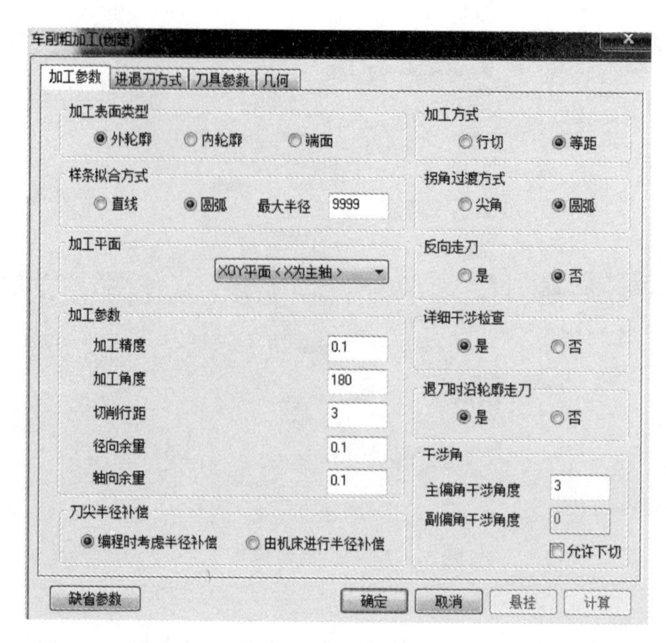

图 5-1-25　加工参数

3. 参　数

1）加工参数

各加工参数含义说明如下：

（1）加工表面类型。

外轮廓：采用外轮廓车刀加工外轮廓，此时缺省加工方向角度为 180°。

内轮廓：采用内轮廓车刀加工内轮廓，此时缺省加工方向角度为 180°。

车端面：此时缺省加工方向应垂直于系统 X 轴，即加工角度为-90°或 270°。

（2）加工参数。

加工角度：刀具切削方向与机床 Z 轴（软件系统 X 正方向）正方向的夹角。

切削行距：行间切入深度，两相邻切削行之间的距离。

加工余量：加工结束后，被加工表面没有加工的部分的剩余量（与最终加工结果比较）。

加工精度：用户可按需要来控制加工的精度。对轮廓中的直线和圆弧，机床可以精确地加工；对由样条曲线组成的轮廓，系统将按给定的精度把样条转化成直线段来满足用户所需的加工精度。

（3）拐角过渡方式。

圆弧：在切削过程遇到拐角时刀具从轮廓的一边到另一边的过程中，以圆弧的方式过渡。

尖角：在切削过程遇到拐角时刀具从轮廓的一边到另一边的过程中，以尖角的方式过渡。

（4）样条拟合方式。

直线：对加工轮廓中的样条线根据给定的加工精度用直线段进行拟合。

圆弧：对加工轮廓中的样条线根据给定的加工精度用圆弧段进行拟合。

（5）反向走刀。

否：刀具按缺省方向走刀，即刀具从机床 Z 轴正向向 Z 轴负向移动。

是：刀具按与缺省方向相反的方向走刀。

（6）详细干涉检查。

否：假定刀具前后干涉角均 0°，对凹槽部分不做加工，以保证切削轨迹无前角及底切干涉。

是：加工凹槽时，用定义的干涉角度检查加工中是否有刀具前角及底切干涉，并按定义的干涉角度生成无干涉的切削轨迹。

（7）退刀时沿轮廓走刀。

否：刀位行首末直接进退刀，不加工行与行之间的轮廓。

是：两刀位行之间如果有一段轮廓，在后一刀位行之前、之后增加对行间轮廓的加工。

（8）刀尖半径补偿。

编程时考虑半径补偿：在生成加工轨迹时，系统根据当前所用刀具的刀尖半径进行补偿计算（按假想刀尖点编程）。所生成代码即为已考虑半径补偿的代码，无须机床再进行刀尖半径补偿。

由机床进行半径补偿：在生成加工轨迹时，假设刀尖半径为 0，按轮廓编程，不进行刀尖半径补偿计算。所生成代码在用于实际加工时应根据实际刀尖半径由机床指定补偿值。

（9）干涉角。

主偏角干涉角度：做前角干涉检查时，确定干涉检查的角度。

副偏角干涉角度：做底切干涉检查时，确定干涉检查的角度。当勾选允许下切选项时可用。

2）进退刀方式

进退刀方式界面如图 5-1-26 所示。

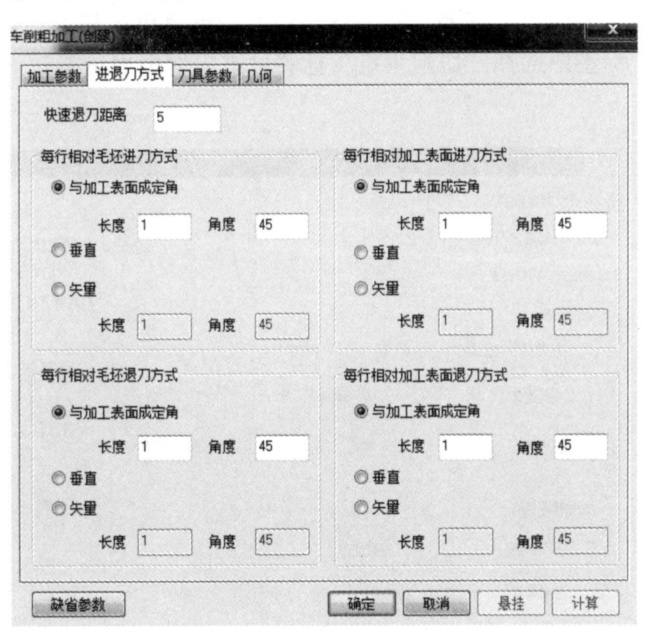

图 5-1-26　进退刀方式界面

（1）进刀方式。

相对毛坯进刀方式用于指定对毛坯部分进行切削时的进刀方式，相对加工表面进刀方式用于指定对加工表面部分进行切削时的进刀方式。

与加工表面成定角：指在每一切削行前加入一段与轨迹切削方向夹角成一定角度的进刀段，刀具垂直进刀到该进刀段的起点，再沿该进刀段进刀至切削行。角度定义该进刀段与轨迹切削方向的夹角，长度定义该进刀段的长度。

垂直进刀：指刀具直接进刀到每一切削行的起始点。

矢量进刀：指在每一切削行前加入一段与系统 X 轴（机床 Z 轴）正方向成一定夹角的进刀段，刀具进刀到该进刀段的起点，再沿该进刀段进刀至切削行。角度定义矢量（进刀段）与系统 X 轴正方向的夹角，长度定义矢量（进刀段）的长度。

（2）退刀方式。

相对毛坯退刀方式用于指定对毛坯部分进行切削时的退刀方式，相对加工表面退刀方式用于指定对加工表面部分进行切削时的退刀方式。

与加工表面成定角：指在每一切削行后加入一段与轨迹切削方向夹角成一定角度的退刀段，刀具先沿该退刀段退刀，再从该退刀段的末点开始垂直退刀。角度定义该退刀段与轨迹切削方向的夹角，长度定义该退刀段的长度。

轮廓垂直退刀：指刀具直接进刀到每一切削行的起始点。

轮廓矢量退刀：指在每一切削行后加入一段与系统 X 轴（机床 Z 轴）正方向成一定夹角的退刀段，刀具先沿该退刀段退刀，再从该退刀段的末点开始垂直退刀。角度定义矢量（退刀段）与系统 X 轴正方向的夹角，长度定义矢量（退刀段）的长度快速退刀距离：以给定的退刀速度回退的距离（相对值），在此距离上以机床允许的最大进给速度 G0 退刀。

3）切削用量

在每种刀具轨迹生成时，都需要设置一些与切削用量及机床加工相关的参数。点击“刀具参数”标签并在子标签中选择“切削用量”标签可进入切削用量参数设置页，如图 5-1-27 所示。

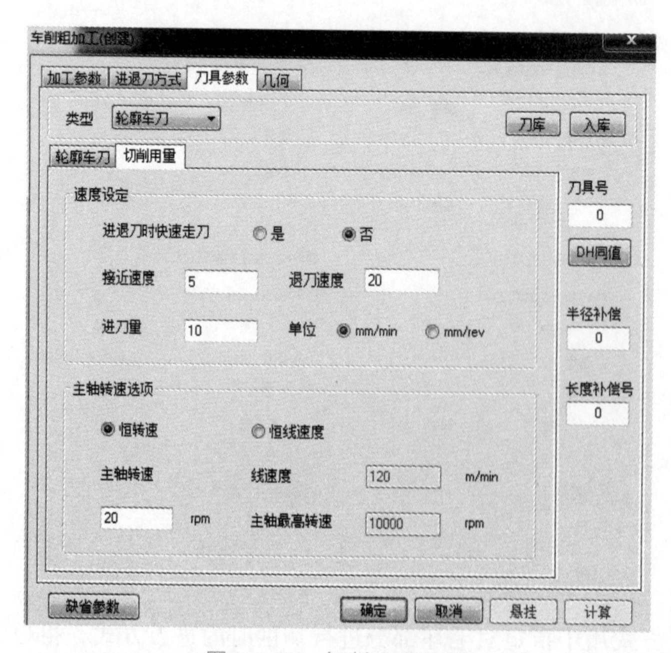

图 5-1-27　切削用量界面

参数说明：

（1）速度设定。

接近速度：刀具接近工件时的进给速度。

主轴转速：机床主轴旋转的速度。计量单位是机床缺省的单位。

退刀速度：刀具离开工件的速度。

（2）主轴转速选项。

恒转速：切削过程中按指定的主轴转速保持主轴转速恒定，直到下一指令改变该转速。

恒线速度：切削过程中按指定的线速度值保持线速度恒定。

4. 车削粗加工实例

如图 5-1-28 所示，曲线内部为要加工出的外轮廓，阴影部分为须去除的材料。

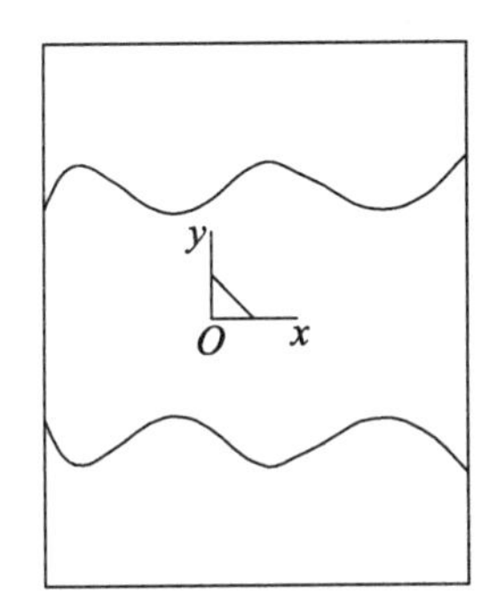

图 5-1-28　曲线内部

编制步骤：

（1）绘制加工图形：在利用 CAXA 数控车进行粗加工编程时，只需画出由要加工出的外轮廓和毛坯轮廓的上半部分组成的封闭区域（需切除部分）即可，其余线条不用画出，如图 5-1-29 所示。

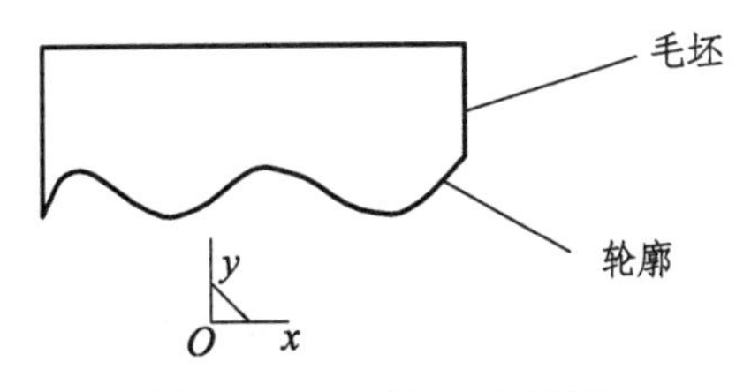

图 5-1-29　绘制加工图形

（2）在菜单区中的“数控车”子菜单区中选取“车削粗加工”菜单项或在工具栏中点击“车削粗加工”工具条，系统弹出加工参数表。

（3）填写参数表：在轮廓粗车加工参数表中所示对话框中填写参数表，填写完参数后，拾取对话框“确认”按钮。

（4）拾取轮廓，系统提示用户选择轮廓线。

拾取轮廓线可以利用曲线拾取工具菜单，用空格键弹出工具菜单。工具菜单提供三种拾取方式：单个拾取、链拾取和限制链拾取。

当拾取第一条轮廓线后，此轮廓线变为红色的虚线。系统给出提示：“选择方向”。要求用户选择一个方向，此方向只表示拾取轮廓线的方向，与刀具的加工方向无关，如图 5-1-30 所示。

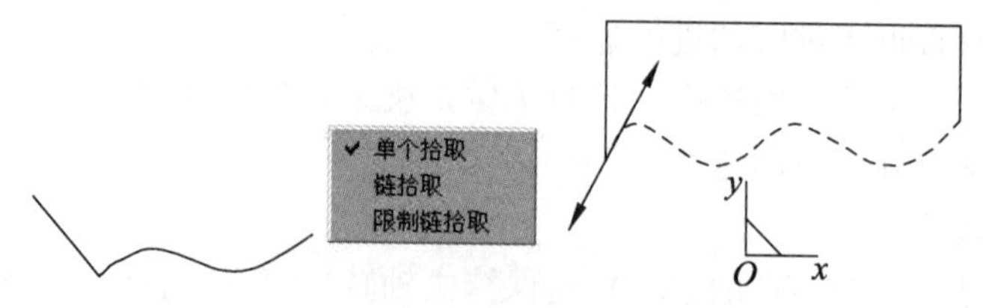

图 5-1-30　拾取轮廓线的方向

选择方向后，如果采用的是链拾取方式，则系统自动拾取首尾连接的轮廓线，如果采用单个拾取，则系统提示继续拾取轮廓线。如果采用限制链拾取则系统自动拾取该曲线与限制曲线之间连接的曲线。若加工轮廓与毛坯轮廓首尾相连，采用链拾取会将加工轮廓与毛坯轮廓混在一起，采用限制链拾取或单个拾取则可以将加工轮廓与毛坯轮廓区分开。

（5）拾取毛坯轮廓，拾取方法与上类似。

（6）确定进退刀点。指定一点为刀具加工前和加工后所在的位置。按鼠标右键可忽略该点的输入。

（7）生成刀具轨迹。

确定进退刀点之后，系统生成绿色的刀具轨迹，如图 5-1-31 所示。

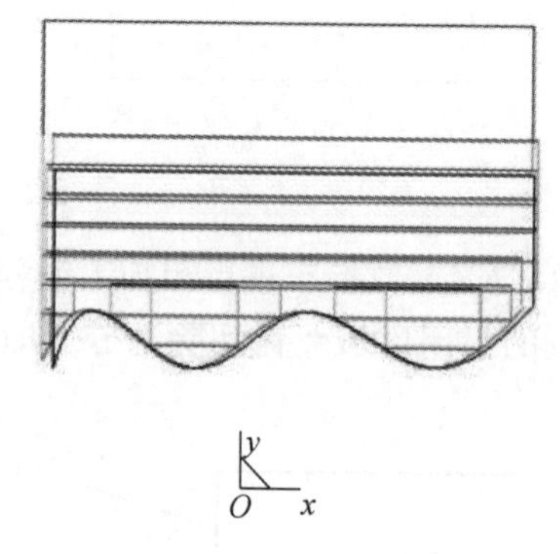

图 5-1-31　刀具轨迹

注意：

（1）加工轮廓与毛坯轮廓必须构成一个封闭区域，被加工轮廓和毛坯轮廓不能单独闭合或自相交。

（2）为便于采用链拾取方式，可以将加工轮廓与毛坯轮廓绘成相交，系统能自动求出其封闭区域，如图 5-1-32 所示。

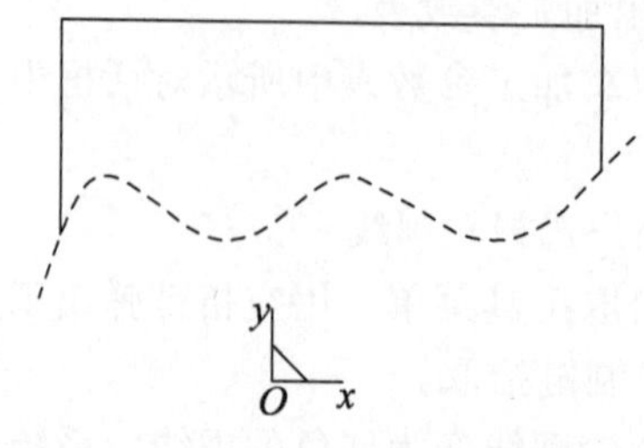

图 5-1-32　链拾取方式

（3）软件绘图坐标系与机床坐标系的关系。在软件坐标系中 *X* 正方向代表机床的 *Z* 轴正方向，*Y* 正方向代表机床的 *X* 正方向。本软件用加工角度将软件的 *XY* 向转换成机床的 *ZX* 向，如切外轮廓，刀具由右到左运动，与机床的 *Z* 正向成 180°，加工角度取 180°。切端面，刀具从上到下运动，与机床的 *Z* 正向成-90°或 270°，加工角度取-90°或 270°。

5. 关于轮廓拾取工具

由于在生成轨迹时经常需要拾取轮廓，在此对轮廓拾取方式进行专门介绍。

轮廓拾取工具提供三种拾取方式：单个拾取、链拾取和限制链拾取。

“单个拾取”需用户挨个拾取需批量处理的各条曲线。适合于曲线条数不多且不适合于“链拾取”的情形。

“链拾取”需用户指定起始曲线及链搜索方向，系统按起始曲线及搜索方向自动寻找所有首尾搭接的曲线。适合于需批量处理的曲线数目较大且无两根以上曲线搭接在一起的情形。

“限制链拾取”需用户指定起始曲线、搜索方向和限制曲线，系统按起始曲线及搜索方向自动寻找首尾搭接的曲线至指定的限制曲线。适用于避开有两根以上曲线搭接在一起的情形，以正确地拾取所需要的曲线。

（五）车削精加工

1. 功　能

实现对工件外轮廓表面、内轮廓表面和端面的精车加工。做轮廓精车时要确定被加工轮廓，被加工轮廓就是加工结束后的工件表面轮廓，被加工轮廓不能闭合或自相交。

2. 操作步骤

（1）在菜单区中的“数控车”子菜单区中选取“车削精加工”菜单项，系统弹出加工参数表，如图 5-1-33 所示。在参数表中首先要确定被加工的是外轮廓表面，还是内轮廓表面或端面，接着按加工要求确定其他各加工参数。

（2）确定参数后拾取被加工轮廓，此时可使用系统提供的轮廓拾取工具。

（3）选择完轮廓后确定进退刀点，指定一点为刀具加工前和加工后所在的位置。

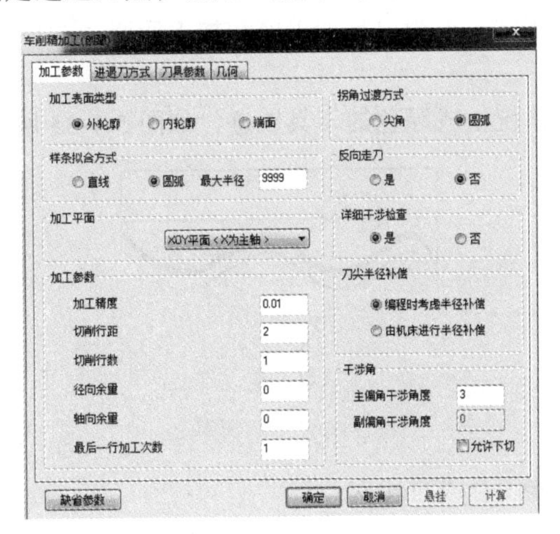

图 5-1-33　精加工参数界面

3. 参　数

1）加工参数

切削行数：刀位轨迹的加工行数，不包括最后一行的重复次数。

最后一行加工次数：精车时，为提高车削的表面质量，最后一行常常在相同进给量的情况进行多次车削，该处定义多次切削的次数。

2）反向走刀

否：刀具按缺省方向走刀，即刀具从 Z 轴正向向 Z 轴负向移动。

是：刀具按与缺省方向相反的方向走刀。

其他参数同“车削粗加工”参数说明

4. 车削精加工实例

如图 5-1-34 所示，曲线内部部分为要加工出的外轮廓，阴影部分为须去除的材料。

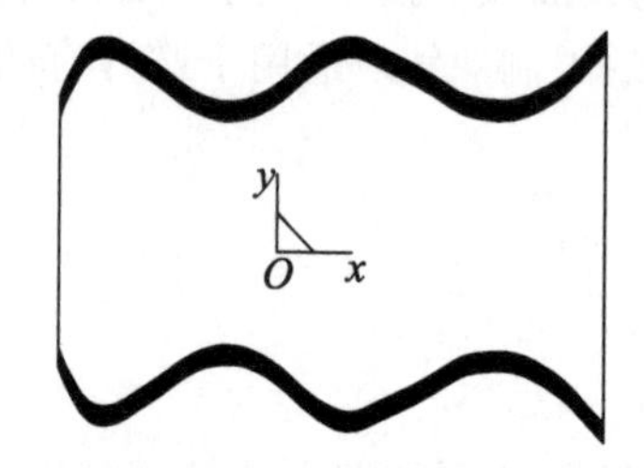

图 5-1-34　车削精加工

编制步骤：

（1）绘制加工图形：在利用 CAXA 数控车进行精加工编程时，只需画出上半部分即可，其余线条不用画出。

（2）在菜单区中的“数控车”子菜单区中选取“车削精加工”菜单项或在工具栏中点击“车削精加工”工具条，系统弹出加工参数表。

（3）填写参数表：在精车参数表对话框中填写完参数后，拾取对话框“确认”按钮。

（4）拾取轮廓线。

（5）确定进退刀点。指定一点为刀具加工前和加工后所在的位置。

（6）生成刀具轨迹。

确定进退刀点之后，系统生成绿色的刀具轨迹，如图 5-1-35 所示。

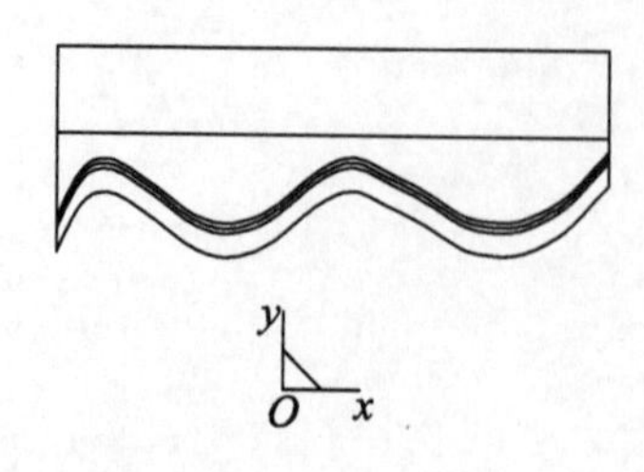

图 5-1-35　刀具轨迹

注意：被加工轮廓不能闭合或自相交。

（六）车削槽加工

1. 功　能

该功能用于在工件外轮廓表面、内轮廓表面和端面切槽。

切槽时要确定被加工轮廓，被加工轮廓就是加工结束后的工件表面轮廓，被加工轮廓不能闭合或自相交。

2. 操作步骤

（1）在菜单区中的“数控车”子菜单区中选取“车削槽加工”菜单项，系统弹出加工参数表，如图 5-1-36 所示。在参数表中首先要确定被加工的是外轮廓表面，还是内轮廓表面或端面，接着按加工要求确定其他各加工参数。

（2）确定参数后拾取被加工轮廓，此时可使用系统提供的轮廓拾取工具。

（3）选择完轮廓后确定进退刀点。指定一点为刀具加工前和加工后所在的位置。按鼠标右键可忽略该点的输入。

完成上述步骤后即可生成切槽加工轨迹。

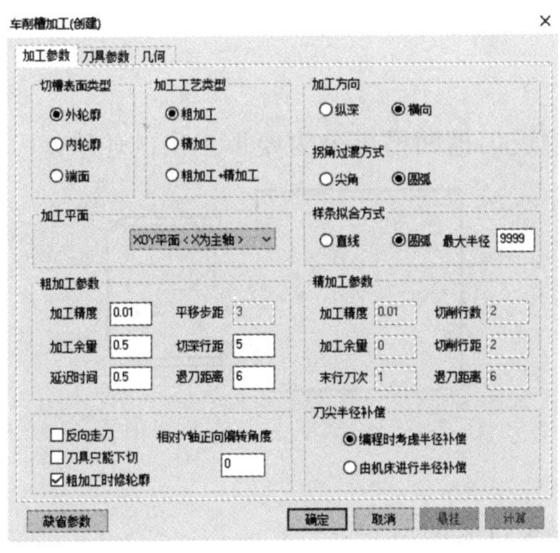

图 5-1-36　参数

3. 参　数

1）加工轮廓类型

外轮廓：外轮廓切槽，或用切槽刀加工外轮廓。

内轮廓：内轮廓切槽，或用切槽刀加工内轮廓。

端面：端面切槽，或用切槽刀加工端面。

2）加工工艺类型

粗加工：对槽只进行粗加工。

精加工：对槽只进行精加工。

粗加工+精加工：对槽进行粗加工之后接着做精加工。

3）拐角过渡方式

圆角：在切削过程遇到拐角时刀具从轮廓的一边到另一边的过程中，以圆弧的方式过渡。

尖角：在切削过程遇到拐角时刀具从轮廓的一边到另一边的过程中，以尖角的方式过渡。

4）粗加工参数

延迟时间：粗车槽时，刀具在槽的底部停留的时间。

切深平移量：粗车槽时，刀具每一次纵向切槽的切入量（机床 X 向）。

水平平移量：粗车槽时，刀具切到指定的切深平移量后进行下一次切削前的水平平移量（机床 Z 向）。

退刀距离：粗车槽中进行下一行切削前退刀到槽外的距离。

加工余量：粗加工时，被加工表面未加工部分的预留量。

5）精加工参数

切削行距：精加工行与行之间的距离。

切削行数：精加工刀位轨迹的加工行数，不包括最后一行的重复次数。

退刀距离：精加工中切削完一行之后，进行下一行切削前退刀的距离。

加工余量：精加工时，被加工表面未加工部分的预留量。

末行加工次数：精车槽时，为提高加工的表面质量，最后一行常常在相同进给量的情况下进行多次车削，该处定义多次切削的次数。

4. 车削槽加工实例

如图 5-1-37 所示，螺纹退刀槽凹槽部分为要加工出的轮廓。

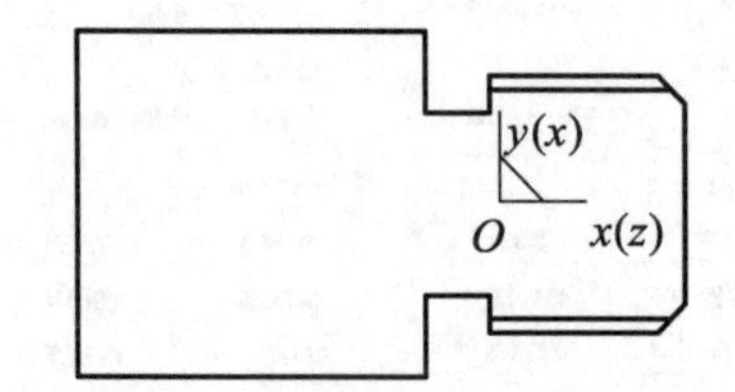

图 5-1-37　螺纹退刀槽凹槽部分

编制步骤：

（1）绘制加工图形或导入已有图形。

（2）在菜单区中的“数控车”子菜单区中选取“车削槽加工”菜单项或在工具栏中点击“车削槽加工”工具条，系统弹出加工参数表。

（3）填写参数表：在切槽参数表对话框中填写完参数后，拾取对话框“确认”按钮。

（4）拾取轮廓线。当拾取第一条轮廓线后，此轮廓线变为红色的虚线，系统给出提示：选择方向。要求用户选择一个方向，此方向只表示拾取轮廓线的方向，与刀具的加工方向无关。选取完成，凹槽部分变成红色虚线，如图 5-1-38 所示。

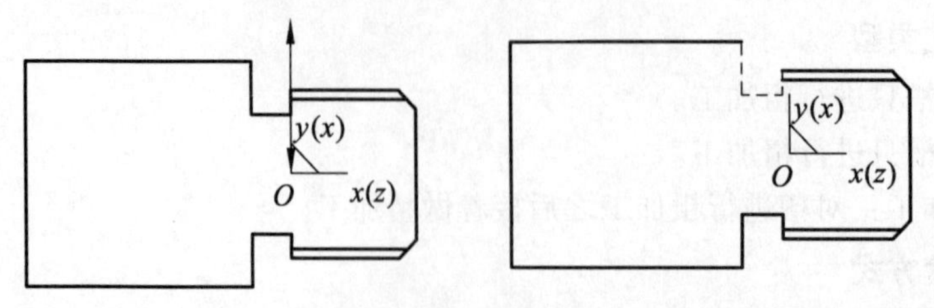

图 5-1-38　拾取轮廓线

（5）确定进退刀点。指定一点为刀具加工前和加工后所在的位置。

（6）生成刀具轨迹。

确定进退刀点之后，系统生成绿色的刀具轨迹，如图 5-1-39 所示。

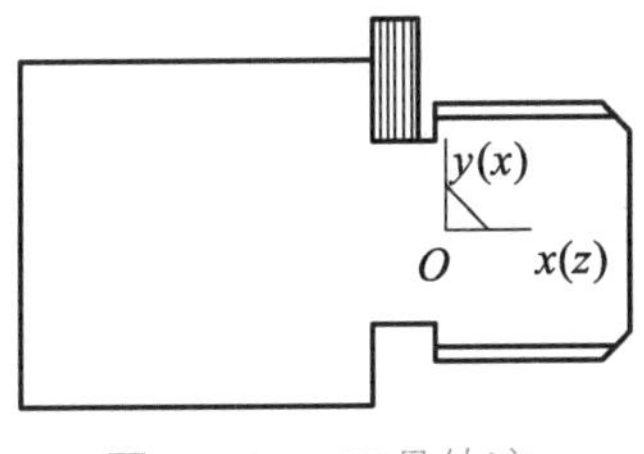

图 5-1-39 刀具轨迹

注意：

（1）被加工轮廓不能闭合或自相交。

（2）生成轨迹与切槽刀刀角半径，刀刃宽度等参数密切相关。

（3）可按实际需要只绘出退刀槽的上半部分。

（七）车螺纹加工

1. 功 能

该功能为非固定循环方式加工螺纹，可对螺纹加工中的各种工艺条件、加工方式进行更为灵活的控制。

2. 操作步骤

（1）在“数控车”子菜单区中选取“车螺纹”功能项，弹出加工参数表，如图 5-1-40 所示。用户可在该参数表对话框中确定各加工参数。

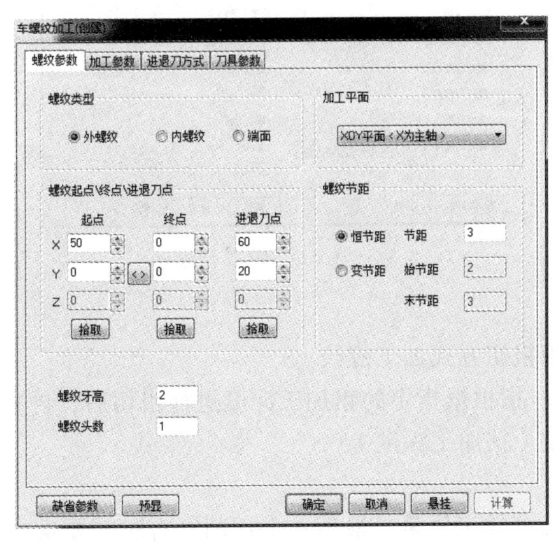

图 5-1-40 参数表对话框

（2）拾取或输入螺纹起点，终点，进退刀点。

（3）参数填写完毕，选择确认按钮，即生成螺纹车削刀具轨迹。

3. 参　数

1）螺纹参数

（1）螺纹参数。

起点坐标：车螺纹的起始点坐标，mm。

终点坐标：车螺纹的终止点坐标，mm。

进退刀点坐标：车螺纹加工进刀与退刀点的坐标，mm。

螺纹牙高：螺纹牙的高度。

螺纹头数：螺纹起始点到终止点之间的牙数。

（2）螺纹节距。

恒定节距：两个相邻螺纹轮廓上对应点之间的距离为恒定值。

节距：恒定节距值。

变节距：两个相邻螺纹轮廓上对应点之间的距离为变化的值。

始节距：起始端螺纹的节距。

末节距：终止端螺纹的节距。

2）加工参数

加工参数设置如图 5-1-41 所示。

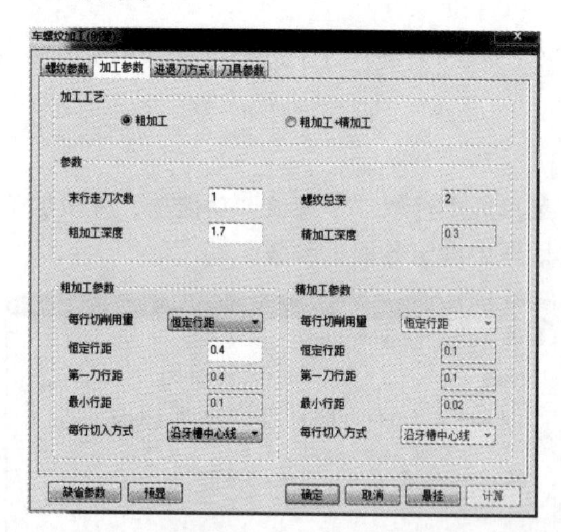

图 5-1-41　加工参数

（1）加工工艺。

粗加工：指直接采用粗切方式加工螺纹。

粗加工+精加工方式：指根据指定的粗加工深度进行粗切后，再采用精切方式（如采用更小的行距）切除剩余余量（精加工深度）。

（2）参数。

末刀走刀次数：为提高加工质量，最后一个切削行有时需要重复走刀多次，此时需要指定重复走刀次数。

螺纹总深：螺纹粗加工和精加工总的切深量。

粗加工深度：螺纹粗加工的切深量。

精加工深度：螺纹精加工的切深量。

（3）每行切削用量。

恒定行距：加工时沿恒定的行距进行加工。

恒定切削面积：为保证每次切削的切削面积恒定，各次切削深度将逐步减小，直至等于最小行距。用户需指定第一刀行距及最小行距。吃刀深度规定如下：第 n 刀的吃刀深度为第一刀的吃刀深度 $\sqrt{n}$ 倍。

变节距：两个相邻螺纹轮廓上对应点之间的距离为变化的值。

始节距：起始端螺纹的节距。

末节距：终止端螺纹的节距。

每行切入方式：指刀具在螺纹始端切入时的切入方式。刀具在螺纹末端的退出方式与切入方式相同。

沿牙槽中心线：切入时沿牙槽中心线。

沿牙槽右侧：切入时沿牙槽右侧。

左右交替：切入时沿牙槽左右交替。

（八）轨迹编辑

对生成的轨迹不满意时可以用参数修改功能对轨迹的各种参数进行修改，以生成新的加工轨迹。

操作步骤：

在绘图区左侧的管理树中，双击轨迹下的加工参数节点，将弹出该轨迹的参数表供用户修改。参数修改完毕选取“确定”按钮，即依据新的参数重新生成该轨迹。

（九）线框仿真

对已有的加工轨迹进行加工过程模拟，以检查加工轨迹的正确性。对系统生成的加工轨迹，仿真时用生成轨迹时的加工参数，即轨迹中记录的参数；对从外部反读进来的刀位轨迹，仿真时用系统当前的加工参数。

轨迹仿真为线框模式，仿真时可调节速度条来控制仿真的速度。仿真时模拟动态的切削过程，不保留刀具在每一个切削位置的图像。

操作步骤：

（1）在“数控车”子菜单区中选取“线框仿真”功能项，如图 5-1-42 所示。

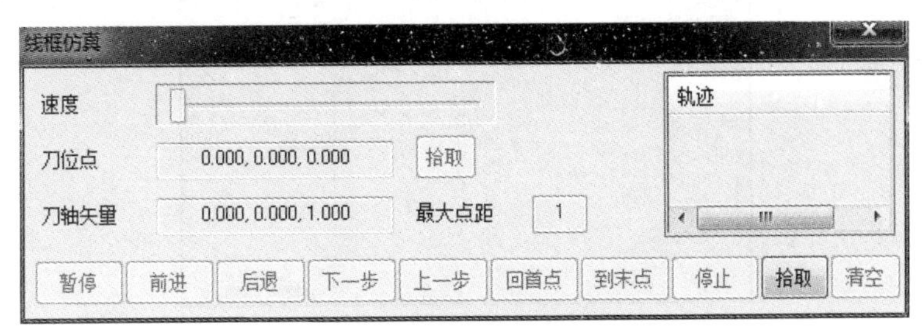

图 5-1-42　线框仿真

（2）拾取要仿真的加工轨迹，此时可使用系统提供的选择拾取工具。

（3）按鼠标右键结束拾取，系统弹出仿真对话框，按前进键开始仿真。仿真过程中可进行暂停、上一步、下一步、终止和速度调节等操作。

（4）仿真结束，可以按回首点键重新仿真，或者关闭仿真对话框终止仿真。

（十）后置处理（生成加工代码）

生成代码就是按照当前机床类型的配置要求，把已经生成的加工轨迹转化生成 G 代码数据文件，即 CNC 数控程序，有了数控程序就可以直接输入机床进行数控加工。

操作步骤：

（1）在“数控车”子菜单区中选取“后置处理”功能项，则弹出一个对话框，如图 5-1-43 所示。用户需选择生成的数控程序所适用的数控系统和机床系统信息，它表明目前所调用的机床配置和后置设置情况。

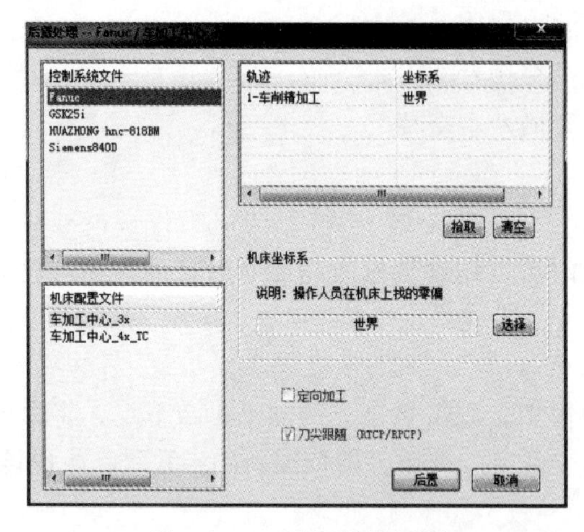

图 5-1-43　后置处理界面

（2）拾取加工轨迹。被拾取到的轨迹名称和编号会显示在列表中，鼠标右键结束拾取。被拾取轨迹的代码将生成在一个文件当中，生成的先后顺序与拾取的先后顺序相同。按后置键即可弹出代码编辑对话框，如图 5-1-44 所示。

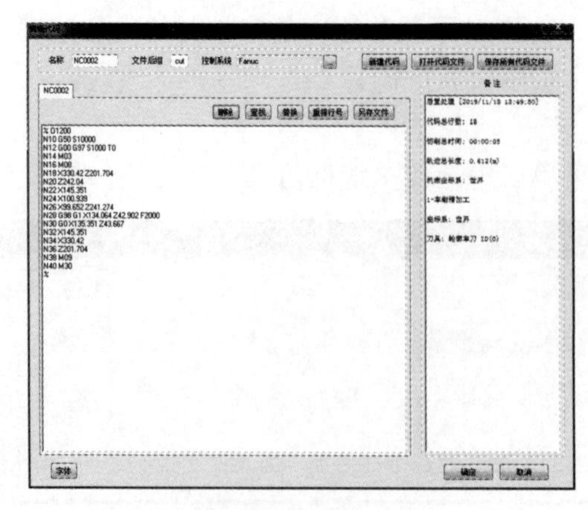

图 5-1-44　加工轨迹

（3）在代码编辑对话框中，可以手动修改代码，设定代码文件名称与后缀名，并保存代码。右侧的备注框中可以看到轨迹与代码的相关信息。

（十一）反读轨迹（代码反读）

反读轨迹就是把生成的G代码文件反读进来，生成刀具轨迹，以检查生成的G代码的正确性。如果反读的刀位文件中包含圆弧插补，需用户指定相应的圆弧插补格式。否则可能得到错误的结果。若后置文件中的坐标输出格式为整数，且机床分辨率不为1时，反读的结果是不对的。亦即系统不能读取坐标格式为整数且分辨率为非1的情况。

操作步骤：

在“数控车”子菜单区中选取“反读轨迹”功能项，则弹出一个需要用户选取数控程序的对话框。系统要求用户选取需要校对的G代码程序。拾取到要校对的数控程序后，系统根据程序G代码立即生成刀具轨迹。

注意事项：

刀位校核只用来进行对G代码的正确性进行检验，由于精度等方面的原因，用户应避免将反读出的刀位重新输出，因为系统无法保证其精度。

校对刀具轨迹时，如果存在圆弧插补，则系统要求选择圆心的坐标编程方式，如图5-1-45所示，其含义可参考后置设置中的说明。用户应正确选择对应的形式，否则会导致错误。

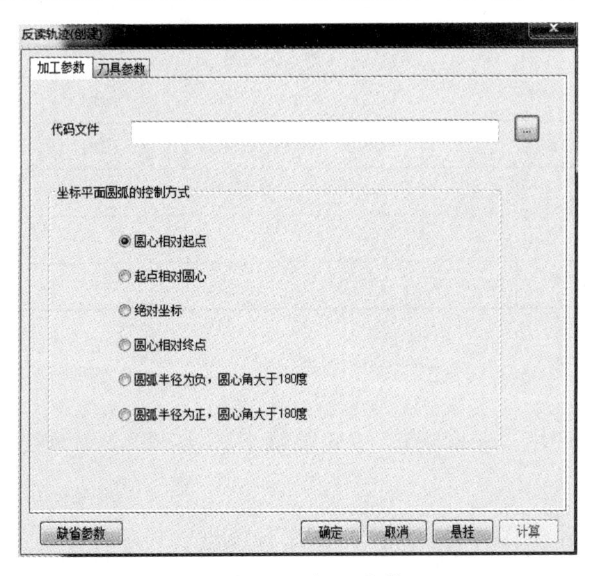

图5-1-45　加工参数

（十二）典型数控车零件自动编程实例

利用CAXA数控车编程的相关命令，编制如图5-1-11所示零件的程序，单件小批量生产，材料为硬铝，毛坯为ϕ40 mm的棒料。

1. 工艺准备

1）加工准备

选用机床：数控车床CK6136。

选用夹具：三爪定心卡盘。

使用毛坯：ϕ40 mm 的棒料，毛坯材料为硬铝。

2）工艺分析

该零件加工内容包括外轮廓车削加工、切槽加工、车螺纹加工和切断加工，掉头车端面并控制总长。其中外轮廓有较高的精度要求，并且工件表面粗糙度要求 *Ra*1.6 μm，所以应该分为粗加工和精加工来完成。

3）填写加工工艺卡（见表 5-1-28）

表 5-1-28　轴零件的加工工艺卡

<table>
<tr><td rowspan="2">单位名称</td><td rowspan="2"></td><td colspan="3">产品名称或代号</td><td colspan="2">零件名称</td><td colspan="2">零件图号</td></tr>
<tr><td colspan="3"></td><td colspan="2">锥度轴</td><td colspan="2"></td></tr>
<tr><td>工序号</td><td>程序编号</td><td colspan="3">夹具名称</td><td colspan="2">使用设备</td><td colspan="2">车间</td></tr>
<tr><td>001</td><td></td><td colspan="3">三爪定心卡盘</td><td colspan="2">CK6132</td><td colspan="2">数控中心</td></tr>
<tr><td>工步号</td><td colspan="2">工步内容</td><td>刀具号</td><td>刀具规格</td><td>主轴转速/（r/min）</td><td>进给速度/（mm/r）</td><td colspan="2">背吃刀量/mm</td></tr>
<tr><td>1</td><td colspan="2">粗车外圆轮廓，留 0.4 mm 余量</td><td>T01</td><td>90°外圆车刀</td><td>800</td><td>0.2</td><td colspan="2">0.5</td></tr>
<tr><td>2</td><td colspan="2">精车外圆轮廓</td><td>T01</td><td>90°外圆车刀</td><td>1 200</td><td>0.05</td><td colspan="2">0.2</td></tr>
<tr><td>3</td><td colspan="2">切槽（两处）</td><td>T02</td><td>4 mm 切槽刀</td><td>600</td><td>0.1</td><td colspan="2">刀宽</td></tr>
<tr><td>4</td><td colspan="2">粗、精车螺纹</td><td>T03</td><td>外螺纹车刀</td><td>600</td><td>2.5</td><td colspan="2">分层</td></tr>
<tr><td>5</td><td colspan="2">调头车大端面，控制总长</td><td>T04</td><td>端面车刀</td><td>800</td><td>0.1</td><td colspan="2">0.2</td></tr>
<tr><td>6</td><td colspan="2">工件精度检测</td><td></td><td></td><td></td><td></td><td colspan="2"></td></tr>
<tr><td>编制</td><td>×××</td><td>审核</td><td>×××</td><td>批准</td><td>×××</td><td>××年×月×日</td><td>共×页</td><td>第×页</td></tr>
</table>

2. 编制加工程序

1）确定加工命令

根据零件的特点，选用“轮廓粗车”“轮廓精车”“切槽”“车螺纹”的方法进行加工。

2）建立加工模型

设置图形右边中点位置作为编程原点，即坐标原点。利用“直线”“等距线”“圆弧”“裁剪”等命令绘制如图所示零件的加工轮廓和毛坯轮廓，如图 5-1-46 所示。

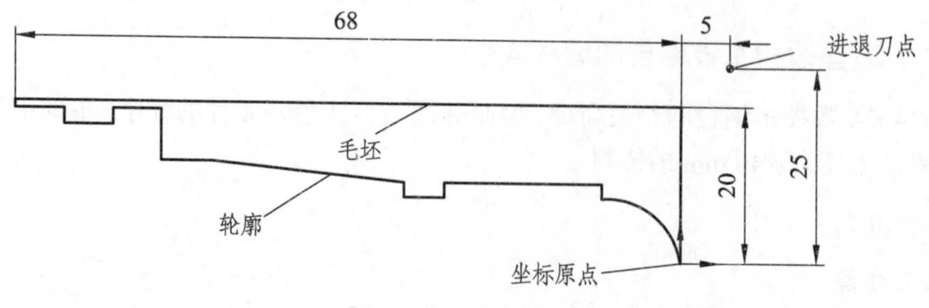

图 5-1-46　加工轨迹

3）建立加工图层

为了便于对零件进行不同的部位进行数控编程，可以在数控中对于不同的加工过程设置不同的图层，并通过打开和关闭不同的图层来打开和关闭不同的加工程序。单击“层设置”图标，或在工具栏上单击“格式”→“层控制”命令。弹出“图层控制”对话框，建立的加工图层，如图 5-1-47 所示。

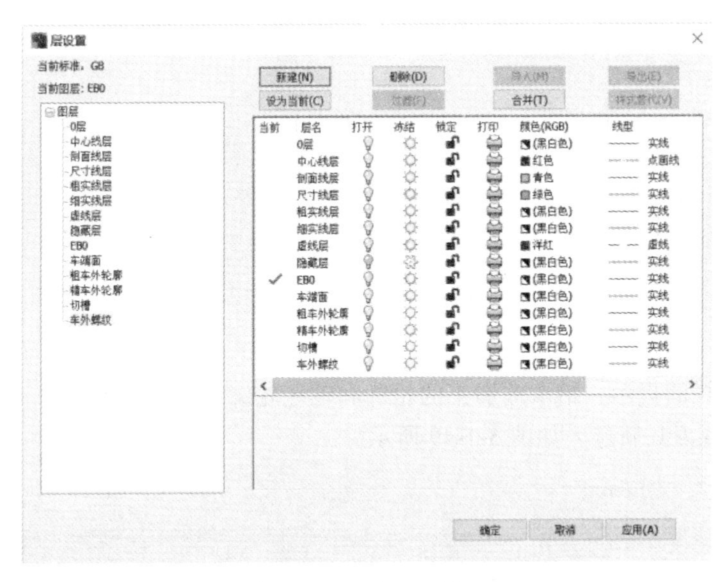

图 5-1-47　加工图层

4）编制数控加工程序

（1）粗车外轮廓，留 0.4 mm 余量。

① 设置“粗车外轮廓”图层为当前图层。单击“轮廓粗车”图标，或在工具栏上点击“数控车”→“轮廓粗车”命令，系统弹出对话框。

② 依次填写加工参数表，如图 5-1-48 所示。完成后单击“确定”。

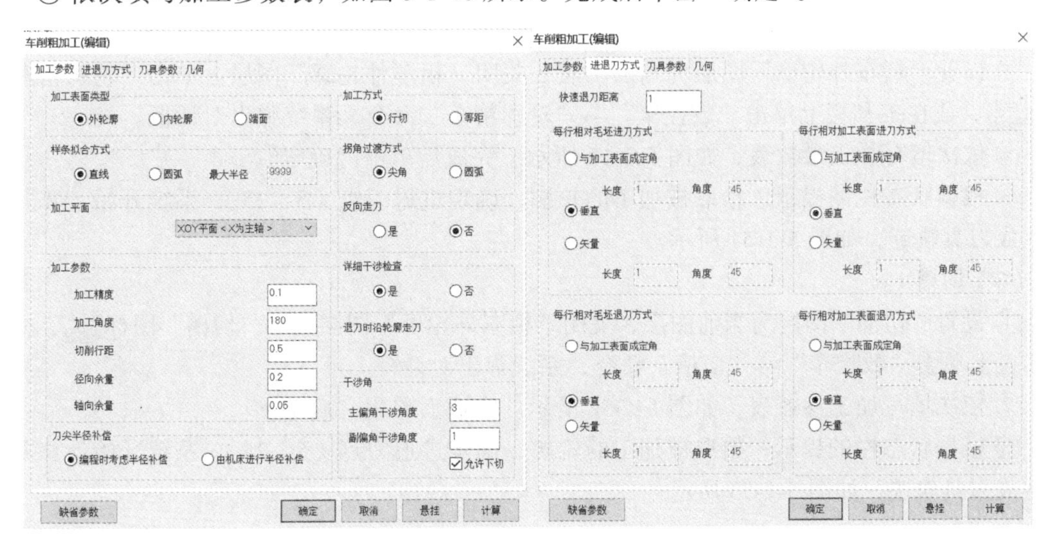

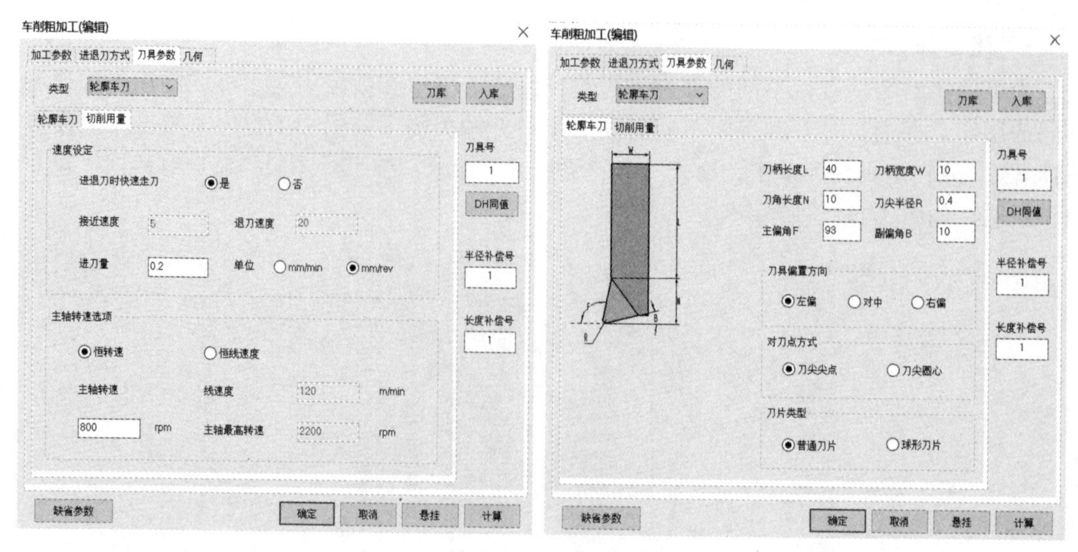

图 5-1-48 参数表

③ 根据状态栏的提示，拾取被加工的轮廓和毛坯轮廓，确定进退刀点（5，25），系统开始计算并自动生成刀具轨迹，如图 5-1-49 所示。

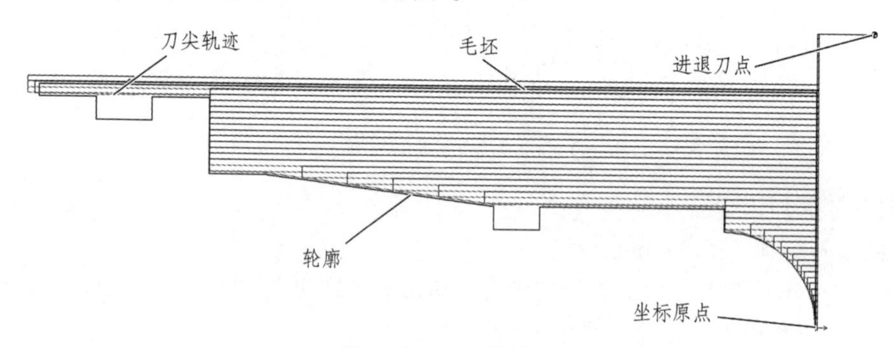

图 5-1-49 刀具轨迹

（2）精车外轮廓。

① 设置“精车外轮廓”图层为当前图层，关闭“粗车外轮廓”图层。单击“轮廓精车”图标，或在工具栏上单击“数控车”→“轮廓精车”命令，系统弹出对话框。

② 依次填写加工参数表，如图 5-1-50 所示。完成后单击“确定”。

③ 根据状态栏的提示，拾取被加工的轮廓，确定进退刀点（5，25），系统开始计算并自动生成刀具轨迹，如图 5-1-51 所示。

（3）切槽 1。

① 设置“切槽”图层为当前图层，关闭“精车外轮廓”图层。单“切槽”图标，或在工具栏上单击“数控车”→“切槽”命令，系统弹出对话框。

② 依次填写加工参数表，如图 5-1-52 所示。完成后单生“确定”。

③ 根据状态栏的提示，拾取被加工的轮廓，确定进退刀点（5，25），系统开始计算并自动生成刀具轨迹，如图 5-1-53 所示。

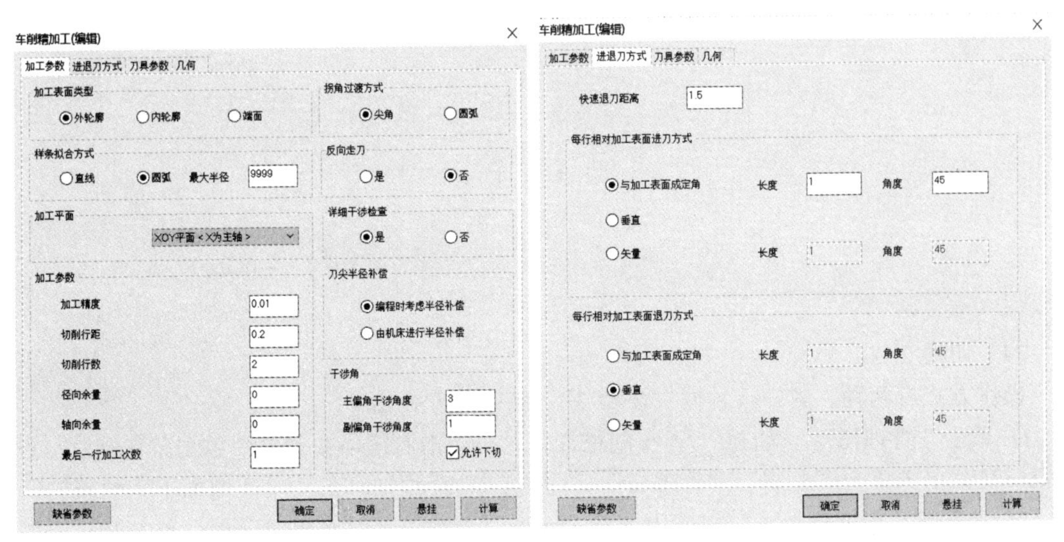

图 5-1-50　加工参数表

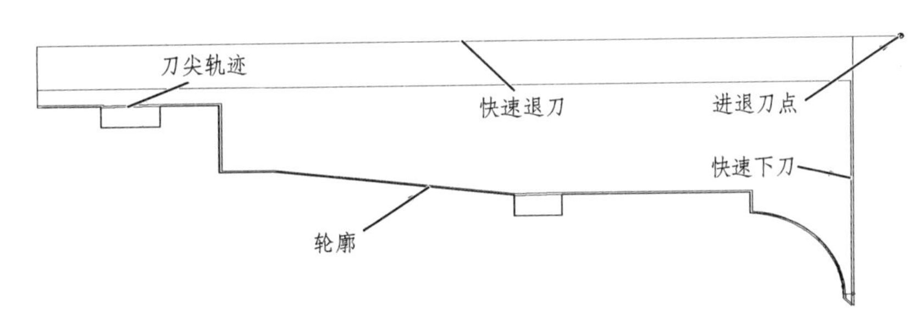

图 5-1-51　刀具轨迹

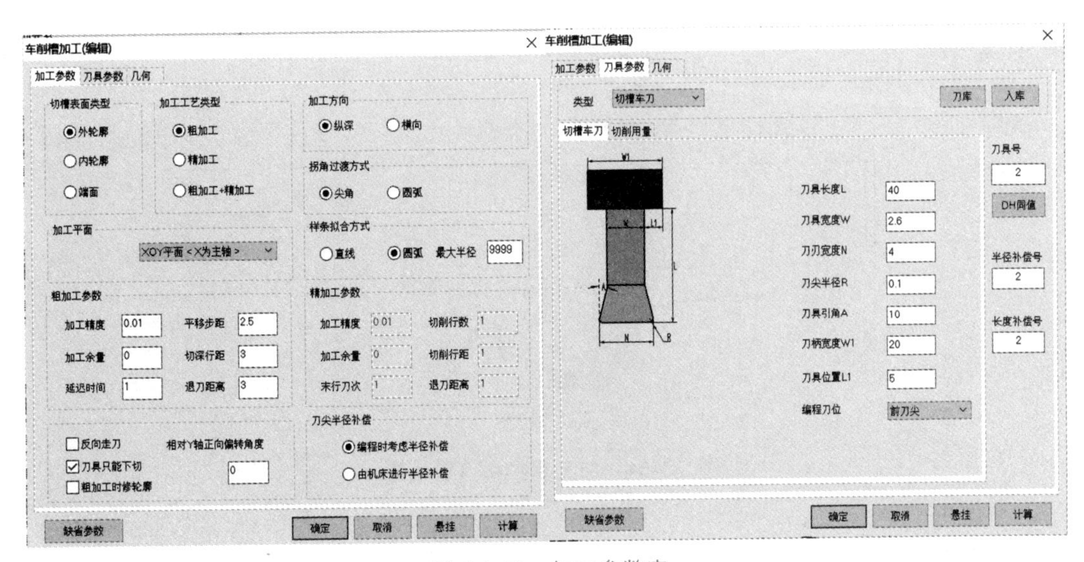

图 5-1-52　加工参数表

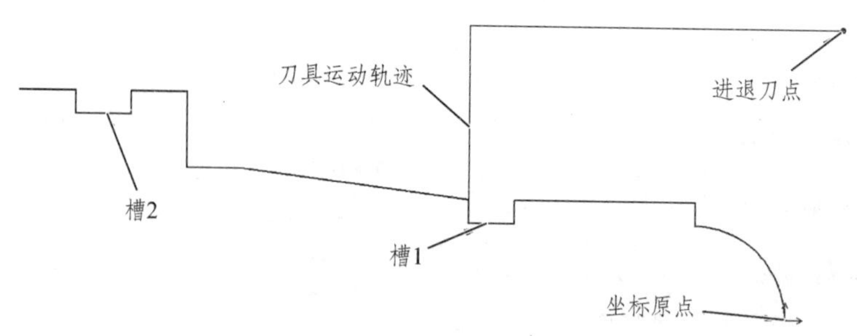

图 5-1-53　刀具轨迹

（4）切槽 2。

操作方式有两种，其中一种同“步骤 3”，另一种方式如下。

① 单击“管理树”/“轨迹”/“车削槽加工”→点击右键→在菜单中单击“复制”→点击右键→在菜单中单击“复制”，“管理树”/“轨迹”中会添加一条“车削槽加工”的轨迹。

② 双击新“车削槽加工”轨迹中图标 加工参数，系统弹出对话框，修改相应参数及几何元素，系统开始计算并自动生成刀具轨迹，如图 5-1-54 所示。

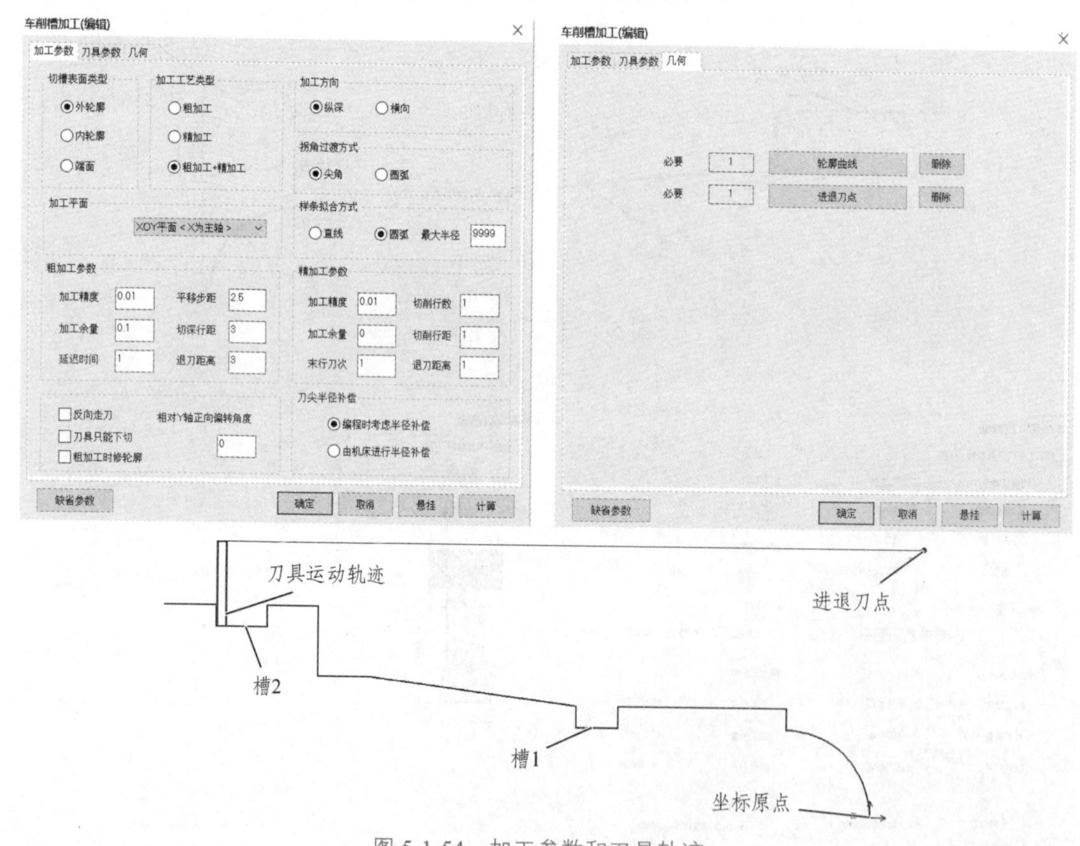

图 5-1-54　加工参数和刀具轨迹

（5）切槽 1。

① 设置“车外螺纹”图层为当前图层，关闭“切槽”图层。单击“车螺纹”图标，或在工具栏上单击“数控车”→“车螺纹”命令，系统弹出对话框。

② 根据状态栏提示，拾取（或填写）螺纹的首点和末点及进退刀点，填写加工参数表，

完成后单击“确定”，即可生成加工轨迹，如图 5-1-55 所示。

车削槽加工(编辑)
加工参数　刀具参数　几何
切槽表面类型：外轮廓　内轮廓　端面
加工工艺类型：粗加工　精加工　粗加工+精加工
加工方向：纵深　横向
拐角过渡方式：尖角　圆弧
加工平面：XOY平面 <X为主轴>
样条拟合方式：直线　圆弧　最大半径 9999
粗加工参数：加工精度 0.01　平移步距 2.5　加工余量 0.1　切深行距 3　延迟时间 1　退刀距离 3
精加工参数：加工精度 0.01　切削行数 1　加工余量 0　切削行距 1　末行刀次 1　退刀距离 1
反向走刀　刀具只能下切　粗加工时修轮廓　相对Y轴正向偏转角度 0
刀尖半径补偿：编程时考虑半径补偿　由机床进行半径补偿
缺省参数　确定　取消　悬挂　计算

进退刀点
刀具运动轨迹
坐标原点

图 5-1-55　加工参数和加工轨迹

（6）生成加工代码。

单击“后置处理”图标**G**，或在工具栏上单击“数控车”→“后置处理”命令，弹出一个需要用户输入文件名的对话框，要求用户填写后置程序文件名，拾取要生成代码的加工轨迹，右击，即可生成加工代码，如图 5-1-56 所示。

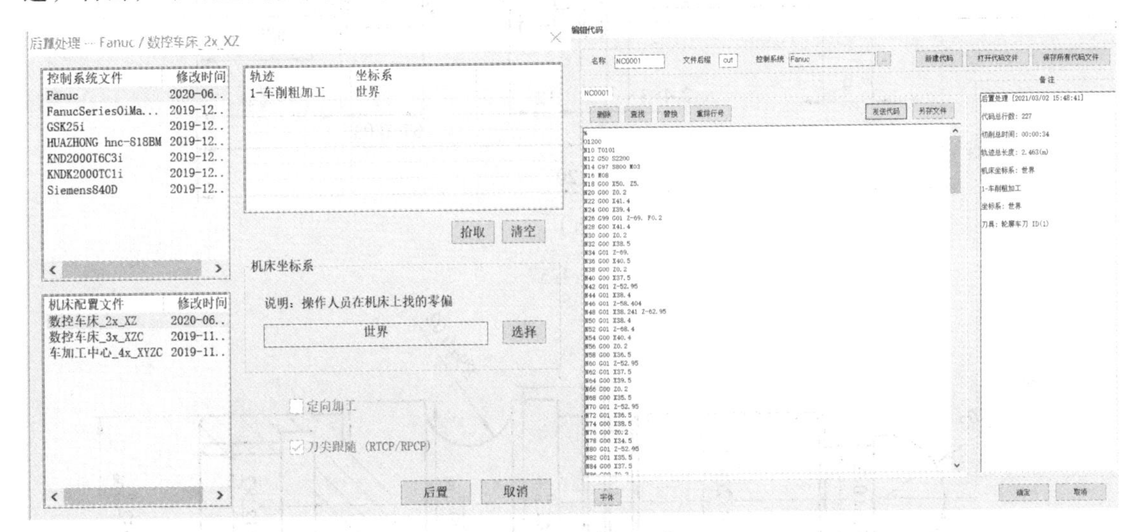

图 5-1-56　生成加工代码

【训练与提高】

1. 在 CAXA 数控车 2020 软件上绘制图 5-1-57 所示图形。
2. 轴类零件加工练习题（见图 5-1-58）。

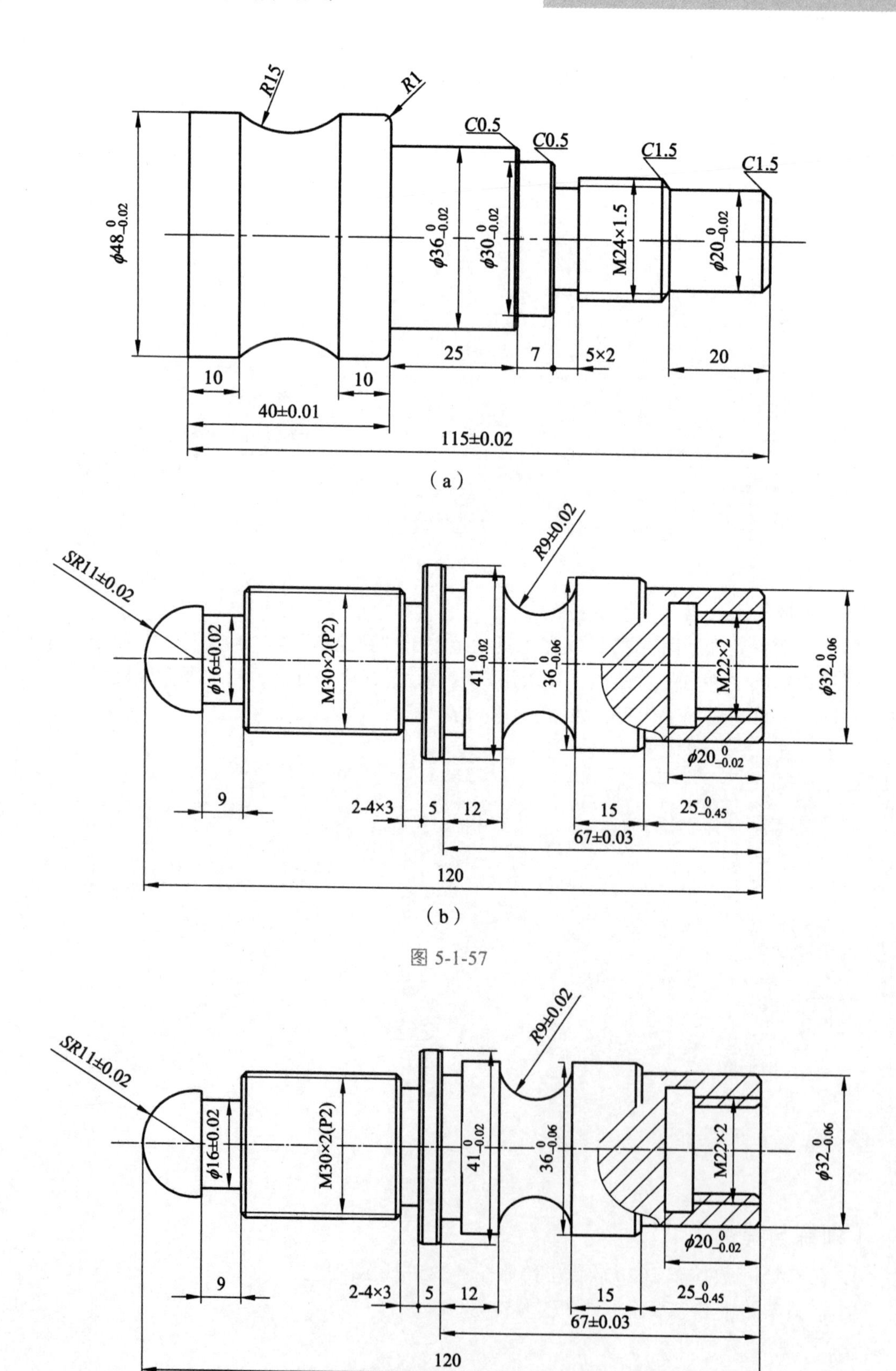

(a)

(b)

图 5-1-57

图 5-1-58 轴加工

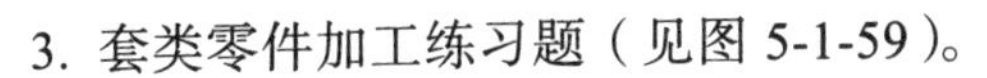

3. 套类零件加工练习题（见图 5-1-59）。

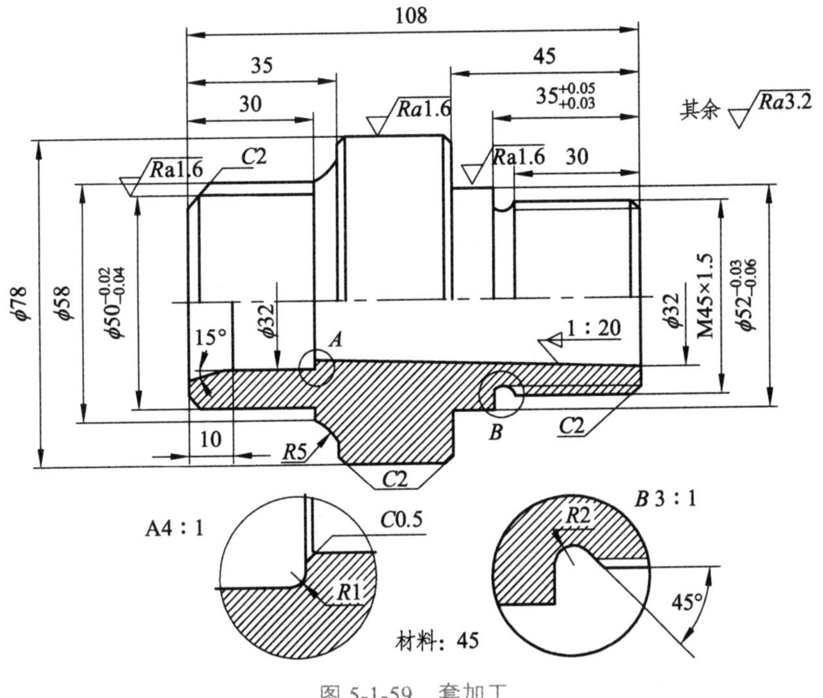

图 5-1-59　套加工

【任务实施】

一、实施过程

（一）实施步骤

通过各种途径收集信息→工艺准备→编制加工程序→展示评比。

1. 工艺准备

1）加工准备

2）工艺分析

3）**填写加工工艺卡（见表 5-1-29）**

表 5-1-29　轴零件的加工工艺卡

单位名称		产品名称或代号	零件名称	零件图号
			锥度轴	
工序号	程序编号	夹具名称	使用设备	车间
001		三爪定心卡盘	CK6132	数控中心

工步号	工步内容	刀具号	刀具规格	主轴转速/（r/min）	进给速度/（mm/r）	背吃刀量/mm
1	粗车外圆轮廓，留 0.4 mm 余量	T01	90°外圆车刀	800	0.2	0.5
2	精车外圆轮廓	T01	90°外圆车刀	1 200	0.05	0.2
3	切槽（两处）	T02	4 mm 切槽刀	600	0.1	刀宽
4	粗、精车螺纹	T03	外螺纹车刀	600	2.5	分层
5	调头车大端面，控制总长	T04	端面车刀	800	0.1	0.2
6	工件精度检测					

编制	×××	审核	×××	批准	×××	××年×月×日	共×页	第×页

2. 编制加工程序

1）**确定加工命令**

2）**建立加工模型**

3）**建立加工图层**

4）**编制数控加工程序**

二、展示评比

各小组派出代表进行展示，组间交叉评比，填写表 5-1-30。

表 5-1-30　评比过程记录

序号	评比要点	优缺点	评比分值	备注
1	文字表达是否清晰、完整			
2	知识内容是否全面、正确			
3	学习组织是否有序、高效			
4	其他			
综合评分				

【任务小结与评价】

一、任务小结与反思

二、任务评价

表 5-1-31　评价表

班级			学号		
姓名			综合评价等级		
指导教师			日期		
评价项目	序号	评价内容	评价方式		
			自我评价	小组评价	教师评价
团队表现（40 分）	1	任务评比综合评分，配分 20 分			
	2	任务参与态度，配分 8 分			
	3	参与任务的程度，配分 6 分			
	4	在任务中发挥的作用，配分 6 分			
个人学习表现（50 分）	5	学习态度，配分 10 分			
	6	出勤情况，配分 10 分			
	7	课堂表现，配分 10 分			
	8	作业完成情况，配分 20 分			
个人素质（10 分）	9	作风严谨、遵章守纪，配分 5 分			
	10	安全意识，配分 5 分			
合计					
综合评分					

注：各评分项按“A”（0.9～1.0）、“B”（0.8～0.89）、“C”（0.7～0.79）、“D”（0.6～0.69）、“E”（0.1～0.59）及“0”分配分；如学习态度项、出勤项、安全项评 0 分，总评为 0 分。

项目总结和评价

【学习目标】

1. 能够以小组形式对学习过程和项目成果进行汇报总结。
2. 完成对学习过程的综合评价。

【学习课时】

2 课时。

【学习过程】

一、任务总结

以小组为单位，自己选择展示方式向全班展示、汇报学习成果。

表 5-2-1　总结报告

组名：	组长：
组员：	
总结内容	
项目	内容
组织实施过程	
归纳学习内容	
总结学习心得	
反思学习问题	

二、展示评比

各小组派出代表进行展示，组间交叉评比，填写表 5-2-2。

表 5-2-2 评比过程记录

序号	评比要点	优缺点	评比分值	备注
1	文字表达是否清晰、完整			
2	知识内容是否全面、正确			
3	学习组织是否有序、高效			
4	其他			
综合评分				

三、综合评价

表 5-2-3 评价表

评价项目	评价内容	评价标准	评价方式		
			自我评价	小组评价	教师评价
职业素养	安全意识、责任意识	A. 作风严谨，自觉遵章守纪，出色完成工作任； B. 能够遵守规章制度，较好地完成工作任务素养； C. 遵守规章制度，没完成工作任务或完成工作任务，但忽视规章制度； D. 不遵守规章制度，没完成工作任务			
	学习态度	A. 积极参与教学活动，全勤； B. 缺勤达本任务总学时的 10%； C. 缺勤达本任务总学时的 20%； D. 缺勤达本任务总学时的 30%			
	团队合作	A. 与同学协作融洽，团队合作意识强； B. 与同学能沟通，协同工作能力较强； C. 与同学能沟通，协同工作能力一般； D. 与同学沟通困难，协同工作能力较差			
学习过程	学习活动一	A. 按时、完整地完成工作页，问题回答正确，图纸绘制准确； B. 按时、完整地完成工作页，问题回答基本正确，图纸绘制基本准确； C. 未能按时完成工作页，或内容遗漏、错误较多； D. 未完成工作页			
	学习活动二	A. 学习活动评价成绩为 90～100 分； B. 学习活动评价成绩为 75～89 分； C. 学习活动评价成绩为 60～74 分； D. 学习活动评价成绩为 0～59 分			
	学习活动三	A. 学习活动评价成绩为 90～100 分； B. 学习活动评价成绩为 75～89 分； C. 学习活动评价成绩为 60～74 分； D. 学习活动评价成绩为 0～59 分			
创新能力		学习过程中提出具有创新性、可行性的建议	加分奖励：		

班级		学号	
姓名		综合评价等级	
指导教师		日期	

参考文献

[1] 丑幸荣. 数控加工工艺编程与操作. 北京：机械工业出版社，2013.
[2] 郎一民. 数控车削编程技术. 北京：中国铁道出版社，2009.
[3] 唐萍. 数控车削工艺与编程操作. 北京：机械工业出版社，2009.
[4] 陈向荣. 数控编程与操作. 北京：国防工业出版社，2012.
[5] 邹晔. 典型数控系统及应用. 北京：高等教育出版社，2009.
[6] 陈子银. 数控机床与数控系统. 北京：人民邮电出版社，2010.
[7] 李锋. 数控宏程序应用技术及实例精粹. 北京：化学工业出版社，2013.
[8] 吴长有，赵婷. 数控加工仿真与自动编程技术. 北京：机械工业出版社，2012.
[9] 汪建安，程余琏. CAXA 自动编程与训练. 北京：化学工业出版社，2010.
[10] 杨建明. 数控加工工艺与编程. 北京：北京理工大学出版社，2014.
[11] 梁桥康，王耀南，彭楚武. 数控系统. 北京：清华大学出版社，2013.
[12] 毕俊喜. 数控系统及仿真技术. 北京：机械工业出版社，2013.
[13] 吕斌杰，高长银，赵汶. 数控车床（FANUC、SIEMENS 系统）编程实例精粹. 北京：化学工业出版社，2010.
[14] 许云飞. FANUC 系统数控车床编程与加工. 北京：电子工业出版社，2013.
[15] 张兆隆，孙志平，刘岩. 数控加工工艺与编程. 北京：高等教育出版社，2014.
[16] 姬瑞海. 数控编程与操作技能实训教程. 北京：清华大学出版社，2010.
[17] 张萍. 数控加工工艺与编程技术基础. 北京：北京理工大学出版社，2015.
[18] 韩步愈. 金属切削原理与刀具. 北京：机械工业出版社，2012.